El Delirio de la Física

Contada para ignorantes (como yo)

TATI Aguilar

El Delirio de la Física
Contada para ignorantes (como yo)
TATI Aguilar

Esta obra ha sido publicada por su autor a través del servicio de autopublicación de EDITORIAL PLANETA, S.A.U. para su distribución y puesta a disposición del público bajo la marca editorial Universo de Letras por lo que el autor asume toda la responsabilidad por los contenidos incluidos en la misma.

Imagen y diseño de la cubierta: TATI Aguilar

Obra publicada por el sello Universo de Letras
www.universodeletras.com

Segunda edición: 2025

ISBN: 9791387715403
ISBN eBook: 9791387717704

Índice

PARTE II. MATERIA Y PARTICULAS

PARTE III. LA LUZ Y LAS FUERZAS DE LA NATURALEZA

PARTE IV. EL TIEMPO

PARTE V. LA RELATIVIDAD

PARTE VI. LA FÍSICA CUÁNTICA

PARTE VII. GRANDIOSAS TEORÍAS E HIPÓTESIS

PARTE VIII. GRANDIOSOS ENIGMAS Y CONTROVERSIAS

PARTE IX. GRANDIOSOS PERSONAJES

Agradecimientos y dedicatoria

Este ensayo es fruto de la inquietud de quien considera que la existencia tiene un propósito más trascendente de lo que podemos imaginar.

Quisiera dedicarlo a quienes quiero y aprecio; ellos saben bien quiénes son. No obstante, debo hacer mencion especial a mi siempre presente padre, a mi añorada madre, a María por su constante apoyo y ayuda, y a mis hermanos, cuya mera existencia es esencial para mi. Y por supuesto, a todos aquellos que creen que cualquier sueño se puede alcanzar y luchan con fiereza por cumplirlo.

INTRODUCCIÓN

1. La búsqueda del conocimiento y la verdad

El espectro de la realidad que nos rodea es tan amplio que el interés por saber de ella resulta esencial para cualquier espíritu inquieto. Un libro sobre historia, ciencia, literatura o cualquier otra materia es una fuente inagotable de satisfacción. Una biografía de Julio CÉSAR o de Albert EINSTEIN, las memorias de Winston CHURCHIL, cualquier novela de Mario VARGAS LLOSA, un relato de William FAULKNER o una novela corta de Jack LONDON, un cuento de Jorge Luis BORGES o un ensayo de Stephan ZWEIG o de Isaac ASIMOV, o un comic de Robert CRUMP o la colección del Príncipe VALIENTE o de TINTIN. No hay preferencias. La lectura es un placer en sí mismo.

El conocimiento de ciencias como la física, la biología, la filosofía o la ciencia en general son la mejor herramienta para descifrar las incógnitas de la vida, y da igual tu nivel cultural, estrato social o el equipo de futbol al que apoyes (*bueno, tampoco nos pongamos tan liberales*). Todas son áreas del conocimiento que nos ayudan a encontrar respuestas a preguntas esenciales comunes a todos nosotros. Desde una perspectiva amplia, no debemos enfocar la historia solo como una cadena de acontecimientos bélicos y luchas de poder, ya que es mucho más que una despiadada batalla del hombre por la supervivencia. Por el contrario, hemos de hacernos todas aquellas preguntas que nos ayuden a conocer el mundo que nos rodea. Ahí es donde entra en juego la Física, que es una fuente casi inagotable de disfrute intelectual, aunque para ello resulta esencial anhelar un interés sincero por los misterios que nos rodean. De otro modo, no seríamos sino seres pasivos sujetos a los designios del destino.

Todos nos hacemos las mismas y trascendentales preguntas. *¿Quiénes somos? ¿Dónde estamos? ¿De dónde venimos? ¿De qué estamos hechos? ¿Por qué las cosas son como son (y no de otra manera)? ¿Hay algo después de la vida?* Todas cuestiones universales que el ser humano se lleva planteando desde el inicio de los tiempos. Al igual que un Cromañón, un Neanderthal seguro que tuvo los mismos miedos y la misma curiosidad por entender su entorno.

El enfoque de la Física que nos interesa es aquel que incluye hechos relevantes, **momentos estelares** y **descubrimientos** de quienes lograron los avances más notables del conocimiento científico. El siglo XXI se halla repleto de ideologías populistas y obsoletas que colocan casi siempre al hombre libre como el enemigo mismo, pero si algo nos revela la historia de nuestra especie es que un espíritu libre puede elevarse por encima de nosotros. En este sentido, el hecho de deshacerse de prejuicios intelectuales es lo que permitió a grandes científicos alcanzar diferentes grados de comprensión de esta misteriosa y fascinante realidad que continuamente nos plantea enigmas aparentemente imposibles de descifrar. Si aspiramos a obtener respuestas sobre los misterios de la vida y la naturaleza última de las cosas, la física juega un papel absolutamente primordial en ello.

Los seres humanos tenemos la opción de vivir el presente con optimismo y ver salir el sol cada mañana (*si no vives en Laponia, claro*), pero debemos aprender a convivir con la **incertidumbre** de lo que nos depara el futuro. No tenemos una conciencia demasiado clara de quiénes somos ni **de los motivos últimos de nuestra existencia**, y por ello debemos aceptar que la incertidumbre es algo consustancial a la vida. Como bien predijo Werner HEISENBERG, es el estado mismo en el que se encuentran las partículas elementales, y son tantas las posibilidades de que algo suceda o no, que cualquier temor por el futuro resulta absurdo por su imprevisibilidad.

Todo apunta a que la **naturaleza cuántica** de nuestra realidad se ha impuesto a otras visiones físicas de la naturaleza. Lo que nos pueda suceder ya fue experimentado millones de veces por otros en el pasado, y quizá, por qué no, tal como aseguran algunos físicos, la respuesta se encuentre en extraños lugares como los **multiversos** o los **universos paralelos**. Todo es posible.

La Física trata de descubrir quiénes somos, **cómo surgió todo** hace millones de años, y nos propone adivinar aquello en lo que podríamos llegar a convertirnos. Por ello resulta imprescindible focalizarse en la búsqueda de la verdad de las cosas, y el **tiempo**, ese misterioso y relativo concepto, confirmará *(o no)* cualquier nuevo hallazgo. En física muchas son las leyes y las ecuaciones que ya fueron descubiertas por mentes brillantes, pero infinitamente más numerosos son todos aquellos fascinantes misterios que aparentan ser inescrutables. Cada tenue explicación, aunque solo sea medio elaborada, implica la aparición exponencial de nuevas incógnitas; desvelarlas mantiene en vilo a los científicos.

Sin excesivos tecnicismos, de un modo divulgativo, trataremos de dar explicaciones que nos ayudarán a comprender un poquito más la **realidad** que nos rodea. ¿Cómo fue posible que un cerebro como el de EINSTEIN, con solo un lápiz, un papel y una desbordante imaginación, fuera capaz de concretar las profundas ideas detrás de su **relatividad**? ¿Y cómo James MAXWEL fue capaz de formular sus perfectas ecuaciones sobre el **electromagnetismo** medio aislado en una granja de Escocia? En cambio, cerebros 99,99% idénticos son utilizados exclusivamente para hacer el mal o escribir una letra de reguetón. No hay respuestas ni explicaciones que desvelen tales contradicciones. Podríamos seguir mencionando cientos de maravillosas preguntas para las que aún no hay respuestas.

Este ensayo va dirigido a las "*personas de a pie*", a aquellos espíritus inquietos que, por no dominar el lenguaje de las **matemáticas**, creen que la física no es comprensible. A aquellos que escucharon alguna vez muchos de los términos y expresiones que aquí se mencionan, pero que por temor a mostrar su ignorancia no se atrevieron a solicitar explicaciones comprensibles sobre los misterios que se ocultan detrás de ellas. A todos aquellos que con un firme interés por la vida se sienten deslumbrados por los milagrosos misterios del **universo** y que simplemente desean conocer un poquito más de esa apasionante ciencia que es la física, que por todos lados nos rodea. Nosotros mismos somos un laboratorio de física, rellenos de trillones y trillones de átomos.

El objetivo es dar respuestas a aquellos que, por su trabajo y familia, disponen de un tiempo limitado, y no quieren quedarse descolgados de comprender algo mejor la realidad que perciben. La imagen de los físicos teóricos es la de pertenecer a una especie de élite intelectual fuera del alcance del resto de mortales. Todos buscamos respuestas a temas que por su complejidad parecen solo al alcance de ellos, y desearíamos que nos iluminaran con explicaciones no muy extensas sobre temas apasionantes que nos permitan elevarnos por encima de nosotros mismos. Se trata de encontrar respuestas a preguntas transcendentales, aunque sean incompletas, y conocer las últimas teorías que parecen estar más cerca de la ciencia ficción que de la realidad.

Los avances en la ciencia son lentos, pero abordaremos los principales misterios: ¿Qué hubo **antes del Big Bang**? ¿Qué es **el tiempo**? ¿Y la **nada**? ¿Cuál es la **naturaleza oculta** de la física cuántica? ¿Qué es **la materia oscura**? ¿Y la **energía oscura**? ¿Alguien sin medicar puede entender el **entrelazamiento**? ¿Qué es el principio **antrópico**? ¿Algún día comprenderemos la **gravedad**, y por no mencionar la **gravedad cuántica**? ¿Qué hay más allá del **horizonte de sucesos**? ¿Existen los **agujeros de gusano** o son desvaríos teóricos? ¿Cómo se puede ser un genio absoluto y mala persona a la vez como **Newton**? ¿Por qué alguien que erró tan obscenamente como **Aristóteles** se le consideró el padre de la ciencia durante 2000 años? ¿Y si viviéramos en un **multiverso** o en una **simulación**? ¿Cuál fue **el origen de la vida**? ¿Nos vino la vida regalada en algún **asteroide**?

Hoy podemos disponer de un relato bastante aproximado de lo que pudo suceder hace **13.800 millones de años** en ese inicio cuasi divino e inexplicable del universo, en ese supuesto **principio del todo**. Mientras lees esto sentado en tu cómodo sofá, puedes tratar de imaginar lo que debió de ser aquella lejana y brutal **expansión Inicial** que supuso el más trascendental instante de creación. Lo podríamos describir como *imaginar lo inimaginable.* Resulta fascinante pensar en ese primer segundo y esos tres primeros minutos. De ello hablaremos y se te quedará cara de tonto *(como a mí).*

Apabullantes debieron resultar, aunque algo aburridos, los **380.000 años siguientes al Big Bang**, ese tiempo en el que una gran nube de **helio** e **hidrógeno** quedó suspendida en el vacío, casi intemporal, en una época previa en la que **aún no existía el espacio** en el que habitamos. Esa nube permaneció inmóvil e ingrávida durante cientos de miles de años, y en ella no se manifestaron ninguna de las leyes de la física que ahora nos gobiernan. Delirante y proto existencial, imaginar la aburrida nube acechando al futuro como un cazador oculto detrás de las sombras a la espera de su presa. Nuestro universo, tanto el conocido como desconocido (*que prácticamente es su totalidad*), comenzó entonces a **expandirse** como por arte de magia. Y así hasta el final de los tiempos, que podría llegar a ser nunca sí es que el "**infinito**" existe (*algo difícil de asimilar desde el punto de vista humano*).

Nos adentraremos en numerosos y apasionantes conceptos de la física, en la **tierra** y su lugar en el **cosmos**, en una descripción de las **galaxias**, el **universo** y su **origen**. En aquellos **avances tecnológicos** que propiciaron el inicio real de la física, en la **composición** del universo, la **materia** y el **átomo**. En las revoluciones del **electromagnetismo**, la **gravedad**, la **mecánica cuántica** y la **relatividad**, y en las **nuevas teorías e hipótesis** como la de **cuerdas**, los **multiversos**, la **simulación**, la **reducción objetiva orquestada** y otras, que abordan sorprendentes teorías científicas que parecen estar más en el limbo o el delirio del conocimiento humano.

Nos introduciremos en el terreno de la **metafísica**, en el enigma de la **luz**, en las modernas teorías de la **información**, en el concepto profundo y transcendental de la **consciencia** y el **ajuste fino** del universo. En el **origen último de la realidad** y la posibilidad de un **diseño inteligente**, el más grandioso de los misterios, así como en las sorprendentes **experiencias cercanas** a la muerte. A modo anecdótico, nos detendremos en algunos de los **personajes más extraordinarios** y de mayor influencia en la historia de la física, mis genios favoritos y héroes personales, quienes, por diferentes motivos, resultaron ser auténticos titanes de la ciencia.

Todo lo aderezaremos con explicaciones y descripciones lo más pedagógicas posibles, evitando el tedio del lenguaje matemático que solo algunos comprenden y dotando las explicaciones con algunas dosis de humor para evitar el colapso mental. Espero que te pongas el traje de lector ávido de conocimiento que demanda un lenguaje no demasiado técnico ni complejo. A poco que te apliques visualizarás conceptos y conseguirás estar a la altura de una conversación con ese cuñado que cree que se lo sabe todo o cualquier listillo que trate de impresionarte en una cena de amigos.

¡Bienvenidos al DELIRIO DE LA FÍSICA!

2. ¿Qué es la FÍSICA?

Breve descripción

La palabra FÍSICA proviene del griego *"fisis"*, que significa naturaleza. Es la ciencia que estudia el universo, sus leyes fundamentales, la energía, la materia, el tiempo y el espacio. Su estudio se remonta al inicio de la civilización misma, cuando el hombre trató de comprender las fuerzas que rigen el mundo en el que se encontraba inmerso. En la Antigüedad, la FÍSICA, al igual que otras ciencias, formaba parte de lo que llamaban Filosofía Natural, *y* solo

a partir de la Revolución Científica del siglo XVII es cuando emerge como un campo independiente empleando el lenguaje de las matemáticas para expresarla. La FÍSICA es una de las ciencias fundamentales y en su campo convergen otras como las matemáticas, la química, la biología... y alguna otra. Es una disciplina teórica y experimental, que describe las leyes del universo y trata de poner en práctica las hipótesis de esas leyes; comprobar su certeza. Es la disciplina que más ha contribuido al avance científico, industrial y tecnológico de la humanidad, y hoy se divide en dos áreas bastante definidas: el mundo de lo infinitamente pequeño y el mundo de lo infinitamente grande.

El modelo de comprobación en la Física es el conocido como el **método científico** del que hablaremos y que fue clave para que la ciencia avanzara de manera decidida e imparable. El **modelo estándar** es la culminación de un montón de unificaciones, y por ello estamos ante los dos grandes pilares que sustentan el edificio de la física: la relatividad y la física de partículas, siendo la mecánica cuántica la que acabo por revolucionarlo todo.

NEWTON unificó las leyes del **movimiento** en la tierra y del movimiento de los planetas dentro de su mecánica utilizando la ley de la **Gravedad** que él mismo propuso. Luego **EINSTEIN** lo completó de un modo sorprendente con la **Relatividad** Especial y General. Aún nos falta alcanzar el Nirvana de la FÍSICA, ese santo grial por el que suspira cualquier físico teórico, la unificación de estos dos mundos tan diferentes en sus comportamientos, a pesar de ser partícipes de las mismas fuerzas. Toda la intuición, la lógica y la naturaleza de las cosas nos lleva a pensar que estos pilares deberían poderse unificar de algún modo. Al menos es lo que pensaron, y piensan, mentes privilegiadas que abrieron brecha en la historia de la física. Eso sí, la soñada unificación parece más esquiva de lo que ninguno de aquellos en su momento pudo imaginar, mucho más.

¿Cuáles son los MARCOS de la física?

Los marcos teóricos de la física dependen de diversos factores, pero hay consenso en dividirla en cuatro:

1. La física **CLÁSICA**, que se ocupa de los movimientos en los cuerpos macroscópicos cuyas velocidades son muy pequeñas en comparación con la velocidad de la luz. Es la física tal como se entendió hasta principios del siglo XX, justo antes de las tremendas revoluciones de la relatividad y la cuántica. A partir de esos momentos ya nada sería igual.

2. La física **RELATIVISTA,** que se basa en las teorías de Albert EINSTEIN de principios el siglo XX, y se asemeja de la física

clásica por su carácter determinista. Se divide a su vez en dos teorías bien diferenciadas, la Relatividad ESPECIAL, sobre el comportamiento de cuerpos que se mueven a velocidades cercanas a la luz, y la Relatividad GENERAL, sobre el comportamiento de cuerpos en el campo gravitatorio.

3. La física **CUÁNTICA** puso todo *patas arriba* y estudia los sistemas a muy pequeña escala, como átomos, partículas elementales y subatómicas.

4. La física **CUÁNTICA de CAMPOS,** de transcendental importancia, es una de las teorías más asombrosas, aunque de difícil comprensión por su máxima complejidad. Es conocida como QFT *(Quantum Field Theory)*, y es una hipótesis cuántica relativista que describe las partículas y las fuerzas fundamentales como el resultado de las perturbaciones en campos cuánticos que impregnan todo el espacio-tiempo**.** Nada más ni nada menos. Ya intentare explicar más adelante de un modo simple lo que ello significa, pero ahí la realidad es lo más parecido a un terreno de arenas movedizas.

¿Y en qué RAMAS podemos dividirla?

La física se puede ordenar por ramas, según el objeto de su estudio:

- ACÚSTICA**:** estudia el **sonido**.
- ASTROFÍSICA**:** estudia **planetas, galaxias, cúmulos y agujeros negros**.
- COSMOLOGÍA: estudia el **origen del universo** y las **leyes** que lo rigen.
- BIOFÍSICA**:** fenómenos **biológicos** y de los **seres vivos.**
- ELECTROMAGNETISMO**:** estudia fenómenos **eléctricos y magnéticos** de la materia, y **campos** magnéticos del espacio.
- Mecánica CUÁNTICA: los **átomos** y las **partículas** subatómicas.
- NUCLEAR: estudia los **núcleos** de los átomos

- ÓPTICA: estudia la **luz** y demás fenómenos asociados.
- TERMODINÁMICA: el **calor** y el trabajo que produce.
- Mecánica de SÓLIDOS: el movimiento de los cuerpos **sólidos**.
- Mecánica de FLUIDOS: las dinámicas de fluidos **líquidos y gases**.

Ya tenemos un esquema general de las ramas que son objeto de estudio por parte de la física. Intentaremos adentrarnos de un modo simple en ellas, lo cual es algo tan apasionante pues es la REALIDAD misma que nos rodea.

PARTE I.
EL UNIVERSO

3. El dilema de la Tierra plana

Conviene hacer una primera mención a nuestro planeta. Desde tiempos ancestrales, el SAPIENS (*nuestra especie*) ha pasado por distintas fases en su desarrollo. Todas las antiguas civilizaciones, desde los antiguos egipcios hasta las civilizaciones mesopotámicas, se han planteado las inevitables preguntas sobre las incógnitas de la naturaleza, como cuando la humanidad descubrió que la Tierra no era plana. ¿Y qué pensaron las distintas civilizaciones al respecto? En la **GRECIA** Clásica**,** sus extraordinarios pensadores demostraron estar varios cuerpos por delante de quienes les precedieron y mucho más aun de los que les siguieron. Estas mentes maravillosas provenientes de la Antigua Grecia nos dejan sin palabras, pues ya se dieron cuenta que algo no encajaba, que la Tierra parecía plana pero que no lo era.

TALES de MILETO (625-547) fue el primero en plantearse el enigma de la forma de la Tierra. Después vinieron otros como **PITÁGORAS** (580-495) y **PLATÓN** (428-348), quienes creyeron que una forma esférica sería lo más racional. **ARISTÓTELES** (384-322**)** aportó algunas observaciones a partir de la forma redondeada de la sombra de la Tierra en la Luna durante los eclipses**.** Hay que recordar que los *eclipses* han conmocionado y provocado una gran excitación en todas las civilizaciones.

Más tarde, el gran **ERATÓSTENES** (276-194), matemático y astrónomo griego nacido en Cirene (*actual Libia*), también geógrafo, historiador, filósofo, filólogo y poeta, fue el primero en plantear que la Tierra no era plana, y lo logró ¡**midiendo la circunferencia de la Tierra!** Merece pararnos en este punto, ya que lo hizo de un modo increíble. En el -236 a.C., el faraón egipcio PTOLOMEO III le hizo el encargo de la administración de la Biblioteca de Alejandría. Los conocimientos que acumuló a partir del estudio que hizo de papiros y manuscritos allí localizados, le permitieron calcular con una *"flipante"* exactitud (*perdón por la expresión, pero describe perfectamente un logro de tal magnitud*) el tamaño de la Tierra. Verás cómo lo hizo.

En algunos papiros se mencionaban observaciones en SIENA (*actual Asuán*), que detallaban que los rayos solares al caer sobre una vara el mediodía del solsticio de verano (el 21 de junio) no producían sombra. ERATÓSTENES se propuso hacer las mismas observaciones, pero en ALEJANDRÍA, a la misma hora y mismo día. Al llevarlo a cabo notó que la luz solar incidía verticalmente en un pozo de agua. Con ello asumió que si el Sol se encontraba a gran distancia, sus rayos al alcanzar la Tierra debían llegar en forma paralela y no se deberían encontrar diferencias entre las sombras proyectadas por los objetos para esa fecha, independientemente de dónde se encontraran. Pero al hacerlo comprobó que sí que había diferencias, ya que la sombra dejada por la torre de SIENA formaba 7 grados con la vertical. Y con está simple y sorprendente lógica, dedujo que la Tierra no podía ser plana. Utilizando la distancia que existía entre ALEJANDRÍA y SIENA, y el ángulo medido de las sombras, calculó la circunferencia del planeta. El cálculo la realizó en *"estadios"*, que eran las unidades que ellos usaban. Le salieron 250.000 estadios, que en nuestro sistema métrico decimal son unos **40.000 km actuales**. ¿Y sabéis qué? ¡Esos son prácticamente los **mismos kilómetros que hoy sabemos que tiene!** Sus cálculos fueron casi exactos a la realidad, pues la circunferencia de la Tierra es de **40.075** km en su circunferencia ecuatorial (medida desde paralelo

0°), y **40.008** km en su circunferencia meridional (medida desde paralelo 90°). Todo resulta deslumbrante, pues el "instrumento tecnológico" que utilizó fue **¡Una vara! ¡Midió las sombras que arrojaba una vara!**

HIPARCO de NICEA (190-120) fue otro gran astrónomo nacido en Nicea (*actual Turquía*), que realizó observaciones en RODAS en un observatorio que construyó el mismo, y también en ALEJANDRÍA, aunque el astrónomo francés Jean DELAMBRE en el siglo XVIII demostró que algunas de las observaciones de HIPARCO debieron ser realizadas en años posteriores. Pues bien, HIPARCO, un siglo después de ERATÓSTENES, calculó que la **Luna estaba a 240.000 millas de la Tierra** y se equivocó en solo 100 millas, ¡menos de 0,5%! ¡Estos griegos eran unos fenómenos! Todo ello no son más que pruebas de que siglos antes de Cristo la ciencia daba por hecho que la Tierra era redonda.

HIPARCO comparó la posición de las estrellas de su tiempo con los resultados obtenidos siglo y medio antes por TIMOCHARIS, y calculó que la diferencia era mayor de lo que cabría esperar de posibles errores en la medición (*concretamente, 45 segundos de arco en 1 año, valor muy próximo a los 50,27 segundos aceptados actualmente*), y dedujo que tal diferencia no era debida al movimiento de las estrellas, sino al movimiento de Este a Oeste del punto equinoccial (*que es el punto de intersección de la eclíptica con el ecuador celeste*). De ese modo calculó que el **período del año solar es de 365 días y 6 horas**. ¡Impresionante!

Poco se sabe de los instrumentos que utilizaba para sus observaciones, pero TOLOMEO atribuye a HIPARCO la **invención del Teodolito,** que mejoró la medición de los ángulos. En el campo de la geografía también destacó por sus trabajos sobre **trigonometría esférica**, gracias a los cuales pudo precisar la localización de puntos en la superficie terrestre por medio de su latitud y longitud. Realizó también estudios de estrellas en la constelación de Escorpión, estudios del movimiento de las estrellas y elaboró un **catálogo de 850 estrellas** clasificadas según su luminosidad y de acuerdo con un sistema de seis magnitudes de brillo, muy parecido a lo que se realiza en la actualidad. No se conserva nada de su obra, pero se sabe de la misma por los escritos de TOLOMEO y ESTRABON. ¡Qué pena!

En este punto hay que hacer una pequeña salvedad y expresar algo que produce una gran tristeza. Es duro asumir que la mayoría de las obras escritas por los antiguos griegos han desaparecido, y en su mayoría solo conocemos de ellas por referencias de autores posteriores. Sin duda uno de los motivos principales pudo ser el terrible daño cultural y científico causado por las sucesivas destrucciones de la **Biblioteca de Alejandría,** de donde desaparecieron obras magnas de la Antigüedad a manos de imperdonables bárbaros de todo tipo, provocando una irreversible e irreparable pérdida para la humanidad, la cultura y la ciencia. De golpe y porrazo, desaparecieron siglos de sabiduría almacenada entre sus estantes. Pero de ello haremos justa mención más adelante.

4. ¿Heliocentrismo o Geocentrismo?

Absurdas tensiones

Solo fue a partir de un admirable polaco, Nicolas **COPERNICO** (*1473-1543*), cuando surgió el debate entre el GEO-CENTRISMO, que defendía que la Tierra es **el centro del universo**, y el HELIOCENTRISMO, que planteaba básicamente que la Tierra no es de ningún modo el centro del universo, sino un planeta más que gira alrededor del sol. El

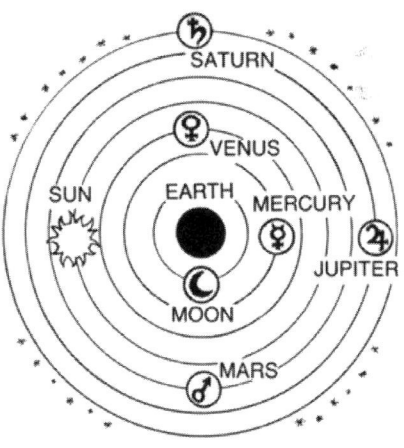

planteamiento venía desde tiempos de PTOLOMEO, y se basaba en que todos los planetas, incluido el Sol, giraban alrededor de la Tierra como centro del todo.

Un largo desierto tuvo que pasar la humanidad, en concreto 18 siglos nada más ni nada menos, para que en el siglo XVI ese extraordinario italiano llamado **GALILEO Galilei** (*1564-1642*), contra viento y marea, defendió la teoría del heliocentrismo. GALILEO fue quien se llevó todo el crédito de la historia, pero hay que resaltar la enorme labor previa de COPERNICO y **Giordano BRUNO**. Fue amenazado severamente por la Inquisición, hasta el punto de tener que retractarse de sus ideas y permanecer en arresto domiciliario hasta el fin de sus días.

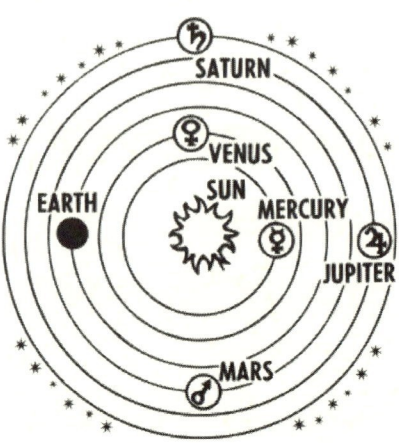

Posiblemente este sea uno de los capítulos más vergonzosos de la historia de la iglesia, agravado por el hecho de que esta **"solo" tardó 350 años en rectificar su error**, en concreto hasta 1992, (*vamos, antes de ayer*), pero ya hablaremos de ello más adelante.

Esta inflexibilidad de los estamentos religiosos con los avances de la ciencia es algo que no se acaba de comprender, y se trata de algo consustancial a casi todas las religiones. Posiblemente, el temor de cualquier autoridad religiosa provenga del hecho de que a través del conocimiento científico sus feligreses puedan llegar a dudar de las explicaciones de sus pastores en relación con todo a lo que atañe al origen del hombre y la creación del mundo. Pensado con sensatez, no deja de ser una posición absurda, pues durante toda la Edad Media, la labor de la iglesia resulto encomiable y loable, ya que protegió en sus monasterios las fuentes del saber y la cultura, lo cual, por cierto, es de agradecer, y mucho.

Volviendo al tema, resulta absurdo y estéril ese empeño de tener una explicación para todo. No queda otra que aceptar que es sencillamente imposible tratar de interpretar la voluntad exacta de lo que Dios nos exige como personas. Desde poner una fecha exacta a la creación del hombre, a la Tierra y otros atrevidos pronósticos, todas son interpretaciones que no suelen provenir de los testamentos, son simples y artificiosas incongruencias construidas por el ser humano y, de un modo irremediable, conducen a contradicciones de todo tipo. Además, la BIBLIA misma en ningún lado afirma que la tierra sea plana, ¡en NINGUNO! Para mayor sarcasmo, es la misma Biblia la que infiere que la Tierra es redonda. De hecho, el **profeta ISAÍAS** lo nombraba "círculo de la Tierra", traducido también como "globo terráqueo" o "redondez de la Tierra".

Isaías 40:22
*"Él está sentado sobre el **círculo de la tierra**,*
cuyos moradores son como langostas; él extiende los cielos
como una cortina, los despliega como una tienda para orar".

En la mayoría de los casos, estas extravagantes interpretaciones provienen del hecho de abrazar los principios aristotélicos y tolomeicos, y convertir sus ideas en prácticamente dogmas de fe. Indudablemente, negar evidencias científicas obedece solo a cuestiones de poder y de control y resulta del todo incongruente, pues fueron algunos maravillosos autores cristianos los que afirmaron, sin ningún tipo de duda, que la Tierra era una esfera. Desde San **AGUSTÍN** en el siglo V, pasando por San **ISIDORO** de Sevilla y **BEDA el Venerable** en el siglo VII, hasta Santo **TOMAS** de Aquino en el XIII. Uno de los episodios más vergonzosos fue el protagonizado por el infame Papa **CLEMENTE VIII,** que impuso su fanatismo y rencor personal al *"rebelde"* Giordano **BRUNO,** hasta el punto de condenarlo por hereje y quemarlo en la hoguera por mantener en esencia casi prácticamente lo mismo que los anteriores Santos. Pero eso también lo dejaremos para más adelante.

El único escritor relevante de la Antigüedad que creía que la tierra era plana fue el escritor Lucio Cecilio Firmiano **LACTANCIO** (245-325) en el siglo III d.C., que se burlaba al imaginar a la gente que *"**camina con los pies en el aire y la cabeza debajo**"*. No le daremos excesivo crédito, pues este no fue más que un escritor popular sin formación científica. Le otorgaremos la misma capacidad de influencia en los sabios de su época, que le doy a Greta THUMBERG cuando, con cara de endemoniada, nos grita que quitemos la calefacción en enero, pues eso hace que nos carguemos el planeta (*según ella, claro*).

La única realidad es que desde hace siglos casi toda persona docta asumía que el mundo era posiblemente una esfera. Es falso que en la Edad Media se tuviera la creencia de que la Tierra fuera plana, es una leyenda. Pero ¿dónde surge entonces la leyenda? No hay certezas, pero sabemos, por ejemplo, que había dudas sobre la redondez de la Tierra por parte de Cristóbal COLÓN y que pudo sufrir presiones para no navegar en dirección oeste hacia la India, como pretendía. Supuestamente, según algunos iluminados, el mundo era plano y el gran Cristóbal, si navegaba muy lejos, se caería por el borde, aunque parece que este relato no fue más que una ficción inventada en 1830 por Washington IRVING.

Aun así, en **pleno siglo XXI**, el ser humano parece más terco que una mula de carga de Santorini, y a pesar de las incontables pruebas en contra, algunos parece que no andan del todo convencidos. Efectivamente, la física no carece de humor, y por eso merecen una irónica mención esa panda de iluminados (*por calificarlos de un modo suave*) que, con una falta total de decoro intelectual y sin ponerse rojos por ello, aseguran que la Tierra es plana. Sí, señor, amigos, con un par. Son los llamados TERRAPLANISTAS, ese grupo de ignorantes extremos que se ocultan por todos lados en las redes sociales y que exponen teorías conspiratorias. Contrariamente a lo que podéis esperar, os aconsejo que las leáis, pues son divertidísimas. Ellos "*demuestran con pruebas*" (*según ellos, claro*) que la tierra es plana. Y no creáis que son unos pocos, ¡qué va! Son un buen grupo de incautos a todos los que han logrado convencer y a los que les une un nexo común: son aficionados al Reguetón. Era de esperar.

¡No solo no es plana, sino que gira alrededor del sol!

GALILEO Galilei aseguró que la **Tierra giraba alrededor del sol**, vino inequívocamente a contradecir la creencia que la Tierra era el centro del universo. Palabras mayores en pleno siglo XVII; ahí radicaba el conflicto, pues si no somos el centro del universo y giramos alrededor del Sol (*y no al revés*), estamos enfrentando de una atacada todo tipo de dogmas y creencias religiosas impuestas bajo la amenaza del pecado. Ello ponía en peligro la autoridad y la credibilidad de quienes desde un púlpito lanzaban sermones y todo tipo de certezas. En principio se negó a obedecer las órdenes de la Iglesia para que dejara de exponer sus teorías, pero la amenaza de la hoguera es mucha amenaza, y acabó por renunciar a sus postulados. No me extraña, yo hubiera hecho lo mismo. Con ello evitó las llamas y "*solo*" fue condenado a reclusión perpetua en su domicilio por el resto de sus días, que fueron 8 años.

Él, junto a **KEPLER**, fueron quienes de verdad comenzaron la **revolución** científica que culminó con la obra de Isaac **NEWTON**. Aportó el uso del **telescopio** para la observación lo que le condujo al descubrimiento de las manchas solares, los valles y montañas lunares, los cuatro satélites mayores de Júpiter y las fases de Venus. Aunque no lo inventara, fue él quien le dió una aplicación para la astronomía.

En el campo de la física GALILEO descubrió las leyes que rigen la caída de los cuerpos y el movimiento de los proyectiles. Para la ciencia fue un héroe, el **símbolo de la lucha contra la autoridad y de la libertad en la investigación**. Pero paremos de alabarle, más adelante tiene su propio capítulo por méritos propios.

5. ¿Pero de qué está hecho el Universo?

Constituyentes básicos

El universo es algo que nos rodea, que permanece expectante, es cercano pero muy alejado la vez, y está regido por leyes, algunas conocidas y otras no. Son tantas las lagunas en nuestro conocimiento que el alcance de la realidad que nos rodea parece más amplio que el mismo universo, y la trascendencia de nuestra existencia quizás sea mucho más decisiva de lo que imaginamos. Por ello, nos preguntamos: *¿cómo de grande*

es el universo? ¿es infinito? ¿qué es ser infinito? ¿y quién lo hizo posible? ¿hay algo más allá?

Es sorprendente lo que la humanidad, y la física, en particular, ha avanzado con sus osados descubrimientos. En los últimos 150 años se han obtenido respuestas a preguntas más que trascendentales de la composición del universo, y por ello es importante mencionar cuales son los constituyentes básicos del cosmos:

—El 27% es **MATERIA OSCURA**, que ni emite, ni refleja, ni absorbe luz, y que nadie ha visto ni sabe lo que es.

— El 68% es **ENERGIA OSCURA**, que nadie ha visto ni sabe lo que es ni cómo se originó. Esta viene calculada en base al "*acoplamiento cosmológico*" que, por primera vez, postuló EINSTEIN.

— El 5% es **MATERIA ORDINARIA**, que es la que todos conocemos. Incluye lo que vemos, desde *planetas, estrellas, objetos, personas* y todo aquello de la que estamos hechos.

¿Y de qué se compone el 5% de MATERIA Ordinaria?

Sigamos el siguiente hilo:

a. la **MATERIA** está compuesta de **MOLÉCULAS,**

b. las **MOLÉCULAS,** a su vez, están compuestas de **ÁTOMOS,**

c. los **ÁTOMOS** están compuestos de **ELECTRONES,** que se mueven indeterminadamente alrededor de un **NÚCLEO,**

d. este **NUCLEO** está compuesto de **NEUTRONES** y **PROTONES,**

e. estos **NEUTRONES** y **PROTONES** están compuestos a su vez de **QUARKS,**

f. y los **QUARKS** pueden ser hasta de 6 tipos diferentes, aunque los principales son los **Up** (*arriba*) y los **Down**(*abajo*).

Como el tema luego se complica bastante por las familias de partículas, **es esencial entender este ESQUEMA básico.** Con él se puede seguir hablando del universo y no perderse en el camino. Si te has fijado, al final toda la MATERIA ordinaria se compone de ELECTRONES y QUARKS, los cuales están presentes en cualquier componente del universo y en cualquier elemento de la tabla periódica. ¡Increíble! A partir de aquí, "*parece*" que ya no existen partículas más pequeñas, pero ya veremos, no las tengo todas conmigo. Aquí hay que sacar a pasear la más sabia expresión de la física, que es "***hoy en día***".

Es verdad que se han descubierto más partículas, pero son "*raras*", de una existencia muy breve, y no se sabe bien para qué sirven algunas de ellas. Son subpartículas o elementos que no parecen ser esenciales. Algunas, cuando se las detecta, rápidamente desaparecen y despúes interactúan en sus propios campos.

6. Qué son las Galaxias

Qué son y cómo las clasificamos

En la cosmología actual el universo está constituido por **distintos objetos**. De mayor a menor están: los cúmulos, las galaxias, las estrellas y los planetas. Las **GALAXIAS** son conjuntos compuestos por un ingente número de ESTRELLAS (*de soles, para entendernos*) y de materia interestelar que se mantienen unidas entre sí por su propia gravedad. Se las puede clasificar de muchos modos diferentes. Por su *masa*, su *forma*, la *distancia* a la que se encuentran de nuestra propia galaxia etc.; *gigantes*, muy *brillantes* o las llamadas *enanas* que son hasta 1000 veces menos brillantes. Las GALAXIAS contiene en su estructura lo siguiente:

- Un **Disco**, que está en el plano medio definido por la galaxia y que contiene gran cantidad de gas interestelar que da origen a estrellas.
- Un **Halo**, que recubre la galaxia con un volumen menos denso, pues es una región con mucha menos cantidad de polvo y gas. Contiene cúmulos globulares, estrellas agrupadas por la acción de la gravedad.

- Un **Bulbo**, que es la protuberancia central o núcleo galáctico, donde existe una mayor densidad de estrellas, siendo por ello muy luminoso.

Las galaxias podríamos dividirlas también en ELÍPTICAS, ESPIRALES - como nuestra Vía Láctea, que pertenece a este tipo que poseen de 100.000 a 400.000 millones de estrellas -, e IRREGULARES - cómo las Nubes de Magallanes y los satélites de la Vía Láctea. Entre las galaxias hay también lo que se denomina polvo intergaláctico. Además, las galaxias pueden tener diferentes colores. Las más jóvenes son de color AZUL, son brillantes al ojo humano y su luminosidad va cambiando con el tiempo. Las galaxias con forma de elipse, en cambio, tienden hacia el ROJO, son estrellas antiguas, muy lejanas, mientras que las irregulares son las más azules. **¿De qué están hechas?** Están compuestas de polvo y gas, de estrellas, planetas, asteroides y otros materiales. Las galaxias tienen además agujeros negros, como uno tremendo que está en el centro justo de nuestra VÍA LACTEA. En cuanto a la composición química de las galaxias, sus elementos básicos y comunes son el **HIDRÓGENO** y el **HELIO**. Sorprendente, ¿verdad? Aunque en el interior de las estrellas, a modo de reactor nuclear de fusión, se van formando otros elementos más pesados de la tabla periódica de elementos químicos que estudiamos todos en el colegio. Por cierto, esta es otra heroicidad que la ciencia fue completando poco a poco, pero eso es otra historia.

¿Cómo se formaron?

La formación de galaxias es aún un asunto de gran discusión. Los cosmólogos creen que, en sus comienzos, el universo fue muy oscuro, lleno de nubes de gas y de materia oscura. Las primeras estrellas y galaxias se formaron después de solo algunos cientos de millones de años tras el *Big Bang*, pero actualmente, y debido a las imágenes que nos llegan de los nuevos telescopios espaciales, en concreto del James WEBB (del que haremos un capítulo aparte), se está replanteando la verdadera edad del universo. Hasta ahora se creía que era de unos 13.800 millones de años, y ahora algunos aseguran que, como mínimo, pudiera ser el doble de esta cifra. Increíble.

Tienen Movimiento, no son estáticas

En líneas generales, las estrellas —y las nubes de gas y polvo— tienen movimientos de rotación alrededor del centro, pero no todas las partes de una galaxia giran con igual rapidez. Las estrellas del centro giran más deprisa que las externas en lo que se denomina "*rotación diferencial*". Además, las galaxias se expanden y giran a su vez por el universo.

Las Galaxias y la medición de sus distancias

Para tratar de comprender el alucinante concepto de los tamaños en la astronomía primero hay que mencionar que la unidad de medición de la distancia en el universo se realiza en "**años-luz**", que es la distancia que recorre la luz en un año. Pongamos un ejemplo de lo que esto significa:

— La velocidad de la luz es unos 300.000 km/seg, que multiplicado por el número de segundos que hay en 1 año, significa que la **luz viaja en 1 año ¡9,4 billones de km!**, o lo que es lo mismo **¡9.460.800.000.000** de km! Y dado que la TIERRA está 150 millones km del SOL, cuando estés en una playa tomando un mojito, los rayos de sol que te están poniendo morenos tardan 8,33 minutos en llegar a ti.

Las galaxias también pueden además aumentar su tamaño fusionándose con otras más pequeñas. Se cree que esto sucede en la actualidad con la Vía Láctea y sus vecinas más pequeñas, las Nubes de Magallanes, que orbitan alrededor de la VÍA LACTEA una vez cada 1.500 millones de años.

¿Cuántas galaxias hay en el universo?

La mayor parte del universo está vacío de materia ordinaria (*solo es el 5%*), y se estima que en el universo observable hay, como mínimo, un billón de galaxias. Son solo estimaciones, pues el total de galaxias existentes se desconoce. Cuando se observa con un telescopio se está yendo muy lejos no solamente en distancia, sino también en el tiempo. Una manera de  estimar las galaxias que hay en el universo observable es mediante las tomas de campo extremadamente profundo que realizan el Hubble y el *XDF,* pero que representan una pequeña área de la esfera celeste. Todo apunta a que puede haber muchas más galaxias de las que ahora estimamos. En cualquier caso, dado que el universo permanece inexplorado, no es posible dar una respuesta ni aproximada a esta pregunta por mucho que algunos *se tiren unos cuantos triples* al respecto. Es más, los datos que se están recibiendo del telescopio James WEBB, están destrozando muchas de las creencias que se tenían hasta ahora del tamaño real del universo. Habrá que esperar, pues.

7. La VÍA LÁCTEA, nuestra Galaxia

*"**La Atmósfera**" de Camille Flammarion, de 1873,*
muestra a un peregrino observando la mecánica celestial.

¿Cuándo se creó nuestra Galaxia?

Nuestra Vía Láctea debió formarse, como mínimo, hace unos **10.000 millones de años**, aunque posiblemente sea más antigua. Algunos proponen que lo hizo hace 13.000 millones de años, ya que existen estrellas muy antiguas como MATUSALÉN, que tiene una edad de menos de 1.000 millones de años después del Big Bang.

La Vía Láctea pudo haberse formado poco tiempo después. Se cree que comenzó con pequeñas acumulaciones de materia que con el tiempo dieron lugar a los cúmulos globulares del halo, entre los que se encuentran las estrellas de mayor edad de la galaxia. Como mencionamos, hay galaxias pequeñas de apenas 1.000 estrellas, y otras gigantes. Nuestra Vía Láctea no está nada mal, pues tiene unos 100.000 años-luz de diámetro, pero las hay más grandes, como por ejemplo la galaxia NGC 6872, que tiene un diámetro de 520.000 años-luz, unas 5 veces el diámetro de la nuestra. Esta es la galaxia en espiral más grande conocida hasta la fecha.

¿Cuántas estrellas hay en nuestra Galaxia?

Más datos espeluznantes, no sé si estás preparado aún. Aunque es imposible saber el número exacto de estrellas que hay en nuestra Vía Láctea, se hacen estimaciones de que, como mínimo, hay **100.000** millones (*o sea, de soles*). ¡Una auténtica salvajada!

La estrella más cercana a nuestro Sol es **PRÓXIMA CENTAURI**. ¿Y sabes a qué distancia está? A unos 4,2 años luz, por lo que llamarla "*próxima*" es sin duda una ironía. Para una mejor visualización de lo que esta monstruosidad de distancia supone, intentaremos imaginar la distancia en *kilómetros* que hay del Sol a nuestra estrella vecina. Sígueme en este sencillo cálculo:

— Un **año-luz** son los kilómetros que la luz recorre en 1 año,
— como la **luz viaja a 300.000 km/segundo**, ello significa que la luz recorre en 1 año aproximadamente **9.500.000.000.000** km,
— y dado que PRÓXIMA CENTAURI está a 4,2 año-luz del Sol...
— saca entonces la calculadora y multiplica 9.500.000.000.000 km por 4,2,
— lo cual nos da: ¡¡¡**39.900.000.000.000** km!!!

Lees bien, no alucinas. Esa es la delirante distancia que hay entre el Sol y la estrella más cercana dentro nuestra propia galaxia. Sin duda, el viaje se nos haría largo. Imaginate entonces a que distancia estarán el resto de las 100.000 estrellas de nuestra propia galaxia. Por no hablar ya de otras estrellas en otras galaxias en los confines del universo... Una auténtica locura.

¿Cómo supimos de la Vía Láctea?

En España, durante la Edad Media se denominaba Vía Láctea al mapa que el propio apóstol Santiago había dibujado en el cielo hacia su tumba. A lo largo del cielo se extiende un espectacular manto blanco de estrellas que servía a los peregrinos para orientarse y transitar el Camino de Santiago. Bastaba con mirar a los cielos y dejar que las estrellas guiaran sus pasos. La leyenda dice que fue la senda esbozada por el mismo apóstol Santiago la que acompañaba al peregrino hasta su sepulcro. De hecho, el nombre de COMPOSTELA viene de "*campus stelae*", en latín "campo de estrellas". Por la dificultad de orientarse por los caminos, y al existir mapas poco precisos, así lo hacían. Se puede observar a simple vista; es como una banda de luz que recorre el firmamento nocturno, el cual por cierto en su día mi admirado y griego favorito **DEMÓCRITO** de Abdera atribuyó a un conjunto de *"estrellas innumerables tan cercanas entre sí que resultan indistinguibles"*. Este gran pensador fue el primero en sugerir, en una época en que evidentemente no había telescopios, que la Vía Láctea en realidad estaba constituida por miles de estrellas, tan lejanas unas de otras que no podían distinguirse. Sin entrar en mayores elogios, hay que resaltar que llegar a estas conclusiones cinco siglos antes de Cristo fue un hecho grandioso. Los logros de esta élite griega de filósofos y científicos merecen un capítulo aparte.

La humanidad tuvo luego que esperar demasiado tiempo, unos 2000 años, hasta que **GALILEO** Galilei y diese la razón a DEMO-CRITO, basándose en estudios de **COPERNICO** y apuntando con su rudimentario telescopio a los cielos. Aquel dedujo que en el cosmos había más estrellas de las que realmente se pudieran llegar a contabilizar. En 1610, GALILEO usando por primera vez el telescopio, confirmó las observaciones de DEMÓCRITO.

Tiempo después, el alemán Immanuel **KANT** (1724-1804), una de las grandes mentes de la filosofía, realizó contribuciones enormes a la metafísica, la epistemología, la ética y la estética, las cuales tuvieron un profundo impacto en el área de la filosofía. Pero centrémonos ahora en sus ideas de astronomía, ya que además de filósofo tenía pasión por las matemáticas y las ciencias. Su más famosa teoría fue la nebular, también conocida como Teoría de KANT y LAPLACE, que explica que la formación del sistema solar proviene de una enorme nube de gas y polvo con forma de disco en la que se fueron formando aglomeraciones de material que constituyeron el Sol y los planetas. KANT especuló certeramente con que la Vía Láctea estaría constituida por miles de sistemas solares aparte del Sol, y que además el conjunto de ellos tendría una forma elíptica que giraba alrededor de un centro determinado de la galaxia. Igualmente, sugirió que existían otros conjuntos de estrellas y planetas como la Vía Láctea, a los que llamó **universos islas** (*que nosotros llamamos galaxias*), los cuales serían visibles desde la Tierra como pequeñas manchas de luz.

En 1774, el astrónomo francés Charles **MESSIER** (1730-1817) publicó el catálogo MESSIER, una maravillosa recopilación de **103 objetos** del espacio profundo visibles, algo inédito en su momento. El catálogo MESSIER resultó ser una herramienta tremendamente útil para otros y un símbolo de la astronomía durante más de dos siglos. MESSIER llegó a ser conocido en toda la comunidad científica europea como *"el hurón de los cometas"*, pues descubrió al menos 20, lo cual, teniendo en cuenta que los astrónomos más famosos de la época tuvieron la suerte de encontrar solo uno, le dio una gran fama. Literalmente, estaba enloquecido por descubrir tantos cometas como fuera posible. Los cometas suelen llevar el nombre de sus descubridores, como el famoso cometa Halley, llamado así por el astrónomo inglés Edmund HALLEY.

Deseo mencionar el curioso caso de William **HERSCHEL** (1738-1822). Este era músico y organista de una Iglesia de Bath, en Inglaterra, pero compartía con su hermana una gran afición por la astronomía hasta el punto de que abandonó la música y se dedicó de lleno a la observación de los cielos. Se construyó sus propios telescopios de grandes espejos, los cuales se convirtieron en los mejores de su época, en el siglo XVIII. Se ganó una gran reputación, descubriendo URANO, y llegó a ser nombrado Astrónomo real por parte del rey JORGE III de Inglaterra. Contando las estrellas que HERSCHEL observaba en el firmamento, fue el primero en construir una estructura de la VÍA LÁCTEA, como un disco estelar dentro del cual la Tierra se encuentra inmersa, pero lo que no pudo es calcular su tamaño. HERSCHEL llegó a catalogar **2.000 nuevas nebulosas**, **800 estrellas dobles**, **2 satélites** de Urano (Titania y Oberón), **2 satélites** de Saturno (Mimas y Encelado) y varios **cometas** en los años 1807 y 1811. Con ello amplió admirablemente la lista de objetos del espacio profundo, siendo quien **describió por primera vez la forma de la Vía Láctea**.

En 1912, la astrónoma Henrietta Swan **LEAVITT** (1868-1921) descubrió la relación entre el periodo y la luminosidad de las estrellas llamadas "**variables cefeidas**", lo que le permitió medir las distancias de los cúmulos globulares. Sus cálculos permitieron la posibilidad de medir las distancias en el espacio, y fueron clave, no solo para el trabajo de HUBBLE, sino también para el de EINSTEIN y su teoría de la relatividad que cambió el mundo.

Antes de que se inventaran las computadoras físicas, el trabajo de computar, es decir, el de hacer cálculos matemáticos, era realizado a partir de finales del siglo XIX por las llamadas **HARVARD Computers**, que no eran sino computadoras humanas formadas por un grupo de casi 100 mujeres que trabajaban haciendo cálculos en el observatorio de la Universidad de HARVARD. Su tarea (muchas eran estudiantes de Astronomía, como LEAVITT), era medir la magnitud o brillo de las estrellas. ¿Y cómo lo hicieron? Estudiando miles de fotografías en placas de vidrio de distintas partes del cosmos que venían de observatorios de todo el mundo. Las HARVARD Computers crearon el primer **Catálogo del cielo**, siendo la primera vez en la historia que se intentaba documentar el universo. El hallazgo de LEAVITT permitió establecer una escala de distancias y así se pudo empezar a medir el universo por primera vez.

La humanidad tuvo que esperar a tener un telescopio de suficiente tamaño y resolución. No fue hasta 1904 cuando se construyó el enorme telescopio del mítico observatorio **MOUNT WILSON** en California, que tenía un espejo de 100 pulgadas de diámetro. Fue a partir de ese momento cuando se empezó de verdad a avanzar en el conocimiento del universo.

En 1924, Edwin **HUBBLE** (1889-1953) logró medir la distancia a una nebulosa en espiral, observando las estrellas tipo cefeidas (*que cambian periódicamente su brillo*). HUBBLE fue quien determinó que la distancia a las cefeidas de Andrómeda era mucho mayor que el tamaño de la Vía Láctea, y que por tanto no podía encontrarse dentro de ella. Concluyó con ello que ANDRÓMEDA, al igual que la Vía Láctea, era una **Galaxia** por derecho propio. Edwin HUBBLE fue un tipo excepcional al cual la astronomía y la física le deben casi todo.

Unos años después, el norteamericano Harlow **SHAPLEY** (1885-1972), astrónomo, también del observatorio Monte Wilson, y director del observatorio de la Universidad de Harvard, demostró que los cúmulos están distribuidos con una estructura imaginaria más o menos esférica alrededor del centro del disco galáctico, en lo que el denominó **Halo** galáctico, y demostró que este no está centrado en el Sol sino en un punto distante del disco en la dirección de la constelación de SAGITARIO, donde situó correctamente el **centro de la galaxia**. También confirmó que el objeto espiral llamado ANDRÓMEDA estaba constituido por estrellas individuales y no era una mera nebulosa de gas como hasta entonces se creía.

En 1930, el astrónomo norteamericano Robert Julius **TRUMPLER** (1886-1956), especializado en el estudio de cúmulos estelares, descubrió el efecto de oscurecimiento galáctico producido por el polvo interestelar, con lo que se logró corregir tanto el tamaño de nuestra galaxia como la distancia a la que se encuentra el Sol a los valores hoy en día aceptados.

Todas las estrellas que componen la Vía Láctea están rotando alrededor de un núcleo, y se cree que en su interior hay un gran agujero negro. Esto es un hecho que, al parecer, es común en la mayoría de las galaxias, sobre todo en las de forma espiral. Las estrellas próximas al Sol realizan unas órbitas relativamente parecidas, pero las estrellas más cercanas al centro de la Vía Láctea giran más rápido, es lo que se conoce como rotación diferencial.

La edad de la Vía Láctea se estima en unos **13.600 millones** de años, lo cual significa que se creó solo 200 millones de años después del Big Bang. Este dato se obtuvo del estudio de los cúmulos globulares, y concuerda con los resultados obtenidos por los geólogos en la Tierra en sus estudios de la desintegración radiactiva de algunos minerales. Los brazos espirales de una galaxia son zonas en las cuales abunda el número de cúmulos estelares o zonas de formación de estrellas. El brazo más cercano al centro galáctico de la Vía Láctea se le llama de **Centauro** o de Norma-Centauro. El siguiente hacia el exterior es el de **Sagitario**. Nuestro brazo local, donde se encuentra el sistema solar de nuestro Sol, es el de **Orión**, también llamado del CISNE, y el siguiente hacia el exterior se conoce como el de **Perseo**. ¡Maravillosos nombres, por cierto! Las otras estrellas que se encuentran en la Vía Láctea suelen agruparse en dos grandes grupos, llamados grupo **Población I**, que está integrado por estrellas relativamente jóvenes, y grupo **Población II**, que son estrellas ricas de mayor edad. El Sol se encuentra en el disco galáctico de la Vía Láctea, sobre el plano de simetría, y al igual que todas las estrellas del disco, orbita la galaxia siguiendo una trayectoria elíptica y perpendicular al eje de rotación galáctico; asimismo, tarda unos 250 millones de años en completar una órbita. Una auténtica barbaridad. Una fusión que se espera en un futuro muy lejano es la colisión de la Vía Láctea con Andrómeda, que, a diferencia de la mayoría de las galaxias, sí que se está acercando a nosotros.

8. ¿El Universo es ESTÁTICO o se EXPANDE?

Cuestión fundamental

La Teoría de la EXPANSIÓN del universo fue propuesta por primera vez por el holandés Willem de **SITTER** (1872-1934). Este matemático, físico y astrónomo se apoyó en la relatividad general de EINSTEIN para formular sus ideas y planteó que el universo *"posiblemente"* estaba en expansión.

En 1912, el astrónomo americano Vesto M. **SLIPHER** (1875-1969) estudió los espectros de las galaxias y observó que las líneas del espectro se desplazan **hacia el rojo**, lo cual implicaba algo esencial:

— que el Universo se está **expandiendo** desde el Big Bang,
— que las Galaxias se están **alejando** unas de otras,
— que, por ello, las demás galaxias **se alejan de nuestra Vía Láctea,**
— que se expanden **en todas direcciones**, como barcos que navegan en direcciones opuestas,
— que lo hacen **cada vez más rápido**, a velocidad cada vez mayor,
— y que dicha expansión **se está acelerando** más aun de lo previsto.

Alucinante. Los científicos no saben la razón real, pero las galaxias del universo se comportan como puntos situados en la **superficie de un globo** que al inflarlo se alejan unos de otros, y lo fascinante es que, si cambiáramos nuestra posición a cualquiera de los otros puntos, ¡observaríamos exactamente lo mismo!

En 1929, el astrónomo americano Edwin Powell **HUBBLE** (1889-1953), tipo interesantísimo por su ecléctica trayectoria, relacionó el **desplazamiento hacia el rojo** observado en los espectros de las galaxias con la **expansión** del universo. Pensó que ese desplazamiento hacia el rojo cosmológico estaba provocado por el efecto Doppler (*que indica la velocidad de retroceso y de recesión de las galaxias*), y que era **mayor cuanto más lejos se encontraban**. HUBBLE enunció su ley de la velocidad de recesión de galaxias, más conocida como LEY de HUBBLE, que establece que la **velocidad** de una galaxia es **proporcional a su distancia**. Con ello, planteó la Constante de HUBBLE, que es el cociente entre la distancia de una galaxia a la Tierra y la velocidad con que se aleja de ella, y que se calcula entre 50 y 100 km/s x Mega pársec (el *Mega pársec es la unidad de longitud astronómica*). En este punto, conviene hacer un alto en el camino y fijarnos en lo que significan ciertos términos, pues son de tal magnitud que son difíciles de asimilar. Hay que ser consciente de la delirante distancia que supone un Mega PARSEC. Sigue el cálculo siguiente:

— como antes dijimos, 1 año luz son **9.500.000.000.000** km,
— como un PARSEC son 3,3 años luz, ello son **31.350.000.000.000** km,
— y como a su vez un Mega PARSEC son 1 millón de PARSEC, ello significa que son **31.350.000.000.000.000.000** km (31,2 trillones).

No te frotes los ojos, has leído bien. Es importante que intentemos (*solo intentemos*) imaginar o visualizar de lo que estamos hablando para que intuyamos la vasta magnificencia de lo que el universo y la naturaleza significa.

¿Que está empujando al universo a alejarse?

Esta es la gran interrogante que se hacen los astrónomos: *¿qué hace que cada vez el universo se expanda de un modo más acelerado?* La respuesta hoy en día es de una claridad meridiana: nadie tiene ni idea. Lee todos los libros que quieras, Nadie lo sabe ni por asomo. Hipótesis varias, certezas ningunas. Además, según parece, **lo hace un 9% más rápido** de lo que los científicos creían hace bien poco. Son muchas las teorías que intentan resolver este enigma, pero ello implica la existencia de fenómenos físicos aún hipotéticos. La tasa de expansión del universo depende de la densidad de la ENERGÍA de los cuerpos que lo componen, y si el ritmo de expansión del cosmos es mayor del que los científicos pueden explicar es porque hay elementos que escapan a la comprensión actual y no se están considerando en los cálculos. Y desde luego no son los gases de las vacas en la Tierra, ni el exceso de ingesta de chuletones de los humanos (*aunque no creáis, seguro que hay algún iluminado/a/e que lo relacione*). Entre las hipótesis que se manejan, están algunas de las siguientes:

—Posibilidad de que hubiera una **PARTÍCULA adicional.** Y ¿cuál sería? El NEUTRINO, como ya predijo en 2018 el profesor Adam **RIESS**, uno de los 3 ganadores del Nobel de Física en 2011 por demostrar que la **expansión** del universo se está **acelerando**. Los NEUTRINOS son partículas fantasmas que serían partículas subatómicas sin carga eléctrica que interactúan de manera muy débil con la materia.

—Posibilidad de que hubiera una **ENERGÍA adicional.** Y ¿cuál sería esta? Pues lo que se conoce como Energía OSCURA, que abarcaría aproximadamente el 68% del cosmos, y que nadie tiene idea de lo que es exactamente. Los investigadores Guido **RISA-LITI**, de la Universidad de Florencia, y Elisabeta **LUSSO**, de la Universidad de Durham UK, publicaron un estudio que sugiere que la energía oscura **no es estable** y que su densidad **aumenta con el tiempo**. Como ya se sabe, a mayor densidad, mayor velocidad de expansión del universo; por ello, creen que la aceleración de la expansión se debe a la energía OSCURA que provendría del inicio del universo y no sería necesariamente igual a la actual.

Si alguna de estas teorías fuera refrendada, los científicos tendrían que reescribir la historia del origen, y tal vez también, del destino del universo.

9. Radiación del Fondo Cósmico de Microondas

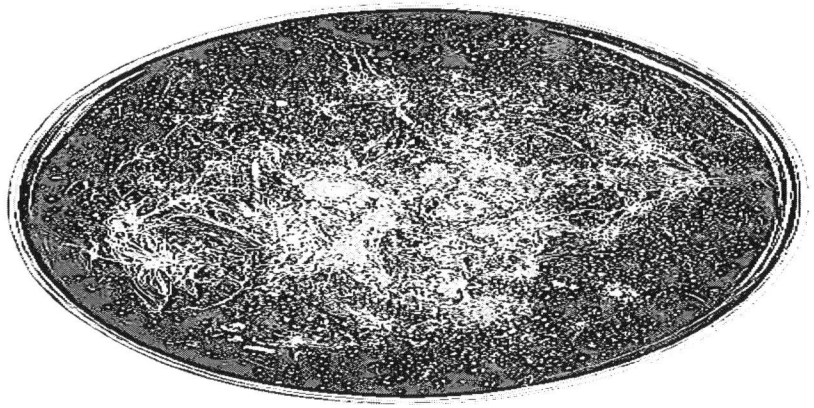

¿Qué es y cómo se descubrió el FCM?

La radiación cósmica había sido predicha por el astrofísico ruso George **GAMOW** en 1948, pero fueron los radioastrónomos Arno **PENZIAS** y Robert **WILSON** quienes, en 1965, recogieron la primera evidencia de este fenómeno, aunque lo hicieron de forma casual y fortuita. Trabajaban en la BELL Telephone y realizaban experimentos con el primer satélite de comunicaciones Telstar. Mientras hacían pruebas encontraron un exceso de ruido de radio que parecía provenir del cielo y venía de todas las direcciones. Habían dedicado un gran esfuerzo en limpiar el ruido parásito de las interferencias de una antena que pretendían utilizar para captar ondas de radio emitidas por nuestra galaxia. Sin embargo, por más que desmontaran la antena una y otra vez, no lograban que desapareciera la extraña señal con su silbido. Lo más asombroso de esa señal es que *parecía* *venir de todas partes* y *llegaba a todas horas.* Los dos ingenieros no comprendieron la importancia de esas señales y decidieron consultar a Bernard **BURKE**, del MIT (Instituto Tecnológico de Massachusetts). Este se dio cuenta enseguida de que lo que PENZIAS y WILSON habían encontrado sin saberlo, era la **radiación de fondo cósmica** que Robert H. **DICKE** y otros muchos científicos de la Universidad de Princeton llevaban buscando desde hacía mucho tiempo con la desesperación del náufrago, y sin resultado alguno. Coordinados entre sí, los dos grupos publicaron simultáneamente en 1965, en la revista *ASTROPHYSICAL JOURNAL,* los artículos que detallaban la predicción y el descubrimiento del campo de radiación térmica universal. Con toda justicia, ello les valió para ganar, en 1978, el Premio NOBEL por la increíble trascendencia que supuso este descubrimiento.

¿Recuerdas la película POLTERGEIST?

Si quieres, puedes ver en una televisión los orígenes del universo, sin moverte desde tu sofá. Lo que deberías hacer es olvidarte de los canales digitales y sintonizar alguna frecuencia analógica, igual que hacían nuestros padres. Lo malo es que después del "*apagón analógico*" ninguna cadena realiza este tipo de emisiones, pero si encuentras  alguna, te resultará algo familiar: la famosa imagen de nieve y ruido blanco que se le aparecía a la niña de la película. La mayor parte de ese ruido proviene del mismo receptor o de emisiones de origen humano, como las de radio, pero un 1% de ese ruido está provocado por la llamada radiación cósmica, que se originó hace unos 13.800 millones de años, cuando el universo 'acababa' de nacer. Increíble pero cierto.

¿De dónde proviene, que es el FCM?

Esta radiación es la luz que se generó y liberó ¡**al inicio del Big Bang**! y nos está alcanzando en forma de **microondas**. Está es una forma de radiación electromagnética que llena TODO el universo y está por TODAS partes y en TODAS direcciones. Son fluctuaciones de temperatura que alcanzaron 141 millones de billones de billones de grados centígrados en el inicio mismo del Big Bang. Algo sencillamente inimaginable para un ser humano. Esa temperatura tan fantasmagórica es la llamada temperatura de Planck, de la que hablaremos más adelante, y que es la temperatura más alta que pueda ser concebida. Al inicio del Big Bang, el universo era tan denso y caliente que los átomos no podían existir; y los protones y electrones simplemente danzaban por el plasma del universo primigenio. Esas temperaturas provocaron que la materia no pudiera organizarse como lo hace ahora, ya que no existían aun los átomos. Dada a la ingente ENERGÍA contenida, el cosmos era esa *sopa* de partículas subatómicas que **impedían a los fotones viajar por el espacio** como lo hacen ahora. Ello quiere decir que el **origen de la FCM** se remonta a cuando el **universo tenía '*solo*' 380.000 años**, que fue el tiempo que duro esa sopa traslúcida, conocida como plasma compuesta de fotones, electrones y núcleos de elementos ligeros, como el HIDRÓGENO y el HELIO.

En aquel momento, la temperatura descendió por debajo de los 3.000 grados y los electrones (*de carga negativa*) se hicieron suficientemente lentos como para que los núcleos (*de carga positiva*) los capturaran para formar átomos neutros. Ello, a su vez, hizo que los fotones dejaran de chocar con partículas positivas y negativas y pudiesen viajar libremente y en todas las direcciones sin interrupciones.

Podemos decir que la LUZ, tal y como la conocemos, **apareció en el universo a los 380.000 años** del Big Bang. Lo que sucede con la FCM es que esos fotones se han hecho muy viejos en el universo, y por eso ya no llegan en forma de LUZ, sino **en forma de MICROONDAS**. A medida que el cosmos se ha ido expandiendo, la longitud de onda de esos **fotones** de la radiación cósmica también lo ha hecho.

Como resultado, esos fotones, además de invisibles, se hicieron menos energéticos y más fríos. Ahora, en lugar de 3.000 grados centígrados, su temperatura es de 270 bajo cero. Esto ahora puede parecer poco, pero son la **calefacción del universo**. Si no estuvieran en todas partes, la temperatura del cosmos se encontraría en el cero absoluto, ¡a menos 273 grados! La temperatura de la radiación cósmica no es totalmente homogénea. Existen pequeñas diferencias del orden de la cienmilésimas de grado en la radiación que alcanza la Tierra desde distintas direcciones. Los fotones de esta radiación que llegan a nuestro planeta partieron cuando el plasma dio lugar a un universo de átomos neutros, por lo que el mapa de nuestro cielo, que representa las diferencias de temperatura de la radiación cósmica, es la fotografía más antigua que tenemos del universo. Sus in homogeneidades corresponden a las diferentes densidades que tenía el plasma en aquel momento, y son una enorme fuente de información para conocer cómo era el cosmos en sus primeros instantes.

Resumiendo, el FCM proviene de hace unos 13.800 millones de años, y representa el eco del Big Bang, la primera luz del universo, **la imagen más antigua que existe**. Aunque no es el momento exacto del nacimiento del universo, porque en los primeros 380.000 años después del Big Bang, no había luz.

10. Los Agujeros NEGROS

¿Qué son y quién los predijo?

Los Agujeros Negros son objetos astronómicos con una fuerza gravitatoria tan brutal que NADA, ni siguiera la luz, puede escapar de ellos. La superficie de un agujero negro es denominada HORIZONTE de sucesos, y define el límite donde la velocidad requerida para evadirlo excede la velocidad de la luz, que es el límite de la velocidad en el cosmos. A partir de ahí, la materia y la radiación son atrapadas y ya no pueden escapar. ¡Son unos auténticos caníbales que lo devoran todo! La respuesta a la cuestión arriba mencionada depende de cómo la enfoquemos, ya que una cosa es la predicción de los agujeros negros, otra su hallazgo teórico, y otra la prueba experimental de su existencia.

En 1915, a raíz de la relatividad general, **EINSTEIN** (*cómo no*) predijo la posibilidad de la existencia de regiones del espacio en las que NADA podría escapar. Incluso las partículas mismas de la luz, los fotones, no podrían escapar de dichos agujeros, siendo precisamente esa la razón por las que no podemos verlos y nos aparecen como objetos totalmente oscuros. Lo que sucede es que cuando una estrella masiva se enfría (*extingue*), deja atrás un denso núcleo remanente, y si un agujero negro atraviesa una nube de materia interestelar, atraerá toda esa materia hacia sí en un proceso que se conoce como ACRECIÓN, que actúa como una aspiradora.

En 1916, los agujeros negros fueron también predichos por Karl **SCHWARZSCHILD,** quien los concibió como una solución a las ecuaciones de la relatividad general de EINSTEIN. No fue hasta mucho después cuando algunas observaciones detectaron que las estrellas orbitaban alrededor de algo invisible en el centro de nuestra galaxia, lo que sugería la existencia de objetos supermasivos de masas superiores millones de veces la del Sol y que no emitían radiación electromagnética detectable.

En 1958, David **FINKELSTEIN** fue quien los mencionó por primera vez en una publicación; y en 1969, el gran John **WHEELER** les atribuyó el acertadísimo término de AGUJERO NEGRO.

En 1983, Subrahmanyan **CHANDRASEKHAR**, otro joven estudiante de doctorado de Cambridge, dedujo que ciertos tipos de estrellas, llamadas **enanas blancas**, podían tener una masa superior a 1,44 masas solares. Una enana blanca no es una señora caucasiana bajita, sino una estrella como el Sol que se encuentra en las últimas fases de su evolución y ha agotado todo el hidrógeno de su núcleo y el combustible de su reactor interior. Llegado ese punto, lo que sucede es que la estrella se enfría y se contrae asombrosamente debido a su propia gravedad.

Fue el extraordinario Roger **PENROSE** quien, sin embargo, probó que los agujeros negros son objetos reales. Junto a Andrea **GHEZ** y Reinhard **GENZEL**, demostraron que existe uno que nos amenaza en el **corazón mismo de nuestra Vía Láctea**. Por cierto, pesa un "*poquito*", tiene 4.000.000 de veces la masa de nuestro Sol. Los tres físicos fueron galardonados con el Premio Nobel de Física por ello en

2020. Desde los avances de PENROSE, uno de mis físicos favoritos, otros astrónomos han encontrado una gran cantidad de evidencias de agujeros negros, a los que podríamos describir como monstruos estelares que se dedican a devorar galaxias sin ningún tipo de miramiento. Algo especialmente escalofriante es el hecho de que nos atrapan para siempre en su interior, en donde el tiempo no tiene sentido.

¿Qué hace que sean tan poderosos?

La respuesta parece sencilla: la Gravedad. Sin embargo, hay una explicación más simple: se crean cuando colisionan pequeños y densos remanentes de estrellas muertas. Si la masa del núcleo supera unas tres veces la masa del Sol, la Gravedad se impone a todas las demás fuerzas, haciendo que estos remanentes colapsen y se cree un agujero negro. Son objetos tan extremadamente densos, tienen tanta masa y ejercen una atracción gravitatoria tan descomunal, que como dijimos la luz queda atrapada y no puede escapar. Los astrónomos creen que la mayoría de las galaxias espirales y elípticas tienen agujeros negros en su núcleo.

Tipos de Agujeros Negros

Se pueden ordenar del siguiente modo:

a. Agujeros negros de **MASA ESTELAR**. Son los más pequeños y tienen una masa de **1 a 100** veces la masa del Sol, se forman cuando el núcleo de una gran estrella se colapsa provocando una supernova o la explosión de una estrella,

b. Agujeros negros de **MASA INTERMEDIA**. Son de tipo medio y un gran misterio, pues solo se han descubierto unos pocos. Se cree que tienen una masa de **100 a 100.000** Soles.

c. Agujeros negros de **MASA SUPERIOR**. Son los más masivos, pueden tener masa de **miles de millones** de Soles. Este tipo de agujeros negros alcanzan su enorme tamaño, ya que se fusionan con otros y subsumen estrellas. Son los que están en el centro de todas las galaxias, como el llamado SAGITARIO-A, que es el agujero negro que está en el centro de nuestra Vía Láctea. Tiene nada más ni nada menos que 2,6 millones de veces la masa del Sol y un diámetro de 44.000.000 km. Da risa con solo imaginarlo; es sencillamente alucinante.

Cualquier cosa podría ser un Agujero Negro

Es importante aclarar que **cualquier cuerpo con masa** pudiera llegar a ser un agujero negro. Da igual el tamaño, solo necesitaríamos confinarla en un espacio lo suficientemente pequeño.

—Si de algún modo pudiéramos comprimir toda la masa del Sol en una **esfera de 6 km,** el Sol se convertiría entonces en un agujero negro. Imagina lo que sería concentrar así el Sol, que tiene un diámetro de 1,39 millones de kilómetros.

—Otro ejemplo interesante es que la **Tierra** también podría llegar a ser teóricamente un agujero negro si comprimiéramos su masa y lo convirtiéramos en una **bolita de 18mm.**

—Es más, si fuéramos capaces de comprimir una **persona** hasta el punto de que ocupara el tamaño de **$1,39 \times 10$ elevado a -23 m** *(algo muy inferior al tamaño de un átomo),* entonces ya tendríamos un agujero negro hecho con tu cuerpo.

Los cálculos para determinar el tamaño que debería de tener una cantidad de MASA concreta para llegar a convertirse en un agujero negro es algo que calculó el físico alemán Karl **SCHWARZSCHILD**. Por eso, en física a ello se le llama "el límite de SCHWARZSCHILD".

La importancia de los Agujeros Negros

Los agujeros negros explican los movimientos aparentemente caóticos de algunas estrellas, contribuyen a la comprensión de nuestra galaxia y representan un nuevo ámbito de la física para los científicos. Según la relatividad, la materia deforma el tiempo y el espacio, dando lugar a la gravedad y a los agujeros negros, que serían conglomeraciones de materia extremadamente densas; de ahí su increíble atracción gravitato-

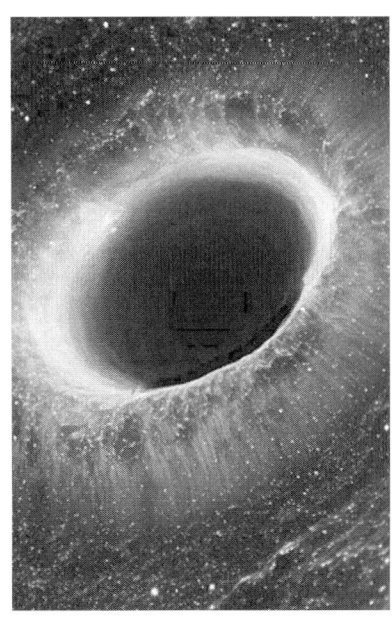

ria, lo que hace que pongan a prueba la teoría de la relatividad.

Cuando observamos la singularidad de un agujero negro todo se complica, pues las fuerzas que actúan son tan masivas que la ciencia no puede ponerse de acuerdo sobre lo que ocurrirá a continuación. Cuando la materia es atraída hacia un agujero negro, la información contenida en la materia **aparentemente se destruye**, pero la Cuántica nos dice que eso no puede suceder. Por ello, los agujeros negros constituyen un fantástico terreno de juego teórico para astrofísicos y matemáticos, pues ofrecen un campo de pruebas para las teorías que explican cómo funciona el universo. Hay que resaltar que los agujeros negros **no crecen indefinidamente**: solo pueden hacerlo en el caso de que estén incorporando materia que esté a su alcance. Por ejemplo, SAGITARIO-A, el agujero negro de nuestra Vía Láctea es supermasivo, pero está inactivo.

Agujeros negros y la GRAVEDAD

La Gravedad es la razón por la que no flotamos en el espacio cada vez que damos un salto. La gravedad de la Tierra nos atrae constantemente hacia su centro, pero se detiene cuando llegamos a la superficie, porque nuestros cuerpos no pueden traspasar la materia. Un agujero negro, en cambio, tiene una Gravedad mucho más fuerte y no posee una superficie de materia que lo detenga, como ocurre en la Tierra. Como dijimos, se forma cuando una estrella masiva colapsa sobre sí misma y se vuelve extremadamente densa. La materia de una estrella entera, al comprimirse en un espacio muy pequeño, produce una descomunal Gravedad. La Tierra te atrae y tú también la atraes, pero la Gravedad de tu cuerpo es mucho más débil que la de un planeta debido a la diferencia de masa y de peso. Esto explica por qué los astronautas parecen más ligeros cuando están en la LUNA: como tienen menos masa en la TIERRA, su atracción gravitatoria es más débil. Es alucinante lo comprimidos que pueden estar. Piensa que el SOL puede colapsar a un agujero negro del tamaño de una pequeña ciudad como TOLEDO. ¿Te lo imaginas? ¡O como comprimir el **Monasterio del ESCORIAL** en un **grano de arroz**! Una reducción brutal.

Importante mencionar lo siguiente. Como no emiten luz, no pueden verse directamente, y ello es la razón por la que para observarlos no se utilizan telescopios tradicionales sino radiotelescopios masivos y detectores de ondas gravitacionales.

Partes: Singularidad y HORIZONTE de sucesos

De todo ello surge una pregunta: **si un agujero negro no es realmente un agujero, ¿entonces qué es?** Bueno, técnicamente podríamos decir que es una especie de ESFERA, un volumen de espacio esférico. Tendemos a visualizarlos como si fueran auténticos agujeros, pero no es así, se pueden comparar a un gigantesco imán. La diferencia es que el magnetismo atrae metales, y los agujeros lo atraen casi todo. Y digo "*casi todo*" porque es un error creer que un agujero negro lo absorbe todo. Si convirtiéramos el Sol en un agujero negro, todo el sistema solar seguiría igual, los planetas seguirían orbitando a su alrededor como si no hubiera tal agujero. Habría que acercarse mucho al Sol para llegar a ser absorbidos, solo a unos pocos kilómetros. Solo sucedería en el supuesto de que traspasaras su Horizonte de sucesos.

Los agujeros negros se describen como dos partes diferenciadas, una **Singularidad** (que está en el centro) y una frontera denominada **Horizonte de sucesos** (que es un círculo oscuro en el espacio, con un parámetro alrededor del centro, también conocido como PUNTO de NO RETORNO y que cuando se cruza atrae todo instantáneamente hacia adentro. Aunque el horizonte de sucesos parece una frontera o borde, no es sólido y tampoco contiene nada. Teniendo en cuenta esto, los agujeros negros no son técnicamente objetos porque en su mayor parte están vacíos.

Es la Singularidad la que contiene toda la materia; el resto es solo la nada vacía, que parece negra, ya que todo lo que entra cae al centro y se funde con la singularidad en una fracción de segundo. La Singularidad es ese *"punto"* con densidad prácticamente infinita que no tiene volumen. Este punto es en teoría infinitamente pequeño y denso, y al estar la masa contenida en un volumen ínfimo, la gravedad es mucho más intensa. Dado que sus masas son iguales, es la densidad lo que distingue a una estrella de un agujero negro. Esto es muy importante asumirlo: una densidad elevada es masa concentrada, y, por tanto, Gravedad concentrada.

Agujeros negros y las Ondas Gravitacionales

EINSTEIN propuso en 1915 que cuando los objetos se mueven por el espacio crean ONDAS en el espacio-tiempo, un concepto que une el espacio y el tiempo a su alrededor de forma similar a como se mueven las ondas por la superficie de un estanque o las olas en el océano.

En 2015, justo un siglo después de que EINSTEIN hiciera una propuesta tan revolucionaria y atrevida, se **detectaron por primera vez** las ondas gravitacionales. Este excepcional hallazgo fue realizado por los investigadores del Observatorio de ondas gravitacionales del Interferómetro Láser, el LIGO, lo que implicó un auténtico shock mundial. Luego quedó temporalmente fuera de servicio en el 2020 debido a la pandemia, pero se activaron nuevos sistemas que podrán detectar más agujeros negros y con mucho mayor detalle. EINSTEIN las predijo 100 años antes. Muchos científicos dudaban de su existencia, pero, como tantas veces, él (*ET, para los amigos*) tenía razón.

La detección de esas ondas gravitacionales provenía del efecto causado por una **colisión de 2 agujeros negros ocurrida hace 1300 millones** de años. Los científicos utilizaron equipos masivos y precisos para observar las perturbaciones que se producen en el espacio-tiempo cuando dos agujeros negros colisionan. Desde entonces, los científicos han detectado casi **100 agujeros negros en fusión** mediante ondas gravitacionales que se han propagado por el universo. Gracias a ello, se ha podido analizar lo que sucede en la fusión de dos agujeros negros, un acontecimiento dramático y extremo. También se pueden detectar observando su efecto en el entorno en el que se encuentran, ya que succionan gas, polvo y estrellas que se sobrecalientan y emiten radiación que se puede ver como una imagen de calor.

La Primera Imagen de un Agujero Negro

Se puede expresar como algo grandiosamente emocionante. La primera imagen supuso un hito en la historia de la Física, y sucedió en abril de **2019,** cuando el **Telescopio Horizonte de Sucesos** captó la primera imagen de un agujero negro que se encuentra en la galaxia MESSIER 87, que forma parte del cúmulo de galaxias de VIRGO. Fue un esfuerzo conjunto de 8 radiotelescopios terrestres diseñados específicamente para captar imágenes de agujeros negros. Recordarás haber visto la imagen en todas las televisiones, periódicos y medios. Una instantánea que muestra el agujero negro con su anillo brillante situado a **55 millones de años luz** de la Tierra, y que tiene una **masa de 6.500 millones** de veces la del sol. ¡Increíble!

¿Qué sucedería si te precipitaras dentro de uno?

La mayoría os preguntáis lo mismo: *¿qué sucede en su interior?* *¿qué ocurriría si caemos en su interior?* Desde luego, nada bueno.

Si entraras, por ejemplo, en uno de masa estelar (*los más pequeños*), tu cuerpo sufriría un proceso que se le denomina *"espaguetización"*. Suena apetecible si no has comido, pero en realidad la fuerza de la gravedad te comprimiría de la cabeza a los pies a la vez que te estiraría. Te convertirías en algo parecido a un espagueti o un noodle.

En el caso de un agujero negro supermasivo, el efecto sería distinto, pero igualmente definitivo. En cualquier caso, todo ello debemos considerarlo con cierta cautela, pues no son más que hipótesis teóricas; nadie se puede ni imaginar lo que sucedería en una situación así. Ello supone entrar de lleno en el mundo de la ciencia ficción, meras conjeturas que puede que tengan la misma posibilidad de ser ciertas que la columna del horóscopo de la revista HOLA. Se pueden hacer suposiciones de lo que sucedería si cayeras en su interior, pero la realidad es que no hay certezas de ningún tipo. Nadie ha caído en uno, ni ha salido de uno. Eso sí, de lo que estamos seguros es de que ocurrirían cosas extrañísimas e imposibles de predecir. Desde el punto de vista de un observador lejano, quien cayera dentro podría ser *espaguetizado*, desaparecer por completo. O, quién sabe, quizás no le ocurriría absolutamente nada y sobreviviría en su nave con total normalidad. De hecho, Matthew McConaughey sobrevivió a un agujero negro en la película *INTERSTELLAR*, así que nunca se sabe. Claro que Matthew es mucho Matthew. Por ponerse a especular cuánticamente, cabrían posibilidades que no podemos si quiera imaginar. La única certeza, llegado a ese punto, es que la comprensión del universo dejaría de funcionar tal como lo concebimos.

¿Podríamos acercarnos a uno para estudiarlo?

Quizás en un futuro pudiera suceder, y sin duda SAGITARIO-A, el agujero negro de nuestra Vía Láctea, sería el mejor y único candidato para una exploración con billete solo de ida. Este es supermasivo y está situado en el centro mismo de la galaxia. Se calcula que tiene un diámetro de 44 millones de kilómetros y una masa de 4.31 millones de masas solares. Los astrónomos Bruce **BALIK** y Robert L. **BROWN** fueron quienes lo descubrieron en 1974, pero no le dieron nombre hasta 1982. El viaje al interior de SAGITARIO-A comenzaría realmente cuando se cruzara el horizonte de sucesos, ese punto de no retorno. Es posible que quizás pudiéramos ver desde dentro hacia afuera, pero nadie podría vernos porque la misma luz se reflejaría en nosotros. La buena noticia es que, aunque la atracción gravitatoria es mucho mayor que la de los agujeros negros más pequeños, lo que llaman la fuerza de marea de estiramiento en este tipo de agujero negro es menor, por lo que quizás no te convertirías en un espagueti.

¿Y podríamos quizás escapar? No parece que fuera posible, aunque algunos científicos creen que cabría alguna esperanza como en los agujeros blancos, que serían algo más benevolentes. Los agujeros negros absorben cosas, mientras que los blancos las escupen. De hecho, un agujero negro puede llegar a convertirse en uno blanco, pero el proceso llevaría miles de millones de años, lo cual es irrelevante en el caso que te cayeras en uno de ellos. Debido a las intensas fuerzas gravitatorias de su interior, el tiempo se aceleraría para ti y todo acabaría en milisegundos.

Los agujeros de GUSANO

Los agujeros de Gusano podrían unir espacios muy lejanos por un túnel inter dimensional, lo cual es la razón por la que sean llamados con este sugerente y popular nombre, que habrás escuchado en las películas de ciencia ficción. En cualquier caso, quizás no sean más que especulaciones teóricas. Si no tenemos ni idea de lo que ocurre dentro de un agujero Negro, imagina si hablamos de los teóricos agujeros de Gusano. Se especula con que nos podríamos desplazar por su interior y aparecer en otro lado

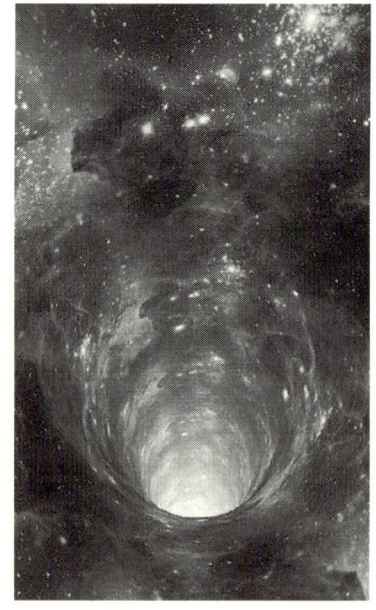

del universo. Matemáticamente funcionan, y parece que dos lugares del universo se pudieran conectar entre sí de tal manera que pudiéramos trasladarnos en lapsos de tiempo muy breves. Sin embargo, que matemáticamente funcionen no quiere decir que tengan por qué ser algo realista; de hecho, no se ha observado absolutamente nada en la naturaleza que indique la posibilidad de que puedan existir. La gran ventaja sería que nos podríamos desplazar por el universo de un modo casi inmediato en unos lapsos de tiempo muy pequeños, pero, repito, no hay nada que prevea que existan, ya que no se ha encontrado ninguno. Se especula que solo podría ser posible a partir de que algo no tuviera materia, pues así permitiría conectar dos lugares lejanos del espacio-tiempo entre sí y con ello se posibilitaría el traslado sin tener que viajar más rápido que la velocidad de la luz. Incluso a estas velocidades de la luz, la exploración de nuestra Vía Láctea sería muy lenta. Para que te hagas una idea, se tardaría 100.000 años en explorar la Vía Láctea yendo a la velocidad de la luz.

Hologramas y agujeros negros

Ya sabemos que los agujeros negros son los fenómenos más enigmáticos del universo, pero para echar más leña al fuego, estudios de la Universidad de Michigan han aumentado el misterio al afirmar que los agujeros negros quizás sean hologramas. Los investigadores no afirman que sean hologramas en el sentido que la mayoría imaginamos, una especie de proyección de ciencia ficción, sino que, como sugiere Enrico **RINALDI** en sus estudios, la forma en la que percibimos lo que ocurre en el interior de un agujero negro se describe mejor mediante una proyección holográfica, que muestra una imagen tridimensional o 3D. Con hologramas se podría ver cómo se conecta el interior con el exterior de un agujero negro.

La radiación de HAWKING

Quiero hacer mención a un importante planteamiento teórico de Stephen HAWKING. Este fue un extraordinario físico, un auténtico *pop star* de la física y un icono de la cultura popular, con una indudable capacidad divulgativa, pero nunca obtuvo el Premio Nobel. Su única aportación realmente genuina y diferencial fue su propuesta de la conocida radiación de HAWKING, que, a pesar de ser un planteamiento teórico que funciona bien matemáticamente, **hasta la fecha no ha sido demostrado**. Y ya sabes, para ser galardonado con el Nobel una teoría debe ser comprobada. Solo se otorga a raíz de pruebas concluyentes, razón por la cual Peter **HIGGS** tardo 40 años en recibirlo. Por suerte, en el momento de la detección real del bosón en las pruebas del CERN, Peter aún no había pasado a mejor vida. Si se otorgara el Nobel a teorías que no fueron comprobadas en vida de sus creadores, EINSTEIN llevaría más Premios Nobel que el Real Madrid Copas de Europa.

Volviendo a la radiación de HAWKING, esta viene a proponer que, contrariamente a lo que se cree, algo sí podría escapar de los agujeros negros. HAWKING propuso que hay un mecanismo por el cual los agujeros negros pueden llegar a **evaporarse**. Es un mecanismo tan extremadamente lento que tardaría miles de billones de años, hasta llegar el momento en el que desaparecieran. Un agujero negro no sería un pozo infinito que destruye todo lo que cae en él, y **su frontera no estaría tan definida como se creía**. El Gran Colisionador de Hadrones generó una alta expectativa de que pudiera crear agujeros negros microscópicos y así probar las ideas de HAWKING, pero hasta la fecha no ha sucedido.

11. El Big BANG

A día de hoy es la mejor explicación posible

El Big BANG es la explicación del origen del universo aceptada casi unánimemente por la comunidad científica. Está teoría plantea que la MATERIA y la ENERGÍA estuvieron comprimidos en un estado de extrema densidad e inimaginable temperatura. Ese instante cero debió ser como un **átomo primordial adimensional y diminuto** que contenía TODA la energía del universo. A esto se le llama singularidad inicial, y no se considera que estuviera en un lugar concreto del espacio, sino en todas partes a la vez, pues el espacio mismo no existía. En ese inicio brutal, en esa inflación o expansión se inició la Materia y el Tiempo. Toda la Materia se organizó metódicamente por las fuerzas de interacción y sucedió todo muy rápidamente, en solo fracciones de segundo.

¿Cómo surgió la idea?

Esta teoría es atribuida a alguien a quien no se le otorga todo el crédito que merece. En 1923, un joven de un pequeño pueblo belga llamado George **LAMAITRE**, llegó a Cambridge y llamó a la puerta de uno de los científicos más conocidos de la época, Sir Arthur **EDDINGTON**, nada más ni nada menos que el astrofísico que verificó la teoría de la relatividad de **EINSTEIN**. Sir Arthur estaba acostumbrado a recibir estudiantes de todo tipo, pero este joven belga era diferente de lo que estaba acostumbrado, especialmente porque iba con alzacuellos. Ese día, cambió la visión de la física sobre el origen del universo, pues LAMAITRE obtuvo la beca para estudiar en su Observatorio de Cambridge. Por cierto, seamos justos: el brillante físico y matemático ruso Alexander **FRIEDMAN** propuso una teoría similar. Entre los méritos que se le pueden atribuir están los siguientes:

a. LAMAITRE fue quien por primera vez mencionó el concepto de huevo cósmico y teoría del átomo primigenio.
b. Fue también el primero en proponer la teoría de la expansión del universo que hoy en día se conoce como las "Leyes de Hubble".
c. Fue el primero en ofrecer una concepción nueva del inicio del cosmos. No solo es el padre de esta idea, sino de la cosmología moderna. Sin duda, fue uno de los científicos más importantes del siglo XX.

La sustancia primordial

Aunque en asuntos como este hablar de certezas es una temeridad, parece que todo apunta a que el universo pudo haber comenzado hace unos 13.800 millones de años a partir de una sustancia primordial que, para entendernos mejor, expresaremos como un punto, aunque no fuera un punto como tal. Esta sustancia era de una densidad tal que en ella se concentraba toda la MATERIA y la ENERGÍA que hoy llena el cosmos. Da miedo solo de pensarlo, porque es algo muy complicado de asimilar por nuestro cerebro.

Esa sustancia comenzó su expansión de repente, lo cual parece un absurdo en sí mismo. Con el paso del tiempo y a medida que se expandió, el cosmos se fue enfriando y comenzaron a formarse las estrellas, las galaxias y, después, la vida. Cualquier explicación es incompleta, pues es verdaderamente imposible describir el verdadero origen del universo.

Con EINSTEIN y su relatividad comprendimos que la MATERIA y la ENERGÍA afectan al espacio y al tiempo. Hoy sabemos también que el universo está aumentando, y es porque el espacio mismo se está agrandando. Las galaxias se alejan unas de otras, y el espacio entre ellas crece y crece sin parar, así que el universo se está expandiendo. Siguiendo la lógica, si ahora las galaxias se alejan unas de otras, en el pasado tuvieron que estar más cerca unas de otras, y si seguimos atrás en el tiempo, habría existido un momento en el que todo el universo debió de estar concentrado en un **punto diminuto de densidad y temperatura inimaginables**. Esto es lo que propuso el bueno (*nunca mejor dicho*) de LAMAITRE, y lo llamó el átomo primigenio. Resumiendo, la expansión del espacio **debió tener un origen** y cuanto más atrás nos remontamos, más denso debió ser el universo. No es que hubiera un epicentro de una explosión, sino que todo comenzó a expandirse **al mismo tiempo** y **en todas direcciones**. Y hasta donde sabemos, sucedió de igual manera en todos los extremos del universo.

No existió desde siempre, tuvo un PRINCIPIO

No hubo una explosión; una cuestión es cómo se expande el espacio y otra cosa muy distinta es cómo se mueve la materia en ese espacio que se expande. Esto implica una respuesta a una de las grandes incógnitas que se ha planteado la humanidad y de grandes implicaciones metafísicas. El UNIVERSO, tal y como lo conocemos, **no existió desde siempre,** pues tuvo un principio que sucedió hace miles de millones de años. Ese instante cero supuso un estado de densidad irreal al que se le llama Singularidad inicial, al que no hay que confundir con un punto que explota.

Incongruencia del Big Bang con la RELATIVIDAD

En el instante en el que el universo solo tenía un nanosegundo, todos lo que vemos en el universo (*y lo que no vemos*) estaba concentrado y la materia en sí era una especie de sopa extremadamente caliente de partículas elementales. Hasta aquí, la teoría del Big Bang funciona, y muy bien, ya que las predicciones se han comprobado. Por ejemplo, en ese momento se tiene la certeza de cuántos núcleos atómicos de cada tipo se formaron en los siguientes 3 minutos, o que el plasma liberó la luz que había en su interior, que es la que nos sigue llegando desde regiones lejanas en forma del FONDO CÓSMICO de MICROONDAS.

El modelo del BB tiene como base la relatividad general de EINSTEIN, pero hoy sabemos que, a escalas cuánticas con tamaños minúsculos y energías enormes, la relatividad general falla, pues no funciona en esos primerísimos instantes del universo y se sustituye por otra teoría, la de gravedad cuántica, cuyos detalles, alcance y consecuencias aún no se conocen.

Hoy, desde la Tierra, solo podemos ver lo que los cosmólogos llaman el Universo OBSERVABLE, y si no podemos ver más lejos no es porque el universo se acabe, sino porque este tuvo un principio y solo podemos detectar la distancia que ha podido recorrer la luz desde el Big Bang hasta la actualidad. A medida que nos remontamos más atrás en el tiempo, nuestro universo observable ocupaba un espacio donde se estaban formando las primeras galaxias, y eso ocurrió cuando el universo tenía unos 500 millones de años, el 4% de su edad actual. Hay una analogía muy clarificadora que asegura si el cosmos fuera un adulto de 30 años estaríamos viendo un bebé de 7 horas; en ese momento todo nuestro universo observable era un plasma del que la luz no podía escapar.

Incongruencia del Big Bang con el HORIZONTE

Las hipótesis sobre los procesos que ocurrieron en ese plasma ancestral, sin embargo, plantean el enigma de cómo era el universo dentro de ese primer nanosegundo. Es algo muy extraño y que plantea multitud de preguntas e incongruencias:

— Cuando se dice que el universo a grandes escalas es IGUAL en todas partes, significa que en el pasado el universo tuvo que ser como mínimo IGUAL de UNIFORME. El FCM (*fondo cósmico de microondas*) es idéntico en todas las direcciones del firmamento, y su densidad y temperatura debió de ser IGUAL en todos lados. Por tanto, la sustancia y sopa primigenia tuvo que ser UNIFORME.

— Sin embargo, cuando el universo solo tenía un nanosegundo de existencia, la materia NUNCA pudo moverse más rápido que la luz, por lo que la materia solo tuvo tiempo de viajar una distancia muy pequeña, pero en ningún caso de extremo a extremo de un universo que ese momento ya era de un tamaño similar al de nuestro sistema solar. Ello implicaría que las partículas JAMÁS tuvieron tiempo de cruzar hasta la otra punta.

Así pues, la incongruencia es: *¿Cómo sabía esta pequeña región que debía tener la MISMA densidad y temperatura que otras?* En sus primeros instantes, la expansión sucedió de tal modo que separó regiones que nunca tuvieron tiempo de comunicarse entre sí, y si cada zona evolucionó de manera independiente, lo lógico es que cada una hubiera alcanzado su propio equilibrio térmico. Por eso, los científicos se preguntan cómo fue posible que todas tuvieran casualmente la misma densidad y temperatura. Piensa que cuando enciendes el radiador de tu casa y está en una esquina del salón, toda la estancia acabará calentándose, pero para que eso ocurra tiene que pasar tiempo, ya que el aire que está junto al radiador tiene que transmitir ese calor al aire que está en la otra esquina y *decirle* qué temperatura tiene que alcanzar. Este es uno de los grandes problemas de la teoría del Big Bang que se conoce como **problema del HORIZONTE**, y es grave. No tiene una solución conocida, es el problema de la teoría tradicional del BB. El universo se creó tan rápidamente, y de un modo tan brutal, que no tuvo ningún modo concebible de coordinar sus propiedades en todos sus puntos.

Incongruencia del Big Bang con la GEOMETRÍA

Otro enigma es la **razón por la que el universo tiene la geometría que tiene**. Los componentes del universo afectan al espacio, que, con el tiempo, lo curvan cada vez más. Según teóricos, en su estado inicial, lo normal hubiera sido que el universo se hubiera CERRADO sobre sí mismo, o, por el contrario, que se hubiera ABIERTO a tal velocidad que en menos de un segundo toda la materia se hubiese enfriado a temperaturas cercanas al cero absoluto. Pero nada de eso sucedió, y para mayor incongruencia hoy sabemos que el universo tiene una curvatura espacial muy pequeña, lo que implica que si ahora no está apenas curvado, en el pasado lo tuvo que estar ridículamente menos aún todavía. Es como si a la teoría fuera un puzle al que le faltaran piezas, como si **ALGO más sucedió y lo desconocemos**.

Incongruencia del Big Bang con la SUSTANCIA inicial

Hay más preguntas para las que la teoría del Big Bang no tiene respuestas. Otra incongruencia es que **no nos dice de donde salió esa sustancia inicial** a partir de la cual se creó todo. Esta teoría es una gran aproximación para entender lo que ocurrió después de ese primer nanosegundo, pero no contesta ni explica lo que sucedió antes. Hoy muchos científicos creen que justo antes de que se formara esa entidad primigenia ocurrió algo **muy especial** de lo que **no sabemos absolutamente NADA**; algo que sembró las condiciones previas para que el universo tal y como lo conocemos pudiera aparecer y expandirse.

12. El periodo INFLACIONARIO

La necesaria inflación

Como acabamos de ver, la teoría del Big Bang propone que el universo debió tener un gran **inicio** que llevó a su expansión. No obstante, dejaba problemas sin resolver, los cálculos de la física no daban una explicación sobre el estado de uniformidad del universo en ese instante. Según el Big Bang, el universo se habría desarrollado con demasiada rapidez para tener esta uniformidad.

En 1979, el físico y cosmólogo americano Alan **GUTH** se dio cuenta de algo que acabaría cambiando para siempre el curso de la cosmología. Fue un hallazgo espectacular que puede explicar teóricamente por qué el universo actual es tan increíblemente plano: se le llama la **teoría inflacionaria** del universo. La teoría clásica del Big Bang planteaba que el universo poco a poco iba perdiendo velocidad, mientras que la teoría inflacionaria plantea un escenario diferente, en el que los

objetos se van acelerando y distanciando con mayor rapidez respecto de los que tiene a su alrededor. Dicha velocidad es tal que llega a ser superior a la velocidad de la luz, saltándose la ley de la relatividad, que dice que ningún cuerpo de masa finita se puede mover más rápido que la luz. En este caso, lo que ocurre es que el espacio en donde se encuentran los objetos se expande más rápido que la luz, mientras que los cuerpos se encuentran en estado estacionario.

En el año 1981, Alan GUTH argumenta que el universo se encuentra en un estado intermedio por lo que podría seguir expandiéndose de manera exponencial. Antes de GUTH, el problema era que aparentemente el universo observable nació siendo demasiado grande, y planteó la posibilidad de que ese puntito inicial hubiera sido ínfimo y se hubiera hinchado a un **ritmo descomunal** durante una pequeña fracción de **menos de 1 segundo**. Si el universo observable hubiese nacido siendo mucho más pequeño de lo que predice la teoría clásica del Big Bang, entonces todos sus puntos sí habrían tenido tiempo de estar en contacto y coordinarse. Justo después, ya en cuestión de minutos, se hubiera hinchado de manera acelerada y eso le habría llevado a alcanzar el tamaño que predice la teoría del Big Bang. Por eso, GUTH, a ese primer instante de expansión desbocada del universo, le llamó **periodo INFLACIONARIO**. Esta idea resolvía teóricamente el problema del horizonte y algunos más. Para que la hipótesis funcionara hacían falta dos cosas:

— un mecanismo físico que hiciera que el universo recién nacido se **expandiera de manera acelerada**,
— y que, después de esa pequeñísima fracción de segundo, se **apagara ese proceso de expansión desenfrenada**.

Desde el primer nanosegundo en adelante, la teoría tradicional del Big Bang es correcta, y en ella el universo se expande a un ritmo mucho más pausado, pero para esa súbita Inflación **hizo falta un cambio brusco en las propiedades del universo**; es lo que los físicos llaman transición de fase.

¿Y qué es una TRANSICIÓN de fase?

Para explicar una transición de fase podemos mencionar lo que le ocurre al AGUA. Esta, al alcanzar una temperatura determinada, puede pasar rapidísimamente de líquido a sólido en un instante de modo casi brusco. Si al alcanzar los 0 grados sacas la botella del congelador y le das un golpe a la botella, pasa de líquido a sólido. Sin embargo, la temperatura no es lo único relevante para que la cristalización se produzca, ya que hace falta un origen, un **primer grupo de moléculas bien conectadas** que sirva de precursor para que el resto pueda unirse. Los minerales que lleva el agua ayudan a que esta nucleación suceda; son semillas a partir de las cuales podrán **formarse mini cristales de hielo** y **propagar así la congelación** por todo el medio.**** El agua seguirá siendo líquida si la dejamos tranquila; sin embargo, una **pequeña perturbación** (*como un golpe bien dado*) puede conseguir que se formen unos mini cristales lo bastante grandes como para hacer que todo el sistema se congele; y así, una sustancia liquida en un instante se convierte en otra con propiedades bien distintas. Te cuento todo esto porque es lo que inspiró a Allen GUTH, quien propuso que el universo naciente estaba lleno de una sustancia muy pura que llenaba completamente su espacio; un campo de energía parecido al campo de Higgs y que más tarde acabaría llamándose **INFLATÓN**. Es lo que hubiera podido ocurrir con el periodo de enfriamiento del universo.

Propuso además que el universo debe ser **percibido como PLANO**. Esto se debe a que la densidad que guarda la materia de un objeto dentro de un universo plano es directamente proporcional con la velocidad de su expansión. Demostró que mientras existiera ese campo con energía interna, el espacio se expandiría de manera exponencial **doblando su tamaño** aproximadamente **cada 10 a -34 segundos**. Después de que el universo naciente se expandiera y enfriara, el INFLATÓN hubiera alcanzado su temperatura crítica, su punto de congelación (*al igual que ocurre con el agua purificada*), llegando un momento en el que quizás ya no pudo mantener esa fase *sobre enfria-*

da y el cosmos se habría congelado de golpe, alcanzando su estado de equilibrio. En ese instante justo, la INFLACIÓN acabo, expandiéndose el espacio a un ritmo más pausado, tal y como predice la teoría del Big Bang.

La Inflación cósmica apenas duró 10 elevado a -30 segundo, que es la fracción **0,000000000000000000000000000001** de un segundo. En ese micro instante, el radio de ese minúsculo puntito se multiplicó por algo increíble: **10.000.000.000.000.000.000.000.000.000.000** veces. Así que nuestro puntito pasó de tener un tamaño muchísimo menor que un protón al de un balón de fútbol. Y el hecho de que esa pelota naciera a partir de esa región microscópica **explicaría por qué es tan uniforme**; esto sería la solución al problema del HORIZONTE.

La INFLACIÓN resolvía varios problemas

El universo parece que nació increíblemente ajustado para no tener curvatura espacial. Es como si alguien hubiera afinado con una precisión increíble. La Inflación resuelve este problema, pues el **descomunal estirón** que sufrió bastó para **alisar cualquier posible curvatura inicial**. Es como tensar una sábana arrugada: un universo inflacionario tiende a acabar siendo plano con independencia de cómo haya nacido. Pero aún hay más: hubo un momento en el que nuestro universo se congeló de golpe, y al igual que ocurre con el agua común, ese CAMBIO de fase conllevó la liberación de la Energía interna de la fase inicial. Es lo que los físicos llaman el calor latente que separa ambas fases, así que cuando nuestro universo cambió de fase y la inflación se detuvo, se liberó una cantidad enorme de Energía, y ¡**esa Energía se convirtió en toda la Materia que hoy llena el cosmos!**

Resumiendo, la Inflación no solo resuelve el problema del Horizonte y el de la Geometría, sino que explica de dónde viene todo lo que vemos. Toda la materia que conocemos se creó cuando la Inflación terminó y las propiedades del universo cambiaron de golpe. ¡Increíble! De todos modos, es importante clarificar que **solo a partir de ese instante, dentro de ese nanosegundo, podemos decir que comien-**

za la teoría del Big Bang. La hipótesis de la Inflación tampoco nos explica qué había ANTES del Big Bang. A pesar de las ventajas teóricas de la hipótesis de la Inflación, se piensa que quizás no es el modelo del todo correcto, pues predice un universo muy distinto del que realmente vemos. No es una única teoría, sino que hay muchos modelos capaces de implementarla que se diferencian en las características particulares que se atribuyen al Inflatón y la manera concreta en que se deshace de su energía. El propio Alan GUTH reconoció este fallo. Un año después, el cosmólogo ruso Andréi LINDE propuso otro modelo inflacionario que solucionaba los problemas del modelo original de GUTH: el llamado modelo de inflación caótica.

Implicaciones alucinantes: las fluctuaciones cuánticas

La hipótesis inflacionaria tiene también consecuencias alucinantes, más allá de lo que la teoría originalmente pretendía explicar, y es motivo de controversia filosófica para muchos, entre los que me incluyo. Entender el origen del universo es referirse a nuestro "universo observable", y es como intentar entender el origen geológico de una canica casi perfecta. Imagina que un día excavando en una mina encontramos una bola de basalto perfectamente esférica, tan redonda que si la examináramos con un microscopio veríamos que su superficie está pulida con una precisión impecable. En ese caso, jamás pensaríamos que la formación de la bolita ha sido casualidad, sino que dentro de la Tierra hay algún proceso geológico desconocido que permite darle forma esférica con una precisión increíble. Hoy sabemos que el universo recién nacido era igual de perfecto que nuestra bolita y un gran número de cosmólogos creen saber cuál fue el proceso cósmico que lo dejó así de impecable. La relatividad general nos dice que la energía de un campo como el Inflatón hace que el espacio se expanda a un ritmo exponencial. Así que, mientras el Inflatón conservó su energía, el universo experimentó un **estirón frenético**. Es esto lo que explica las propiedades casi perfectas de nuestra bola primigenia. Toda ella **creció a partir de una misma región microscópica,** y todos sus puntos heredaron las mismas propiedades. Después de ese estirón inicial, el Inflatón se deshizo de su energía, **la inflación se detuvo** y, aunque el universo siguió expandiéndose, comenzó a hacerlo a un **ritmo mucho más pausado,** como predice la teoría tradicional del Big Bang. Así pues, la Inflación cósmica nos revela por qué el universo adquirió unas propiedades casi perfectas nada más nacer.

Y, por si todo esto no fuera suficientemente complicadito, hay otra cuestión adicional que puede considerarse uno de los mayores éxitos de la hipótesis inflacionaria: sabemos que nuestro punto primigenio debió de ser **muy homogéneo** porque hoy en día nuestro universo lo es, pero no es totalmente uniforme, ya que contiene galaxias, cúmulos de galaxias, etc. *¿De dónde proceden? ¿Por qué el universo no es totalmente uniforme?* Esto también lo explica la hipótesis inflacionaria y la respuesta es sorprendente. Las grandes estructuras del universo tienen su origen en las fluctuaciones cuánticas del cosmos naciente, y fue esa descomunal expansión inflacionaria lo que hizo que esas pequeñísimas fluctuaciones cuánticas alcanzaran proporciones macroscópicas y se convirtieran en las semillas de lo que cientos de millones de años más tarde comenzarían a ser las primeras galaxias y nosotros mismos.

Resumiendo, las ventajas de la INFLACIÓN son grandes

Explica el origen del Big Bang, elimina de golpe sus problemas y **explica de dónde viene toda la Materia** que llena el cosmos. Su fin marca el **nacimiento del universo,** da un mecanismo que explica la formación de galaxias, **explica por qué existen,** explica que son pequeños grumos de materia esparcidos por el cosmos, imperfecciones que lo ensucian.

Para que se formara el universo debió tener irregularidades, y a partir de ellas la gravedad, concentrando Materia durante millones de años, formó las galaxias. Si esas irregularidades iniciales no hubieran existido, el cosmos habría sido homogéneo, sin galaxias. La Inflación explica pues el origen de esas irregularidades iniciales.

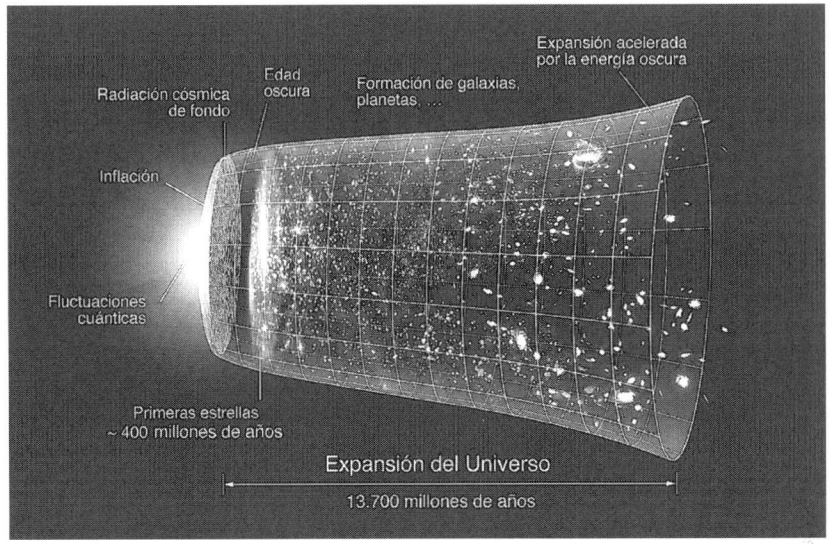

Expansión acelerada por la energía oscura

Edad oscura

Formación de galaxias, planetas, ...

Radiación cósmica de fondo

Inflación

Fluctuaciones cuánticas

Primeras estrellas ~ 400 millones de años

Expansión del Universo

13.700 millones de años

¿Esto podría dar lugar a los MULTIVERSOS?

La inflación implica algo más inquietante que físicos y filósofos debaten: la existencia de Multiversos. Hemos considerado fluctuaciones cuánticas pequeñas, pero ¿qué pasaría si hubiera una muy elevada, tan grande que no solo retrasara un poco el proceso, sino que hiciera que la inflación no se acabara del todo? Recuerda que cuando la energía del Inflatón es alta, el espacio se expande a un ritmo descomunal. En un instante se hincha hasta alcanzar un tamaño monstruoso. El Inflatón seguiría queriendo deshacerse de su energía, y ocurriría en la mayor parte del nuevo espacio, pero la naturaleza cuántica del Inflatón implicaría que una vez empezó la inflación podría haber sido difícil de parar. En tal caso, lo que llamamos el universo sería una isla de materia inmersa **en un espacio que se sigue hinchando** y sigue generando **otras islas de Materia**. Este proceso, conocido como **inflación eterna**, daría lugar a un Multiverso. El cosmos, visto así, no sería más que una especie de fractal en el que se están **generando continuamente burbujas** similares a nuestro universo. Es importante señalar que la inflación no implica necesariamente la existencia de Multiversos, pues existen modelos inflacionarios que no dan lugar a una inflación eterna. En los últimos años, esta idea ha causado un debate entre físicos y filósofos, puesto que esos supuestos universos burbuja se encontrarían mucho más allá de nuestro universo observable, por lo que **jamás podremos verificar su existencia**. Esos otros universos serían infinitos en número e incluso podrían tener leyes físicas distintas.

Los cosmólogos y la INFLACIÓN

Una gran mayoría de cosmólogos es partidaria de la idea de la Inflación, pues hace muchas predicciones que sí han sido verificadas, aunque **no deja de ser una hipótesis** entre otras cosas porque se basa en la existencia de un campo, el Inflatón, que todavía nadie ha identificado.

Con todo ello, la Inflación explica el origen del Big Bang, las propiedades del universo a gran escala y la formación de galaxias. Sus partidarios argumentan que ninguna otra teoría cosmológica ha conseguido hacer predicciones similares. Cuestiones filosóficas aparte, lo que sí es cierto es que la inflación cósmica es una propuesta teórica única para relacionar las leyes cuánticas y la cosmología, la física de lo pequeño y de lo grande. Por poder, claro que puede ser una hipótesis errónea, pero es hoy en día la que da más respuestas acertadas.

13. Las Edades del Universo

Instante CERO (hace 13.800 millones de años)

Mencionaré una interesante Cronología de los primeros instantes del Universo y lo que creemos saber de él. Del instante CERO no se sabe absolutamente NADA. Ni cómo fue, ni qué lo provocó, ni si tiene algún significado planteárselo. Es un terreno casi para filósofos; el **instante CERO es el gran desconocido**. Posiblemente, es el mayor enigma del universo. Pensar en ello me deja igual de desconcertado que si escucho a un alemán contar un chiste.

0,00000000000000000000000000000000000000000001
segundo después

¡Este número es **10 elevado a -43 segundos**, es decir un 1 con 43 ceros delante! Aquí se **inicia la INFLACION**. Se le llama la **ERA de Planck**, y es el momento en el que comenzaron las primeras reacciones. Este número es la menor distancia posible entre 2 puntos. Para que podamos imaginarlo *(mucha imaginación hace falta desde luego)*, un átomo de HIDRÓGENO es ¡10 millones de veces más grande que esta longitud de Planck! El universo y la realidad en ese momento eran **indi-**

visibles. Aún no se podía considerar que algo existiera, pues el **espacio mismo no existía**. Las nociones del espacio y del tiempo eran conceptos que directamente no tenían sentido en esos instantes. La **temperatura** era de **10 billones de billones** de veces la temperatura del **núcleo del Sol**; directamente, algo irreal. El universo aún **no estaba sometido a ninguna de las 4 fuerzas** de la naturaleza. Estaba unido en una sola: la fuerza nuclear FUERTE, que es la que une los núcleos de los átomos. Por cierto, ni la relatividad ni la cuántica pueden explicar por qué las 4 fuerzas se aplicaron después TODAS al mismo tiempo; es algo incomprensible, como todo lo que sucedió, me temo. La ERA de Planck es un muro que se interpone entre el tiempo ANTERIOR y el POSTERIOR al Big Bang, una frontera inaccesible. Solo al final de esta porción de segundo, el universo oficialmente tomó su impulso.

0,00000000000000000000000000000000001
segundo después

¡Este número es **10 elevado a -35 segundos**, es decir un 1 con 35 ceros delante! A partir de ese instante, justo después de la ERA de Planck, podemos decir que **se inicia todo**. La temperatura bajó y la **ENERGÍA liberada** fue tan irracionalmente monstruosa que hizo que el universo se expandiera rápidamente. Bajo tal inflación, las distancias y el volumen aumentaron de un modo tan demencial que al estirarse la curvatura del espacio en todas las direcciones, las **anisotropías casi se borraron** (*las anisotropías son las cualidades físicas de la materia, como la elasticidad, la temperatura, etc.*). Durante esta expansión de las **fluctuaciones cuánticas**, las diminutas regiones adquirieron una dimensión sideral, dejando su huella para siempre en el fondo cosmológico. Muy importante: esta expansión brutal **no** contradice la teoría de la relatividad general, que afirma que *"nada puede moverse más rápido que la luz"*. Y no la contradice por lo siguiente:

—Fue el **ESPACIO mismo lo que se movió, ¡NO los cuerpos!** La distancia entre partículas no aumentó porque se movieran las partículas, sino que **el mismo ESPACIO se expandió**.

Por cierto, es importante entender que **NO hubo explosión** alguna sino una **expansión**, una **inyección** descomunal e irreal de ENERGÍA en el universo. En ese instante, aparecieron las partículas y antipartículas en el universo, y los componentes de la materia oscura, que es la materia más abundante en el universo, que sirve de aglutinante indispensable para la formación de grandes estructuras y de la que más adelante hablaremos. La razón última de por qué pudo ocurrir algo así es **totalmente desconocida** y difícilmente podrá ser comprendida algún día.

0,00000000000000000000000000000001
segundo después

¡Esto son **10 elevado a -32 segundos**, es decir un 1 con 32 ceros delante! Aquí finaliza la fase inflacionaria. ¡Y todo en esa ínfima parte de un segundo! ¡Para volverse locos! El universo tendrá a partir de esta fracción de segundo un ritmo de expansión "normalizado", similar al que dominará durante los próximos miles de millones de años. El universo ahora ya tenía el tamaño de una NARANJA, su temperatura bajó y aparecieron los **quarks y anti-quarks**, que son los primeros elementos de la materia. En cada encuentro se produjeron aniquilaciones y se liberó un fotón, la llamada **"batalla de la luz"**. La fuerza nuclear FUERTE tomó el relevo y unió los Quarks para formar protones y neutrones. El encuentro de materia y antimateria provocó un **período de aniquilación,** y la producción de fotones de alta energía. Al ralentizarse la expansión, la energía de los fotones disminuyó, no se produjeron suficientes pares y la aniquilación continuó. Apareció entonces un **excedente** de MATERIA (*10.000 millones de anticuerpos contra 10.001 millones quarks*), lo que provocó un **desequilibrio, gracias al cual existe la materia** que conocemos y de la que estamos hechos todos. Esa sopa primordial se calentó a una temperatura tan alta que se produjo una agitación térmica. A partir de ese instante, los **quarks y anti-quarks** se movieron libremente. Ya lo sé, es todo un delirio, parece el capítulo final de la primera temporada de la serie *Juego de Tronos*.

1 segundo después

Al fin transcurrió ese primer y apocalíptico segundo, **¡solo 1!, desde el momento CERO**. Ahora, los protones dominaban sobre los neutrones, la energía de los FOTONES cayó. La temperatura del universo se *"enfrió"* a **10.000 millones de grados** (*parece un chiste*) y su densidad cayó a 380.000 veces la densidad del agua. Parte de guerra: **¡la ANTIMATERIA cayó derrotada!** Había un desequilibrio entre el número de neutrones y de protones, y estos últimos eran 5 veces más presentes que los electrones.

12 segundos después

Lo que llaman la **NUCLEOSÍNTESIS primordial** es un momento muy importante. Después de solo 12 segundos ocurren más reacciones brutales a nivel subatómico, casi más delirantes que las antes descritas. La temperatura seguía en millones de grados, era un universo denso y caliente, los **protones y neutrones** se **unieron** sin riesgo de ser separados por los fotones, y se formaron **nucleones**. los protones restantes formarán por sí solos **átomos de HIDRÓGE-NO**. La fuerza nuclear fuerte obliga a los nucleones a unirse y formar **núcleos atómicos simples** como el DEUTERIO. Esta vez, parece la segunda temporada de *Juego de Tronos*.

A partir de estos 12 segundos, con la **expansión ya iniciada**, la energía de los fotones se vuelve inferior a la energía del enlace del deuterio, hasta el punto de que los núcleos recién formados se resisten, y a su vez atraen un protón y un neutrón para formar un núcleo de HELIO. De repente el ¡universo era como un REACTOR de fusión nuclear en el que todos los neutrones libres están unidos a los núcleos de HELIO. La nucleosíntesis primordial se detendrá después de unos minutos, liberando estos núcleos ligeros de **HIDRÓGENO y HELIO** en el universo, el cual estaba más diluido, pero se seguirá enfriando.

30 minutos después

Hay que darle la enhorabuena, no sé a quién, pero hay que dársela. Ha transcurrido media hora de ciencia ficción de la buena. El universo tiene una temperatura ya de "*solo*" **300 millones de grados** (*sin duda seguía calentita*), y su densidad es casi nula. A partir de ese momento, no ocurrirá nada relevante durante cientos de miles de años, el universo seguirá expandiéndose lentamente, pero sin pausa. Su radiación seguirá impidiendo la formación de los elementos más pesados porque siguen siendo inestables y los núcleos de HIDRÓGENO y HELIO están bañados en un mar de FOTONES de luz, y así pues TODO parece que comienza a ralentizarse.

380.000 años después

Buen saltito en el tiempo. Es lo que tiene del universo: contabilizamos cientos de miles de años como si fueran pipas de girasol. Desde esa primera media hora apocalíptica, han pasado 380.000 años, sin duda una eternidad para nuestros limitados cerebros. En este periodo de tiempo pocas cosas sucedieron. La temperatura bajó a "*solo*" 3000°, se formaron nuevos enlaces y los **electrones** fueron **atraídos hacia los núcleos** atómicos por la fuerza electromagnética. Hasta ahora los enlaces se destruían de un modo sistemático con fotones muy energéticos, pero ahora aquellos se estabilizan, pues los fotones no tienen suficiente energía para romperlos; y así que sorpresa: ¡los **ELECTRONES** y los **NÚCLEOS** atómicos **se unen ya permanentemente**!

Con ello, el universo se volvió menos denso, los FOTONES se liberaron y volaron por el espacio. Es todo un milagro, los fotones irradiaron luz por el universo, y ¡**este se volvió transparente**! Esta primera emisión repentina de luz es lo que se denomina FONDO CÓSMICO de Microondas (*el FCM que ya abordamos*). Su brillo es el que se ha propagado hasta nosotros desde el Big Bang. Este es un momento fundamental en la historia del universo, pues hasta ahora, todo había estado en **total OSCURIDAD**, opaco a los FOTONES, ¡Pero de repente **TODO se iluminó**! ¡Como un acto de magia! Por cierto, los primeros ÁTOMOS que se crearon por la unión de núcleos y electrones, fueron el átomo de HIDRÓGENO y el átomo de HELIO.

100 millones años después: la Edad Oscura

Ahora ya han pasado **100 millones de años**. El universo era homogéneo y no existían ni estrellas ni planetas, pero ahora empiezan a suceder cosas sorprendentes. La única luz es la radiación primera, la cual sigue expandiéndose y gigantescas masas de MATERIA **se alejan poco a poco** unas de otras. Nubes de hidrógeno y átomos se agrupan bajo el efecto de la gravedad. A lo largo de cientos de millones de años se forman **nubes cada vez más densas**, lo que ralentiza el proceso de expansión. Estas nubes de tamaño increíble son las **proto galaxias,** en donde la materia se condensa fuertemente, dando lugar al nacimiento de **estrellas**. Los átomos de hidrógeno se forman entre sí, aumentan la temperatura; es el llamado fenómeno de la **ACRECIÓN** (*la acreción es el crecimiento por adición de materia, como en los depósitos minerales o continentes*). La fuerza **gravitatoria** se enfrenta a la fuerza **electromagnética**. Comienza la Gran Guerra (*la última temporada de Juego de Tronos*), en la que sucede lo siguiente:

— La fuerza gravitatoria **une** los NÚCLEOS.
— La fuerza electromagnética **separa** los NÚCLEOS.
— La fuerza gravitatoria **aguanta** y hace que la temperatura aumente.
— La fuerza electromagnética **cae derrotada** en esta guerra.

¡Es un colapso total y el FIN de la EDAD MEDIA! ¡Se encienden las primeras ESTRELLAS del universo!!!

200 millones años después

Las **ESTRELLAS** son ya destellos de LUZ por el universo, y brilla una **primera generación** de ellas**,** llamada POBLACIÓN3. Tienen cientos de veces la masa del Sol, son muy luminosas, evolucionan rápidamente y tienen una vida corta de menos de un millón de años. Su breve paso por el universo permite la síntesis de elementos más pesados, como el LITIO, que servirán para formar la siguiente generación de estrellas.

800 millones años después

Se forman las primeras **GALAXIAS** y nacen **ESTRELLAS** por todas partes. El gas y las estrellas giran sobre sí mismos; miles de millones de luces y elipses de estrellas y gas toman forma y pueblan el universo. Las GALAXIAS nacen como islas de materia en el vacío intergaláctico. La MATERIA de las galaxias giran alrededor de agujeros negros, y es mantenida alrededor de su centro gracias a la gravedad.

1100 millones años después

Algunas de las GALAXIAS recién formadas se reúnen en nubes denominadas CÚMULOS. Ahora, la formación de estrellas jóvenes y masivas se está acelerando, y en el corazón de algunos de ellos se forman **agujeros negros ultra masivos**.

1800 millones años después

Las **fusiones de PROTOGALAXIAS** se producen durante las fases embrionarias de nuestra futura VÍA LÁCTEA, y ello da lugar a que surjan cúmulos de cientos de miles de estrellas, uno de los cuales se llama MESSIER 13, el cual contiene casi 1 millón de estrellas.

2800 millones años después

La apariencia del universo no ha cambiado en los últimos millones de años, pero las galaxias están en continua evolución. La **formación de ESTRELLAS** está en pleno apogeo, favorecida por las frecuentes colisiones entre galaxias; el ritmo de formación está en su punto más alto. Los elementos en el universo son 74% HIDRÓGENO, 24% HELIO y 2% oxígeno, carbono, neón y hierro.

7000 millones años después

La atracción gravitatoria hacia la que viajan las galaxias y los cúmulos de galaxias se forma cuando el universo tiene solo la mitad de su edad actual. El supercúmulo local **LANIAKEA,** con una extensión de 500 millones de años luz, tiene una masa de materia que equivale a 100.000.000 de masas solares. Este brutal continente cósmico está formado por 10.000 grandes galaxias, incluida nuestra Vía Láctea. Cada una de las cuales contiene: 100.000 millones de estrellas y un millón de galaxias enanas. Todo ello, como puedes imaginar (mejor dicho, como *no puedes* imaginar) es una barbaridad.

8600 millones años después

El cúmulo de galaxias en el que se encuentra nuestra Vía Láctea es el Grupo LOCAL, formado por unas 30 Galaxias. Es un cúmulo bastante pequeño. Entre ellas, además de nuestra Vía Láctea, hay otras 2 galaxias bastante masivas, que acabaron fusionándose en 1 sola. Así nació la que es conocida como la gran nebulosa **ANDRÓMEDA OM 31**. Como resultado de esta fusión, se forma una gigantesca estela de estrellas por las fuerzas de marea. Algunas de estas estrellas se dirigen hacia la gran galaxia, pero otras escapan y se unen para formar 2 galaxias enanas. Son la gran nube y la pequeña nube de MAGALLANES, que van a gran velocidad y se encuentran en las proximidades de la VÍA LÁCTEA.

9000 millones después: la Energía Oscura

En este punto, la expansión del universo ya se ha ralentizado, pero se activa de nuevo por la **energía OSCURA**, esa misteriosa energía que llena el vacío del universo. La energía OSCURA se comporta como una fuerza gravitatoria repulsiva, lo que la hace capaz de invertir la ralentización de la expansión. La densidad de la MATERIA disminuye con el tiempo, pero la densidad de la energía OSCURA permanece inalterada. ¡Así, **la energía OSCURA** se convierte en el **principal constituyente** del universo!

9050 millones después: inicio sistema SOLAR

El nacimiento de **nuestro sistema solar** ocurrió hace unos 4570 millones de años. Nuestro supercúmulo LOCAL contiene más de 10.000 objetos celestes, y en su periferia se encuentra el Grupo LOCAL formado por 30 galaxias, de las cuales la Vía Láctea es la más destacada. Una de sus **NUBES interestelares** flotaba a 27.000 años luz del centro de la Vía Láctea. Estaba compuesta de HIDRÓGENO, HELIO y otros elementos. Un fragmento de esta nebulosa colapsó sobre sí mismo bajo el efecto de la atracción gravitatoria, los átomos se aceleraron, migraron hacia el centro y se volvieron más calientes y densos. La NUBE adquirió una forma esférica y el gas se calentó para irradiar energía. Ello dio lugar a **nuestro SOL**.

9240 millones años después: los Planetas

Los **PLANETAS comienzan a formarse**. Parte de la materia gira demasiado rápido para unirse al SOL en formación y se aplana en un disco de hidrógeno y helio, con pequeños agregados de materia sólida. Estos granos se pegan entre sí y, en cuanto forman bloques de más de 1metro, la gravedad entra en acción y forma cuerpos de más de 1km de longitud. Sigue el delirio. Los más masivos absorben todo lo que se encuentra en su área de influencia, y ello da lugar a embriones planetarios. Cuanto más lejos estén del Sol, mayor será su masa, y cuando la masa de esta envoltura llega a alcanzar 100 veces la de la TIERRA, colapsa en un planeta gigante de gas, apareciendo JÚPITER y SATURNO. Después hacen lo propio URANO y NEPTUNO y tras violentas colisiones olo sobreviven los 4 planetas terrestres: MERCURIO, VENUS, la TIERRA y MARTE. JÚPITER alcanza 300 masas terrestres, más que todos los demás planetas del sistema solar juntos, y se mueve hacia el interior del disco que rodea al SOL. Resultado: los PLANETAS y los pequeños cuerpos que podrían crecer hasta formar un planeta se rompen al colisionar. Estos PLANETESIMALES forman ahora el cinturón de asteroides que contiene cientos de miles de objetos desde el tamaño de una mota de polvo hasta un PLANETOIDE de 500 km diámetro.

9300 millones años después

El hipotético protoplaneta THEIA impactó con la TIERRA al inicio de la formación del sistema solar, dando lugar a la LUNA. Está se formó a partir de los restos de un impacto. Esta teoría es conoce como la **hipótesis del gran impacto**, y es aceptada por la comunidad científica para explicar su formación. La colisión entre la TIERRA primitiva y THEIA habría ocurrido hace unos 4.500 millones de años. THEIA queda destrozada y su **núcleo de hierro** entra en el **núcleo de la Tierra**. La energía involucrada en la colisión fue inimaginable. La TIERRA y la LUNA entran en una rotación sincronizada y una de las caras de la Luna está constantemente girada hacia la Tierra.

9800 millones años después

Hace 4000 millones de años, y nuestro sistema solar sigue evolucionando. El cambio en la estructura orbital de los planetas gigantes tiene un **impacto violento y brutal** en el sistema solar. Miles de cuerpos son expulsados de sus órbitas originales, tanto fuera como dentro del sistema solar, hacia los planetas. Este es el período del gran bombardeo tardío. MERCURIO, MARTE y la LUNA (también la TIERRA) son golpeados por **meteoritos y cometas**. Sus superficies están profundamente marcadas con cráteres de impacto. La LUNA tiene 1.700 cráteres y la TIERRA es golpeada por casi ¡**22.000 objetos** gigantescos!; algunos de los cuales superan el tamaño de España, es decir, ¡son de **más de 1000 km de diámetro**! ¡Una autentica carnicería cósmica, algo casi imposible de imaginar! Esta violencia tiene consecuencias extremas, pues la energía liberada durante estos continuos bombardeos fue suficiente para **vaporizar los océanos** que cubrían la TIERRA, **destruyendo cualquier tipo de vida** que pudiera haber empezado y haciéndolo temporalmente inhabitable.

10000 millones años después

Hace 3800 millones de años, tras el gran bombardeo tardío, comienza el **vulcanismo en MARTE**. Algunos de estos volcanes en formación crecen hasta alcanzar tamaños colosales, como es el caso del **Monte OLIMPO** de MARTE, que es el pico más alto del sistema solar. Este extraordinario Monte tiene ¡más de 22 km de altura! Para llegar a su cima, sería necesario escalar primero la base del volcán que está rodeada de acantilados de entre 2 y 6 km de altura.

10300 millones años después: formas de Vida

Las **primeras formas de VIDA** se desarrollaron en la Tierra hace 3500 millones de años. Los grandes eventos volcánicos hacen que el **AGUA** de las capas más profundas de la Tierra se eleve en forma de vapor, dejando el planeta con una espesa nube. Las **lluvias torrenciales**, provocadas por todo este vapor de agua que satura la atmósfera terrestre, forman los **primeros océanos**. Otra parte del agua procede del gran bombardeo cuando una multitud de pequeños **cuerpos helados**

cayeron del espacio. El entorno es ahora propicio para aparición de **primeras células y bacterias** que pueblan los humedales. Las **cianobacterias** o **algas** prosperan en los límites extremos de las mareas, fijan el CO_2 de la atmósfera y construyen estromatolitos.

11400 millones años después

Hace 2400 millones de años, la **atmósfera** de la Tierra estaba formada por algo de **nitrógeno** y la mayor parte de **dióxido de carbono**. Gracias a la luz solar, el CO_2 se descompone y las **cianobacterias** liberan cantidades crecientes de oxígeno mientras fijan el carbono. El oxígeno recién producido se combina con minerales de la corteza terrestre como el hierro. Al cabo de un tiempo, todos los minerales se oxidan y el oxígeno se extiende por la atmósfera, y ataca al metano que desaparece en apenas 100.000 años provocando la **caída del efecto invernadero**. Las temperaturas descienden y se forma una **gruesa capa de HIELO** en la superficie de la Tierra. Es el período de **glaciación huroniana**, que durará cientos de millones de años y provocará la **pérdida de la mayoría de las especies vivas**.

13560 millones años después

Hace 240 millones de años, las 4 masas terrestres se fusionan en una sola llamada **PANGEA** formada por la colisión de 2 supercontinentes: PROTO CONGUANA y LARUSIA. El relieve de PANGEA lo conforman cordilleras, y está rodeada por el océano PANTHALASSA. Ello tuvo importantes consecuencias, el litoral y la superficie costera se transformo y muchas especies marinas no sobrevivieron. Las tierras del centro de PANGEA estaban alejadas del mar y experimentaban menos precipitaciones, lo que hizo que surgieran desiertos gigantescos. 50 millones de años después de su formación, PANGEA se separa en dos. Una profunda **fisura comienza a abrirse y a llenarse de agua**, seguida de enormes flujos de lava procedentes del magma que asciende a lo largo de las fracturas. **El océano ATLÁNTICO comienza a formarse.**

13640 millones de años después

Hace 160 millones de años, un cuerpo celeste de 170 km y otro de 60 km de diámetro colisionaron formando una nueva familia de objetos conocida como la **familia de asteroides BAPTISTINA**, compuesta de un centenar de objetos mayores de 10 km, y será la "*comidilla*" del sistema solar, pues tendrá efectos desastrosos en la tierra 100 millones de años después.

13692 millones de años después

Hace 108 millones de años, los **asteroides de la familia BAPTISTINA** (*sujetos al efecto YARKOVSKY*) giran en presencia de radiación. Al ser iluminado por la fuente de radiación, un lado del objeto recibe energía, y después irradia la energía recibida hacia el exterior, lo que ejerce un empuje muy débil. Este efecto YARKOVSKY **divide a la familia BAPTISTINA en 2 grupos** que se alejan entre sí. Pues bien, **hace 108 millones de años**, uno de ellos, de unos **10 km de tamaño**, se aproximó a la LUNA hasta chocar violentamente con ella. Los grandes restos arrojados por el impacto golpearon la TIERRA poco después y **causaron una devastación** localizada.

13735 millones años después

Durante millones de años aumentó la formación de cráteres por el impacto de objetos de más de 1km de la **familia BAPTISTINA**, pero lo que vendría no es comparable a nada. Hace **65 millones de años**, la "*oveja negra*" de la familia (*un* *asteroide de 10km diámetro*) chocó con la TIERRA causando una **autentica catástrofe**. Este impacto provocó la **extinción masiva de 2 tercios de las especies**, entre los que estaban los **dinosaurios, pterosaurios** y **plesiosaurios**. Se multiplicaron las erupciones masivas, lo que provocó la disminución de la luz solar y la muerte de plantas y todo tipo de especies animales. El cráter del impacto se encuentra bajo una capa de piedra caliza en la Península de Yucatán, en México.

13790 millones años después

Hace 10 millones de años, un **pequeño cuerpo se separó** de una reserva de objetos que evolucionaban más allá de Neptuno. Al acercarse al SOL, este pequeño asteroide se calentó hasta el punto de que el hielo de su superficie se convirtió en gas y soltó bloques sólidos. Este cometa es el conocido **Cometa HALLEY,** que pasará desde entonces regularmente cerca de la TIERRA y que tan popular se hizo durante siglos.

Hace 47700 años

El PLEISTOCENO llegaba a su fin, y un gran **bloque de zinc y hierro,** un fragmento de la colisión de un planeta en formación se dirigió a la Tierra. Su composición metálica le permitió soportar las fricciones aerodinámicas de la atmósfera terrestre y el meteorito golpeó a 12 km/seg liberando una energía brutal. Se formó un cráter de más de 1 km de diámetro y la energía liberada fue cómo una explosión termonuclear cientos de veces mayor que la bomba de **Hiroshima**. La llanura en que vivían **mamuts** y los **perezosos gigantes** quedó aniquilada al igual que toda forma de vida en un radio de kilómetros.

En el año 1908

Un objeto celeste entró en las capas superiores de la atmósfera de la Tierra, se desintegró y un fragmento cayó en el centro de SIBERIA.

Este el conocido evento de TUNGUSKA. Tuvo lugar el 30 de junio de 1908 y su explosión liberó la energía equivalente a ¡¡¡1000 bombas de Hiroshima!!! El objeto tenía 50 m de diámetro, erradicó toda vida en un radio de 50 km, se **incendiaron 60 millones de árboles** y miles de renos y otros animales, arrojándose polvo y escombros a la atmósfera.

14. El TELESCOPIO
cambió el mundo

Su origen

El telescopio fue un invento absolutamente esencial para el estudio de la astronomía y la física en general. Aunque la invención del telescopio parece atribuible a GALILEO, realmente fue un invento holandés. Tras ello, cuando Galileo supo de su existencia, le dio aplicación para el estudio de los cielos.

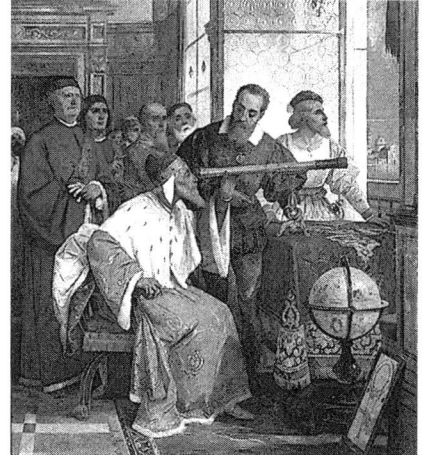

En 1608, Hans **LIPPER-HEY**, un humilde artesano de Middelburg (*entonces Holanda*), presentó al príncipe holandés Mauricio de Nassau una especie de tubo de latón de apariencia intrascendente. Pocos días después de su entrevista con el príncipe, intentó patentar su invento y se le adjudicó un contrato. Sin embargo, al telescopio le salieron inventores por toda Holanda, desde Jacob **METIUS** a Zacharias **JANSSEN** pasando por un tercer artesano desconocido; todos ellos mostraron cosas parecidas o idénticas. A falta de pruebas, las autoridades holandesas le declinaron la concesión de la patente.

Cualquiera podía construir un catalejo si tenía las lentes apropiadas: una cóncava (*el ocular*) y una convexa (*el objetivo*). Además, el uso de lentes cóncavas y convexas como anteojos se remonta varios siglos atrás.

En 1286 ya aparecen en Italia para corregir la miopía y la presbicia. La cuestión era saber a quién se le había ocurrido primero la idea de poner una delante de la otra. Parece que fue LIPPERHEY, quien lo descubrió de forma accidental al ver a sus hijos jugar con las lentes mirando en una torre. También se dice que un desconocido comprador de lentes para comprobar su calidad las habría colocado juntas en el taller delante de LIPPERHEY, y este se dio cuenta de su aplicación de aumento.

Por cierto, aquel territorio holandés estaba sumido en una guerra civil en donde se enfrentaban tropas españolas contra rebeldes del norte. En una de las treguas, el príncipe mostró el ingenio a los dirigentes de las otras provincias, así como al propio comandante en jefe de las tropas españolas, el marqués Ambrosio **SPÍNOLA**, que quedó tan sorprendido que exclamó:

"A partir de ahora no podré estar más tiempo seguro, ya que me verás llegar a lo lejos".

En menos de un año, los llamados *"vidrios para espiar"* se extendieron por toda Europa. **GALILEO**, conocedor del artilugio, preparó su propio telescopio para impresionar al Senado veneciano, oteando el horizonte desde el campanario de la Catedral de San Marcos. Solo magnificaba tres veces, pero fue más que suficiente como para que GALILEO fuera contratado de por vida, logrando conseguir hasta 30 aumentos y revolucionando la búsqueda de los cielos en una nueva era de la astronomía.

Un invento transcendental

Nuestra vista únicamente capta la luz VISIBLE, que es solo una parte de la radiación electromagnética. No capta ni las ondas de radio, ni microondas, infrarrojos, ultravioletas, rayos X o los rayos gamma. La horquilla de la radiación VISIBLE para nosotros es muy limitada, pues solo percibimos una **octava parte** de algo tan esencial como es la radiación electromagnética. El telescopio nos da información codificada de la luz que nos llega a través de sus lentes, y luego la procesamos. La realidad tal como la vemos está limitada por nuestra visión y por la franja tan estrecha del espectro electromagnético que somos capaces de observar. Al ser nuestra visión **el único modo de acceso a la información del universo,** y al venir codificada a través de la luz que nos llega a nuestro cerebro, nuestros sentidos literalmente **solo captan una parte de la REALIDAD.**

Los telescopios tuvieron una gran influencia en el avance de la física. Los primeros eran los de la luz VISIBLE, pero hoy se utilizan otros muy diferentes que ya no recogen solo esa octava parte de la realidad, sino otras partes igual de importantes dentro del espectro electromagnético como las ondas de **radio**, de **microondas**, el **infrarrojo**, la **ultravioleta**, los **rayos X** y los **rayos gamma**. A través de las observaciones de los telescopios, se han podido confirmar una serie de cuestiones que no dejan de resultar sorprendentes dada la inmensidad del universo:

— Que la MATERIA es del **mismo tipo en todos los rincones del universo** y se organiza jerárquicamente en ESTRUCTURAS.
— Que toda la MATERIA del universo está **situada de modo uniforme** en todas sus áreas y distribuida en las mismas cantidades.
— Que en todo el universo se aplican las **mismas leyes**.
— Que todas las estrellas **tienden a agruparse** en galaxias, y estas en cúmulos de galaxias.

¿No es increíble? Sin duda.

15. ¿Qué es el telescopio HUBBLE?

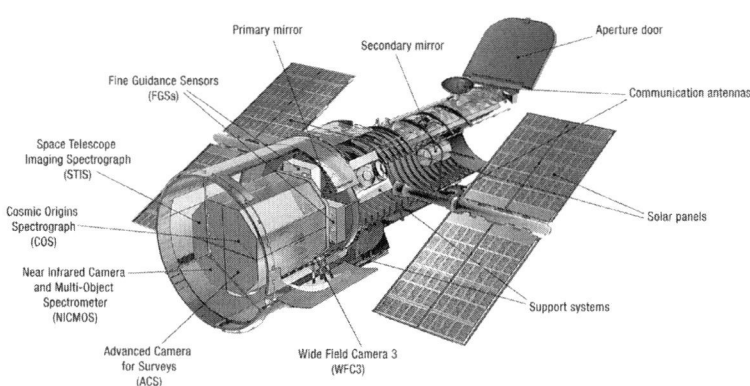

La importancia del HUBBLE

Después de la Segunda Guerra Mundial, el científico Lyman **SPITZER**, investigador de la Universidad de Yale, propuso que un telescopio en ÓRBITA sería mucho más útil que los situados en la Tierra, ya que la atmósfera de este planeta distorsiona algunas de las observaciones e incluso llega a bloquear las emisiones de rayos X de eventos que suceden a altas temperaturas. Por ello, sugirió su construcción, pues así podría profundizar en el conocimiento de la física del universo. Ese telescopio sería el HUBBLE, que impulsó descubrimientos fundamentales. Después de décadas de su puesta en órbita, sus logros fueron espectaculares, siendo clave en los avances científicos y maravillando con sus excepcionales imágenes a las que antes la humanidad no tenía acceso. La idea de construir un telescopio espacial era muy a antigua, pero desde que el HUBBLE fue puesto en órbita en 1990, este *'ojo'* del espacio ha captado imágenes espectaculares del universo que han contribuido a aclarar muchos enigmas. Su trabajo ha permitido grandes avances en el conocimiento de planetas, estrellas y galaxias.

En 1995, el telescopio HUBBLE tomó instantáneas de una pequeña región de la constelación de la Osa Mayor durante 19 días consecutivos. Su trabajo permitió recrear una fotografía con 342 exposiciones diferentes, que sería conocida después como campo profundo del HUBBLE. Estas fotografías del campo profundo del telescopio permitieron ver **cómo pudo ser el universo en un principio**. Su relevancia científica fue tan importante que ha inspirado la publicación de multitud de artículos de investigación.

El HUBBLE y la edad del universo

Determinar la verdadera **edad del cosmos** fue uno de los grandes motivos por las que el telescopio HUBBLE fue puesto en órbita, y gracias a él sabemos que el universo surgió aproximadamente hace 13.800 millones de años. El Hubble fue clave gracias a las fotografías que lleva tomando desde 1995. Con las imágenes de los **campos profundos**, los astrónomos pudieron **mirar al pasado** y ver cómo eran las **galaxias en sus orígenes**. Analizaron las imágenes como si fueran fósiles cósmicos y los astrónomos calcularon la EDAD del universo mediante 2 métodos:

—la observación de las estrellas más antiguas,
—y la medición de la expansión del universo.

Una de esas imágenes, conocida como el **"campo ultra profundo"** del HUBBLE, tomada en 2012, nos reveló las galaxias más distantes y antiguas jamás observadas. Dada su lejanía y el tiempo cuya luz tarda en llegar, los científicos estimaron que esas imágenes muestran las galaxias cuando el universo tan solo tenía unos **800 millones** de años, cuando apenas estaba en su Kindergarten.

¿Cómo logro HUBBLE un cálculo tan preciso?

El HUBBLE permitió estudiar las CEFEIDAS, un tipo de estrellas que varían su luminosidad de forma periódica. La relación existente entre los cambios cíclicos de luminosidad y su brillo, propuesta por la gran astrónoma Henrietta **LEAVITT**, sentó las bases para conocer la edad del universo. Posteriormente, Edwin HUBBLE formuló una constante que serviría para medir la velocidad de expansión del cosmos y su antigüedad. Antes del telescopio HUBBLE, se creía que la constante era de 50 km por segundo por mega pársec. Más tarde, la puesta en marcha del telescopio permitió precisar mejor este número hasta determinar la cifra de 72. Estos cálculos fueron fundamentales para desvelar la verdadera edad del universo.

El HUBBLE y la EXPANSIÓN del cosmos

En 2011, el Premio Nobel de Física reconoció el trabajo de Saul **PERLMUTTER**, Brian P. **SCHMIDT** y Adam G. **RIESS**, cuyos estudios sobre las IA, también conocidas como *'candelas astronómicas'*, permitieron medir las distancias a partir de la luminosidad observada. Pues bien, estas estimaciones fueron realizadas a partir de las fotografías captadas por el telescopio HUBBLE, y fueron clave para saber que nuestro universo no solo **se expande**, sino que lo hace de **forma acelerada**. Durante mucho tiempo, los cosmólogos debatieron sobre si esa expansión se haría más lenta o se detendría en algún punto del universo, pero gracias a sus imágenes se comprobó que en realidad ocurre todo lo contrario. Mediante la observación de explosiones de estrellas (supernovas) cada vez más lejanas y tenues a miles de millones de años luz, el HUBBLE mostró que el universo se expande infinitamente y a una velocidad cada vez mayor. Así, se pudo verificar la expansión del universo. Es como si observáramos la luz de una vela: mientras más tenue se ve la llama, más lejos se deduce que está la vela. Esta expansión constante se explica por la presencia de la llamada energía OSCURA, esa misteriosa fuerza de la que sabemos muy poco.

El HUBBLE y la misteriosa Materia OSCURA

La materia OSCURA es uno de los grandes enigmas de la ciencia, no la podemos ver. Es una estructura como una TELA INVISIBLE que se extiende entre los objetos del cosmos. Sin embargo, aunque no la veamos, los astrónomos pueden notar sus efectos al comprobar cómo se distorsiona la luz que atraviesa las galaxias distantes. A este fenómeno se le llama "**LENTE gravitacional**", y muestra cómo la luz se desvía al chocar con objetos masivos como, por ejemplo, las galaxias. La materia OSCURA hace que esa luz se "*doble*".

Gracias a las lentes gravitacionales el HUBBLE pudo notar la presencia de la materia OSCURA. Su poderosa visión ha logrado detectarlas alrededor de cúmulos de galaxias, y gracias a esa distorsión de la luz que muestra el HUBBLE, los astrónomos pueden hacer cálculos y deducir la ubicación y el tipo de materia, visible e invisible, que compone el área observada. Flipando, que es gerundio.

El HUBBLE y los agujeros NEGROS

El HUBBLE también ha sido clave para descubrir aspectos del cosmos totalmente desconocidos, y ha ofrecido las primeras evidencias sobre la existencia de agujeros negros supermasivos que 'engullen' todo lo que les rodea (*hasta la luz*) y que también se encuentran en los grupos de estrellas cercanos a las propias galaxias.

La idea, calculada de forma teórica por EINSTEIN en 1915, se convertía en realidad definitivamente en 1994, cuando los astrónomos detectaron el primer objeto de este tipo en el centro de la galaxia M87. El HUBBLE también permitió descubrir agujeros negros en sitios inesperados y se ha podido comprobar que prácticamente **TODAS las galaxias tienen agujeros negros** en su centro. El telescopio logró mostrar las primeras imágenes de los gases que rodean a un agujero negro, y a partir de ahí deducir su masa y entender mejor cómo se origina. También consiguió detectar un primer agujero negro de masa intermedia, un tipo muy difícil de localizar, pero el HUBBLE lo pudo captar en el momento justo en que se *tragaba* una estrella que había pasado muy cerca de él, en algo que los astrónomos sarcásticamente califican como un "*homicidio cósmico*". Los agujeros negros de masa intermedia son un eslabón perdido en la evolución del cosmos que los investigadores buscaban desde hacía mucho tiempo.

El HUBBLE y cómo nacen las estrellas

Otra de las incógnitas que despejó el HUBBLE se relaciona con el nacimiento de las estrellas. En 1995, se logró captar fotografías más detalladas de los discos y chorros estelares que se forman en los instantes previos al nacimiento de una estrella. Las imágenes de la nebulosa de ORIÓN, considerada como una de las grandes maravillas del cielo nocturno, permitió saber cómo se produce la evolución desde las nubes difusas de gas a las estrellas primerizas. En ocasiones, estos discos y chorros gaseosos también dan lugar a la formación de planetas.

Otras aportaciones del HUBBLE

El telescopio estaba diseñado para durar solo 15 años y ha permitido conocer detalles desconocidos de los planetas extrasolares. Su trabajo también ha ayudado a determinar qué ocurre cuando un cometa choca contra un planeta, como sucedió con el cometa Shoemaker-Levy 9 en 1994 al impactar sobre la superficie de Júpiter. La muerte de las estrellas o los estallidos de rayos gamma han sido otros temas abordados por el telescopio Hubble. Merece la pena echar la vista atrás y comprobar los impresionantes avances e imágenes conseguidas. Lleva orbitando la Tierra, enviando imágenes icónicas del universo, y ha servido como una máquina del tiempo que espía los lugares más recónditos del cosmos. Gracias a sus observaciones, los astrónomos han visto el nacimiento de estrellas (¡increíble!) y la creación de agujeros negros.

El HUBBLE también ha capturado la famosa Gran Mancha Roja de Júpiter, Lunas y objetos más allá del sistema solar, así como la fotografía más profunda del universo. Aunque sus imágenes originalmente son en blanco y negro, los científicos utilizaron filtros que dejan pasar ciertas partes de la luz para diferenciar los objetos que emiten esa luz y asignarles colores. Querido lector, el telescopio HUBBLE ha sido una de las aportaciones más decisivas de astronomía y de la historia de la física. Todo nuestro crédito, reconocimiento y admiración el telescopio HUBBLE y sus increíbles aportaciones.

16. ¿Qué es el Telescopio James WEBB?

La importancia del Telescopio James WEBB

Desde su lanzamiento en diciembre de 2021, el telescopio James WEBB ha logrado nuevos y asombrosos descubrimientos. Estos tienen el potencial de transformar nuestro conocimiento, desafiando las teorías cosmológicas con hallazgos revolucionarios que ya están teniendo un impacto significativo que altera la comprensión del universo

El WEBB es el telescopio más caro y potente que ha existido jamás, y pocas veces en la historia de la astronomía ha existido tanta expectación como cuando empezaron a llegar imágenes. Este milagroso telescopio necesitó de una inversión de **10.000 millones de dólares**, lo cual parece una cantidad elevada, pero es lo mismo que cuesta un portaviones de tamaño medio, y el beneficio para la humanidad, sin duda, será mucho más importante. Su desarrollo no fue fácil y su puesta en marcha se convirtió, en ocasiones, en una auténtica pesadilla para los ingenieros. Fue una labor tecnológicamente titánica, y quienes trabajaron en el proyecto superaron situaciones críticas.

—Requirió de un DISEÑO que le permitiera **adaptarse al COHETE de lanzamiento** pues hasta entonces no se había fabricado un cohete tan especifico.

—Los ingenieros tuvieron que diseñarlo para que su gran **ESCUDO térmico** pudiera ser **plegable**. El **espejo reflector** es una proeza de 18 piezas diferentes y el plegado se realizó en órbita.

Una de las peculiaridades del WEBB es que no puede recibir mantenimiento ni puede ser reparado debido a su lejanía en el espacio. A millones de kilómetros de la Tierra es imposible enviar a un equipo para realizar cualquier reparación. Tampoco hay posibilidad de recargarlo, con lo que terminará su misión cuando se agote su combustible. Los riesgos del WEBB, sin embargo, parece que han merecido la pena, pues está permitiendo ampliar de manera considerable el conocimiento del cosmos como hasta ahora no lo ha hecho ningún otro instrumento científico.

Revolucionarias aportaciones del WEBB

Una vez que el telescopio fue declarado operativo, los científicos de todo el mundo han estado expectantes para comprobar su funcionamiento en el espacio, a la espera de sus resultados y de las maravillosas imágenes que ya está proveyendo. Hay que recordar que el WEBB es **100 veces más potente que el HUBBLE**, y está aportando imágenes increíbles de los límites del universo, lo cual es simplemente alucinante desde cualquier punto de vista. Con ello está demostrando, además, que el universo está mucho más iluminado de lo que parecía. Mientras sigue explorando el cosmos, los astrónomos de todo el mundo están recibiendo y analizando nuevos datos e imágenes, lo cual, por cierto, no hacen más que provocar exponencialmente más interrogantes. Las imágenes incluso **plantean dudas sobre la teoría del Big Bang** en relación con el origen mismo del universo. La comunidad científica anda algo más que confundida al respecto.

Interesante mencionar algunos de los sorprendentes datos e imágenes que está transmitiendo cómo el cúmulo de galaxias de PANDORA. Este Cumulo es una diminuta parte del cielo, con galaxias muy parecidas a la Vía Láctea, pero no unas pocas, ¡sino cientos de miles de galaxias similares! A su vez, en esos cientos de miles de galaxias, hay miles de millones de planetas similares a la TIERRA. Y para rizar el rizo de lo incomprensible, el cúmulo de PANDORA es solo una parte pequeñísima del cielo observable.

Aclaración sobre el Espectro visible y el WEBB

Conviene aclarar lo que es el **Espectro VISIBLE**:

a. Cuando un objeto en el cosmos se acerca, las ondas de su luz se comprimen, haciendo que su espectro visible se desplace al **AZUL.**

b. Cuando un objeto en el cosmos se aleja, las ondas de su luz se estiran, haciendo que su espectro visible se desplace al **ROJO**.

Esto ocurre porque **cambia la frecuencia de la onda** cuando se produce movimiento de la fuente respecto del observador. Pero ello ocurre con TODAS las ondas, incluso con las del sonido. Es el conocido **efecto DOPPLER** que habrás oído muchas veces. Lo recordarás cuando escuchas las sirenas de las ambulancias. Según se acercan o se alejan, el sonido de la alarma es mucho más acelerado, o al revés.

Con el corrimiento al color ROJO estas ondas de luz **se estiran** a medida que viajan a través del tiempo, lo que hace que se **desplacen hacia el extremo rojo del espectro electromagnético**. Este fenómeno implica que la luz ultravioleta que sale de una galaxia distante no llegará a la tierra como luz ultravioleta, sino que será desplazada hacia el infrarrojo y eso es perfecto, ya que el telescopio James WEBB **¡está diseñado para detectar precisamente ese tipo de luz INFRARROJA!** Las galaxias más distantes se desplazaron tanto al ROJO que pasaron al INFRARROJO cercano, es decir, no las vemos a simple vista y tampoco las captaba el telescopio HUBBLE. Por eso hacía falta un telescopio como el James WEBB, que captara luz en INFRARROJO cercano. Esta es la razón por las que ahora se están detectando galaxias increíbles en la frontera del cosmos, y el fenómeno del corrimiento al ROJO es fundamental para el análisis del universo. Cuando los astrónomos detectan una galaxia, lo que hacen es medir las longitudes de onda de luz que emite.

Recordando ciertos puntos fundamentales

Antes de proseguir y para no perdernos, es importante resumir estos puntos fundamentales:

1. A través de la observación del universo, los científicos se dieron cuenta que el espacio se está **expandiendo**;

2. ... una vez que la velocidad de expansión de las galaxias fue determinada, los astrofísicos pudieron **rebobinar** el universo para conocer hace cuánto este estaba compactado en un solo punto;

3. ... el banderazo de salida que representa el Big Bang se calculó en 13.000 millones de años, pero calculos posteriores del fondo cósmico permitieron una medición más precisa, y así el universo tiene hoy "*oficialmente*" una **edad de 13,800** millones de años;

4. ... para entender de manera sencilla **el fenómeno del corrimiento al rojo**, imagina que las estrellas más distantes de la Tierra tienen un color distinto, y la explicación más aceptada para este cambio es que las ondas de luz se estiran porque el espacio se expande entre la fuente y el receptor, y los científicos determinaron que **mientras más corrimiento al rojo** tiene una galaxia, **más alejada está de nosotros**;

5. ... pero también existe una teoría alternativa propuesta por EINSTEIN llamada la **teoría de luz CANSADA**, que menciona que los fotones que emiten las galaxias distantes **pierden energía a lo largo de su viaje por el universo** y su interacción con los campos gravitatorios. La luz cansada era un modelo formulado para contradecir la expansión cósmica, de la que Einstein no era partidario.

El Proyecto CEERS

El proyecto de investigación sobre el universo temprano *Cosmic Evolution Earley Release Science* (CEERS) es el que utiliza las capacidades del WEBB y muestra sus resultados. Meses de monitoreo en lo más distante del universo visible se usaron para crear una corta pero impresionante visualización que resume un viaje por 5.000 galaxias en tercera dimensión rumbo al pasado.

Recordemos que la **información** del **universo primitivo** está disponible ahora mismo presente mientras lees estas líneas. En la medida en que contemos con instrumentos suficientemente sofisticados de captación de luz, podremos detectar luz proveniente de objetos que se encuentran a miles de años luz de distancia, que, observándolos, nos dirán literalmente, cómo eran esos objetos hace milenios de años. El WEBB lo que hace es abrir todo este período de tiempo para que lo estudiemos. Según Rebecca **LARSON**, investigadora miembro del CEERS, *"antes no podíamos estudiar galaxias lejanas porque no podíamos verlas. Ahora no solo podemos encontrarlas en nuestras imágenes, sino que también podemos descubrir de qué están hechas y si difieren de las galaxias que vemos cerca".*

El periodo de la reionización del universo sigue siendo un misterio para la comunidad científica, como los propios astrónomos del CEERS admiten. Para investigar cómo evolucionaron las galaxias durante los primeros años del universo faltaban imágenes de cuerpos celestes ubicados a cientos de millones de años luz de distancia. Obtener esa clase de información era **imposible** para el telescopio **HUBBLE**, lanzado a órbita en 1990, pero **no para el WEBB,** con 30 años de avances científicos instalados dentro de él.

Como ejemplo del proyecto CEERS, cabe mencionar que se ha encontrado el agujero negro supermasivo más distante en el tiempo, el CEERS 1019, que se encuentra en la galaxia del mismo nombre. Los científicos han determinado que existió solo 570 millones de años después del Big Bang. Aunque esto signifique adelantarnos al tema de los agujeros negros, del cual daremos buena cuenta en el siguiente capitulo, es importante resaltar esto como un gran descubrimiento del James WEBB. Es el agujero negro más distante que literalmente se está devorando todo a su paso según la NASA. Habita en el centro de la galaxia CEERS 1019, que existió en esa etapa temprana del universo, conocida como la **época de la reionización**.

Como mencionamos, los cosmólogos calculan que el universo tiene alrededor de 13.800 millones de años, pero ya veremos cómo queda esa fecha al final, pues posiblemente sea mucho mayor. Hasta donde sabemos, las leyes físicas del universo aplican desde el primer momento y —si existieron estrellas masivas en una etapa temprana del cosmos— también generaron agujeros negros primitivos. Lo que resulta fascinante es que los científicos habían teorizado sobre ellos, pero no habían conseguido verlos hasta ahora. Este agujero negro es el más distante en el tiempo y tiene una masa de 9 millones de masas solares (*todo parece una broma*). Lo identificaron gracias a que se estaba tomando una buena merienda y estaba (*o está*) devorándose unas cantidades demenciales de materia. El agujero es del mismo tamaño que el que alberga la Vía Láctea, cuya magnitud fue calculada en 4.6 millones de veces la masa del Sol.

De acuerdo con el articulo original publicado por THE ASTROPHYSICAL JOURNAL LETTTERS, el descubrimiento ocurrió porque el equipo responsable encontró una galaxia que **brillaba anormalmente en el espacio**. La llamaron CEERS 1019 y, cuando iniciaron su análisis con el instrumento infrarrojo del WEBB, identificaron gas a altas temperaturas y estrellas recién nacidas. Estas lecturas son formas indirectas típicas que confirman un agujero negro supermasivo en el espacio. Los datos también coinciden con otras lecturas de singularidades confirmadas más cercanas. El agujero negro ya estaba consumiendo la materia de su galaxia a solo 500 millones de años de haberse expandido el universo, según el modelo actual de la teoría del Big Bang. El equipo encargado se mostró entusiasmado con el hallazgo y, según señaló Steve FINKELSTEIN, autor de la investigación, es la primera vez que se confirma, a través de lecturas de telescopio, que existieron agujeros negros en las etapas tempranas del universo:

> *"Con el WEBB, no solo podemos ver agujerops negros y galaxias a distancias extremas, ahora podemos comenzar a medirlos con precisión. Ese es el tremendo poder de este telescopio"*

Las galaxias cuyo nombre tenga el acrónimo CEERS son todas primitivas y muy distantes a la Tierra. Llevan su nombre por el programa de investigación mencionado, que tiene como objetivo estudiar la interacción de las galaxias y su desarrollo en la era temprana del universo.

17. El Universo a raíz del WEBB

A la búsqueda de Exoplanetas

Se están realizando esfuerzos en la detección de planetas con posibilidad de vida, así como exoplanetas que pudieran considerarse supertierras que potencialmente pudieran ser lugares donde la **vida inteligente** se pudiera desarrollar, si es que ya no la hay (*que los habrá*).

Es importante recordar la **diferencia** entre un **planeta** y un **exoplaneta**. Todos los planetas de nuestro sistema solar orbitan alrededor del Sol, y aquellos que lo hacen alrededor de otras estrellas se les denomina exoplanetas, es decir planetas fuera de nuestro sistema solar. En este sentido, el exoplaneta TOI4306C, por poner un ejemplo concreto, reúne unas condiciones idóneas para ser habitado. Es un exoplaneta tipo supertierra que está en la constelación de ERIDANUS y parece habitable debido a la posición a la que se encuentra de su estrella. Su atmósfera parece que puede albergar agua en estado líquido y las condiciones climáticas y temperaturas se presentan ideales para el desarrollo de la vida. Fascinante. TOI4306C es uno de los objetivos principales del telescopio WEBB y fue identificado inicialmente por el **satélite TESS**, que lleva un telescopio que se dedica única y exclusivamente a la **búsqueda de exoplanetas** en estrellas cercanas. Los astrónomos también utilizaron sus telescopios terrestres para analizar este exoplaneta y confirmar que se trata de una SUPERTIERRA potencialmente habitable. Es aproximadamente un 40% más grande que la Tierra, pudiendo ser incluso más habitable que esta; y por lo que se desprende de las imágenes del WEBB, se caracteriza por tener un color verdoso, lo que puede significar que existan grandes bosques donde la vegetación pudiera haber prosperado gracias a las condiciones que ofrece este planeta. En las imágenes que se han enviado parece que se puede observar agua, grandes océanos a lo largo y ancho de la superficie e inmensos bosques tropicales, donde la fauna, la flora y la vida pueden haberse desarrollado.

El científico Francisco POZUELO, que publicó sobre este exoplaneta en la revista *ASTRONOMY & ASTRO PHYSICS*, explicó que, aunque este planeta orbita muy cerca de su estrella, la cantidad de radiación estelar que recibe es muy baja y permite la presencia de agua líquida en su superficie; su atmósfera tiene unas condiciones que lo permiten. La industria astronómica está realmente fascinada con este posible nuevo mundo.

He mencionado este hallazgo como ejemplo que lo que significan este tipo de exoplanetas, pues son candidatos perfectos para que los científicos los estudien y determinen la posibilidad de indicios de vida. Las observaciones permitirán investigaciones más detalladas de las propiedades que conforman su atmósfera y la presencia o ausencia de nubes. Las propiedades atmosféricas afectan notablemente a la existencia de manera estable de agua líquida en su superficie. Incluso si las observaciones futuras mostraran que es probable que exista vida en este u otros planetas, estudiar las atmósferas de los planetas rocosos en las zonas habitables de sus respectivas estrellas ayudará a comprender cómo se vería nuestra Tierra en el espacio. Se puede decir que este descubrimiento ha proporcionado un importante tema de investigación, que conducirá a más investigaciones. Nuevos mundos como este, si se confirmaran, serían estudiados minuciosamente y estaríamos hablando de un potencial paraíso para los seres humanos. El WEBB estudiará a fondo este exoplaneta y determinará la composición de su atmósfera; y si todo es favorable, podríamos estar ante una supertierra nunca vista por la astronomía.

La búsqueda de la vida

La vida fuera de nuestra Tierra es un tema que genera misterio e incertidumbre en la ciencia, y fascinación en los seres humanos. Es una reflexión irremediable en la astronomía. Las galaxias están repletas de millones y millones de estrellas que contienen a su vez millones y millones de planetas orbitando, y mundos llenos posiblemente de vida por descubrir. La vida puede haberse desarrollado en forma de microorganismos, u otros tipos de vida primitiva que estén en sus inicios, quizás en la fase principal de desarrollo, como lo estuvo la Tierra hace millones de años.

El debate interno que a todos se nos plantea es **si estamos solos en el universo**, y vistas las magnitudes del cosmos, la existencia de vida en algún lugar debería ser incuestionable. No es que pueda o no pueda llegar a haber vida en algún remoto rincón del universo, es que el universo a buen seguro debe estar rebosante de formas de vida por todos sus rincones. No tenemos las pruebas, de eso no hay duda, pero como tantas y tantas veces en la historia de la física y la astronomía... hasta que aparecieron.

A raíz de datos e imágenes captadas por el WEBB, y que están siendo enviadas sin cesar, como gotas diarias, las dudas se antojan ridículas, hasta infantiles. Simplemente, nuestro cerebro de 1,3 kilos es demasiado pequeño para poder visualizar un universo tan monstruosamente grande. Gracias a sus imágenes de los campos profundos del universo, los científicos están explorando galaxias, cuásares y agujeros negros mucho más lejanos. Y es en este punto donde la física puede dar un vuelco trascendental pues las imágenes diarias que se analizan y filtran muestran cosas increíbles. Aparecen galaxias y cúmulos globulares de millones de estrellas que hasta ahora no estaban en el radar de la ciencia. Literalmente, se están rompiendo las murallas observacionales del borde del universo, de zonas que se alejaron tanto que salieron del espectro visible.

Análisis de los Campos profundos

Los científicos están analizando los campos profundos con los datos que llegan del WEBB, y en el caso del cúmulo de PANDORA y sus imágenes los científicos están detectando galaxias en forma de disco, muy bien **formadas y brillantes, con una aparición de 350 a 450 millones de años después del Big Bang**. La sorpresa de todo ello es que son galaxias elípticas, tan brillantes y bien formadas, que **tuvieron que nacer prácticamente a la vez que el Big Bang.**

Han localizado también otras **galaxias más tempranas**, como GLASS-z13, que ya estaba formada 300 millones de años después del Big Bang; y CEERS- 93316, otra galaxia del mismo tipo que ya estaba formada 235 millones de años después del Big Bang. Estas dan un vuelco casi total a todo lo que sabíamos. Por ejemplo, de las imágenes del cúmulo de PANDORA se desprenden cosas increíbles. Se vieron **10 veces más galaxias espirales de las que se pensaba**, surgiendo una galaxia perfectamente formada como la Vía Láctea, con más de 100.000 millones de estrellas y una edad de solo 700 millones de años. El gran físico de Harvard AVI LOEB encontró **5 Galaxias de este tipo** y no lo podía creer:

*"Cuando lo vi casi escupo mi café; acabamos de descubrir lo imposible, galaxias imposiblemente **tempranas**, imposiblemente **masivas".***

Se han descubierto galaxias muy bien formadas 1.500 millones de años después del Big BANG. Entre ellas hay algunas que están completamente apagadas y resulta imposible entender cómo una galaxia llegó a ser tan avanzada y dejó de producir estrellas tan pronto. Los científicos afirman que para producir estas galaxias tan rápidamente se necesita **todo el gas del UNIVERSO** para convertirse en **estrellas** con una eficiencia cercana al 100%, algo literalmente imposible. Según la astrofísica Paola SANTINI:

> *"Estas observaciones simplemente te hacen explotar la cabeza; es un* **capítulo completamente nuevo** *en astronomía; es asombroso".*

¿Qué puede suceder, son errores del WEBB?

No, no son errores. Astrónomos y científicos de la Universidad de Texas y de la de Arizona han descubierto un **agujero negro de rápido crecimiento** en una de las galaxias más extremas conocidas del universo primitivo. Esa galaxia también está bien formada, tiene solo 700 millones de años de existencia y **forma estrellas a un ritmo 1000 veces superior** que la Vía Láctea. Está al borde del universo y, aunque es una galaxia más pequeña que nuestra Vía Láctea, literalmente está destrozando la física que conocemos hasta la fecha. Por todo ello, son muchas preguntas que están surgiendo a raíz de los datos del telescopio espacial James WEBB:

— ¿Qué puede estar pasando en el universo?
— ¿Qué puede estar pasando con estas galaxias?
— ¿Puede haber un **mecanismo desconocido** que lo que haga es compactar esas galaxias, formar estrellas de una forma que desconocemos, es decir, hacerlo de una manera mucho más rápida?
— ¿Quizás **algo externo esté actuando** sobre el universo?
— ¿Quizás la **materia oscura** o la **energía oscura** tengan un papel en esa formación inicial de esas galaxias?

¿Y si la edad del Universo fuera mayor y el Big Bang hubiera ocurrido antes?

La teoría del BIG BANG tiene sus raíces en ese brillante sacerdote y astrónomo George **LAMAITRE**, quien en 1927 tuvo la gran idea de que el universo debió comenzar como un **único punto**, que después se estiró y expandió hasta ser lo que hoy es. Edwin **HUBBLE** se basó en la idea de LAMETRE para intentar hallar la forma de que otras galaxias **se alejaban de nosotros**, y que las más lejanas se movían más rápido que las cercanas. HUBBLE supuso que ello implicaba que **seguiría expandiéndose**, y si todo se estaba alejando quería decir que **antes estaba unido**. Recordemos que justo después del Big Bang solo había partículas **calientes y diminutas** mezcladas con luz y energía, y cuando se expandió y ocupó más espacio, esas diminutas partículas se **agruparon y formaron átomos**. Luego, durante un largo período de tiempo, los átomos se unieron para formar estrellas y galaxias, las cuales chocaron y se agruparon. Nacían y morían nuevas estrellas, formándose en el proceso otros objetos como asteroides, cometas, planetas y agujeros negros.

Implicaciones de los datos recibidos del WEBB

Poco después del lanzamiento y puesta en funcionamiento del telescopio espacial James WEBB, este empezó a enviar imágenes y datos sorprendentes que sugieren y afectan a la ANTIGÜEDAD y a la DIMENSIÓN del universo. Todo resulta desconcertante pues la certeza sobre el Big BANG y su fecha aproximada es casi **considerada como dogma de fe** entre astrónomos y físicos. Algunos científicos se niegan a aceptarlo, pues el Big BANG es un elemento básico de la astronomía moderna sobre el que se basan la mayoría de las teorías cosmológicas y los cálculos para su estudio. Por ello, se ha generado una gran polémica e incertidumbre por los datos obtenidos**.** Lo que sí parece claro a raíz de las nuevas imágenes es que:

— las imágenes muestran galaxias que son **sorprendentemente pequeñas y antiguas,** y las galaxias lisas, pequeñas y viejas contra-

dicen la teoría del Big BANG. Suponiendo, que el universo está en expansión, quizás pudiera existir una **extraña ilusión óptica**.
—Ello supondría también un vuelco total, pues se obtuvieron fotos de estrellas, galaxias y agujeros negros del periodo de la reionización del universo, lo cual hasta ahora solo eran hipotéticos.

El físico Rajendra **GUPTA**, profesor de física de la Facultad de Ciencias de Ottawa, sugiere que el universo quizás tiene el **doble de edad de lo que se pensaba**. Explica que esas fotografías de galaxias distantes tomadas por el WEBB de cúmulos estelares existentes solo 300 millones de años después del Big Bang, resulta que muestran una masa y distribución que las hace parecer galaxias con miles de millones de años de evolución. El modelo propuesto por GUPTA se publicó en la revista *ROYAL ASTRONOMICAL SOCIETY*, y combina la teoría del **corrimiento al rojo** y la teoría de la **luz cansada** de EINSTEIN. Las unió, y la mezcla de ambas es compatible con las lecturas del telescopio WEBB. Para evitar contradicciones, se añadió a los cálculos las constantes de acoplamiento propuestas por Paul DIRAC (*una mente brillantísima*) en 1928. Esto, aparte de ser un shock para los astrofísicos, conlleva a nuevas posibilidades. Ya sabemos que las estimaciones actuales estiman que el Big Bang sucedió hace unos 13.800 millones de años, y lo que el WEBB muestra son galaxias **demasiado evolucionadas** después del Big Bang, lo que nos lleva a considerar nuevas estimaciones:

—¡Que el Big Bang ocurrió **muchísimo antes de lo que se pensaba, hace 26.700 millones** años! ¡Casi el **doble del modelo actual**!
—¡Que incluso el Big Bang **pudo no ocurrir!**

Recuerda que las anteriores estimaciones de la edad del universo se basaban en las observaciones de la Radiación Cósmica de Fondo de Microondas (FCM) y en mediciones de la expansión del universo a través de la ley de Hubble.

NOTA, ten en cuenta que la radiación FCM es la radiación del Big Bang, que se remonta a solo unos 380.000 años después del nacimiento del universo y que impregna el universo. El FCM es la radiación observable más antigua del cosmos. Un complicado proceso de análisis de las fluctuaciones de sus temperaturas permite a los cosmólogos determinar la edad del universo.

Una parte de los científicos no creen que hoy en día la teoría de GUPTA vaya a provocar un cambio de paradigma en la cosmología. El modelo actual del Big Bang y la expansión del universo está respaldado por una gran cantidad de pruebas observacionales y ha explicado muchos fenómenos cosmológicos. Para que esta posibilidad cobre fuerza, se necesitarían más investigaciones y desarrollos teóricos. Además, lo propuesto por GUPTA solo tiene en cuenta los datos de las supernovas, por lo que hay que probarlo de diferentes maneras. Sin embargo, ya se ha levantado el telón y ha empezado la función. Las dudas ya están planteadas por los desajustes provenientes del WEBB, que revelan galaxias maduras en una época en la que el universo era relativamente joven. Sin duda, su existencia desafía nuestra comprensión actual de cómo se formaron y evolucionaron estas galaxias.

Nadie esperaba que el universo primitivo se organizara tan rápido

Un tipo brillante e interesante como el físico y divulgador de la Universidad de Columbia Michio **KAKU**, sobre todo por sus aportaciones a la teoría de cuerdas, cree que los sorprendentes hallazgos del WEBB están transformando el conocimiento del universo. Para ello, pone como ejemplo 6 enormes galaxias que el WEBB ha descubierto. Son del tamaño de nuestra propia Vía Láctea, pero resalta que este grupo de galaxias de los inicios del universo son tan colosales que **no deberían existir**. Fueron detectadas en un principio como una serie de puntos borrosos que parecían excepcionalmente luminosos y rojizos por un grupo de astrónomos. Han apodado a estas 6 galaxias gigantes como "***rompedoras del universo***", ya que se **formaron** en un período de **tiempo increíblemente corto,** entre 500 y 700 millones de años después del Big Bang.

La existencia de estas galaxias tan masivas y cercanas a los orígenes del universo **desafía las reglas básicas** de la cosmología y nuestra comprensión actual de cómo las primeras galaxias se formaron a partir de pequeñas nubes de estrellas y polvo. Explicar su existencia requeriría que los científicos **revisen y reformulen** la teoría actual de cómo se sembraron las primeras galaxias. No saben con exactitud cuándo empezaron a fusionarse los primeros cúmulos de estrellas en los inicios de las galaxias que vemos hoy en día. Han estimado que el proceso empezó a tener lugar lentamente en los primeros cientos de millones de años tras el Big Bang, pero nadie se esperaba que el universo primitivo fuera capaz de organizarse tan rápidamente**.** En teoría, estas galaxias no deberían haber tenido tiempo de formarse, como afirma Erika **NELSON**, profesora de astrofísica de la Universidad de Colorado y también una de las investigadoras que ayudaron a realizar el reciente descubrimiento de galaxias masivas que se formaron en tan poco tiempo después del Big Bang. Ella sugiere que la **edad oscura del universo** *(que se inició 100 millones de años después del Big Bang*) podría no haber sido tan oscura como se pensaba, y que la formación de estrellas podría haber ocurrido **mucho antes** de lo que se creía.

Según las teorías actuales, las proto galaxias tempranas comenzaron a formarse en galaxias enanas alrededor de 1000 a 2000 millones de años **después del comienzo del universo**, y luego crecieron al fusionarse entre sí para formar galaxias más grandes, como nuestra propia Vía Láctea. Utilizando el WEBB para mirar millones de años en el pasado, los astrónomos se percataron de que **enormes galaxias** ya habían creado muy rápidamente después del Big Bang, cuando el universo tenía solo el 3% de su edad actual. Estas galaxias parecían tener unos 13500 millones de años, lo que las situaba entre 500 y 700 millones de años después del Big Bang. Así, según los modelos cosmológicos actuales, estas galaxias **NO deberían haber tenido tiempo de formarse**. Que sean tan masivas **desafía el 99% de los modelos actuales de la cosmología**, lo que significa que se requiere una revisión de la comprensión de la formación de las galaxias. Es posible que se haya de **modificar los modelos** existentes o replantearse por completo la comprensión científica actual. Este hallazgo es uno de los más sorprendentes del WEBB. Mientras que nuestra propia Vía Láctea forma pocas estrellas nuevas, estas galaxias gigantes parece que están formando cientos de estrellas nuevas al año desde el principio del universo, y contienen hasta 10.000 millones de veces la masa de nuestro Sol en estrellas. ¡Incluso una sola de estas galaxias podría contener la masa de hasta 100.000 millones de Soles! ¿Lo imaginas? Todo ello supera los límites actuales de comprensión de la cosmología.

Hasta el lanzamiento del James WEBB, las imágenes captadas por el telescopio espacial HUBBLE de lo que se denomina el universo temprano, no detectaron ninguna de estas galaxias masivas. La razón es la potencia del WEBB, que es aproximadamente 100 veces más potente que el HUBBLE. En astrofísica, cuando existe un gran avance tecnológico, se puede estar a las puertas de una nueva revolución y se replantea toda la comprensión entera del cosmos. Puede que este sea el caso, así que, amigo, te aconsejo que sigas cualquier noticia relacionada con este maravilloso desarrollo tecnológico como es el James WEBB, pues muchas y alucinantes noticias nos esperan.

Implicaciones de un Universo que no se expande

Otra improbable hipótesis seria que las galaxias que muestra el WEBB, al tener el mismo tamaño que otras cercanas a nosotros, pudiera significar que el universo **no se estuviera expandiendo**. La teoría del Big BANG postula que las galaxias lejanas deben ser muy pequeñas para compensar la hipotética ilusión óptica. Sí las galaxias son lisas, para que el Big BANG sea cierto, **deben existir galaxias diminutas y ultradensas,** tal como se pensaba hasta ahora. La teoría nos decía que esas galaxias diminutas crecieron hasta convertirse en las actuales, colisionando unas con otras, lo que llevó a que se fusionaran a medida que se dispersaban. Hubo unas fusiones que parecen imprescindibles en este proceso. Las nuevas imágenes del WEBB muestran galaxias espirales lisas, **¡que son hasta 10 veces más grandes de lo que la teoría había predicho!** Esto desafía la idea de que la fusión de galaxias es algo común y necesaria para un universo tal como lo concebimos actualmente. La incongruencia resultante es que las galaxias no pueden crecer tanto sin el proceso de fusión de otras diminutas, y en las imágenes del WEBB aparecen grandes galaxias que nunca fueron diminutas. Eso supondría que la ilusión óptica que predice la hipótesis del universo en expansión **no existe**, lo cual significaría algo más trascendental aún: **que no haya ilusión óptica** y **que no hubiera expansión**. La ilusión es (*o era, ya veremos*) una predicción inevitable de la teoría de la EXPANSIÓN del universo.

Otra posible implicación sería la siguiente. Ya mencionamos que las galaxias más distantes aparecen tal como eran cuando tenían **400 a 500** millones de años, después del inicio del universo. Sin embargo, como vimos, algunas de estas galaxias han mostrado poblaciones de estrellas de **más de 1000** millones de años. Y dado que nada podría haber surgido antes del Big BANG, ello presupondría **¡que el Big Bang quizás no se produjo!** Y es que no podríamos tener una galaxia más antigua que el mismo Big Bang. Para que esta teoría sea cierta, debería haber **cada vez menos galaxias cuanto más miremos hacia atrás**, llegando un momento en el que dejaría de haber galaxias y se entraría en la edad oscura del cosmos.

Los investigadores están demostrando que galaxias tan masivas como la Vía Láctea son comunes incluso después de unos cientos de millones de años después del Big BANG. Esto difiere de lo que se creía hasta ahora, ¡que solo debería haber una **nube primigenia previa a**

la formación de las galaxias! También las nuevas imágenes muestran al menos 100.000 veces más galaxias que las predichas por los teóricos.

¿Pudieron formarse galaxias tan grandes en tan poco tiempo?

No es probable y esto no sería más que **la punta del iceberg de las incongruencias** de esta teoría. Y todo esto surge a raíz de los datos e imágenes del James WEBB, que revolucionan el conocimiento que se tenía del cosmos. ¡Todo es una locura!

Posible nuevo escenario

El WEBB está consiguiendo, en tiempo récord, abrirnos a nuevas formas de ver el universo. Está provocando que algunos científicos se planteen si el Big BANG tuvo lugar realmente o si su teoría no es del todo la correcta. No sería tan extraño a la luz de los nuevos datos. Prestigiosísimos físicos, como el premio Nobel Roger **PENROSE**, también duda de ello y considera nuevos modelos teóricos de explicar el inicio del universo.

Una de esas posibles explicaciones es la llamada fermentación del plasma, que es un modelo que se explicaría en base a procesos físicos habituales en laboratorio por el cual las corrientes eléctricas y los campos magnéticos atraen el plasma en el sistema de encaje de los filamentos, que son visibles en todas las escalas del universo. Es uno de los procesos básicos que llevaron a la creación de planetas, estrellas, galaxias y otro tipo de estructuras, y crucial en el esfuerzo para desarrollar la energía de fusión en forma artificial. Pero, como puedes imaginar, solo son hipótesis.

PARTE II.
MATERIA Y PARTICULAS

18. ¿Qué es la MATERIA?

Proton — "I'm positive!"

Electron — "I'm negative."

Neutron — "Meh."

¿Qué es realmente?

La MATERIA es todo **aquello que tiene masa** y ocupa un lugar en el espacio. En otras palabras, es todo lo que podemos ver, tocar, sentir y experimentar en el mundo que nos rodea. Está formada por ÁTOMOS, que a su vez están compuestos por partículas subatómicas como son los ELECTRONES, PROTONES y NEUTRONES. La variedad de materia existente en el universo es inmensa y abarca desde elementos químicos simples como el hidrógeno hasta complejas estructuras como los seres vivos. La materia es esencial en la física y la química, y su estudio nos permite entender cómo interactúan y se relacionan los elementos que componen el universo.

¿Son las PARTÍCULAS como bolitas?

No. Los científicos, cuando hablan de partículas, se refieren a algo muy diferente. Las partículas son mucho más complejas de lo que aparentan, pero las explicaciones a veces requieren ser expresadas de un modo simple y divulgativo. Por eso es mejor imaginar a los electrones como pelotitas girando alrededor de algo, que de otras formas más complejas como vibraciones. Si nos referimos a partículas que colisionan unas contra otras, es más explicativo hacerlo como la gente mejor lo pueda imaginar, y esa es la razón por la que acabamos imaginando las partículas como bolitas que colisionan, que se repelen, que se rompen en otras, etc. Pero NO son bolitas.**La**

Las INTERACCIONES: ¡Algo fundamental!

Las INTERACCIONES son esenciales. No son sino **los modos en que se combinan** las partículas para formar las estructuras como átomos, moléculas, planetas, etc. Todas las partículas están asociadas a INTERACCIONES de las fuerzas que actúan entre ellas. Son de 4 tipos:

- INTERACCIONES de **GRAVEDAD**. Explican la atracción existente entre dos o más cuerpos que tienen masa. Cuanto más masivos son los cuerpos, más intensa es la fuerza y el alcance de su efecto.

- INTERACCIONES de **ELECTROMAGNETISMO**, que es la fuerza de atracción o repulsión entre partículas. Básicamente es todo lo referido a la ELECTRICIDAD y al MAGNETISMO.

- INTERACCIONES de las fuerzas nucleares **FUERTES.** Se ocupan de mantener unidos a los protones y neutrones en el núcleo del átomo, y asegurar también que los quarks estén unidos en los protones y neutrones.

- INTERACCIONES de las fuerzas nucleares **DÉBILES.** Son las fuerzas existentes entre partículas. Tienen muy corto alcance y son las responsables de la radiactividad y la razón de que el Sol brille.

El Modelo ESTÁNDAR de Partículas

Pongámonos de pie: el modelo ESTANDAR es una proeza del intelecto humano que describe con bastante precisión lo que sucede entre toda la materia y las fuerzas conocidas. La ciencia ha sido capaz de descubrir las partículas subatómicas, de medirlas, de entenderlas, de experimentar con ellas y de realizar comprobaciones para su casi completa comprensión. Esto es un logro inimaginable del último siglo, considerando además las ínfimas dimensiones de lo cuántico, que dificultan la observación y su comprensión.

Las partículas de MATERIA y las partículas de INTERACCIÓN forman lo que se llama el modelo ESTÁNDAR, pero existen aún muchas preguntas sin respuesta. Una de ellas es **si las partículas elementales son realmente elementales**, y no están hechas de algo a su vez más pequeño. Todos tenemos una concepción finita de la realidad en la que vivimos, y no podemos ni imaginar que pueda existir siempre algo infinitamente más pequeño que lo que ya detectamos. El conocimiento de la física cuántica, aparte de física teórica, es experimental. Se realiza y comprueba mediante **microscopios** increíblemente complejos, y aun así "*parece*" como esas figuritas de muñequitas rusas que te venden en las tiendas de turistas en Moscú, en las que siempre hay una más dentro. Muy posiblemente puede que los electrones y los quarks estén formados de entidades menores. Como casi siempre, la realidad superará a la ficción, y a buen seguro que aparecerán "*últimas*" muñequitas aún más diminutas que nos sorprenderán. O no, ¡quién sabe! La física ha comprendido muchísimo de lo macroscópico como, por ejemplo, la descripción del universo. Su evolución a escalas de tiempo y espacio que abarcan órdenes de magnitud desde que el universo tenía menos de un segundo y así en adelante. Comprendemos mucho del universo salvo algunos parámetros que no dejan de ser fundamentales, como son los gigantescos enigmas de la **materia**

oscura y la **energía oscura**. El futuro de la física se presenta más apasionante que nunca, con cada descubrimiento aparecen nuevos dilemas y posibilidades. Poesía concentrada para un espíritu humano inquieto.

Las PARTÍCULAS de la Materia

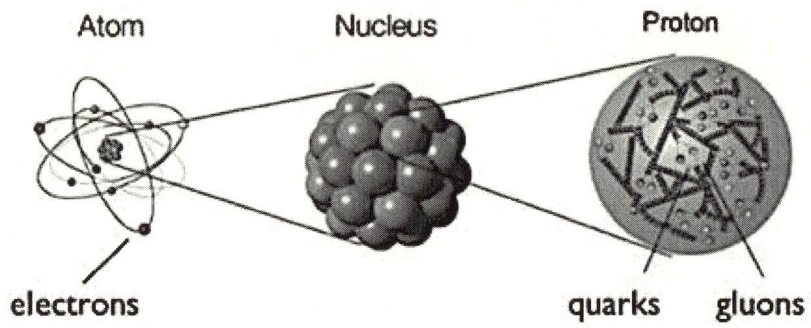

¿**Qué es el ÁTOMO?** La palabra proviene del griego antiguo y quiere decir "*sin partes*". Fue nombrada ya por los primeros filósofos de la antigüedad al teorizar sobre la composición de la materia. Los átomos son los elementos básicos del universo, y en su día se creyó que eran las unidades más pequeñas de la materia. Posteriormente, se descubrió que los átomos se pueden romper en unidades más pequeñas. Su ESTRUCTURA es la siguiente:

— el **Núcleo** es el 99% de la masa del átomo
— y está formado por **PROTONES y NEUTRONES**,
— los PROTONES y NEUTRONES están formados por **QUARKS**
— y alrededor del Núcleo hay **ELECTRONES**, que "*revolotean*" como una "*nube*" y son el 1% restante del átomo,
— resumiendo: ELECTRONES y QUARKS son partículas elementales.

¿Qué es un ELECTRÓN? Son las partículas subatómicas con carga eléctrica **NEGATIVA** que "danzan" indeterminadamente en órbitas en torno el núcleo atómico.

¿Qué es un PROTÓN? Es una partícula subatómica que pertenece a la familia de los fermiones y está dotada de carga eléctrica **POSITIVA**. Se halla en el núcleo de los átomos **y** junto a los neutrones aporta la mayor parte de la masa atómica. A los protones se les conoce como *nucleones*. El PROTÓN está compuesto de QUARKS: 2 quarks up y 1 quark down, y también se mantienen unidos por las fuerzas nucleares fuertes.

¿Qué es un NEUTRÓN? Es una partícula subatómica dotada de carga eléctrica NEUTRA, se hallan en el núcleo de los átomos junto a los protones; aportan ambos la mayor parte de la masa atómica, y se conoce como nucleones. Un NEUTRÓN está compuesto de QUARKS: 1 quark up y 2 quark down, se mantienen allí unidos por fuerzas nucleares fuertes.

¿Qué es un QUARK? Es una partícula subatómica elemental que entra en la categoría de los fermiones. Tanto protones como neutrones están hechos de quarks**.** Sus fuertes interacciones constituyen la materia de los núcleos atómicos, y junto a electrones son los **ladrillos de la materia**.

¿Qué es una MOLÉCULA? Es un conjunto de **átomos estrechamente unidos** que forman la muestra más pequeña de un cuerpo puro, mediante enlaces químicos y al mismo tiempo estables.

¿Qué es un FOTÓN? Es también una partícula elemental. Los FOTONES son **las unidades elementales de la luz**. ¿Y quién sugirió por primera vez esto en 1905? El de siempre, EINSTEIN. Al plantear la relatividad especial consideraba la necesidad de que existieran "***cuantos de luz***", aunque fuera Gilbert **LEWIS** quien los denominara FOTONES en 1925. Su idea no fue bien acogida por otros científicos, que incluso se burlaron. Un joven muchacho sin apoyo oficial que trabajaba en una oficina que nada tenía que ver con la investigación científica era algo demasiado osado para algunos. Tuvo incluso que escuchar análisis tan poco afortunado como el que hizo el mismísimo Max PLANCK en 1913, 8 años después de la publicación de la teoría de la relatividad especial, cuando, apoyando la candidatura de EINSTEIN para entrar en la Academia Prusiana de Ciencias, dijo de él: *"No se le debe reprochar que, en ocasiones, como con su hipótesis de los cuantos de luz, se haya dejado llevar por la especulación"*. ¡Madre de Deus! ¡Si hasta PLANCK derrapó! Menos mal que un año después, en 1914, Robert **MULLIGAN** demostró en experimentos que el oficinista de cabello disparado *"que se dejaba llevar por la especulación"* estaba en lo cierto. Los Fotones son a todos los efectos considerados partículas elementales, porque entre otras propiedades tienen la de unir a los electrones con el núcleo de los átomos.

¿Qué es el NEUTRINO? Es una partícula subatómica sin carga y con espín ½, con una masa muy pequeña y muy difícil de medir, que **atraviesa la materia sin ser detectada**; fue descubierto por Clyde COWMAN y Frederick REINES.

¿Qué es un GRAVITÓN? Es una partícula elemental **hipotética** que sería la transmisora de la interacción gravitatoria en la gravedad cuántica. Fue teorizada en 1930 y sería la partícula de las que están hechos los **campos gravitatorios**, las partículas que unen planetas, estrellas, galaxias y, en general, cosas grandes. Eso sí, **NUNCA se han observado**, aunque los científicos están seguros de su existencia. Bueno, ya veremos, toca esperar una vez más. Hasta principios del siglo XX los científicos también estaban unánimemente seguros de que el espacio estaba lleno de ÉTER, lo cual se probó como algo falso y sin base real.

Las PARTICULAS de Interacción

1. los **GLUONES** actúan en las Interacciones FUERTES,
2. los **BOSONES ZYW** actúan en las Interacciones DÉBILES,
3. los **FOTONES** actúan en Interacciones ELECTROMAGNETICAS.
4. los **GRAVITONES**, teóricamente, son los que interactúan con la GRAVEDAD (*eso sí, NADIE ha detectado uno hasta la fecha*).

19. ¿Qué es la MATERIA OSCURA?

¿Qué es realmente?

Una respuesta breve, sencilla y algo grosera, pero perfectamente válida, sería decir que no tenemos ni pajolera idea. Una vez clarificada la mayor, lo que sí podemos afirmar es que el nombre de **materia OSCURA** es de lo más sugerente ¡y es 5 veces más abundante que la ordinaria, aquella que tocamos y de la que está hecha todo lo que entendemos por "materia"! Todo resulta sorprendente, pero aceptemos su existencia con la misma naturalidad con la que aceptamos la existencia de la tortilla de patata sin cebolla, a pesar de que no sepa a nada. Confiemos en que, algún día, más pronto que tarde, sepamos de qué narices está compuesta. De momento, a esas hipotéticas partículas que podrían constituir la materia OSCURA ya se les ha puesto nombre: son las **enigmáticas siglas WIMP** (*weakly interacting massive particle*). Deberían ser tan livianas y débiles que quizás sea la razón misma por la que no se pueden detectar ni interactuar.

Lo que añade pimienta el enigma es que de las 4 interacciones de fuerzas existentes que conocemos (*gravedad, electromagnética, débil y fuerte*), **solo la GRAVEDAD** es la que **interacciona con la materia OSCURA**. Con las otras tres, ni se relaciona, ni aparece, ni interactúa. Vamos, lo mismo que yo con mi amor platónico del colegio. Esta es una de las razones por las que es tan difícil de detectar y de saber qué es. El tiempo nos dirá; sigamos expectantes a este maravilloso misterio.

¿Y cómo sabemos entonces de su existencia?

Interesante. Sí no la podemos ver, ¿**cómo es posible que sepamos de su existencia**? Cuando los físicos trataban de calcular la masa de distintas galaxias se dieron cuenta que algo no encajaba en sus cálculos matemáticos: las galaxias giraban más rápido de lo que podía predecirse, dada la masa que se les suponía. Así, para que teóricamente las estrellas de las galaxias no tuvieran que estar saliendo disparadas, decidieron **añadir una gran cantidad adicional de MASA,** aunque no la detectaran. Como no podían encontrar por ningún lado esas grandes masas, lo que suponía una gran contradicción, solo cabía la posibilidad de que **existiera una materia adicional que NO estuviera siendo detectada** con los métodos habituales. De ahí que se le denominara materia OSCURA y existía una gran incertidumbre sobre la cantidad que podría existir en el universo, y ni siquiera se sabía si se expandía de manera acelerada. Hoy en día, gracias a los datos provenientes de las **supernovas** y el **fondo cósmico de microondas**, se sabe con bastante precisión la cantidad de materia oscura que existe: **un 27% del universo.**

Otro motivo por el cual se concluyó que podía existir una materia oscura no detectada es el hecho de que, al observar algunas galaxias con los telescopios, veían que ¡algunas galaxias eran **exactamente iguales, no parecidas, sino exactamente iguales!** Esto no tenía sentido, algo fallaba en el método de observación. ¿Cómo era esto posible? ¡Lo que realmente sucedía es que eran la MISMA galaxia que aparecía 2 veces en el firmamento! Este fenómeno se conoce como **LENTE GRAVITACIONAL,** y sucede cuando los fotones que nos llegan de las galaxias se curvan a izquierda y a derecha debido a la tremenda densidad de la materia oscura delante de ellas. Esto que estaba ocurriendo ya lo predijo en la relatividad el de siempre: EINSTEIN. El espacio se estaba **deformando debido a la materia OSCURA,** que hacía que los fotones de la luz de esas galaxias **se desviaran a izquierda y derecha**, a ambos lados de la materia OSCURA. Literalmente, los fotones la bordean y **nos llegaba la misma luz** de esas galaxias, **pero dos veces**. En cuanto al origen, más de lo mismo: NO TENEMOS NI IDEA. Solo sabemos de su existencia porque, como ves, somos capaces de medirla.

20. ¿Qué es la Energía OSCURA?

¿Qué es realmente?

La energía oscura es uno de los mayores misterios de la física. Lo más sorprendente es que se supone que es, nada más ni nada menos, que el **68% del universo**. Casi 14 veces más que la materia ordinaria. Increíble y, por supuesto, en cuanto a su origen, más de lo mismo: NADIE TIENE NI IDEA.

Entonces ¿cómo sabemos de su existencia?

Sabemos de su existencia porque también somos capaces de medirla. Edwin HUBBLE realizó sus observaciones alrededor de 1930, y desde entonces sabemos que nuestro **universo** está en **expansión,** pero, por otro lado, según las ecuaciones de EINSTEIN, la **materia** contenida en el universo **tiende a desacelerar esa expansión**. Esto se debe a que la expansión del universo, que intenta aumentar la distancia entre dos puntos cualquiera en el espacio, debe luchar contra el efecto de la atracción gravitacional de la materia que contiene, que tiende a acercarlos.

A finales del siglo XX, los astrónomos intentaron **medir esta tasa de desaceleración** de la expansión utilizando observaciones de supernovas en galaxias distantes y el resultado fue sorprendente, ya que la expansión del universo **NO está disminuyendo** sino todo lo contrario, **se está acelerando**. Las distancias a galaxias lejanas aumentan a una tasa **cada vez mayor**, lo cual era sorprendente. Ello indicaba la presencia de una ENERGÍA oscura que cambió drásticamente la comprensión del universo. En el contexto de la relatividad general, eso no era posible si el universo solo contenía materia, e indicaba la existencia de un componente adicional, una forma de **energía desconocida** con presión negativa y que contrarresta el efecto atractivo de la gravedad, impulsando con ello la expansión acelerada del universo. Por ello, descifrar la naturaleza de esta energía oscura es uno de los enigmas abiertos más apasionantes de la física actual.

Novedades sorprendentes

En 1916, la teoría general de la relatividad de EINSTEIN hizo la primera predicción sobre la existencia de los agujeros negros. Sin embargo, él no los llamo así, eso ocurriría años después, en 1967, cuando el astrónomo americano John **WHEELER** utilizó por primera vez el término "agujero negro". Hay que recordar que hasta hace relativamente poco los agujeros negros eran meras hipótesis, y hoy ya sabemos que no solo son reales, sino que **han sido fotografiados**. La primera imagen de un agujero negro se publicó en 2019 gracias al Event Horizon Telescope, conocido como EHT que descubrió el agujero negro en el corazón de la galaxia M87 (*qué nombre más feo, a esta galaxia le han puesto nombre de línea de autobús*).

La revista THE ASTROPHYSICAL JOURNAL LETTERS publicó que un grupo internacional de astrónomos había encontrado la **primera evidencia** observacional de que los agujeros negros son la **fuente de la energía oscura**. Chris **PEARSON**, físico coautor del articulo y la investigación, explicó que si la teoría se llega a demostrar puede **revolucionar** toda la **cosmología**, ya que se tendría una respuesta al **origen de la ENERGÍA Oscura**, que es algo que lleva desconcertando a cosmólogos y físicos durante mucho tiempo.

Ya sabemos que los agujeros negros son invisibles para los telescopios que buscan luz, rayos X u otros tipos de radiación electromagnética, pero, al observar cómo afectan a la materia cercana, podemos deducir su existencia y estudiarlos. Un agujero negro acumula materia, o la empuja hacia adentro si atraviesa por ejemplo una nube de materia interestelar, y con ello pueden liberar intensos estallidos de rayos gamma, devorar estrellas vecinas y estimular o dificultar el nacimiento de nuevas estrellas dependiendo de dónde se encuentren. Por ello, si llegara a confirmarse esta teoría, sería revolucionario, pues redefiniría la comprensión de los agujeros negros y del universo mismo**.** Fueron 17 especialistas de 9 países los que colaboraron y propusieron que el crecimiento de la masa de los agujeros negros coincide con el "acoplamiento cosmológico", predicho por EINSTEIN. Asumen que los agujeros negros aumentan su masa porque ya contienen en su interior la llamada **ENERGÍA del vacío,** una manifestación de la ENERGÍA oscura que ya fue descrita desde 1960, y la cual aumentaría con el tiempo a medida que el universo se expande a causa del acoplamiento cosmológico. Estos científicos sostienen que la cantidad de ENERGÍA oscura existente **coincide** con los cálculos de la **energía del vacío de los agujeros negros**, producida durante la muerte de las primeras estrellas del universo hace 9.000 millones de años. El astrofísico Duncan **FARRAH** manifestó lo siguiente:

> *"Tenemos la primera fuente astrofísica propuesta para la ENERGÍA oscura. Esto no significa que otras personas no hayan propuesto fuentes para la ENERGÍA oscura, sino que este es el primer trabajo observacional en el que no añadimos nada nuevo al universo como fuente para la energía oscura: **los agujeros negros en la teoría de la gravedad de Einstein son la energía oscura"**.*

En esta línea, se manifestó otro de los coautores de la investigación, Kevin **CROKER**:

> *"Esta medición, que **explica por qué el universo se acelera ahora**, ofrece una hermosa visión de la fuerza real de la gravedad de Einstein".*

Alrededor del 68% del contenido energético del universo es ENERGÍA oscura, y esta sería la primera evidencia que apuntaría a cuál pudiera ser su origen y la fuente de estos. Se podría especular que los agujeros negros **serían la fábrica de la ENERGIA oscura**, lo cual es inquietante, pues cambiaria totalmente las reglas del juego (*de nuevo*) y la compresión que se tiene del universo. Estos científicos creen que habrían encontrado una explicación con algo de sentido para el origen de la ENERGÍA oscura de la que no se sabe nada. Los agujeros negros serían su fuente. Como Dave **CLEMENTS**, del Imperial College London, mencionó:

> *"Este es un resultado realmente sorprendente, comenzamos observando cómo crecen los agujeros negros con el tiempo y es posible que hayamos encontrado la respuesta a uno de los mayores problemas de la cosmología".*

En cualquier caso, y como ya mencionado en varias veces, la posición más razonable a día de hoy a esta propuesta es la de "*ya veremos*". No deja de ser una propuesta esperanzadora pero aún está sin demostrar.

21. ¿Qué es la Antimateria?

¿Qué es realmente?

La antimateria es uno de los conceptos más anti-intuitivos de la física de partículas. Es un tipo de **materia totalmente** contraria a las partículas ordinarias. Parece algo ilógico que por que exista materia tenga que haber algo tan extraño como la antimateria, ¿no? Pues bien, parece que sí, que por el hecho de que existe materia debe haber antimateria. La única diferencia está en la **carga eléctrica** de las partículas y en algunos números cuánticos.

—El **Antielectrón**, (llamado POSITRÓN), *t*iene las mismas propiedades que un ELECTRÓN excepto en la carga que es **positiva**.

— El **Antineutrón** es neutro como los NEUTRONES, pero sus momentos magnéticos son opuestos.

— El **Antiprotón** se diferencia del PROTÓN en que su carga es **negativa**.

La antimateria y la materia al interactuar, tras unos pocos instantes, se **aniquilan** mutuamente de un modo casi inmediato, liberando enormes cantidades de energía en forma de fotones de alta energía (rayos GAMMA) y otros pares de partículas elementales partícula-antipartícula. No preguntes por qué es así, ya que eso es otro misterio más de la naturaleza. Simplemente, así funcionan las cosas a nivel cuántico.

En 1928, la existencia de antimateria fue teorizada por un físico extraordinario, el inglés Paul **DIRAC,** uno de los grandes de la historia. El se propuso formular una ecuación matemática que combinara la relatividad de EINSTEIN con la cuántica de BOHR. Sus cálculos teóricos fueron resueltos con éxito y llegó a las siguientes conclusiones:

A) Que debía existir una partícula **análoga al electrón**, pero de carga eléctrica **positiva**, a esta antipartícula la llamó Antielectrón (POSITRON), y hoy se sabe que su encuentro con un Electrón conduce al aniquilamiento mutuo y con ello se generan rayos GAMMA.

B) Que también era posible pensar en la existencia de Antiprotones y Antineutrones.

En 1932, la teoría de DIRAC se confirmó cuando se descubrieron los POSITRONES en la interacción entre los rayos cósmicos y la materia ordinaria, y desde entonces se ha observado el **aniquilamiento mutuo** de un ELECTRÓN y un Antielectrón, constituyendo su encuentro un sistema conocido como *POSITRONIUM (me encanta el nombre).*

Años después, en 1955, en el acelerador de partículas de Berkeley se logró producir Antiprotones y Antineutrones mediante colisiones atómicas de alta energía, siguiendo la fórmula de Einstein E=mc2 (*Energía igual a masa por la velocidad de la luz al cuadrado*).

Ya en 1995, de modo similar, se obtuvo el **primer Antiátomo** en el CERN; sus físicos lograron crear un átomo de antimateria de hidrógeno o anti hidrógeno, constituido por un positrón orbitando un antiprotón.

Lo importante y esencial cuando hablamos de átomos de materia y de antimateria es que **son IGUALES, pero con cargas eléctricas opuestas**, se trata de un tipo de materia tan estable como la ordinaria, pero sus **propiedades electromagnéticas** son **inversas** a las de la materia. Algo vamos entendiendo. El costo de producción de antimateria en laboratorio es algo demencial; el caso más exitoso de creación de antimateria solo duró 16 minutos. Aun así, las experiencias más recientes hacen intuir que la materia y la antimateria podrían NO tener unas propiedades tan exactas como se cree.

¿Dónde se encuentra la Antimateria?

Es otro de los grandes misterios. Se cree que el origen pudiera provenir del mismo inicio del universo, en donde debieron de existir proporciones parecidas de materia y de antimateria. La gran paradoja de todo ello es que el universo no debería haber existido, ya que la materia y la antimateria deberían haberse **aniquilado mutuamente sin que ninguna de las dos se impusiera** a la otra, pero, por algún modo que desconocemos, la **materia logró imponerse** ya que en la actualidad el universo observable parece estar compuesto "únicamente" de materia ordinaria.

Lo que sí sabemos, por ejemplo, es que en los **Anillos de Van Allen**, que se encuentran a unos 2000 km de la superficie de la Tierra, se llevan a cabo producciones naturales de antipartículas. Cuando los rayos gamma impactan contra la atmosfera exterior esta antimateria tiende a agruparse, dado que no existe en esa región materia ordinaria suficiente para aniquilarse. Algunos científicos piensan que dicho recurso podría aprovecharse para extraer antimateria. Como ves, esto de la antimateria es algo más que complejo; es más difícil asimilarlo que doblar una sábana bajera con elástico.

¿Para qué sirve la Antimateria?

La antimateria no posee demasiados usos prácticos debido a sus altísimos costos, pero sí se utilizan ya para **realizar tomografías** por emisión de positrones (PET), que son antielectrones, y se usan en el **tratamiento del cáncer** porque es más efectivo que las técnicas con protones (radioterapias).

La principal aplicación quizás sería como **fuente de energía,** ya que, según las ecuaciones de EINSTEIN, la aniquilación de materia y antimateria libera tanta energía que solo **1 kilo de materia/antimateria** sería 10.000 millones de veces más productiva que cualquier reacción química y 10.000 veces más que la fisión nuclear, que son antielectrones. Si se lograra controlar y aprovechar estas reacciones, revolucionaría totalmente la industria y el transporte, ya que, por ejemplo, **¡10 miligramos** de Antimateria podrían **impulsar una nave espacial hasta Marte**!

22. El Bosón de HIGGS y su gran importancia

¿Qué es el Bosón de HIGGS?

Se ha hablado tanto del bosón de Higgs que ya es un concepto familiar para todo el que ojee la prensa. Pero ¿sabemos lo que es realmente? Te puedo asegurar que el 99% de la población no tiene ni idea. Intentemos pues, dar algo de luz a este bosón de apellido escoces que es muchísimo más importante de lo que pueda parecer, sobre todo ahora que ya se ha probado que existe realmente. Su nombre es en honor al físico escocés Peter **HIGGS**, quien, en 1964, junto a otros físicos, propuso el llamado mecanismo de Higgs para **explicar el origen de la MASA de las partículas elementales**. En los años 60 se planteada un enigma que traía a los físicos de cabeza: las partículas tienen MASA, pero **¿de DÓNDE la sacan?**

Se publicaron 2 artículos científicos muy breves, uno de **ENGLERT** y Robert **BROOKE**, dos físicos belgas, y otro de Peter HIGGS. En ellos se presentaba un mecanismo teórico para poder entender **por qué las partículas tienen MASA**. Estos artículos pasaron desapercibidos para la comunidad científica, pero en los siguientes años, poco a poco, fueron atrayendo la atención de los físicos y haciéndose cada vez más relevantes, hasta el punto de que llegaron hasta los libros de texto de los colegios, a pesar de que solo fuera una teoría sin probar.

Pues bien, hubo que esperar unos 50 años, hasta 2013, para que se anunciara, con gran sorpresa mundial**,** que el Bosón de Higgs había sido detectado; había aparecido. El **experimento clave y definitivo** tuvo lugar el 4 julio de 2012 y, lógicamente, sus promotores ganaron el Premio Nobel. Pero, por desgracia, Robert BROOKS no pudo recibir el Nobel porque había fallecido un año antes. Su mala suerte fue doble, pues no solamente no recibió el galardón, que es casi lo de menos, sino que falleció sin saber del descubrimiento del Bosón de Higgs. El hallazgo provocó una gran agitación en todos los medios de comunicación del mundo y tuvo una gran repercusión. ¿Estuvo realmente justificado tal entusiasmo? Sin duda, porque este descubrimiento arroja luz sobre conceptos básicos de la física como:

—el concepto del **VACÍO** y la **sustancia que lo llena,**
—**por qué las fuerzas eléctricas y magnéticas** son como son,
—y, algo más fundamental incluso, **arroja luz sobre el concepto de MASA** y, en concreto, sobre la masa de las partículas.

¿Qué es la MASA?

Buena pregunta. Todo el mundo cree saber lo que es la masa, pues es uno de esos conceptos que nos son tan familiares que ni nos preguntamos acerca de ello. Simplemente, sucede que las cosas tienen masa, y ya está. Es un hecho más de la vida y de la realidad que nos rodea. Pero no es tan simple.

Por ejemplo, yo heredé de mi padre una magnífica colección de soldados de plomo que él mismo pintaba. A veces los miro (*más bien admiro*), los toco y me emociono recordando aquellos maravillosos momentos en los que recuerdo a mi padre sentado durante horas volcando su atención en pintar lentamente con unas lupas de aumento las caras y uniformes de lo que yo y mis hermanos llamábamos los "soldaditos". Pues bien, unos soldaditos eran de plástico, muy ligeros, y otros de plomo, mucho más pesados. Unos tenían más masa y otra menos masa. Aunque sean del mismo tamaño, unos pesan menos que otros, y viceversa. Y la ineludible pregunta para cualquier mente inquieta es: *¿por qué pesan más? ¿por qué tiene más masa un soldadito de plomo que un soldadito de plástico?* La respuesta parece en principio sencilla, y es porque los átomos de un soldadito de plomo están más compactos, más juntos que los átomos de un soldadito de plástico.

Hasta ahí todo correcto, pero... *¿por qué? ¿por qué los átomos de plomo son más pesados?* Pondré un ejemplo muy visual:

- Un átomo de HELIO es un átomo sencillo y ligero formado por un núcleo que tiene protones y neutrones. En este caso, el núcleo del átomo de HELIO tiene 2 protones y 2 neutrones (*los protones están cargados positivamente, los neutrones no tienen carga, y alrededor están los electrones, como en una nube, mucho más ligeros*).

- Resumiendo, la mayor parte de la masa está en el núcleo, por lo tanto, cuantos MÁS protones y neutrones tiene un núcleo, MÁS pesado será el átomo,

- Pues resulta que un átomo de PLOMO tiene en su núcleo ¡unos 200 protones y neutrones! Es decir, mucho más que los átomos de otros elementos y, por supuesto, que los átomos del PLÁSTICO.

- Por eso, un soldadito de plomo es más pesado que un soldadito de plástico. Parece que ya el problema está resuelto. ¿O no? La verdad es que no del todo. Porque aquí podemos hacernos muchas más preguntas.

El protón y el neutrón poseen una masa muy parecida, pero tienen aproximadamente 2.000 veces la masa del electrón. Por eso, la mayor parte de la masa está en el núcleo. Y a raíz de esto surgen otras muchas preguntas:

— ¿Por qué la masa del protón es aproximadamente igual que la del neutrón, y es 2000 veces más pesada que la del electrón?

— ¿Por qué estas partículas tienen la carga eléctrica que tienen?

— El electrón es mucho más ligero que el protón, pero tiene la misma carga solo que de signo contrario, y los neutrones son neutros. ¿Y por qué es así?

— ¿Por qué existen fuerzas eléctricas, que son las que tienen atrapados a los electrones negativos alrededor del núcleo positivo?

— ¿Por qué hay fuerzas eléctricas?

— ¿También podemos preguntarnos por qué la materia está hecha de partículas y no es, por ejemplo, un continuo de materia? Etc. etc. etc.

Como puedes comprobar (*de nuevo*), ante cualquier respuesta de la física aparecen miles de nuevas preguntas. De algunas de ellas ya se saben las respuestas; de otras, no. Lo curioso es que casi todas estas preguntas pueden ser respondidas por los físicos involucrando, de una u otra manera, al bosón de HIGGS. Este tiene que ver con hechos muy fundamentales de la naturaleza.

La función del bosón de HIGGS y la SIMETRÍA

Sigamos. Para entender la importancia del bosón de Higgs hace falta saber cuál es su función dentro de la teoría que describe las partículas elementales, la mencionada teoría del modelo estándar de partículas. La explicación última de por qué las cosas son como son reside en el modelo estándar. El concepto de Simetría juega un papel esencial. Sin entrar en más detalles, diré que la Simetría es la que permite que la teoría tenga consistencia. Si se renuncia a las simetrías del modelo estándar, lo que sucede es que la teoría se vuelve inconsistente matemáticamente, y empieza a producir resultados absurdos. No preguntes por qué, pues los grandes matemáticos son una especie aparte y confiamos en ellos con la fe del converso (*no nos queda otra*). Lo que sucede es que **la Simetría exige que las partículas no tengan masa, ¡pero las partículas sí la tienen!** Por lo tanto, no es tan fácil renunciar a la Simetría y, por ello, lo que se necesitaba era un mecanismo sin estropear la Simetría, y **ese fue el mecanismo de Higgs**.

¿Y en qué consiste el mecanismo de HIGGS?

Imagina que todo el espacio y el universo están llenos de un **líquido transparente, viscoso, invisible**. Si no existiera ese posible líquido, **las partículas no tendrían masa,** es decir, no costaría nada desplazarlas y las partículas harían como pelotas de Ping Pong, que no cuesta casi nada moverlas y son muy ligeras. Pero tenemos ese "*líquido*", que es el CAMPO de Higgs, que lo llena TODO:

— Al moverse, una partícula **fricciona por ese líquido**, interaccionando con el campo,

— y esa **fricción** es la que **obstaculiza** el movimiento de la partícula por ese campo,

— ese líquido o campo **se opone al movimiento de la partícula** y según de la partícula que se trate **se opondrá más o menos** al paso de las partículas, le costara más o menos pasar por ese campo,

—pues esos valores son los que otorga la MASA, es lo que entendemos y llamamos MASA.

—Es decir, ¡la **MASA proviene de la FRICCIÓN de la interacción provocada por el paso de las partículas por ese LÍQUIDO teórico, por ese CAMPO que lo llena todo!**

Si esta hipótesis era correcta debía existir también una Partícula "especial"

Estas serían las ondas que se producen en ese líquido. Cuando algo se agita, lo que agitamos es el líquido o campo. Es como agitar el vacío, y las ondas que se producen serían las partículas porque en mecánica cuántica las partículas se comportan de manera cuántica. Las ondas elementales son partículas, y la MASA de las partículas proviene de la *interacción* de las partículas con el campo de Higgs. Si queremos producir los bosones de Higgs, **tenemos que *agitar* el vacío,** tenemos que agitar ese líquido, ese campo que lo llena todo.

¿Y cómo "se agita" un Campo?

Piensa, las ondas sonoras no son más que ondas que se transmiten por el aire. ¿Y cómo se produce una onda sonora? La manera fácil de conseguirlo es si aplaudo, sí choco las 2 palmas de mi mano con una cierta energía. La energía cinética de mis palmas al juntarse se transmite al aire y eso provoca una onda que es justamente una onda de sonido. Lo que he hecho ha sido transformar la **energía cinética** de mis manos en una **onda sonora** que se mueve libremente y que yo mismo escucho al aplaudir. Bueno, pues **lo mismo hay que hacer para producir un bosón de Higgs**, solo que, claro, con las dos palmas no es suficiente porque hace falta concentrar mucha energía en un espacio muy pequeño para producir una partícula como el bosón de Higgs.

¿Y qué se necesita para "agitar" el vacío y aparecer el bosón?

Pues se necesitaba una **máquina brutal** que permitiera **acelerar** las partículas hasta enormes energías **y hacerlas chocar**, y entonces, solo "*quizás*", se podía producir un bosón de Higgs (*si es que realmente existía*). Esa máquina tremenda y milagrosa, producida por el ingenio humano, es el LHC del CERN, la máquina donde se descubrió el bosón de Higgs.

Seguramente habrás visto imágenes de todo tipo del LHC. Este tiene un anillo subterráneo cerca de Ginebra y es el laboratorio europeo de física de partículas. El CERN debería también recibir el Premio Nobel, pero de momento no se otorga a instituciones, lo cual es bastante ilógico, porque al premiar a instituciones lo estarías haciendo a todas las personas que trabajan detrás. El anillo del LHC es un tubo de unos 100m de profundidad por el que hacen **circular protones a enorme velocidad** hasta energías demenciales, energías verdaderamente inimaginables, en un sentido y en otro. Luego, en algún punto del anillo, se hacen **chocar los protones**, donde están instalados unos detectores gigantescos. Atlas y Alice son los puntos donde se les hace chocar. Esta caverna artificial es la más grande del mundo; es una cosa alucinante. Piensa en lo siguiente: en cada momento, en el anillo hay unos **300 billones de protones circulando** en cada sentido. Los protones son tan pequeños que **la masa de todos esos 300 billones de protones es similar a la masa de 1 célula del cuerpo humano**. Nos podemos imaginar esta célula desparramada por todo el anillo del CERN y girando a toda velocidad. Su masa es muy pequeña, pero su energía cinética es tan grande que es equivalente a la de un tren de 400 toneladas circulando a 150 km por hora. ¿Te imaginas el esfuerzo tecnológico que supone acelerar estas partículas a tales energías y hacerlas **chocar en un punto con tal precisión**?

Para conseguir esta proeza tecnológica, se han tenido que superar muchos retos. Por ejemplo, **el LHC es el mayor CONGELADOR**

del mundo. Hay una masa equivalente a **5 veces la Torre Eiffel** a una temperatura inferior a 271º bajo cero, prácticamente el **cero absoluto** de temperatura. Es uno de los lugares más fríos del universo. Paradójicamente, en algunas de sus colisiones, en algún punto muy pequeño se producen los lugares más calientes conocidos de la galaxia, en donde se dan temperaturas 100.000 veces la del interior del Sol. Sé que sentirás escalofríos, lo sé, es inevitable.

¿Qué pasa cuando chocan los 2 protones?

Como vimos al hablar del átomo, los protones están hechos de 3 quarks (*2 quarks up y 1 quark down*). Cuando chocan los protones, sucede que se tocan los quarks, y ello es suficiente para descomponer completamente el protón. Hay tanta energía contenida que produce gluones, que a su vez producen pares de quarks. Al final se van recomponiendo y formando partículas, piones, neutrones, protones y antiprotones. Se hacen chocar los protones, pero pueden salir muchos más protones debido a la energía cinética que se transforma en materia. Todo es literalmente un delirio.

En ese choque se producen decenas de partículas, y de estas partículas y de sus interacciones se infiere la existencia del bosón de Higgs. A medida que va cogiendo energía, se van inyectando en otros anillos más grandes, y van cogiendo cada vez más energía y finalmente se meten dentro del HD para el empujón final. El choque se produce en una cantidad de partículas que van quedando **registradas en estos detectores**, que tienen muchas capas especializadas en distintos tipos de partículas. Todo ello queda registrado y son millones de colisiones que se producen a un ritmo vertiginoso, aproximadamente del orden de **¡1000 millones de veces por segundo!** Dan ganas de no seguir, ¡todo parece una broma!

La mayor parte de estos sucesos registrados no son interesantes y se tiran a la "*basura*", pero para saber qué se tira y qué no, hay que estudiarlos. La información generada supone tal cantidad de electrónica e informática que la que se graba en HD es casi irreal. Atento a este dato: **el 1% de la producción mundial de información proviene del LHC**. Por eso tuvieron que desarrollar un sistema informático revolucionario que permitiera manejar, archivar de una manera eficiente y compartir toda esta información. Lo dicho, sería de justicia otorgar algún día el Nobel al CERN como institución y a todos sus ingenieros. Sería un acto de "*justicia cuántica*".

¿Pero se ha visto realmente al bosón de Higgs?

Entendámonos, el bosón de Higgs, nada más producirse, se desintegra. Es decir, como tal, **NO se le ha visto NUNCA,** pero **lo que si se ven** son los **productos que quedan** después de su desintegración. Puede parecer un poco decepcionante, pero es así, es lo que predice la teoría y esto es lo que sucede realmente. ¿Y qué se hace para analizar las partes en las que se descompone? Pues intentar reconstruirlo de diversas maneras. La manera en la que se demostró que existía el bosón de Higgs fue estudiando la señal que deja este cuando decide desintegrarse en un par de fotones.

PARTE III.
LA LUZ Y LAS FUERZAS DE LA NATURALEZA

23. ¿Qué es la LUZ?

¿Es una ONDA o una PARTÍCULA?

Una de las grandes disputas de la historia de la física fue determinar si la luz es una ONDA o una PARTÍCULA; y una de las más apasionantes, por cierto. Llevó mucho tiempo clarificarlo y en ello se enfrentaron durante siglos eminencias de todo tipo. Unos y otros adoptaron posiciones antagónicas. Unos creían que la luz eran PARTICULAS (*o corpúsculos, como al principio las lla-*

maban), y otros que eran ONDAS. Entre los primeros estaban Isaac **NEWTON**, René **DESCARTES** o Albert **EINSTEIN**. No eran tontos precisamente los que apoyaban esta opción. Otros, sin embargo, pensaban que la luz era básicamente un conjunto de ONDAS con un comportamiento como el de las olas del mar o las ondas de sonido, que se desplazan en todas las direcciones, vibrando, subiendo y bajando. Entre ellos estaban James **MAXWELL**, Christiaan **HUYGENS** o Thomas **YOUNG**. Tampoco está mal el equipo. Había debate, sin duda. En este punto nos acercamos casi irremediablemente a la filosofía y la metafísica, a un terreno que transciende el ámbito científico y nos adentra en un campo espiritual y filosófico relacionado con nosotros mismos como seres físicos biológicos de existencia temporal y finita. En la física, las ONDAS y las PARTÍCULAS son en principio tan distintas que cada una obedece a sus propias reglas matemáticas.

—Una **PARTÍCULA** es todo aquello que puedes cuantificar y que en teoría puedes "*agarrar*" o "*tocar*". Imagínalo como una piedra o una bolita: la puedes coger con la mano, lanzarla contra una pared, verla rebotar, incluso puedes saber el sitio donde cayó.

—Una **ONDA**, en cambio, es capaz de atravesar de un lugar a otro y no la puedes "*coger*", sería como tirar la piedra en un lago y tratar de agarrar las olitas que se generan. Pasarán por los huecos de tus dedos, pero no podrás atraparlas. Tampoco serás capaz de decir exactamente dónde están esas olas; podrás hacer un gesto aproximado que englobe toda la onda expansiva provocada por la piedra.

Breve HISTORIA de la LUZ, la dualidad onda partícula y el efecto fotoeléctrico

El concepto de LUZ y RAYOS de LUZ, como algo que viaja en línea recta, se remonta a los antiguos **GRIEGOS**. No obstante, fue el matemático iraquí **ALHAZEN** el primero en darse cuenta de que los rayos de luz emanan de los objetos brillantes, como el Sol o una hoguera, golpean en objetos a nuestro alrededor y después penetran en nuestros ojos. ¡Por eso los vemos! Por esta, y otras de sus aportaciones en el siglo X, ALHAZEN es considerado por muchos como el primer gran astrónomo y físico de la historia. Realizó sorprendentes estudios sobre la reflexión, la refracción y la naturaleza de las imágenes formadas por los rayos de luz. Fue un adelantado a su época, pues propuso que la ciencia solo se puede basar en comprobaciones y experimentos, y que cualquier hipótesis debe apoyarse en procedimientos conformables y razonamientos matemáticos. Se adelantó siete siglos al conocido "**método científico**", una auténtica barbaridad. Lee sobre ALHAZEN si tienes la oportunidad, su vida fue fascinante.

Isaac **NEWTON**, ya en el siglo XVII, después de jugar con sus prismas, lo tenía muy claro: para él los rayos de luz estaban compuestos de PARTÍCULAS, a los que llamaba "*corpúsculos*"; y los rayos de luz eran "*chorros*" de corpúsculos. Los colores eran fáciles de explicar: existían diferentes colores por diferentes PARTÍCULAS con distinta masa. El rojo tendría mucha masa y por eso el cristal no era capaz de torcer su trayectoria, mientras que el violeta, más liviano, sí que cambiaba su trayectoria. Esta visión de la Luz se mantendría en pie durante casi un siglo. No obstante, contemporáneos suyos del siglo XVII, como el físico y astrónomo holandés Christiaan **HUYGENS**, veían algún problema a la visión newtoniana. Ello no deja de tener merito, ya que por aquel esta NEWTON era la absoluta autoridad en el mundo de la física. Siendo como eran contemporáneos y teniendo el carácter que tenía NEWTON, llevarle la contraria no dejaba de ser algo temerario. HUYGENS planteó este simple **experimento**:

—Realizó algo tan simple como abrir un orificio de una plancha o tabla (*cuyo tamaño podía regularse*), y colocar una linterna de aceite con su llama detrás del orificio. Después observó que la Luz se proyectaba en otra pared al pasar por el orificio.

—Luego se iba hacía el orificio un poco más pequeño, y entonces ¿qué es lo que se vería al otro lado proyectado en la pared? Como NEWTON tenía razón y la luz fuera un **chorro de corpúsculos**, al hacer el hueco más pequeño estarían pasando **menos partículas**, con lo que la **proyección** debería ser **más pequeñita**.

—Sin embargo, ocurría justo al revés. A medida que uno empieza a hacer más pequeña la abertura u orificio, se empezaba a agrandar la proyección en la pared. Puedes probarlo tú mismo, es así como sucede.

Explicar por qué sucede esto es del todo imposible cuando pensamos en la LUZ como PARTÍCULAS, pero, en cambio, **es muy sencillo si pensamos en la LUZ como una ONDA**. Lo que sucede es que una ONDA difracta al pasar por el orificio y después se esparce por el espacio, ocurre como con las olas del mar o en vuestra bañera cuando cruzan las olitas y se dispersan. Este es uno de muchos experimentos que llevaron a cabo entre el siglo XVIII y el XIX, y que dejaron claro que la **LUZ tenía comportamiento de una ONDA**.

A principios del siglo XIX, en 1801, aparece en escena otro científico inglés, otro más, qué barbaridad, esto sajones me tienen acomplejado. Se llamaba Thomas **YOUNG**, y fue el primero en realizar el **primer experimento de la doble rendija**, hubo otro segundo aún más famoso mucho después en el siglo XX. Este experimento demostró que la LUZ es una ONDA, y lo explicaremos más adelante al hablar específicamente de este fantasmagórico y fascinante experimento de la doble rendija. YOUNG comprobó que los efectos de este experimento se producen **solo si la LUZ es una ONDA**. Por cierto, era un tipo curioso: ayudó a descifrar los jeroglíficos egipcios de la piedra Rosetta hallada por el egiptólogo francés Jean-François CHAMPOLLION durante la campaña de Napoleón en Egipto. Mientras tanto, Heinrich R. **HERTZ** estudió las primeras aplicaciones de las ondas electromagnéticas con Nikola **TESLA** y Guglielmo **MARCONI**.

El gran Michael **FARADAY**, uno de mis ídolos con una inteligencia natural apabullante, se encontró con un problema similar: las cargas y los imanes se atraían y se repelían sin la necesidad de tocarse, sin algo entre medias que transmitiera esa fuerza. Ello le hizo pensar que era necesario que existiera un hilo de comunicación, un medio, **debían existir CAMPOS eléctricos y magnéticos**. Se planteó a qué tipo de física debían obedecer estos campos, y al hacerlo se dio cuenta que ambos CAMPOS estaban conectados. Si el campo eléctrico cambiaba en el tiempo, eso perturba el campo magnético a su alrededor; a su vez, si el campo magnético cambiaba en el tiempo, esto perturbaba el campo eléctrico a su alrededor. Ello era de una importancia vital para el tema que nos ocupa.

Algo después, ya a finales del siglo XIX, James C. **MAXWELL** desarrolló su **teoría electromagnética de la LUZ**, de la que hablaremos, y que sentó las bases de la revolución de la física, que tendría entre otras consecuencias la relatividad y la cuántica. La **influencia mutua** de los campos eléctrico y magnético le ayudó a MAXWELL a dar en la diana con una idea brillante:

— un cambio en el **campo eléctrico** genera un cambio en el **campo magnético**, y entonces esa variación debería generar un cambio en el campo eléctrico, y a su vez de nuevo con otro cambio en el campo magnético...

— de modo que lo que sucedería sería una **reacción en cadena**, una perturbación que sé propagaría igual que una ola en el mar.

Increíble, **MAXWELL** había encontrado la evidencia de que ¡**la LUZ era una ONDA en el campo electromagnético**, ese era el medio que faltaba! Teoría y experimentos se unieron de la mano, y parecía que con ello se probaba **la** naturaleza ONDULATORIA de la LUZ.

Sin embargo, no te confíes, los caminos de la física son inescrutables y el destino nos dio poco después otro revolcón descomunal. En el año 1900, Max **PLANCK** planteó que existía un problema con la LUZ cómo ONDA. Lejos de ser un flujo constante, afirmó que **la LUZ viajaba en *"paquetes"*** de una gran *"cuantía"* de energía, concepto del que luego derivaría el nombre de "física cuántica". Sus investigaciones y demostraciones derribaban el conocimiento previo establecido, y por ello ganó el Premio Nobel en 1918, por *"descubrir la energía cuanta"* y, tal se mencionó, *"en reconocimiento de los servicios que prestó al avance de la física por su descubrimiento de los cuantos de energía"*. El concepto de PLANCK entraba en **total conflicto con la esencia de la física teórica clásica**. La confusión era más que evidente.

Así que tuvo que llegar el de siempre: Albert **EINSTEIN**. Yo creo que habría que denominarlo *"el sin nombre"*, como VOLDEMORT de la saga de Harry Potter, o más bien *"el de siempre"*. EINSTEIN es famoso, sobre todo, por su teoría de la relatividad, pero no fue la que le dio su Premio Nobel. El alemán lo obtuvo por un descubrimiento vital que hizo cuando tenía tan solo 26 años: el **efecto FOTOELÉCTRICO.** Con dificultades consiguió que se publicara un artículo en 1905 que planteaba que la LUZ tenía una propiedad tan contraintuitiva que llevaría a cuestionar la propia noción de la realidad. Este planteamiento fue el que terminó dando origen a la física o **mecánica cuántica**, la rama que estudia la naturaleza a escala atómica y subatómica.

Resumamos, en el siglo XX la ciencia consideraba que la LUZ era una ONDA y el electrón una PARTÍCULA, pero llego don Alberto con su ley del efecto FOTOELÉCTRICO y todo cambió, la LUZ en determinadas circunstancias podría generar electricidad solo que se comportaba como una PARTÍCULA. En otras palabras, planteó que **la luz NO podía ser solo una ONDA.** EINSTEIN se basó en ideas previas de Max PLANCK, quien, como dijimos, en 1900, se dio cuenta de que había un problema con la LUZ como ONDA y que, lejos de ser un flujo constante, **viajaba en *"paquetes"*** de una gran cuantía de energía. Así pues, EINSTEIN lo que realmente planteó es que a veces la LUZ **parecía consistir en *"cuantos"***, los llamados fotones. Por ello 4 años más tarde introdujo el concepto de **DUALIDAD** onda-partícula. ¡La LUZ no era una ONDA o una PARTÍCULA, sino **ambas cosas**!

El efecto FOTOELÉCTRICO planteaba que la LUZ tenía una propiedad tan contraintuitiva. Ello terminó dando **origen a la mecánica cuántica**, la rama que estudia la naturaleza a escala subatómica, el mundo de lo ultra diminuto y cuyas leyes son tan distintas a aquellas del mundo que podemos ver. Fue toda una revolución. EINSTEIN hizo lo que mejor sabía hacer: **¡romper ideas largamente establecidas y aceptadas!** Su visión de la LUZ llevaba a cuestionar la propia noción de la realidad:

> *"No podemos solucionar nuestros problemas con las mismas líneas de pensamiento que usamos cuando los creamos".*

De hecho, las ONDAS y las PARTÍCULAS son tan distintas que cada una obedece a sus propias reglas matemáticas. El sencillo experimento con el que EINSTEIN consiguió demostrar que la LUZ es también una PARTÍCULA (el fotón) es el siguiente:

— Se colocan 2 placas metálicas y una fuente de luz, y se espera que la energía de la LUZ genere una corriente eléctrica entre las 2 placas.
— Cuando se hizo el experimento, la **energía de los electrones "saltaba"** literalmente y comenzaban a circular, no dependiendo de la intensidad de la LUZ sino tan solo de su frecuencia, de la energía que tienen esos paquetes de LUZ llamados ahora fotones.

Posteriormente, en 1924, el físico francés Louis **DE BROGLIE** propuso una osada analogía: como la LUZ, que se creía que era una ONDA, tenía bajo ciertas condiciones comportamiento de PARTÍCULA, entonces partículas cómo los electrones también cumplían con esa dualidad. Cuando propuso su idea, no había evidencia experimental alguna que la respaldara, con lo que su sugerencia constituyó una autentica apuesta a la intuición humana. Sin embargo, 3 años después, **la naturaleza ondulatoria de los electrones** fue demostrada empíricamente por el físico británico George Paget

THOMSON, quien demostró que DE BROGLIE había dado en la diana. Un increíble dato que merece la pena mencionar es el siguiente:

—George Paget THOMSON obtuvo el Premio Nobel en 1937 por demostrar que los electrones son **ONDAS**.
—Su padre, Joseph THOMSON, 31 años antes, en 1906, lo ganó por demostrar que los electrones son **PARTÍCULAS**. Increíble.

La idea de DE BROGLIE condujo a la formulación más completa del **DUALISMO onda-partícula**, y supuso la estocada final al determinismo en la física, provocando con ello una revolución del conocimiento que trascendió a la ciencia. Por cierto, DE BROGLIE también recibió el Premio Nobel en 1929.

La teoría de PARTÍCULAS de LUZ de EINSTEIN demostró ser un componente fundamental de la física moderna, y posiblemente la característica de la física que más la distinguía de la física newtoniana de los 250 años anteriores. Por todo ello, varios historiadores se han negado a darle a PLANCK el título de padre de la física cuántica. A partir de sus trabajos, podría haber sugerido que la luz se comportaba como una partícula; sin embargo, no lo vio claro o simplemente no se atrevió, pues ello provocaría una revolución. Así, o no lo vio o no se atrevió; nadie lo sabe, eso sí estuvo muy cerca. Tuvo que llegar *"el de siempre"*, el del pelo revuelto, que sin prejuicios científicos de ningún tipo, argumentó que a veces la LUZ parecía consistir en "cuantos" (*fotones*). Con ello introdujo el concepto de DUALIDAD. La LUZ no era ONDA o PARTÍCULA, sino **ambas cosas** a la vez. EINSTEIN planteó lo impensable, pero ¡su hipótesis de los cuantos de LUZ ¡**no fue tomada en serio durante 15 años**!

El fenomenal físico americano Robert Andrews **MILLIKAN** encontró en 1916 **la primera evidencia** de la sorprendente ley de emisión fotoeléctrica de EINSTEIN, pero incomprensiblemente siguió desechando la hipótesis de la PARTÍCULA de luz, de la cual se había derivado esa ley. Para mayor contradicción, MILLIKAN, que era discípulo de Planck, terminaría ganando Premio Nobel de Física en 1923 *"por su* *trabajo en la carga elemental de la electricidad y en el efecto fotoeléctrico".* Después, la DUALIDAD onda-partícula no se quedó solo en la LUZ, sino también se amplió a la MATERIA, como veremos. Así pues, como habrás comprobado, hablar de la LUZ en términos de ONDA o PARTÍCULA fue en su día algo muy polémico y complejo. Se generaron todo tipo de debates, enfrentamientos y controversias. Sinceramente, no se a qué están esperando los ejecutivos de NETFLIX, HBO o DISNEY para rodar una serie; daría para varias temporadas.

Se resolvió algo que parecía irresoluble

La sorprendente y definitiva respuesta es que la luz es las dos cosas a la vez. Tenemos una DUALIDAD, es una ONDA y es una PARTÍCULA. Y dependiendo del experimento que hagamos se comporta como **ONDA** (*como en el experimento de YOUNG*) o como **PARTÍCULA** (*como en el experimento de EINSTEIN*). Perfecto, entonces podemos resumir lo siguiente:

—La LUZ es la forma de **energía menor que puede ser transportada**.

—El FOTÓN es su partícula elemental y no puede ser dividida, solo puede ser creada o destruida.

—La LUZ posee una **DUALIDAD onda partícula**, es ambas cosas.

—Cuando hablamos de LUZ normalmente nos referimos a **LUZ VISIBLE** que solo es una ínfima parte del espectro electromagnético, energía en forma de **radiación electromagnética**, la cual consiste en un enorme rango de longitudes de onda y frecuencias.

—La **LUZ VISIBLE** está en el centro del espectro electromagnético en el rango de 400 a 700 nanómetros, más o menos el tamaño de una bacteria. En el otro lado del espectro están las ondas de RADIO, que pueden ser de 100 km en diámetro, mientras que las ondas más grandes que conocemos llegan a tener una longitud de entre 10.000 hasta unos impresionantes 100.000 km, mucho más grandes que la Tierra.

—Desde el punto de vista físico, **todas estas ONDAS son idénticas**, todas tienen una dualidad onda partícula y viajan a la velocidad de la **luz, simplemente lo que varía son sus frecuencias.**

Entonces, ¿qué hace que la luz visible sea ESPECIAL?

En realidad absolutamente NADA, simplemente resulta que hemos evolucionado biológicamente hasta llegar a un punto en el que tenemos unos ojos que son buenos en registrar exactamente esa parte del espectro electromagnético. **¡¡¡La LUZ no es algo especial, lo que es especial son nuestros ojos!!!** (*sobre todo los de Margot Robbie*). Esto no parece ser una mera coincidencia, ya que la luz visible es el **único** tramo de la radiación electromagnética que se propaga en el **agua** y da la casualidad de que en el agua es donde la mayoría de los **ojos evolucionaron** hace millones de años. Esto fue otra **jugada inteligente de la evolución**, porque la luz no solo interactúa con la materia, también es alterada por ella y puede ser utilizada para obtener información del mundo que nos rodea sin prácticamente ningún retraso, lo cual ha sido una herramienta utilísima para nuestra supervivencia.

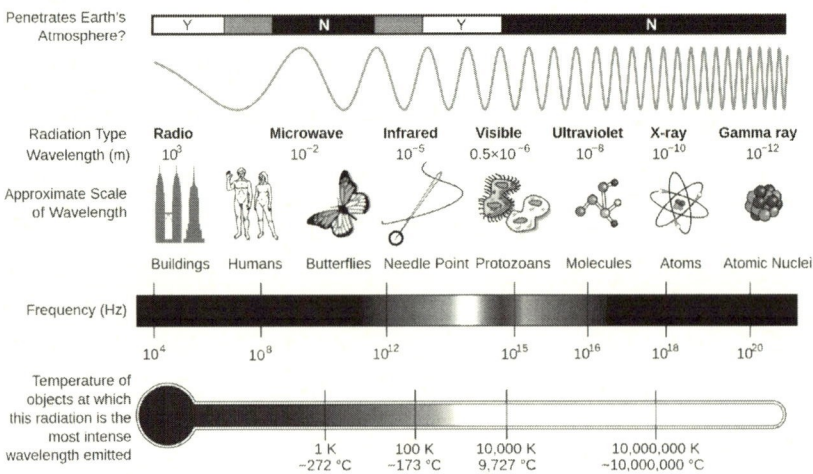

¿Quién (*y cómo*) calculó la VELOCIDAD de la luz?

Desde la antigua **GRECIA**, los astrónomos han intentado medir la velocidad de la luz. Aquellos primeros maestros creyeron que era infinita, aunque no encontraron el modo de conseguir ratificar esa creencia con pruebas de ningún tipo. **GALILEO** intentó medir la velocidad de la luz mediante faroles equipados con obturadores, que uno de sus asistentes abría en momentos específicos. Intentó medir el tiempo que tarda la luz en atravesar un campo de varios kilómetros, aunque su único resultado fue afirmar que la luz era **demasiado rápida como para ser medida**. La velocidad de la luz se creía que era infinita hasta la llegada del siglo XVII.

El astrónomo danés **Ole RØMER** realizó la primera medición verdadera de la velocidad de la luz en 1676, mientras observaba una de las lunas de Júpiter. Utilizando el telescopio de Galileo*,* que hacía muy poco que se estaba utilizando en astronomía, vio que esa Luna de Júpiter tardaba más tiempo en reaparecer cuando la Tierra se alejaba de Júpiter. Se percató de que el lapso entre los eclipses de Júpiter con sus lunas se hacía más corto cuando la Tierra se movía hacia Júpiter, y más largo cuando la Tierra se alejaba. Este comportamiento anómalo tan sólo tenía sentido con una **velocidad de la luz finita**. Con ello, RØMER fue la primera persona en estimar la verdadera velocidad de la luz, y le dio un valor de **214.000** km por segundo. Considerando la antigüedad de la medición, y sabiendo que por aquel entonces se desconocía la distancia exacta que separaba a Júpiter de la Tierra, hay que reconocer que la medición fue sorprendente e increíblemente **cercana al valor real** de la velocidad de la luz. ¡Increíble el mérito de estos astrónomos tempranos! Con ello dedujo que la luz no se desplazaba de un modo inmediato, así que debía tener un tiempo de desplazamiento, o sea una velocidad, algo que iba totalmente **contra la lógica en su momento**. Hizo sus propios cálculos y se aproximó bastante a lo que hoy sabemos.

Medio siglo más tarde, en 1725, el astrónomo y sacerdote ingles James **BRADLEY** intentó medir la distancia de una estrella mediante la observación de la orientación en dos momentos distintos del año. Con el movimiento de translación de la Tierra, pretendía obtener una triangulación que le permitiera medir su distancia. Una vez tuvo las medidas, se percató de un problema en ellas, explicándolo mediante la aberración estelar. Estimó con ello que la luz se mueve a **301.000** km por segundo. El cálculo lo hizo observando el desplazamiento de la Tierra alrededor del Sol. ¡Su aproximación es **casi exacta al valor real** lo cual resulta sencillamente increíble!

En el siglo XIX, los físicos franceses Armand H. **FIZEAU** y Leon **FOUCAULT** intentaron medir la velocidad de la luz en la Tierra **mediante espejos separados** por una gran distancia, pero sus mediciones no mejoraron el valor establecido por BRADLEY años atrás. El experimento de FIZEAU fue realizado en 1849 para medir la velocidad de la luz en el aire. Utilizó una fuente de luz colocada entre dos montañas, y midió el tiempo que tardaba la luz en reflejarse en un espejo colocado a varios kilómetros de distancia y regresar a la fuente de luz. También utilizó un disco dentado giratorio para interrumpir la luz que se enviaba al espejo y para medir el tiempo que tardaba la luz en pasar a través de los espacios entre los dientes del disco. Al combinar estas mediciones, pudo calcular la velocidad de la luz en el aire. El experimento de FIZEAU fue uno de los primeros en medir con precisión la velocidad de la luz **utilizando técnicas ópticas**, y sus resultados fueron muy precisos para la época en la que se realizó.

No sería hasta finales del siglo XIX en 1860, con la aparición del genio escoces James **MAXWELL**, cuando se hicieran descomunales avances en el campo del electromagnetismo, y fuera posible la medición de la velocidad de la LUZ de forma indirecta y mediante la permeabilidad magnética y eléctrica. MAXWELL se dio cuenta que electricidad y magnetismo eran **manifestaciones de un mismo fenómeno** y generan ambas una **onda**. Al intentar calcular su velocidad, comprobó que era muy parecida a la velocidad que había calculado ROMER y eso **no podía ser casualidad**. Con la teoría de MAXWELL fueron muchos los que mejoraron las mediciones de la velocidad de la luz.

En 1983, la Conferencia General de Pesos y Medidas volvió a redefinir el metro en términos de la velocidad de la luz. Así que, en la actualidad, 1 metro es oficialmente la **fracción 1/299292458** de la distancia que recorre la luz en un segundo en el vacío. Desde entonces, la luz tiene una velocidad exacta de **299.792,458** km por segundo (*aunque generalicemos con 300.000 para hacer cálculos más sencillos*). Es lo mismo que decir que viaja a unos 1.000 millones de km por hora. Las precisiones de las mediciones de la velocidad de la luz se han mejorado significativamente y ahora se utilizan técnicas modernas como la interferometría láser y la medición del tiempo de vuelo en vacío.

¿Por qué es esa su velocidad? ¿Es finita? ¿Por qué no exige aceleración?

La luz liberada al encender una linterna no acelera hasta alcanzar la velocidad de la luz, sino que **en el mismo instante que la enciendas su velocidad ya es esa**. No requiere **ACELERACIÓN** de ningún tipo, como sí lo hacen los cuerpos con masa, como tú o tu moto. Los fotones no tienen masa y su velocidad es instantánea, así que no requieren aceleración.

También podemos hacernos otra pregunta: **¿por qué la velocidad de la luz es FINITA?** Bueno, tampoco nadie lo sabe, nuestro universo simplemente está diseñado de esa manera. Todos estos incontestables hechos nos hacen plantearnos la posibilidad cierta de que hubiese un diseño inicial con unas reglas, normas, medidas o constantes inalterables que nos inducen a considerar seriamente una cadena probatoria de un diseño del universo de acuerdo con unos patrones, que demuestran una causa y una intención. Ello nos hace plantearnos otra pregunta intrigante, pero sin respuesta posible: **¿por qué es esa la velocidad de la luz?** NADIE sabe por qué es esa y no otra, nadie tiene una respuesta de por qué es así de descomunal; simplemente, la radiación electromagnética es así de rápida.

¿Qué sucedería si nos acercamos a esa velocidad tope?

La velocidad de la luz es un límite teórico que no se puede igualar o superar por ningún objeto con masa. Solo los fotones, que son partículas sin masa, viajan a ese límite. Ahora, supongamos que en el futuro conseguimos la tecnología adecuada para acercarnos lo máximo posible a esa velocidad de la luz (*300.000 km por segundo*). ¿Qué sucedería?

El universo es muy extraño, pero se volvería mucho, mucho, mucho más extraño al viajar a grandes velocidades. Como quizás ya sepas, el tiempo y el espacio no son constantes, la distancia entre 2 puntos varía según la velocidad a la que nos movamos, y lo mismo sucede con la velocidad a la que pasa el tiempo, que no es siempre la misma. Para empezar, hay que mencionar que físicamente **es imposible que viajemos al 100%** de la velocidad de la luz. Según EINSTEIN, para ello necesitaríamos una **energía infinita**, lo que es ontológicamente imposible. Pero vamos a suponer que poseyéramos una tecnología fantástica que nos permitiera viajar al 99% de la velocidad de la luz. ¿Qué sentiríamos en esa nave espacial? La respuesta es que **no sentiríamos NADA** especial, uno de los principios básicos de la física establece que **mientras no aceleremos es imposible sentir cuando nos movemos** y cuando no. Si aceleramos lo sentiríamos, pero si no hay aceleración, no sabríamos sí estamos en movimiento o no. Da igual la velocidad a la que nos movamos, nosotros no tendremos sensación de velocidad ni podremos hacer ningún experimento que nos permita saber si viajamos a la velocidad de la luz. La razón es que **los efectos siempre deben compararse con respecto a otra persona u objeto**, lo que se llama un OBSERVADOR. Esa es la CLAVE, por ejemplo, con respecto a alguien que se quede en la Tierra.

Para comprenderlo mejor, AHORA mismo te crees que estás quieto, pero no es así, estas viajando a una enorme velocidad por el espacio, pero no lo notas porque la velocidad es CONSTANTE, porque **no estas acelerando**. Te vas a sorprender cuando te diga que mientras estas sentado en tu sofá leyendo estas líneas, o viendo un partido de la Champions, o viendo tu serie favorita, te estas moviendo a una **velocidad inimaginable**, ¡y no te estas enterando!

Te explico:, ahora mismo estamos moviéndonos a la velocidad de rotación de la Tierra a **1.670** km hora, y además a la velocidad de **107.208** km hora alrededor del Sol, y además seguimos al Sol por la galaxia a **792.000** km hora, y además nuestra galaxia (*Vía Láctea*), se encuentra en constante movimiento por el universo desplazándose con destino a la galaxia vecina ANDRÓMEDA, a **468.500** km hora, y además estamos viajando hacia la Constelación INDRA, que es el gran atractor, a unos **2.000.000** km hora. ¡Esta es la **velocidad REAL** a la que te **mueves ahora mismo!** Por supuesto, es una velocidad CONSTANTE, sin aceleración, y esa es la razón por la que NO sintamos nada.

¿Qué sucedería si la Tierra dejara de girar de repente?

En caso de que la Tierra dejara de girar de repente, lo que ocurriría no te lo puedes imaginar ni viendo todas las películas de desastres naturales de los últimos 20 años. Saldríamos literalmente disparados, algunos morirían aplastados, otros saldrían volando a más de 1.000 km por hora, superando incluso la velocidad del sonido. Luego todas las personas y edificios **volveríamos a caer** en algún lugar de la Tierra. Vamos, que no quedaría nada de nosotros, y eso en el mejor de los escenarios.

Volviendo a la velocidad de la luz, si pudiéramos alcanzar velocidades cercanas a la luz, tendría que ser **muy poco a poco**, con una **aceleración suavísima** para evitar la muerte por la aceleración. Para conseguirlo, deberíamos acelerar **suavemente durante 1 año** hasta acercarnos a esos límites que nunca podríamos alcanzar. En muchas películas de ciencia ficción vemos cómo la nave acelera de repente sin tener en cuenta las consecuencias físicas de la inercia. Así que una nave debería tener un sistema tecnológico muy desarrollado para eliminar la inercia.

¿Qué pasaría si tuviéramos la nave perfecta?

Imaginemos que hubiéramos construido una nave con ENERGÍA infinita y SIN INERCIA. Llegado a este punto, tendríamos otros problemas mucho más decisivos. El principal impedimento de ese viaje interestelar ya no sería la parte tecnológica que supuestamente se podría dominar en algunos siglos, sino el **peligro del medio ambiente espacial**, que nos mostraría la gran fragilidad del cuerpo humano en el espacio exterior. Si nos desplazáramos **a** velocidades cercanas a la luz, simplemente moriríamos en cuestión de segundos. La densidad de partículas en el vacío es muy baja, pero a una gran velocidad, como sería el caso, los átomos de hidrógeno **incidirían contra la proa de la nave**, con una aceleración similar a la que se alcanza en el gran colisionador de hadrones del CERN. Adquiriendo con ello una energía de 10.000 Siebert por segundo, y como la dosis mortal para un ser humano es de 6 Siebert por segundo, ese haz de **radiación destruiría la nave y todo rastro de vida en su interior**. Según los científicos **ningún blindaje frontal** en la proa de la nave sería capaz de librarnos de la radiación. Un tabique de aluminio de 10 cm de grosor absorbería menos del 1% de la energía y su tamaño no podría aumentar ilimitadamente sin comprometer con ello las necesidades energéticas del sistema de propulsión. Además, se cree que una nave no podría resistir la **erosión del polvo interestelar**, con lo que las posibilidades de que la estructura quede pulverizada serían considerables. La única solución sería conformarse con alcanzar una velocidad de SOLO el **10% de la de la luz,** pero NUNCA acercarnos ni por asomo al 100%.

Puestos a imaginar, supongamos el caso de que dispusiéramos de una tecnología avanzadísima, que desde luego ahora no existe, y quisiéramos viajar a la estrella más cercana al Sol como es PRÓXIMA CENTAURI ,que está a 4,22 años luz de distancia de la Tierra:

— A una **velocidad del 10% de la velocidad de la luz** (*30.000 km/ seg, algo inimaginable a día de hoy*) se podría llegar en un plazo de 40 años, la mitad de una vida humana.
— Siempre que lográramos construir una **NAVE con un mega blindaje** y un escudo de tal fortaleza que la radiación no pudiera superar.

Si viajáramos a la velocidad cercana a la luz y tenemos un amigo en la Tierra que nos sirviera de referencia para comprobar la diferencia entre nuestro TIEMPO y el del planeta, sucederían situaciones muy curiosas:

— Al viajar a velocidad cercana a la luz, el TIEMPO y el ESPACIO cambian, el TIEMPO pasaría mucho más despacio para nosotros que para nuestro amigo en la Tierra, pero nosotros no lo notaríamos.

— Los relojes en la muñeca tanto de nosotros en la nave como los del amigo en la tierra marcarían el tiempo del mismo modo, pero cuando nosotros volviéramos a la tierra nos encontraríamos con que nuestros familiares y amigos habrían envejecido mucho más que nosotros.

— Pondré un ejemplo aún más claro: después de 9 meses viajando por el espacio al 99% de la velocidad de la luz, en la Tierra habrían pasado 56 años.

Ello lo que nos viene a decir es que hay 3 cosas trascendentales que ocurrirían si viajáramos *(que repito, no podemos)* a velocidad cercana a la luz:

1. La **Dilatación del tiempo**. El tiempo corre más despacio, lo curioso es que nosotros en nuestra nave no lo notaríamos. Veríamos pasar 10 minutos en el reloj, pero para nuestro amigo en la

Tierra serían 11,6 horas. O, más claro aún, 1 segundo de la nave serían 70 segundos para nuestro amigo en tierra.

2. **La Aberración**. Nuestro campo de visión se contraería hasta hacerse una ventana diminuta en forma de túnel justo delante de nosotros.

3. **El efecto Doppler**. Las ondas de luz provenientes de las estrellas que están a la vista se aglomeran de modo que los objetos espaciales se ven azules con un destello de luz, en cambio, las estrellas que quedan detrás se esparcen y se ven rojas. Pero si aumentas tu velocidad, la experiencia visual se haría tan intensa que parecería como si todo se desvaneciera.

Conclusion, si viajamos a una velocidad cercana a la luz, la DISTANCIA y el TIEMPO varían. Miles de experimentos han confirmado que estos efectos son reales y medibles. **¡No es una ilusión o un truco matemático!** Por tanto, aunque podamos construir naves que llegaran a aproximarse a la velocidad de la luz, tendríamos como problema el TIEMPO, pues este **pasaría más despacio** al movernos **a altas velocidades,** y en cambio en el resto del universo todo iría más deprisa. Aunque la tripulación de una nave pudiera cruzar la galaxia en unas décadas, durante su viaje habrán pasado miles de años para el resto de los mortales, ya que el universo no se mueve a la misma velocidad. Completar una misión así significaría que cuando los de la nave volvieran a la Tierra, todos sus seres queridos habrían muerto hace mucho tiempo y el mundo sería un lugar distinto. Por supuesto, dependería de cuánto tiempo hubiéramos pasado por el espacio y a la velocidad que hubiera ido la nave. Pero se daría una paradoja que nadie ha planteado, y es que la tecnología que dio origen a tu viaje habría sido superada ampliamente, lo cual puede contener consecuencias de todo tipo.

Poniendo un ejemplo no real y pintoresco, es como si ahora nos llegaran las naves de Colón con personas y marineros de aquella época.

Imagina el impacto que ello causaría, pero sobre todo en ellos cuando se encontraran con el mundo tecnológico actual.

Otra conclusión: viajar en una nave de este tipo sería posiblemente un viaje SIN retorno. No es un escenario especialmente atractivo para aquellos que tuvieran la ilusión de volver a ver a sus familias y amigos (*para algunos sería una ventaja*). Posiblemente, las primeras misiones al otro lado de la galaxia serán no tripuladas, pues con ello se ahorrarán todos los sistemas de soporte vital, alimentación, medicamentos, agua potable, etc. Otra opción sería enviar familias enteras, como naves generacionales en la que los descendientes de los astronautas originales fueran quienes llegaran al destino final.

Todo parece ciencia ficción (*de nuevo*), pero quizás llegue el día en el que descubramos energías alternativas y avances tecnológicos que ahora no podemos ni imaginar, porque a pesar de todo es muy probable que nuestro destino seas navegar por las estrellas.

24. Fuerza Nuclear
DÉBIL y FUERTE

Recordemos que las fuerzas de la naturaleza son cuatro y el gran reto es poder unirlas en una sola teoría, lo cual hasta la fecha ha resultado imposible. El motivo es qu e la GRAVEDAD no funciona a nivel cuántico, pero lo milagroso es que, siendo el universo tan complejo y extenso, funcione con la interacción de solo cuatro fuerzas. Estas y sus interacciones determinan desde el comportamiento de las más diminutas partículas hasta los planetas, las galaxias y el universo en su totalidad. La ciencia avanza sin parar, pero las interrogantes siguen siendo aún muchas.

¿Y si las cuatro fuerzas en realidad fueran la manifestación de una sola? ¿Y si hubiera más fuerzas que aún no conocemos? ¿Como esa quinta de la que hablan algunos físicos? Del electromagnetismo y la gravedad haremos capítulos aparte, las otras dos las definiremos así: la fuerza nuclear **DÉBIL** es la que actúa en el interior de los NÚCLEOS atómicos y es la responsable de lo que se conoce como desintegración beta, la desintegración radiactiva y la producción de energía en los **procesos de fisión nuclear que suceden en del SOL**.

La fuerza nuclear **FUERTE** es la que actúa en el interior del NÚCLEO atómico, y es la responsable de **mantener unidos a los quarks** y así poder formar neutrones y protones. Esta fuerza FUERTE es la que da estabilidad al NÚCLEO de los átomos, ya que permite que los protones no se rechacen entre sí.

25. EL ELECTROMAGNETISMO

Resumen básico e inicios

La fuerza ELECTROMAGNÉTICA es la fuerza generada entre partículas que están en reposo, y de las fuerzas magnéticas y eléctricas que actúan entre cargas que se mueven. Puede ser tanto **atractiva** como **repulsiva**, y es una interacción muchísimo más fuerte que la gravitatoria. Se podría decir que se compone de dos caras de una misma moneda:

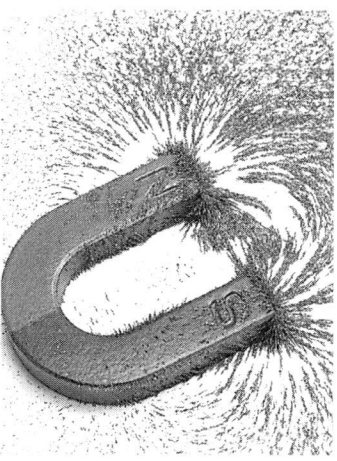

—La **ELECTRICIDAD** es el fenómeno producido por el movimiento e interacción entre cargas eléctricas positivas y negativas de los cuerpos.
—El **MAGNETISMO** es el fenómeno por el que los objetos ejercen fuerzas de atracción o repulsión sobre los materiales.

La ELECTRICIDAD se conoce desde tiempos antiguos a partir del descubrimiento del ámbar, material que es susceptible de ser cargado eléctricamente. **Tales de MILETO** fue el primero en describir la electricidad y mencionó las peculiaridades de unas piedras en la región de Magnesia en Grecia.

Su estudio formal se inicia en los siglos XVII y XVIII, pero solo a finales del XIX se empieza aprovechar su utilidad en la industria y domésticamente. El **dominio y control de los procesos eléctricos** supuso quizás la mayor revolución tecnológica de la historia. De unir ambos conceptos resulta el ELECTROMAGNETISMO, una de las 4 fuerzas fundamentales de la naturaleza, que estudia las relaciones entre los fenómenos eléctricos y magnéticos y actúa en las interacciones entre partículas cargadas y los campos eléctricos y magnéticos. A veces no somos conscientes de la trascendencia y las consecuencias que conlleva este fenómeno tan increíble: la **electricidad crea magnetismo**, y el **magnetismo crea electricidad**.

En 1821, los fundamentos del electromagnetismo se dieron a conocer por el increíble trabajo científico del británico (*otro más*) Michael **FARADAY**,

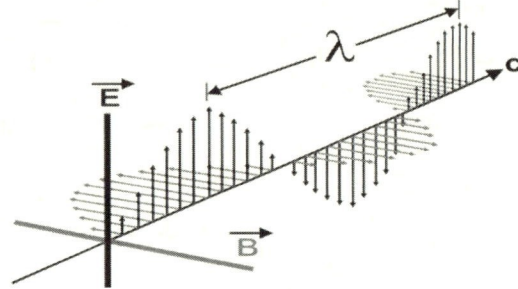

un auténtico portento con un mérito extraordinario, pues carecía de educación académica o formación científica; no tenía conocimientos matemáticos. Es más, no fue ni al colegio. Él fue quien comprendió que electricidad y magnetismo se conectan y detectó los CAMPOS electromagnéticos, llegando a la acertada predicción de que el electromagnetismo **se trasmitía por CAMPOS**, concepto hasta entonces totalmente desconocido. FARADAY dio totalmente en el clavo al **crear el concepto de CAMPOS**, y lo dedujo al ver cómo quedaban orientadas unas limas de hierro al colocar detrás de ellas un imán. Fue algo increíble y trascendental para la física, **¡la ELECTRICIDAD y el MAGNETISMO se transmiten por CAMPOS!**

La heroicidad de ecuaciones de MAXWELL

Posteriormente, en 1865, apareció uno de esos genios únicos que ha dado nuestra especie. Con unos conocimientos matemáticos extraordinarios, este joven escocés James Clerk **MAXWELL** formuló las que son conocidas como las 4 ecuaciones de Maxwell, que describen por completo los **fenómenos electromagnéticos**. Esta es sin duda alguna una de las obras magnánimas de la historia de la ciencia. Más adelante, hablaremos de este personaje fuera de lo común que con 26 años sentó las bases de las dos revoluciones de la física moderna del siglo XX que llegarían poco después en gran medida gracias a sus contribuciones: la **relatividad** y la física **cuántica**.

MAXWELL, con sus famosas ecuaciones, creó un **prodigioso concepto unificado** del ELECTROMAGNETISMO, utilizando el concepto de CAMPO de FARADAY. Sus ecuaciones nos descubrieron lo siguiente:

— Que **electricidad y magnetismo son ONDAS**.
— Que esas ONDAS **se propagan por el CAMPO** electromagnético.
— Que esas ONDAS **se propagan a la velocidad de la LUZ**.
— Que la LUZ también es una **perturbación electromagnética**.
— Creó con ello un **concepto unificado** del electromagnetismo.
— Confirmó que la **electricidad y el magnetismo son lo mismo**.

Lamentablemente, al principio, las propuestas de MAXWELL **fueron ignoradas por muchos científicos**. No se sabe si es porque las novedades aturden, o por el temor de darse cuenta de que han dedicado una vida y años de investigación en apoyar teorías fallidas (*lo cual desde el lado humano podría ser comprensible*). O puede que haya una tercera razón, que simplemente la envidia es muy mala. Yo, como soy muy mal pensado, me inclino por esta última explicación. No obstante, los seguidores de MAXWELL fueron creciendo y entusiasmándose cada vez más con sus ecuaciones y diagramas, pues se desvelaban perfectas. Años después, y gracias a sus ecuaciones, EINSTEIN fue capaz de desarrollar sus teorías y cálculos. Es muy difícil evaluar con total justicia el tremendo avance que la ciencia y la física experimentaron gracias a MAXWELL, pero sin duda es uno de los grandes de la historia. Hoy en día prácticamente todos los avances tecnológicos que disfrutamos, como la televisión, la radio, la wifi, la música, las películas, las bombillas, la electricidad, la calefacción, la medicina, etc. son gracias a los misterios de las ondas electromagnéticos que MAXWEL nos desveló.

26. La GRAVEDAD

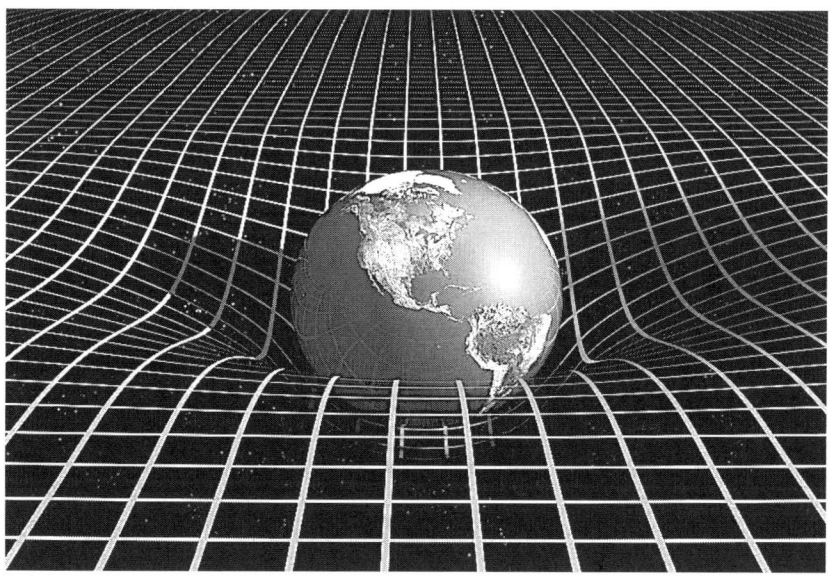

¿Qué es la GRAVEDAD?

Podemos describirla como la interacción que actúa en la **atracción entre objetos con masa.** Solo es de carácter atractivo y está generada por todos los cuerpos que posean masa. Contrariamente a lo que se pudiera pensar, la gravedad es muy débil a nivel atómico, pero es decisiva y de gran importancia en cuerpos muy masivos que se encuentran a grandes distancias, tales como las estrellas, planetas y galaxias. La gravedad determina también el movimiento de los planetas alrededor del Sol, y a diferencia de las otras fuerzas, **predomina a distancias enormes.** Las otras 3 fuerzas en cambio predominan a escalas pequeñas. A pesar de que a la interacción de la fuerza nuclear DÉBIL se la denomine así, la gravedad es **muchísimo más débil.** De hecho, a nivel

189

de partículas elementales, la gravedad es CASI NADA, no es relevante hasta el punto de que resulta muy difícil hablar de la presencia de la gravedad en física cuántica.

La gravedad provoca, con mayor o menor intensidad, que todos los **objetos con MASA se atraigan entre sí**. Lo harán en diferente medida dependiendo de que sean más o menos voluminosos o de que estén más o menos unos cerca de otros. Lo curioso del tema es que la gravedad **también afecta a los FOTONES, aunque estos no tengan masa**. La razón de ello es que les afecta la curvatura del espacio-tiempo provocada al pasar cerca de elementos muy masivos, como planetas o estrellas. Es la misma atracción que ejerce la Tierra sobre todos los cuerpos y objetos. El principio que rige la gravedad se conoce como GRAVITACIÓN o interacción gravitatoria, y se calcula por las leyes de NEWTON. No obstante, no hay que confundir gravedad con la fuerza gravitatoria, ya que aquella es una aceleración y no una fuerza como un peso.

¿Cómo posible que la GRAVEDAD sea la fuerza más débil si aparentemente nada es capaz de vencerla?

Es fácil y divertido de comprobar. Busca un imán cualquiera por tu casa. Por ejemplo, uno de esos tipo souvenir que ponemos en las neveras con la imagen de tu cuadro favorito o con el escudo de tu club de futbol. Acerca después un clip o un alfiler al imán y comprobaras que se pegan casi inmediatamente al imán. Lo que ha sucedido es la mayor demostración de que la gravedad es la fuerza más débil que hay en la naturaleza. Ese simple experimento enfrenta a dos fuerzas:

— por un lado, la **fuerza gravitacional** de toda la tierra, ¡que es una roca que pesa 6,000,000,000,000,000,000,000 (6 Sixtillones) de Toneladas!

— y por otro lado, la **fuerza magnética** de este pequeño imancito,

Ya sabes, el resultado, ese imancito es capaz de ganar a la tierra que pesa ¡¡¡ 6 Sixtillones de toneladas!!! La GRAVEDAD es una insignificante fuerza comparada con el ELECTROMAGNETISMO. Para mayor sorpresa, resulta que el ELECTROMAGNETISMO, (que parece una fuerza brutal) es a su vez muy débil comparada con la fuerza Nuclear FUERTE, porque es incapaz de impedir que los protones se junten dentro del núcleo atómico Así que, si comparamos a la GRAVEDAD con la fuerza Nuclear FUERTE, ya la diferencia es algo demencial. Cuando escuches eso de que nada es capaz de vencer a la gravedad, quizás se refieran a que nada escapa a la fuerza de atracción de un agujero negro, pero ello sucede porque es imposible que cualquier cuerpo acelere más allá de la velocidad de la luz. La clave es que, aunque la GRAVEDAD es la fuerza más débil, es la de mayor alcance. Uno puede observar con facilidad los efectos de la gravedad a escalas intergalácticas, y aunque por ejemplo la Tierra y el Sol están rodeados de campos electromagnéticos, su influencia no es tan dominante como la GRAVEDAD. De hecho, la interacción entre los campos del Sol y la Tierra es algo descubierto recientemente. Y el alcance de la fuerza nuclear FUERTE no llega más allá del núcleo atómico. Por todo ello resulta que en la naturaleza sucede algo muy peculiar:

—Que las fuerzas, a mayor potencia, menor alcance.
—Que la GRAVEDAD, siendo la más débil, es la de mayor alcance y por lo tanto a escalas interplanetarias, es la fuerza dominante
—Que no es que otras fuerzas no puedan "*vencer* "a un agujero negro, es que no tienen forma de manifestarse a escala de un agujero negro.

Según la Relatividad General, la GRAVEDAD es una deformación del espacio-tiempo

La GRAVEDAD viene interpretada por la relatividad general de EINSTEIN como una **Deformación del espacio-tiempo**. Es la

MASA de un planeta lo que curva el tejido del espacio-tiempo a su alrededor, y masas que pasen cerca se verán afectadas por su movimiento de manera casi exacta a la descrita por NEWTON. Y digo *"casi"* es porque hay correcciones relativistas que no se pueden apreciar en la teoría de NEWTON. Mencionaré dos ejemplos para visualizar la GRAVEDAD.

1. Cuando **saltamos haciendo deporte**, lo que hacemos es utilizar las fuerzas moleculares de los músculos y así vencer la atracción gravitacional que ejercen sobre nosotros todas las partículas de la Tierra. Si elevo en cambio un lapiz con mi mano, estoy venciendo la GRAVEDAD casi sin esfuerzo, y puedo hacerlo casi todo el tiempo que quiera; ello es porque la atracción gravitacional que ejerce la **Tierra sobre mi bolígrafo es muy pequeña** para la fuerza de mi mano y de mi brazo, por eso casi no me canso. La GRAVEDAD es una **muy débil y acumulativa**, es decir, con **muy poca** interacción

2. Imagina ahora que te sientas en tu cama; comprobarás que en la colcha se forma una marca pronunciada por el peso de tu cuerpo, **generándose con ello una curva en la zona donde estás sentado** y en el resto de la colcha. Pon después una bolita de acero o una canica justo en el borde de la colcha, al lado de donde estas sentado, y verás que la bolita se sentirá atraída hacia la parte hundida donde te sientas, y se deslizará hacia abajo.

Eso es, ni más ni menos, lo que pasa con la GRAVEDAD. Los objetos se traen unos a otros al crearse esas marcas y deslizarse por esa curvatura, a la que llaman estructura del espacio-tiempo. Es la **deformación** de la colcha de la cama al sentarse un objeto pesado como yo. Al igual que se crea esa marca y ese pequeño desnivel cuando te sientas encima de la cama, en el espacio ocurre lo mismo, se crean **curvaturas por deformación** debido al peso de los objetos masivos que se desplazan por el universo. En el espacio se crean las mismas curvas, pero en vez de en la bonita colcha de Zara Home de tu cama, sucede en la tela del espacio-tiempo.

La GRAVEDAD en la mecánica cuántica

La gravedad se la detecta y conoce bien a nivel de física clásica, pero no a nivel microscópico. Solo es fundamental en lo infinitamente grande, en la astrofísica y la cosmología, pero a nivel de partículas elementales es **muy difícil detectar**, por eso no está incluida en el modelo estándar de partículas. A escalas tan pequeñas no se ha podido detectar su presencia, lo cual provoca un problema para entender cómo funciona de un modo unificado la naturaleza, el universo y el mundo subatómico. Los físicos de hecho llevan mucho tiempo pensando en cómo encajar la GRAVEDAD en el mundo de las partículas y sus interacciones, pero no encuentran ese marco en el que pueda ser **compatible** con la mecánica **cuántica.**

Se está intentando comprender cómo funcionaría esa teórica partícula mediadora, el **GRAVITÓN**, pero el problema es que al GRAVITÓN **no lo ha visto nadie**. No se le ha detectado de ninguna manera, no hay datos experimentales a los que agarrarse. Por eso, los teóricos solo proponen las **propiedades que podría llegar a tener** y así poder realizar ese papel mediador de las Interacciones gravitacionales, pero de momento nada. Teóricamente, el GRAVITÓN sería el MEDIADOR de la fuerza gravitatoria entre partículas, como las de largo alcance. Y estos intercambios tendrían que ser sin pérdida de energía, con lo cual tendría que ser una partícula sin masa, como el FOTON.

27. ¿Existe una QUINTA Fuerza?

En el Modelo Estándar, cada una de las fuerzas opera por medio de la acción de una "partícula MENSAJERA" que es portadora de la unidad mínima de cada fuerza.

En la fuerza **Electromagnética**, la partícula portadora es el FOTÓN. En la fuerza nuclear **Fuerte**, la partícula portadora es el GLUÓN. En la fuerza nuclear **Débil**, la partícula portadora son los bosones W y Z. Aún tiene que incorporar a la **Gravedad** en su descripción, cosa que se lleva **intentando sin éxito desde hace décadas**; se supone que también la gravedad debería tener su propia partícula portadora, que sería el mencionado GRAVITÓN, pero nadie lo ha detectado. No obstante, nuevos resultados del Laboratorio FERMILAB en Chicago plantean seriamente la idea de que exista una **quinta fuerza de la naturaleza** que se sumaría a las 4 ya conocidas. Este laboratorio alberga uno de los aceleradores de partículas mayores del mundo, y creen estar más cerca que nunca del descubrimiento de una nueva fuerza. Según sus investigadores, la confirmación es solo una cuestión de tiempo, ya que aseguran haber encontrado pruebas de MUONES que no se comportan del modo en que deberían hacerlo y que la razón sería la acción de esa **QUINTA fuerza de la naturaleza aún desconocida**.

Habrá que esperar a más investigaciones para poder confirmar algo tan trascendental, pero sí así fuera, sería el inicio de una nueva **revolución de la física**, pues se podría ir más allá del modelo estándar, que no deja de ser, a día de hoy, la gran teoría que incluye a todas las partículas conocidas y las fuerzas. Ya sabemos que la física está repleta de sorpresas, pero la caza y captura del MUON sería de vital importancia. En palabras de Graziano **VENANZONI**, uno de los investigadores principales del proyecto:

> *"Creemos que **podría haber otra fuerza**, algo de lo que no somos conscientes ahora, algo a lo **que llamamos 'quinta fuerza'**, que aún no conocemos, pero que debería ser importante porque nos dice algo nuevo sobre el Universo".*

Con todo, y a pesar de que las evidencias experimentales parecen ser fuertes, no puede considerarse aún como pruebas concluyentes de la existencia de una quinta fuerza. Los investigadores calculan que serán necesarios algunos años para tener todos los datos que provocarían un anuncio formal. Esto de la ciencia a veces parece una carrera a la desesperada para la llegada a meta.

Por cierto, al FERMILAB le ha salido un duro contendiente: los físicos del Gran Colisionador de Hadrones, LHC de Ginebra, estarían intentando adelantar a los americanos y darles el triunfo en esta auténtica carrera científica. Según aseguró Mitesh **PATEL**, del Imperial College de Londres y uno de los físicos que intentan desde hace años ir con el LHC más allá de la teoría actual:

> *"La medición de comportamientos que no concuerdan con predicciones del modelo estándar es el **santo grial** de la física de partículas. Sería el pistoletazo de salida de una revolución en nuestra comprensión porque el modelo ha resistido todas las pruebas experimentales durante más de 50 años".*

Sin duda, estaríamos ante uno de los mayores avances científicos desde la relatividad. Una **quinta fuerza**, y su **nueva partícula asociada**, abriría muchas puertas que podría llevarnos a resolver misterios que aún no tienen respuesta, preguntas que atormentan a los físicos y a las que el modelo estándar desde luego no puede responder. Por ejemplo, ¿Por qué el universo se expande cada vez más deprisa en vez de desacelerar?, ¿Sería la energía oscura la responsable de esa aceleración?, y si fuera así, ¿Cómo funciona? ¿Qué es la materia oscura, que es 5 veces más abundante que la materia normal y sin la cual las galaxias no existirían? Etc. etc. etc.

28. La Termodinámica y la importancia de la ENTROPÍA

Los Principios de la TERMODINÁMICA

Las leyes de la termodinámica no son algo esotérico o abstracto como pueda parecer, sino que fueron desarrolladas en el siglo XIX por Lord **KELVIN** y son la base sobre la que funcionan los principios que regulan la calefacción de tu casa, el motor

de tu coche o los procesos biológicos por los que permanecemos vivo. Sus leyes son 4 reglas que explican cómo se produce, transfiere y se puede aprovechar la energía a través del calor y el trabajo. Estas reglas son la base para comprender muchos de los fenómenos físicos y químicos que se presentan en la naturaleza. Así que los podemos considerar dogma de fe científica. Haré una descripción de ellos:

- **El principio Cero**: Se conoce por EQUILIBRIO TÉRMICO. Lo que quiere decir esta ley es que, por ejemplo, si un bloque **amarillo** y uno **azul** tienen la misma temperatura, y el bloque **amarillo** tiene la misma temperatura de un bloque **rojo**, entonces el bloque **azul** tendrá la misma temperatura del bloque **rojo**. Así que si dos sistemas, **A** y **B**, están en equilibrio térmico entre sí, y el sistema **A** está en equilibrio con un tercer sistema **C**, luego el sistema **B** está en equilibrio térmico con el sistema **C**.

- **El primer principio**: Pase lo que pase, la energía del universo será siempre la misma, **no se destruye, solo se transforma**. En otras palabras, la energía se transformarla de una forma a otra, pero **NUNCA se destruye**. Suena anti intuitivo de solo imaginarlo, pero la realidad es así de fascinante.

- **El segundo principio**: En un sistema aislado, la ENTROPIA (*desorden*) **siempre tiende a crecer**. Recordar, que la ENTROPIA es la medida de la energía que no se puede poner a trabajar en un momento dado. En los procesos espontáneos, la energía útil siempre disminuye. El rendimiento de una máquina siempre es inferior al 100%". Esta segunda explica **por qué** el **calor fluye** de los cuerpos **calientes** a los cuerpos **fríos y NO al contrario**. Una taza de café caliente se enfría porque **transfiere su energía en forma de calor al ambiente**, que se encuentra a una temperatura menor.

- **El Tercer principio**: A medida que la Temperatura de un sistema **decae hacia el cero absoluto**, (*-273 grados C*), que solo imaginarlo da escalofríos, todos los **procesos naturales empiezan a dejar de ocurrir** y la ENTROPIA alcanza los mínimos niveles.

¿Qué es entonces la ENTROPÍA?

La ENTROPÍA es ese concepto que se utiliza en física para hablar de las leyes de la Termodinámica. La palabra procede del griego y significa **evolución o transformación**. Es una de esas expresiones que si la mencionas en una cena con tus amigos, te dará un aura de superioridad intelectual o por el contrario de una pedantería irredenta. Depende del tipo de amigos con los que vayas, claro. Con los míos no da el pego, lo reconozco.

En termodinámica, la ENTROPÍA es un algo fundamental y una magnitud que permite determinar la parte de la energía que **no puede**

utilizarse para **producir trabajo**. Digámoslo de un modo más simple: la ENTROPÍA es el **grado de DESORDEN de un sistema**, y básicamente, implica lo siguiente:

—**MAYOR** entropía significa **MENOS** orden (o mayor desorden).
—**MENOR** entropía significa **MÁS** orden (o menos desorden).

Después de este trabalenguas, y para hacerlo más fácil de comprender, el cerebro de los personajes de "*Resacón en las Vegas*" es un sistema de una ENTROPÍA máxima y descomunal, en el que reina el desorden a todos los niveles. Ahora sí que lo has pillado, recuerda la habitación al día siguiente de la juerga, y por mucho que alguien la ordene, volverá al desorden.

Otra forma de explicarlo: un sistema que tenga un cierto grado de **desorden** indica que contiene **mucha ENTROPÍA**, y nos indica que la **tendencia** de ese sistema es la de **pasar de estados ordenados a estados desordenados**, lo que a su vez **implica que tarde o temprano llegará el CAOS**. El concepto de entropía no solo se utiliza en física, sino también en química, psicología, filosófica, en el mundo empresarial y muchos más. En la década de 1850, Rudolf **CLAUSIUS** le dio nombre y desarrolló su concepto, y Ludwig **BOLTZMANN** encontró la manera de **expresarla matemáticamente** desde el punto de vista de la probabilidad. Pero, tranquilo, que de matemáticas hemos dicho que no hablamos.

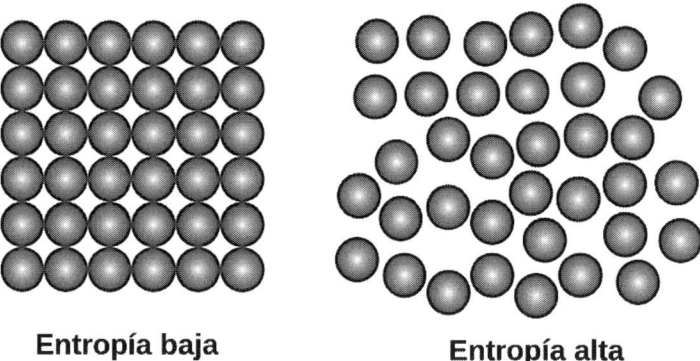

Entropía baja   **Entropía alta**

PARTE IV.
EL TIEMPO

29. ¿Qué es el TIEMPO?

Algo nada fácil de comprender

Nos introducimos ya en terre-nos filosóficos. El TIEMPO es algo apasionante, pero a la vez muy complicado de comprender de un modo profundo. Resulta intrigante y esquivo hasta el extremo, aunque todos creamos saber lo que significa. En nues-tras vidas es algo intuitivo y que no parece tener misterio alguno, pero la realidad es  que nadie se pone de acuerdo sobre su significado profundo.

La mayoría de los mortales entendemos el tiempo como el modo de medir el avance de nuestras propias vidas, pero eso en ciencia me temo que no basta. El tiempo es algo mucho más decisivo que una forma de medi-ción o una flecha hacia delante. Es una entidad propia con un significado profundo. Son tales los efectos y las consecuencias del tiempo que lo con-vierte en un auténtico enigma. Se puede considerar una mera percepción de nuestros sentidos, algo conceptual elaborado por nuestras mentes y en donde realmente pasado, presente y futuro estarían entrelazados.

Filósofos y físicos llevan debatiendo siglos. Analizar las explica-ciones que distintos personajes dan del tiempo resulta sumamente interesante.

PLATÓN fue uno de los primeros filósofos en escribir acerca del pasado, presente y futuro como partes separadas pero relacionadas entre sí. Mencionó en sus escritos, que: *"el tiempo es una ilusión, ya que todo en la vida cambia constantemente, es una abstracción de los movimientos del Sol y de las estrellas".*

SANTO TOMÁS de Aquino, gran pensador, entendía que *"el tiempo parece fácil de analizar pues cualquier cree saber lo que es, pero cuando uno trata de explicarlo, no sabe cómo hacerlo".*

Esto sigue sucediendo siglos después a pesar de los increíbles avances de la ciencia. Carlo **ROVELLI**, el fenomenal físico y divulgador italiano, mencionó que *"el tiempo no existe, y tengo 15 minutos para convencerlos de ello, pero si queremos aprender más acerca del universo, debemos cambiar nuestras visiones sobre el tiempo".*

Hans **REICHENBACH**, el extraordinario filósofo alemán de mediados del siglo XX, decía que *"si hay una solución al problema filosófico del tiempo, está escrita en las 5 leyes de la física".*

Albert **EINSTEIN**, al que sin duda no le faltaba sentido del humor, dijo algo sumamente inteligente: *"Es lo que evita que algo suceda a la vez".* Sus teorías nos mostraron un escenario muy extraño. Ya no podíamos hablar de tiempo y espacio de manera separada, ya no cabía esta distinción. Antes, el espacio se entendía como una totalidad tridimensional; y el tiempo era algo independiente, pero desde EINSTEIN el tiempo es una dimensión en una totalidad cuatridimensional: el espacio temporal. De esta manera, tiempo y espacio perdían el carácter que cumplían en la física clásica newtoniana en donde pasado y futuro son distintos, pero la teoría de la relatividad de EINSTEIN presenta un universo donde pasado y futuro son inseparables y se influyen mutuamente.

El científico y astrofísico Adam **BECKER** da una explicación muy interesante del tiempo relacionada con la relatividad:

"Imagina que en la galaxia Andrómeda, a millones de años luz de la Tierra, unos extraterrestres deciden conquistar la Tierra. Nosotros, que estamos muy lejos de ellos, descubrimos desde nuestro planeta que están tratando de conquistarnos. Pero eso ya ha sucedido, para noso-

tros se trata del futuro, pero ellos lo decidieron antes. Eso que es nuestro futuro es en realidad su pasado".

¿El Tiempo es LINEAL?

¿Y si todo fuera una ilusión, como manifestó el filósofo alemán Adolf **GRÜNBAUM**? ¿Y sí el tiempo es un continuo lineal de instantes? En el colegio te enseñaban a calcular en qué punto se cruzan un coche A y un coche B, teniendo en cuenta sus velocidades y el espacio a recorrer. Los niños hacen sus ecuaciones hasta que hallan la solución (*o se la copian al del banco de al lado, como alguno que yo me sé*). Lo que nadie nos ha contado es que quizás esos 2 coches nunca se crucen, porque el tiempo no es lineal, sino poliédrico. Quizás la conductora A se olvidó el móvil en casa y se dio la vuelta mientras el conductor B cogió un atajo para ganar tiempo. La explicación más sencilla sería que el tiempo, en realidad, tiene muchas caras.

Queremos ordenar el tiempo, retenerlo con fotos y vídeos en nuestro móvil, eso nos hace creer que avanzamos, pero la realidad tiene muchas aristas. No hay un comienzo y no hay un final, sino que el tiempo como tal solo existe en nuestro cerebro como algo conceptual creado a partir de nuestra percepción biológica. Lo que para ti parece ser el PRESENTE, podría ser el FUTURO para una persona que viajara más rápido. Quizás el ESPACIO-TIEMPO es una ilusión y todo existe sólo en el momento PRESENTE. Al menos, eso es lo que muchos físicos creen. No se sí después de leer esto te sientes más confuso que al inicio de este capítulo, posiblemente sí, pero seguro que te han entrado ganas de tomarte una copa.

El Tiempo entendido como una FLECHA

Tenemos la idea de que el tiempo es lineal y se mueve como una flecha hacia delante. El PASADO quedó atrás, el FUTURO está por delante y todo se mueve como una flecha en una sola dirección. El tiempo entendido como una flecha sirve para mostrarnos que todas las cosas no suceden a la vez, no de un modo caótico.

A los seres humanos nos parece fácil distinguir entre **PRESEN-TE** (*el ahora, momento en que lees estas líneas*), **PASADO** (*el recuerdo de lo que leíste en la página anterior hace 2 minutos y que cada vez se volverá más borroso*) y **FUTURO** (*aquello que está por venir, pero de lo que no hay certeza*). Sin embargo, es posible que FUTURO, PRESEN-TE y PASADO no sean tan diferentes como pensamos. El PASADO sería algo que no puede cambiarse, como un vaso que se rompe y ya es imposible que vuelva a recomponerse. Los físicos, en cambio, se sienten desorientados con respecto al FUTURO, parece que no existe y aunque llegue a existir, no lo sabemos. Hay quienes plantean que podemos influir en el futuro al escoger entre distintos itinerarios, pero el doctor **GHAG**, físico del Departamento de Física y Astronomía del University College de Londres, matiza:

> *"Pero supongamos que el libre albedrío también estuviese sometido a la relatividad. Teóricamente, si supieras todas las posibles trayectorias de las mentes y de los fenómenos, podrías predecir el FUTURO, pero eso crearía una paradoja, el conocimiento de lo que va a ocurrir terminaría alterando lo que pasará".*

Lo que plantea es algo que cuestiona seriamente el libre albedrío, el dilema de si realmente podemos elegir entre distintas rutas o si, por el contrario, ello está predeterminado (*si fuera esta segunda opción, sería más fácil predecir lo que sucederá*).

Stephen **HAWKING** entendía el tiempo como una formación de tres flechas. En nuestro universo, esas 3 flechas apuntarían hacia una misma dirección, aunque esto no es seguro, puede no ser siempre así.

—La **flecha TERMODINÁMICA** está basada en la SEGUNDA ley, que mantiene que en cualquier sistema cerrado *el desorden* (la entropía) *aumenta con el tiempo*. Ejemplo, si un vaso de agua (*estado ordenado de materia*) se cae y se rompe en muchos pedazos (*estado desordenado*), si lo grabáramos en vídeo y luego pasáramos a cámara lenta la caída del vaso de agua, veríamos cómo *se va desordenando cada vez más*.

—La **flecha PSICOLÓGICA** es la que *nos ayuda a percibir el tiempo y apunta hacia adelante*. Esto se puede explicar ya que los sucesos son grabados en el cerebro, aumentando las conexiones y el nivel de "desorden" de las neuronas.

—La **flecha COSMOLÓGICA** lo muestra como algo causado por un universo en expansión. Pero si en algún momento el universo empezara a colapsar, la flecha cosmológica cambiaría su orientación.

La Dilatación temporal ¿realmente va más lento un Reloj en Movimiento?

Físicos alemanes han confirmado en un experimento, y de un modo muy preciso, algo que sabemos que EINSTEIN demostró en sus ecuaciones: que el **tiempo va más lento para un reloj en movimiento**. Estos físicos verificaron en un acelerador de partículas, con una precisión sin precedentes, el llamado efecto de dilatación del tiempo, la predicción de la teoría de la relatividad especial de EINSTEIN y confirmando con ello que el tiempo se mueve más lento en un reloj en movimiento que en uno fijo. Una de las consecuencias del efecto de la dilatación del tiempo es que una persona que viaja en una **nave espacial a altas velocidades envejece más lentamente que otra persona en la Tierra.**

Thomas **UDEM**, físico del Instituto Max Planck de Óptica Cuántica en Garching, Alemania, asegura que *"era de suma impor-*

tancia verificarlo con la mayor precisión posible", y publicó un artículo en el *Physical Review Letters* que supuso la culminación de 15 años de trabajo de un grupo internacional que incluía al premio Nobel Theodor HÄNSCH, director del Instituto Max Planck. Para probar el efecto de DILATACIÓN del tiempo, los físicos necesitaban comparar 2 relojes, uno que está quieto (*no parado*) y uno que se mueve. Los investigadores utilizaron el anillo de almacenamiento experimental, donde se almacenan y se estudian las partículas de alta velocidad en el Centro Helmholtz GSI para la investigación de iones pesados en Darmstadt, Alemania. Ahorrándonos detalles técnicos difíciles de comprender para cualquier ignorante que se precie (*como yo*), lo que los investigadores consiguieron medir fue el efecto de **DILATACIÓN del tiempo** con mayor precisión que en cualquier estudio anterior. El coautor Gerald **GWINNER**, físico de la Universidad de Manitoba en Canadá, dijo que el método utilizado es fue 50 a 100 veces mejor que cualquier otro método utilizado anteriormente para medir la DILATACIÓN relativista del tiempo.

Pocos dudaban que EINSTEIN tenía razón, y los resultados lo confirmaron. Las implicaciones prácticas de la DILATACIÓN son muchas, los GPS se cronometran esencialmente en órbita, y el software de GPS tiene que dar cuenta de diminutos desplazamientos de tiempo en el análisis de la información de navegación. Por eso, el GPS de tu coche te lleva de un modo preciso a casa de ese amigo que te invitó a una barbacoa, en vez de desviarte 10 km y llegar cuando ya no queda ni una chuleta.

Hacia una nueva concepción del Tiempo

El físico británico Julian **BARBOUR**, desafía y cuestiona la narrativa clásica del Big Bang y propone una nueva concepción del tiempo. Fue profesor de física en Oxford y publicó en las revistas científicas más prestigiosas del mundo. Es un tipo interesantísimo y reconocido por ideas tremendamente originales sobre asuntos del universo.

Es el autor del libro *El punto de jano una nueva teoría del tiempo*, en el que propone un universo de 2 caras, un **TIEMPO que avanza**

en 2 direcciones y al que le augura un final más esperanzador que la muerte fría que algunas teorías vaticinan a nuestro universo. BARBOUR plantea una provocadora idea que nos lleva a profundas preguntas sobre la existencia. Plantea otra forma de ver la segunda ley de la termodinámica. Aunque resulte reiterativo, para entender lo que nos propone y poder seguir sus siguientes pasos deductivos, te recuerdo lo siguiente:

Las leyes de la termodinámica dicen que **un sistema evoluciona siempre** hacia un estado más caótico, pero no al revés. Una copa de vidrio que se rompe se dispersa en pedazos, y sabemos que después es imposible que esos fragmentos vuelvan a unirse para dejar la copa de vidrio como estaba. Es un objeto ordenado que al romperse se desordena y provoca un proceso irreversible.

Las leyes de la termodinámica también nos dicen que la entropía SOLO puede AUMENTAR, nunca disminuir, por eso decimos que el tiempo avanza en una sola dirección, solo avanza en la dirección en la que aumenta la entropía, y mientras más tiempo dejes la copa en la mesa, más aumentará el riesgo de que alguien tropiece y la rompa. Pero después de que la copa de vidrio esté rota en el suelo, podrán pasar miles y miles de años y el vaso JAMÁS se rearmará, pues igual sucede con el universo: mientras más pasa el tiempo más aumenta su entropía (*su desorden*).

Por cierto, las leyes de la termodinámica se establecieron durante la Revolución Industrial, cuando los ingenieros intentaban fabricar máquinas de vapor más eficientes en las que se desperdiciara menos energía, la segunda ley indica que a medida que la energía se transfiere y se transforma, parte de ella se disipa, es decir, se desperdicia. ¡Y para BARBOUR, ahí radica el problema! Según él, esta segunda ley se hizo pensando en cilindros y máquinas, en los que la energía y el calor pasaban de un lugar a otro confinado, pero siempre dentro de un espacio delimitado. El error está en creer que lo que sucede en un espacio cerrado y delimitado sea lo mismo que ocurre a gran escala en un universo que no tiene límites. Por ello, siguiendo las palabras de BARBOUR, hay que "*pensar por fuera de la caja*". Veamos el ejemplo que utiliza:

—El aumento de la complejidad en el caso de que pongamos un **cubo de hielo dentro de una caja**, la entropía (*desorden*) aumentará de la siguiente manera: Primero, tendremos un **cubo con hielo**, en el que todo aparece muy ordenado: baja entropía (*poco desorden*). Luego, el hielo del cubo se derretirá y el agua se derramará por la caja: aumenta la entropía (*aumenta el desorden*). Finalmente, el agua se evapora y sus partículas se reparten de manera indistinguible por toda la caja: máximo nivel de entropía (*máximo desorden*).

En un ESPACIO sin LÍMITES, esas partículas de agua podrían seguir viajando y, gracias a la gravedad, ir uniéndose a otras partículas hasta formar nuevas estructuras más complejas, que irán creciendo en todas las direcciones del espacio y del tiempo. Entonces, lo que te determina el paso del tiempo NO es el aumento de entropía, sino el aumento de COMPLEJIDAD sin límites de tiempo ni de espacio.

En la visión tradicional de la física, la entropía (*desorden*) **aumenta implacablemente con el paso del TIEMPO**, eso quiere decir que algún día nuestro universo llegará a su máximo estado de entropía, se habrá expandido tanto que será un desorden total.

Piensa que el universo como **un frasco lleno de canicas**, y en algún momento ese tarro se romperá y las canicas quedarán dispersas de forma caótica. Ese es el futuro que algunos expertos le auguran a nuestro universo. A medida que el universo se expande y aumenta la entropía, el calor y la energía se irán disipando hasta que todo quede frío e inerte. Es lo que los expertos llaman la "*muerte térmica*" o "*gran congelación*".

BARBOUR, sin embargo, aventura un pronóstico más optimista: se imagina un universo cada vez más variado y estructurado. En su teoría, la flecha del tiempo no avanza inevitablemente hacia la entropía total, sino al contrario, pronostica un universo cada vez más complejo y estructurado que va creciendo sin fronteras. De hecho, en vez de disipación, BARBOUR prefiere decir que la Energía se esparce, el no cree que el tiempo nos esté llevando en una única dirección hacia una entropía que convertirá todo en un conjunto de partículas indistinguibles entre sí. Su visión es la de un universo cada vez más VARIADO y DINÁMI-CO, donde no faltará el calor y la energía para seguir creciendo en todas direcciones del tiempo y el espacio. Su concepción del TIEMPO y del universo llevaría implícito un mensaje para la vida.

En la mitología de la Antigua Roma, **JANO** era el Dios de los principios y los finales. Usualmente, se le representaba como un hombre con 2 caras mirando en direcciones opuestas. La figura de JANO ilustra muy bien la idea de BARBOUR sobre el comienzo del universo, un universo con 2 caras. De hecho, el propone que en el Big Bang el tiempo no comenzó a transcurrir en un solo sentido sino también en la dirección exactamente contraria. Según BARBOUR, si JANO hubiera estado en el Big Bang, hubiera podido ver como el tiempo comenzaba a avanzar en 2 direcciones opuestas, las que podría observar con sus dos caras. Todo resulta fascinante y el razonamiento de BARBOUR impresiona, pero hoy en día el tiempo sigue siendo un concepto tan profundo que no existe unanimidad a la hora de posicionarlo conceptualmente.

El Tiempo relacionado con la LUZ y ESPACIO

El ESPACIO y la LUZ están íntimamente relacionados con el concepto del tiempo. La LUZ es una ONDA electromagnética que se mueve a casi 300.000 km por segundo en el vacío y según la relatividad debe ser constante en todos los sistemas de referencia. Los cuerpos experimentan una DILATACIÓN temporal cuando se mueven. A velocidades próximas a la luz, lo que sucedería es que el TIEMPO ¡se detendría!, aunque recordemos que ello es imposible, porque necesitaríamos una energía infinita. Según las ecuaciones de la relatividad, el universo está formado por una entidad matemática llamada espacio-tiempo, con unas implicaciones que ya nadie cuestiona: que cuando el espacio-tiempo se contrae... el tiempo va más lento... y las distancias del espacio se acortan. Esto es comprobable en grandes campos de gravedad o en agujeros negros, donde la singularidad se comprime tanto que el espacio-tiempo se DETIENE. En ese momento, las ecuaciones de EINSTEIN ya no serían aplicables ni se podrían cumplir, ya que desde el punto de vista de un FOTÓN el espacio se contrae hasta el infinito hasta volverse uno, y como no hay ninguna distancia que cubrir, entonces no hay TIEMPO.

Como consecuencia de todo lo anterior, se puede asegurar algo que es anti intuitivo para todos nosotros. Desde el punto de vista de un FOTÓN de luz, el TIEMPO no existe. Estaría en todos los lugares a la vez (*vamos, como el espíritu santo*). Y aquí viene la gran incógnita, si el FOTÓN no tiene TIEMPO, es paradójico que lo veamos moverse, ¿cómo es esto posible? ¡Pero si hasta cambia su longitud de onda y se degrada con la distancia! La explicación a esto es que la propiedad de los FOTONES es solo una medida percibida por el OBSERVADOR, o sea de nosotros, y depende de su marco de referencia. Podrías tomar cualquier fotón y asignarle una frecuencia simplemente cambiando su marco de referencia. La longitud de ONDA que vemos es solo un marco de referencia de un OBSERVADOR dado, debido a la curvatura del espacio-tiempo. Tómate un mojito para asimilarlo, el mío ya está por la mitad.

El Tiempo no es absoluto

Todo parece irreal, ¿verdad? Pues sí, para qué negarlo, es lo que tiene el universo: **TODO depende del observador**. Uno de sus secretos es que el tiempo NO es absoluto. Nos movemos a distintas velocidades, y la velocidad de los cuerpos y su masa hacen variar el tiempo, aunque sea milmillonésimas de segundo. En nuestras vidas no notamos estas diferencias porque las variaciones son mínimas, pero no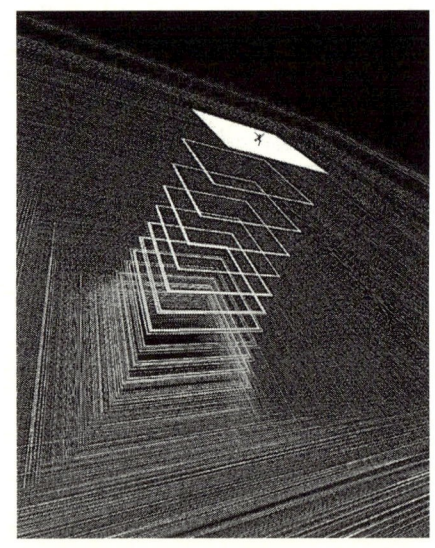

hay duda de que no existe un tiempo absoluto para todos; ningún cuerpo en el universo posee un reloj absoluto en relación con otro objeto. Ello nos hace plantearnos algo muy importante: si realmente existe el tiempo sin el movimiento, sin el cambio de un objeto con relación a otros, si nada se moviera. Si no tuviéramos marcos de referencia no tendría sentido hablar de tiempo, y eso es exactamente lo que le sucede al FOTÓN, que no tiene marco de referencia ni distancias.

El Tiempo y el UNIVERSO

Los campos gravitatorios y los agujeros negros ralentizan el paso del tiempo hasta el punto de que en las singularidades espacio temporales se detienen TOTALMENTE. En una nave avanzadísima, como la de *INTERESTELAR*, la excepcional película de Christopher NOLAN, si uno fuera cayendo a un agujero negro, el tiempo para sus tripulantes pasaría más lento que para un observador externo. Desde la nave se veía el universo acelerarse, el tiempo pasaba más deprisa fuera que dentro. Pues una idea rompedora es que pudo haber ocurrido también lo mismo al principio del universo. Desde una singularidad espacio temporal, el tiempo no existía, pero de repente el universo se empezó a expandir y, por consiguiente, lo vemos acelerado respecto a nosotros, exactamente como lo estamos viendo ahora. Y si al principio del universo estaba todo mucho más unido, más plegado, el paso del tiempo quizás era diferente, más lento, lo que implica algo más sorprendente aún, sí cabe: ¡que sería imposible saber la edad del universo, y **TODO sería más antiguo de lo que realmente es**! Por cierto, curiosamente, estas son las mismas conclusiones a las que están llegando muchos científicos y astrónomos con los datos que se están recibiendo del telescopio James WEBB.

¿Fue Velocidad de la Luz MENOR en el pasado?

Si el tiempo iba más lento en el PASADO, ¿implicaría ello que la velocidad de la luz era también menor? Científicos americanos han planteado que **hace 2000 millones de años la velocidad de la luz era INFERIOR a la ACTUAL**. A esta increíble y sorprendente conclusión han llegado cuando midieron la constante Alpha, que relaciona la velocidad del electrón en el estado de más baja energía del átomo de hidrógeno con la velocidad de la luz, una disminución en ese parámetro supone un cambio en la velocidad. Pero independientemente de explicaciones técnicas, que mejor no tocar, la realidad es que una VARIACIÓN de la velocidad de la luz CONTRADICE la teoría de la relatividad de EINSTEIN y otras muchas teorías de la física.

Esta variación de la velocidad de la luz y del tiempo ya fue planteada por otros físicos que llegaron a concluir que las CONSTANTES de la física "NO son tan constantes", y que la velocidad de la luz pudo ser DIFERENTE en distintas etapas de la historia del universo debido a fenómenos cosmológicos desconcertantes, lo que a su vez plantea que pueden existir DIMENSIONES espaciales adicionales, cosa que ya plantean de un modo claro teorías como la de CUERDAS.

La luz, como onda electromagnética que es, se manifiesta en 3 dimensiones, y es nuestra percepción del tiempo lo que hace que parezca que se mueva. Quizás el universo no sería más que una serie de DIMENSIONES solapadas y entrelazadas con diferentes curvaturas que originan la MATERIA y la ENERGÍA mediante fuerzas y perturbaciones. Todo resulta inexplicable, casi tanto como las remontadas del Real Madrid en Champions.

El Tiempo como fluctuación CUÁNTICA

Puede que nuestra percepción del universo sea tan solo una fluctuación cuántica de la realidad, lo que implicaría algo difícil de aceptar psicológicamente:

— que el tiempo, cómo tal, **no existiría**,
— que el tiempo seria solo una **propiedad de la materia con masa**,
— que como los fotones no tienen masa, la misma luz se vería plegada totalmente al universo.

Según la teoría cuántica de campos, las partículas son excitaciones de diferentes campos que pueden extenderse por todo el espacio-tiempo y que no es posible medirlas (principio de incertidumbre). Ello implicaría que el tiempo pasado, presente y futuro se funden en uno, y las partículas están en superposición de estados.

¿Creamos nuestro propio Tiempo?

Estamos constituidos de átomos, y sus partículas interactúan unas con otras dentro y fuera de nuestro cuerpo, y gracias a esas interacciones podemos contemplar el pasar del tiempo y relacionar unos objetos con otros. Medimos distancias, nos movemos por el espacio y en esa interacción creamos nosotros mismos el tiempo. Las imágenes de los objetos que ves son así porque los fotones golpean en tu retina y a su vez han interactuado con otras partículas según el ángulo que lo forman. La influencia que se ejerce sobre tus átomos es lo que produce la visión, el tacto, el sonido, el olfato y el gusto, la estimación de distancias, el tamaño, las sensaciones que tenemos, etc.

Somos interacciones de unas partículas con otras y cuando no observas algo nada está realmente donde tú crees. Solo el hecho de compartir un sistema de referencia común es por lo que percibimos el paso del tiempo de un modo similar. En otras palabras, estamos vinculados todos por el tiempo y nuestras interacciones cuánticas son muy similares. TODO es fruto de INTERACCIONES, sin vinculación no existiría nada, nadie podría corroborar que algo o alguien existe. Si no tuviéramos referencias para medir, nos pasaría como al fotón, no existiría el tiempo, seríamos un punto minúsculo de energía sin dimensión.

Somos **seres vivos con MASA** porque nuestras partículas interactúan con el campo de Higgs, así que se podría asegurar que la **MASA es la que crea la realidad**. Cuando las interacciones proporcionan MASA, entonces hay TIEMPO, si no, NO lo hay. Por eso, NADA es absoluto y TODO es relativo. Difícil de asumir, ¿verdad? Ya lo sé, pero hay casi consenso entre los físicos al respecto. Todo lo que nos rodea no deja de ser una extraordinaria maquinaria cósmica que cambia dependiendo del observador. El sistema parece creado por TODOS nosotros, somos la consecuencia de estados solapados cuánticos en sus múltiples manifestaciones posibles, como si navegáramos por una red cuántica en múltiples niveles, siendo solo conscientes de la realidad por nuestras INTERACCIONES con las partículas que crean la materia. De ello hablaremos cuando abordemos el fascinante concepto de la CONSCIENCIA. Estaríamos experimentando solo una fracción de realidad producto de excitaciones de campos cuánticos y de energía que crean como ecos de realidad (*qué espanto, paro ya, que me estoy poniendo poético*). Quizás otras interacciones pudieran existir en el universo con otros posibles niveles de complejidad. Quién sabe, pero en lo que respecta a la luz, el tiempo no se para, **¡el TIEMPO NO EXISTE!**

¿Es un concepto incompleto?
(muy probablemente)

El TIEMPO es algo que todavía no comprendemos bien, puede ser una mera **ilusión** creada por **nuestros sentidos**, la manera que tenemos de percibir el mundo con nuestra forma física de seres con masa, y básicamente con el propósito de poder sobrevivir. **NEWTON** definió el tiempo como **absoluto**; **EINSTEIN** como **relativo**; pero, mucho antes, **GALILEO** creía en un solo presente simultaneo cósmico, independientemente de lo que percibamos. Brian **GREEN**, físico y fantástico divulgador, cree que el PASADO, PRESENTE y FUTURO son un único bloque de realidad y que podríamos navegar por ese bloque, lo cual tiene todo el sentido. Así, el TIEMPO sería una dimensión más que nuestra consciencia interpreta como tal. Los experimentos han confirmado que el FUTURO afecta al PASADO y el PASADO afecta al FUTURO. La manera de comportarse de las partículas cuánticas es como sí concibieran el tiempo como una fusión de estados, aunque nuestra consciencia lo perciba como lineal. PASADO, PRESENTE y FUTURO estarían unidos, serían parte de un TODO y el tiempo solo sería una realidad emergente. La flecha del tiempo corriendo sin interrupción del pasado hacia el futuro es un gran misterio, aunque en la física no hay ninguna señal que justifique que el tiempo sea realmente así.

Entendiendo que realmente somos información que depende del observador, lo que existe son INTERACCIONES. Así se crearía el tiempo y las cosas cambian únicamente unas con respecto a otras. La ilusión del ESPACIO y del TIEMPO, en cambio, desaparece para un fotón. Puede que seamos energía eterna en múltiples transformaciones que interactúan constantemente. Mucho queda por entender en el misterioso debate sobre el TIEMPO, sin duda, pero no te agobies demasiado, pues debería ser motivo de fascinación para cualquier espíritu inquieto.

Movimiento y Consciencia

Objetos supermasivos como los agujeros negros deforman el espacio a su alrededor y con ello el tiempo se ralentiza. La gravedad influye en el tiempo y mucho. Influye en todo a nuestro alrededor porque el tiempo se ralentiza a medida que se aumenta la velocidad, pues todo se deforma al alcanzar velocidades cercanas a la luz. Telescopios como el James WEBB pueden mirar al PASADO distante a través del tiempo, aprovechando la velocidad de la luz.

Cuanto más rápido viajamos en el espacio, más lento viajamos en el tiempo: este es uno de los principios básicos que rigen la relatividad de EINSTEIN. Medimos el tiempo a través del movimiento y es imposible medirlo si no hay movimiento. Todo es movimiento y vibración. Quizás sea un truco de la mente para entender y ser conscientes del movimiento de cualquier evento de la realidad. El cerebro lo que hace es crear una sensación del movimiento pasando las fotos, instantes y sucesos de la vida. Es más, esta sensación o noción del paso del tiempo quedaría anulada del todo si no tuviéramos acceso a ninguno de los sentidos de nuestro cuerpo biológico.

Otro aspecto importante que se ha comprobado en experimentos es que **NO EXISTE el tiempo fuera de nuestra CONSCIEN-CIA**. Está totalmente ligada a nuestra percepción cerebral, no existe fuera de nuestra percepción sensorial. Es una *"invención"* de nuestras mentes que necesitan la CONSCIENCIA para percibir los cambios. Sería un artificio de la mente para describir los movimientos o sucesos de nuestra existencia.

Todos los sistemas utilizados, como los relojes, dependen del movimiento. Desde uno de pulsera, pasando a un reloj solar, uno de arena o uno cuántico. Todos dependen de una serie de procesos repetitivos; el tiempo no podría ser percibido sin el movimiento. De hecho, los fenómenos se experimentan de distinta forma según el estado de MOVIMIENTO de los que observan, lo que implica que el TIEMPO corre más lentamente cuando se experimenta una fuerza gravitacional mayor. Y que cuanto más nos acercáramos a la velocidad de la luz, más fuerte sería la desaceleración del reloj; o, por decirlo a la inversa, cuanto más rápido fueras, más lento iría el reloj. Como dijo *"el de siempre"*, *"La distinción entre el pasado, presente y futuro es sólo una ilusión obstinadamente persistente"*.

Resumiendo, el TIEMPO en la mecánica CLÁSICA **es considerado un valor absoluto**, una magnitud que transcurre de igual modo para todos los fenómenos. Esto significa que varios observadores distintos estarán siempre de acuerdo respecto al orden de los eventos (pasado, futuro y presente) siempre que, por supuesto, estén sujetos al mismo espacio gravitacional y a unos parámetros similares de movimiento. El TIEMPO en la mecánica RELATIVISTA, en cambio, es un concepto mucho más complejo, ya que está vinculado a la posición del observador del evento y su estado en movimiento, es decir, en mecánica relativista el tiempo es "relativo". Dos observadores que difieran en su posición y movimiento diferirán en la medición del tiempo de un evento, por lo que el tiempo dependerá siempre del sistema de referencia del observador.

PARTE V.
LA RELATIVIDAD

30. Teoría de la Relatividad ESPECIAL

Relatividad Especial y sus implicaciones

La relatividad supuso un vuelco total en la física y al principio fue difícil de asimilar por la comunidad científica. Entre 1905 y 1915 EINSTEIN enunció dos Teorías científicas bien distintas, pero igualmente grandiosas: la relatividad ESPECIAL y la relatividad GENERAL. La Especial tiene muchas implicaciones y todas ellas muy trascendentales. Al hablar de velocidades, tanto la MATERIA como la LUZ se comportan de modo diferente.

La velocidad de la MATERIA (*cualquier objeto con masa*) se suma. Ejemplo, si vas en coche a 120 km por hora y te adelanta una moto que va a 140 km por hora, las velocidades se suman. La moto que te acaba de adelantar va a una velocidad a 120+20 km adicionales. En cambio, cuando se trata de la velocidad de la LUZ es siempre la misma, y que estes en movimiento es indiferente, no afecta a su velocidad, esta es constante. Ejemplo, si vas sentado en un tren y enciendes una linterna en la dirección que va el tren, no hay que sumar la velocidad a la que va el TREN más la velocidad a la que sale la luz de tu linterna. Ello nos lleva a una serie de CONCLUSIONES fundamentales que hay que grabarse bien en el cerebro:

— La **velocidad de la luz SIEMPRE es la misma** (299.792 *km/ seg*) y ello es independiente del observador.
— Cuando se trata de la luz **las velocidades NUNCA se suman y** el hecho de **estar o no en movimiento, no afecta** a la velocidad de la luz.

Resulta poco intuitivo, pero así son las cosas en el universo en el que vivimos. La Relatividad Especial es un Tratado de Física en MOVIMIENTO, de cuerpos en ausencia de fuerzas gravitatorias o de la gravedad, y su objetivo era resolver la incompatibilidad teórica entre las ecuaciones de MAXWELL del Electromagnetismo y las del Movimiento de NEWTON. El punto de partida de la relatividad es que tanto la velocidad de la Luz como las Leyes de la física son las mismas para TODOS los observadores y excluye la posibilidad de un tiempo o un espacio "absolutos".

¿Cómo surgió la idea de la Relatividad?

Esta se cocinó en la mente de EINSTEIN a partir de la pregunta que rondaba a su cabeza desde joven, saber sí se puede ver la realidad de forma diferente según los diferentes tipos de movimientos. No es lo mismo analizar el movimiento si estas sentado en tu sofá, que si estas conduciendo tu moto o montado en un avión. Si viajas en un avión, cierras los ojos y no miras por la ventanilla, no sabes realmente sí estas viajando a 900 km/hora o estas quieto. Desde **GALILEO, NEWTON, POCAIRE** y ahora EINSTEIN, todos coincidían en que no te puedes dar cuenta, sin una referencia no puedes saber si estas en movimiento, así que la referencia de un OBSERVADOR es algo fundamental. Y ello te ocurre tanto si estas sentado viajando en un avión o te estuvieras desplazando en una nave espacial por el universo a velocidades inimaginables. Eso sí, la clave para que no sientas nada es que el avión vaya a una velocidad CONSTANTE, lo que implica que **SOLO si aumentas o reduces la velocidad** es cuando **notaras algo** en tu cuerpo. Solo sentiremos algo sí hay la aceleraciones o des-aceleraciones, pero repito, sin ellas es imposible saber si nos estamos moviendo. Esto, que parece algo tan obvio y sin especial trascendencia, tiene unas consecuencias tremendas, y es que la **velocidad a la que te muevas no te hace especial** en sí mismo, las leyes de la naturaleza son las mismas independientemente de la velocidad a la que te muevas. Esta es la segunda gran reflexión de la Relatividad Especial.

¿Qué sucedería sí alcanzáramos la velocidad de la luz?

Como apuntamos al hablar del tiempo, en caso de que nos acercá-ramos a la velocidad de la luz la realidad seria de un modo muy diferen-te al que estamos acostumbrados. Sucedería lo siguiente:

— El **TIEMPO** se iría **ralentizando cada vez más**. Lo que lees, llega-ría un momento en que el tiempo se congelaría. No te lo imaginas, lo sé, tranquilo, nadie lo hace. Mientras te acercaras cada vez más a esa velocidad, las manillas del reloj se irían ralentizando poco a poco.

— Tus **CÉLULAS no envejecerían**.

— Las **DISTANCIAS** de tu nave llegaría un momento en que se **acortarían y contraerían**. Pongo un ejemplo: ¡¡una nave de 10 metros que alcanzara velocidades cercanas a la luz se acortaría a 4 metros!!! Eso sí, aun seguirías yendo a la misma velocidad, eso no se vería afectado, tu no lo sabrías.

— **Nunca podrás alcanzar la velocidad de la luz**. Es quizás la más sorprendente de las paradojas, solo podrías hacerlo si no tuvieras masa. Es imposible alcanzar la velocidad de la luz para un objeto que tenga masa porque para ello se necesitaría energía infinita. **Las partículas con MASA** como los átomos **NO pueden alcanzar la velocidad de la luz**. Las únicas Partículas que lo hacen son los FOTONES, pero porque no tienen MASA. No preguntes porque, nadie lo sabe, las leyes de la naturaleza con esas (*y no otras*).

— A velocidades cercanas a la luz **la realidad y la naturaleza dejan de ser como la vemos y la percibimos**.

¿No es increíble? Sin duda. Por cierto, todo esto lo dedujo EINSTEIN ¡hace más de 100 años! y ¡con un lápiz, un papel y su cerebro!

El Articulo

Es justo recordar, que este extraterrestre, en 1905, no era científicamente nadie. No tenía puesto académico de ningún tipo, trabajaba en una oficinilla oscura con un sueldo casi miserable y sin ningún medio científico a su alcance con el cual experimentar. Consiguió de milagro que le publicaran un artículo con sus propuestas en una revista científica. Este portentoso artículo de pocas páginas lo tituló así:

"SOBRE la ELECTRODINÁMICA de los CUERPOS en MOVIMIENTO" (ZUR ELEKTRO DYNAMICBEWEGTER KÖRPER)

Aquel hecho casi fortuito, me refiero a que se lo publicaran, supuso revolucionar la historia de la humanidad. Imagino lo interesante que sería una película sobre la vida de la persona que tuvo el honor y la fortuna de que le cayera encima de su mesa la carta del joven Albert con el artículo. Me lo imagino abriendo el sobre con cierta pereza, empezar a leerlo, y pensar *"¿Pero de qué demonios habla este tío?"*. Ser la primera persona a la que le pareciera interesante y decidiera aconsejar su publicación hubiera sido el sueño de muchos. La Revista se llamaba "ANNALEN DER PHYSIK". El personaje lo desconozco, pero quizás indagando se podría saber.

La Relatividad replantea el concepto de MASA con consecuencias brutales

Algo después, EINSTEIN se replanteó el concepto de la MASA. Como bien vimos, era algo crítico, con la Relatividad Especial, nos vino a decir algo muy trascendental:

—La **ENERGÍA puede convertirse en MASA, y la MASA puede convertirse en ENERGÍA**. El átomo al dividirse lo que hace es liberar increíbles cantidades de ENERGÍA.

Como podéis imaginar, esto tenía unas consecuencias dramáticas. Con muy poca cantidad de MASA se puede conseguir ingentes cantidades de ENERGÍA. Ello dio origen a las bombas nucleares y al dilema al que se enfrentaron científicos como OPPENHEIMER, FERMI, FEYNMAN, BOHR etc., que dieron el paso para colaborar en el proyecto MANHATTAN. Todo ello lo plasmó EINSTEIN, en una simple y milagrosa ecuación, sin duda la más famosa de la historia de la ciencia: $E = mc2$. Esta reducidísima ecuación se expresa en los siguientes términos: **E** es la ENERGIA, **m** es la MASA, y **c2** es la Velocidad de la Luz al cuadrado

Un ejemplo de Película

Volviendo a INTERESTELLAR, explica bastante bien como el TIEMPO pasa de modo diferente en función del lugar del universo en el que te encuentres y a la velocidad que te desplaces. No es de extrañar, el asesor científico fue el simpático tipo Kip **THORNE**, ganador del Nobel de Física en 2017 junto a Rainer WEISS y Barry C. BARISH por su *"decisiva contribución al detector LIGO y la observación de ondas gravitacionales"*. En la película el protagonista viaja a un planeta cercano a un agujero negro. Para el solo pasa 1 hora, pero en la Tierra transcurren varias décadas. La película lo que viene a plantear en su guion es lo mismo que planteo EINSTEIN, la **"paradoja de los 2 gemelos"** que se resume del siguiente modo:

> *Un gemelo realiza un largo viaje a una estrella en una nave a velocidades cercanas a la luz. El otro se queda en la Tierra. A su vuelta el primer gemelo, el que viajó, será más joven que el otro que se quedó.*

La Relatividad supuso un cambio total

La Relatividad Especial constituye uno de los avances científicos más importantes de la historia. Alteró nuestra manera de concebir el **espacio**, la **energía**, el **tiempo** y tuvo repercusiones filosóficas, eliminando la posibilidad de un **espacio/tiempo** absoluto en el universo. No solo ofrece una nueva manera de ver la física, sino una visión nueva de la estructura del espacio y del tiempo combinados en una sola entidad cuatridimensional, llamado el espacio/tiempo. La Relatividad Especial es uno de los grandes logros de la Física del Siglo XX. No solo se confirma a diario en los aceleradores de partículas y las centrales nucleares, sino también fue la base para que otras teorías modernas tuvieran éxito, como son la Relatividad General y el Modelo ESTANDAR de partículas.

31. Teoría de la Relatividad GENERAL

La GRAVEDAD como curvatura del Espacio-Tiempo

La Relatividad General fue propuesta por EINSTEIN en 1915, y es otra barbaridad, ya que provocó una nueva visión del universo y de la realidad. Describe la GRAVEDAD como una **curvatura del espacio-tiempo** que se produce por efecto de la **masa.**

Este nuevo giro de tuerca de EINSTEIN a la relatividad ha sido comprobado en multitud de ocasiones experimentalmente y vino a complementar la Relatividad Especial. Supuso un nuevo paradigma que reemplazó el concepto de Gravedad como lo concibió NEWTON dos siglos y medio antes. Esta teoría se puede comprobar más contundentemente en aquellos casos en los que los campos gravitatorios del espacio son muy intensos, aquellos con mucha masa y materia. A nivel terrenal, las leyes de la gravedad de NEWTON funcionan perfectamente. EINSTEIN vino a demostrar que el espacio, el tiempo, la materia y la energía eran **parte de un concepto o simetría mayor**. Hasta entonces las ecuaciones no acababan de encajar porque no tenían en cuenta la gravedad y aceleraciones. Por ello, se propuso generalizar su teoría inicial de la relatividad e incluir tanto a la Gravedad y a las ACELERACIONES. Un buen ejemplo para visualizarlo es el mencionado unas páginas atrás, pero desde un ángulo diferente:

— Imagina que pones en mitad de tu cama una buena pesa de esas que te compraste en Decathlon y que no llegaste a utilizar ni un solo día. Como verás, se formará en la colcha una hendidura por el peso de la pesa, con ello se habrá generado una curva y una pendiente entre la zona en donde estas sentado y el resto de la colcha.
— Pon luego una **bolita** de acero o una canica en el borde de la colcha y **dale un impulso circular**, verás que la bolita se sentirá atraída hacia donde está la pesa, y se deslizará girando hacia el hueco que crea la pesa.

Pues eso es, ni más ni menos, lo que sucede con la Gravedad. No es que los objetos se atraigan unos a otros, sino que al crearse unas **deformaciones** en el espacio (*la colcha*) por la influencia de **cuerpos masivos** (*como la pesa*), otros cuerpos **menos masivos** (*la bolita*) **caerán por la curvatura o inclinación provocada por la pendiente creada en la tela del espacio** (*la colcha*). Igual que se ha creado una marca y una pendiente cuando te has colocado la pesa encima de la cama, **en el espacio ocurre lo mismo**: se crean también **curvaturas y deformaciones** debido al peso de los objetos masivos que se desplazan por el universo. En el espacio se crean las mismas curvas que en la colcha de la cama, pero esta vez en la tela del espacio-tiempo.

Ello le enfrentaba al mismo NEWTON

La teoría General de la relatividad de EINSTEIN lo que planteaba es un cambio radical del concepto de gravedad de NEWTON, que llevaba aceptado desde hacía siglos como una verdad absoluta. Y esto, amigo, eran palabras mayores, lo cual le otorga un mérito añadido a ese insensato y desconocido muchacho alejado del mundo académico y científico. Ello suponía enfrentarse al statu quo de la ciencia aceptada durante siglos. En 1915, 10 años después de que publicara su Relatividad Especial, a EINSTEIN aún no se le acababa de dar la credibilidad que merecía, pues la Relatividad aún estaba más que cuestionada por muchos científicos. Posiblemente, lo que sucedía es que ¡**no la entendían**! Por eso, este nuevo intento en la elaboración de la Relatividad General era de una dificultad extrema. Al principio, amigos suyos como Max PLANCK no le animaron precisamente. Este sin duda era otro de los grandes físicos de la historia, pero excesivamente academicista. Le dijo que desistiera en su intento pues NO lo lograría, y si lo lograba nadie le iba a creer.

Su feliz idea: el Principio de EQUIVALENCIA

Pero el mundo estaba ante un extraterrestre y como tal, Albert siguió en su empeño. Diez años después de su artículo de 1905, en el que planteó entre otras propuestas la Relatividad Especial, y ya con 36 años, tuvo una experiencia reveladora. Según él mismo explicaba, un día se cayó y tuvo "*la más feliz idea de mi vida*". Al tropezar y mientras caía al suelo, cuenta que sintió ingravidez. Más que una idea feliz fue como la aparición de la virgen de Lourdes al pastorcillo. Por cierto, la misma revelación (*la de la ingravidez, no la del pastorcillo*) parece que la tuvo siglos atrás GALILEO, cuando sintió que si te precipitas de un edificio en caída libre sentirías ingravidez.

Esa intuición guardaba el secreto mismo de la Gravedad que tanto empeño puso en descifrar. Trató entonces de imaginar qué sentiría al caer por un ascensor si los cables se rompieran. Llegó a la conclusión de que caería al mismo tiempo que el ascensor, estaba seguro de que antes de machacarse contra el suelo en el hueco del ascensor, durante unos segundos **sentiría ingravidez**. Se sentiría por unos instantes como si **flotara** en el aire o el espacio. Llegó a la conclusión de que en esa situación: **¡la Gravedad quedaría anulada!**

En física a esa sensación o concepto se le denomina **principio de EQUIVALENCIA**. Es lo mismo que sienten los astronautas cuando están en el espacio. Aunque se estén moviendo a la misma velocidad que su nave espacial, ellos sienten ingravidez porque la gravedad ha quedado anulada por la distancia tan lejana a la Tierra. La nave y el astronauta se mueven a la vez en caída libre, pero "alrededor" de la Tierra. Como anécdota, recordaremos la irónica y genial explicación que EINSTEIN le dio a un periodista que le solicitó que, del modo más breve posible, explicara lo que es la relatividad:

> *"Pon tu mano en una estufa caliente por un minuto y te parecerá una hora. Siéntate con una chica linda por una hora y te parecerá un minuto. Eso es la relatividad".*

Sir Arthur EDDINGTON y la Prueba definitiva

Desde 1687, la ley de la gravitación universal de NEWTON había explicado todo, desde el movimiento de cualquier objeto sobre la Tierra hasta el movimiento de los astros, y durante siglos había pasado prácticamente todas las pruebas. Ahora habían transcurrido casi tres siglos, y la relatividad vino a cuestionar las leyes de la gravedad.

La propuesta de la Relatividad General de Einstein **funcionaba a nivel teórico y matemático**, pero en física nada se considera cierto si no pasa el estricto filtro de la prueba y la experimentación que confirme cualquier predicción. Para ser aceptada por la comunidad científica y poder reemplazar algo tan consolidado como la teoría de la gravedad de Newton, parecía que la relatividad lo tenía más que complicado.

La nueva teoría parecía **genial y revolucionaria**, pero **difícil de corroborar**, por ello tenía no pocos detractores. Se había calculado realizando una hipótesis basada en cálculos teóricos y chispazos de genialidad de una mente extraordinaria y excéntrica. Pero una cosa bien distinta es una predicción brillante y otra es una predicción puesta a prueba. Probarla podría ser menos que imposible, parecía que solo un fenómeno natural podría aportar algo de luz al asunto.

Pues bien, precisamente un fenómeno natural fue lo que se le ocurrió a **EDDINGTON**, figura reconocida y uno de los físicos entusiastas desde el primer momento con la relatividad. Fue uno de las pocos que entendieron una teoría tan poco intuitiva. La Relatividad General incluía una predicción teórica que podía ponerse a prueba durante un **ECLIPSE total del Sol**. Esta predicción venía a decir que los **rayos luminosos que pasan cerca del Sol deberían desviarse ligeramente** debido, precisamente, al enorme campo gravitatorio del Sol, a su gran masa.

Para NEWTON, la luz no tenía masa, pero para EINSTEIN la equivalencia entre aceleración y gravedad se extendía no solo a los objetos con masa sino también a los fenómenos electromagnéticos... y la luz ¡es una onda electromagnética! Dicho lo cual, la luz debería también desviarse ante cualquier gran campo gravitatorio, aunque fuera muy ligeramente. La razón por la que se necesitaba un ECLIPSE total era porque sólo cuando la Luna pasa delante del Sol y bloquea su luz, el cielo se vuelve tan oscuro como la noche, y las estrellas se pueden ver durante el día. Si EINSTEIN estaba en lo cierto, cuando un observador en la Tierra viera estas estrellas durante un eclipse, sus posiciones parecerían ser desplazadas por un trecho progresivamente mayor cuanto más cerca estuvieran del Sol. Y así comenzó este apasionante proceso de comprobación:

a. La primera oportunidad sucedió en un eclipse de 1916, pero la Primera Guerra Mundial paralizó todo y no se pudo realizar.

b. La segunda oportunidad fue un eclipse en 1918, pero las nubes lo fastidiaron todo y no hubo la visibilidad adecuada.

c. A la tercera finalmente fue la vencida, y es a la que nos referimos. Tuvo lugar el 29 de mayo de 1919. El astrónomo británico Arthur Stanley EDDINGTON viajo a la isla Príncipe en África con el objetivo de **fotografiar la luz de las estrellas durante un eclipse** y lo que pretendía es comprobar si la teoría de EINSTEIN era correcta.

Dos de las imágenes que logró tomar EDDINGTON confirmaron la teoría de la Relatividad. Captó las imágenes durante 7 minutos y fueron analizadas por la *ROYAL SOCIETY* y la *ROYAL ASTRONO-MICAL SOCIETY* de Londres. Fue la prueba que daba validez de la Relatividad frente a la mecánica de NEWTON. En noviembre de ese mismo año 1919, anunciaron lo siguiente:

> *"**No hay duda** de que confirman la predicción de EINSTEIN. Se ha obtenido un **resultado muy definitivo** de que **la luz se desvía** de acuerdo con la ley de gravitación de EINSTEIN ".*

Esa ligera desviación en la trayectoria de la luz de las estrellas al pasar cerca del Sol dio al traste con la teoría de gravitación de NEWTON aplicada a astros en el espacio. Por el contrario, confirmó la **milagrosa predicción** de la Relatividad General del gran Albert. Estos resultados del eclipse de 1919 hicieron que de la noche a la mañana se convirtiera en una celebridad mundial. Lo divertido es que los mismos periodistas que informaban sobre el trascendental evento, no entendían nada de lo que informaban. En años siguientes, los datos y los análisis del eclipse de 1919 se pusieron en tela de juicio, pero estudios y experimentos de eclipses posteriores, dieron validez una y otra vez a la Relatividad. Así que la próxima vez que tengas la suerte de observar un eclipse total del Sol, fíjate si ves algún punto de luz cerca de la corona que queda visible, será una estrella, pero que no está donde la ves, ya que la luz de esta se desvía según las predicciones de la relatividad. Increíble.

32. ¿Qué son las ONDAS Gravitacionales?

¿Qué son realmente?

Desde la época de GALILEO se ha observado el universo a través de la luz que captan los telescopios, esto implica que lo que sabemos del universo proviene de la información de las ondas electromagnéticas, como son la luz, los rayos X o los rayos gamma. Sin embargo, las ondas gravitacionales, al menos teóricamente según propuso EINSTEIN, serían **"vibraciones"** que causan los **objetos lejanos y muy masivos,** Por definirlo de un modo más técnico, las ondas gravitacionales son las **ONDULACIONES** del **espacio-tiempo** que provocan los cuerpos masivos muy acelerados. Para intentar visualizarlo, piensa que lanzas una piedra a un lago. Como podrás comprobar, se crean ondas en la superficie del lago. Pues bien, del mismo modo, según la relatividad, los **cuerpos en movimiento** en el espacio también **emiten ONDAS,** a las que se les denomina gravitacionales, y producen **perturbaciones en el tejido del espacio-tiempo,** igual que las piedras en la superficie del lago. Arriesgada era la propuesta teórica del genio alemán, sin duda.

¿Qué las provoca?

Las ondas gravitacionales surgirían cuando objetos y cuerpos muy masivos colisionan o cuando una supernova explota. Estas colisiones tan brutales crearían ondulaciones por el espacio-tiempo y para mayor delirio lo harían a la velocidad de la luz. La teoría de la Relatividad General de 1916 nos propuso algo muy diferente de lo descrito por NEWTON 250 años antes:

—que la GRAVEDAD es una deformación geométrica del espacio-tiempo,
—que el ESPACIO-TIEMPO sería el tejido del que está hecho el universo por el efecto de los cuerpos que se mueven sobre él,
—y que las ONDAS Gravitacionales existirían y serían ondulaciones de energía que distorsionan y hacen temblar la estructura del mismo tiempo y espacio, y que **cuanto más grande es la MASA de los cuerpos**, más dramático será el movimiento y esas ondas gravitacionales.

EINSTEIN las predijo teóricamente

Igual que la relatividad ESPECIAL y la GENERAL han pasado el filtro de la comprobación y prueba empírica desde hace décadas, la de las ondas gravitacionales no estaba nada claro, pues detectarlas iba a ser algo más que complicado. Una predicción así significaría una intuición extraordinaria que demostraría de nuevo la genialidad inigualable de EINSTEIN. Él se dio cuenta que el espacio-tiempo podría *"temblar"* cuando **objetos muy masivos**, como los agujeros negros se desplazaran, lo cual generaría ondas en el tejido del espacio-tiempo. EINSTEIN sabía que sería **casi imposible detectarlas** pues serían muy débiles.

Los físicos teóricos no refutaron sus ideas, pues eran totalmente consecuentes con la relatividad GENERAL, y siguieron usando sus ecuaciones para entender el universo, pero como nadie las había detectado y solo funcionaban teóricamente, las dudas sobre su existencia seguían presentes. No había **ninguna evidencia** directa ni certera de la existencia de estas fluctuaciones generadas en la curvatura del espacio-tiempo. Fueron muchos los laboratorios, observatorios y físicos dedicados coordinadamente a buscar y tratar de demostrar su existencia. Solo se había obtenido una prueba INDIRECTA de su existencia por la caída del periodo orbital en un púlsar binario, un sistema de estrellas que produce pulsos electromagnéticos en intervalos regulares y que, según las ecuaciones de EINSTEIN, debe producir una fuerte radiación gravitatoria. Por cierto, el descubrimiento de los púlsares binarios y su implicación en el estudio de la gravitación les valió el premio Nobel de Física en 1993 a los físicos Russell **HULSE** y Joseph Hooton **TAYLOR**.

Observatorio LIGO

En 1915, no existía ninguna tecnología capaz de detectarlas, pero un siglo más tarde sí disponíamos de la tecnología necesaria. Justo 100 años después, en 2015, fueron descubiertas por primera vez de forma directa. Fue en las instalaciones del Observatorio LIGO en Washington DC en donde se registraron las ONDAS gravitacionales producidas por la **fusión de dos agujeros negros**, llegándose a identificar después hasta tres colisiones más.

La colisión que provocó las ondas gravitacionales que fueron detectadas en 2015, tuvo lugar hace **1300 millones de años** (*lo sé, suena a coña*) y lo que sucedió debió ser algo apocalíptico. Vino provocado por el encuentro de dos agujeros negros, y la violencia fue tan espectacular que desde entonces hasta nuestros días el espacio-tiempo se curvó. Para que te hagas a la idea, uno de los agujeros negros era **29**

veces más grande que el Sol y el otro **36 veces** más grande. ¡Esta fusión creó un **nuevo agujero** de unas **62 veces la masa del SOL**! Sí, pellízcate, todo parece irreal.

Antes de ello, hubo una primera generación del LIGO, que empezó a funcionar en 2002, y se apagó en 2010 sin haber detectado ningún rastro de ondas gravitacionales. Lo que ocurría es que los observatorios no tenían la sensibilidad suficiente para detectar la débil RADIACIÓN gravitatoria en un universo en el que los átomos vibran incluso por efecto de la temperatura. Dos agujeros negros que colisionan en una galaxia distante producen en la Tierra unos desplazamientos del orden de una billonésima parte del diámetro de un átomo, así que son **ondulaciones más pequeñas que un PROTÓN**. Todo mejoró a raíz de que los científicos e ingenieros construyeron un **nuevo LIGO avanzado**, con láseres más potentes y un sistema mejorado para aislar el experimento de las vibraciones del suelo. El diseño requería de unos niveles de sensibilidad mucho mayores que el original. Por eso, en septiembre 2015 empezó a operar el LIGO AVANZADO, que era 5 veces más sensible, y ese mismo mes, **¡EUREKA!, se detectaron** las

ONDAS gravitacionales. Su detección la comprobaron más de **70 observatorios astronómicos terrestres y espaciales**, y más de **3.500 científicos de todo el mundo**. Todos observaron esta fusión de la que se captaron sus ondas gravitacionales. El hecho de haber sido un

evento astrofísico realizado por tantos observadores a la vez, inauguró una nueva era en la astronomía que en los próximos años permitirá adentrarnos aún más en los misterios del Universo. Lo que con ello lograron fue "*observar*" con Telescopios, y "*escuchar*" con Ondas Gravitacionales de una misma fuente, un evento de fusión de estrellas de neutrones situado en una galaxia a 1300 millones de años luz.

Ahora que ya se podía hablar de la detección DIRECTA de las Ondas gravitacionales, se abrió una **nueva era para la física y la astronomía**. Es una herramienta con la que estudiar el universo y los objetos astrofísicos. Según el físico Luis ÁLVAREZ-GAUMÉ, director de Física Teórica del CERN:

> *"Es uno de los **descubrimientos más fundamentales** de la historia. En unas décimas de segundo en este evento se radiaron el equivalente de tres masas solares en ondas gravitacionales. Es el **objeto más energético jamás observado**".*

Resaltar algo importante que ya sabes, la GRAVEDAD es una interacción *muy débil* comparada con otras interacciones o fuerzas del universo. Así que se necesitaba que **ocurriera un fenómeno de una energía enorme** para poder detectar las vibraciones desde la Tierra, y es lo que ocurrió en las detecciones del Observatorio LIGO. Carlos BARCELÓ, investigador y experto en gravitación lo explicó fenomenalmente:

> *"Esta es **la razón fundamental de que haya sido imposible detectarlas** hasta ahora, pese a varias décadas de esfuerzos experimentales y económico. Para detectarlas debemos ser capaces de **medir variaciones muy pequeñas en distancias muy grandes**. Estas ondas solo suceden en cantidades apreciables en fenómenos que **involucran grandes aglomeraciones de materia en espacios relativa mente reducidos: choques y colapsos estelares, etc."***

Resumen y el ejemplo del perro y la sabana

Para una comprensión intuitiva de lo que son estas ondas gravitacionales, pongamos un ejemplo muy visual. Piensa en el espacio-tiempo como una sábana de tu cama. Si estiramos la sábana y ponemos una BOLA de jugar a los bolos en medio, el peso de esta hundirá bastante la sábana, haciendo que se curve su tela alrededor de la bola. Eso es el espacio que se curva.

Pues bien, ahora imagina que 2 NIÑOS muy traviesos se suben a la cama y empiezan a jugar y correr en círculos uno detrás del otro, y en un momento dado chocan entre sí. Como puedes imaginar, se producirá una **vibración que se sentirá aún más en la sabana de la cama**. Esas vibraciones serían el equivalente a una onda gravitacional en el espacio cuando cuerpos muy masivos chocan o colapsan.

Cuanta más masa tienen los objetos en el espacio-tiempo, más profunda y amplia será la deformidad que se causa en la superficie, y mayor será la vibración de los objetos que colisionen. Es lo que ocurriría **si en vez de 2 NIÑOS** los que chocaran **fueran 2 ELEFANTES**, la deformidad o vibraciones que sentiríamos en la tela de la sabana sería mucho mayor. Y el efecto del choque entre ambos elefantes, es decir las ondas gravitacionales, serían mayores.

Una verdadera revolución en la Astrofísica

Detectar el LIGO esa colisión que hizo "*doblar*" el espacio-tiempo, ha supuesto una verdadera **revolución** en la Física y la Astrofísica. Cuando en febrero de 2016 se hicieron públicas las noticias confirmando las distorsiones del espacio-tiempo predichas por la relatividad, casi lo que más impresiona es que de nuevo se estaba confirmando que EINSTEIN tenía razón. Hubo que esperar unos meses para corroborar todos los datos antes de hacerlos públicos. Las ideas de este extraterrestre fueron muy adelantadas a su tiempo, y en el caso de las ondas gravitacionales resulta especialmente increíble que fuera capaz de imaginarlas y deducirlas ¡**hace más de 100 años**! Da la sensación de haber vivido entre los terrícolas al modo de los personajes de *MEN IN BLACK*.

La tecnología actual es tan avanzada que ha podido captar estas señales tan sutiles, lo cual es de una trascendencia total pues, a partir de ahora, podrá estudiarse el universo no solo a través de las **ondas electromagnéticas** como hasta ahora (*luz, rayos x* y *rayos gamma*), sino también a través de las **ondas gravitacionales**.

Todos los cuerpos que tienen masa generan estas ondas, pero la gravedad, contrariamente a lo que creemos los ignorantes, es una **fuerza muy débil** en la escala del universo, por lo que solo serían detectables las ondas causadas por objetos realmente masivos. Las ondas deberían producir una **sutil variación en el tejido del espacio-tiempo,** haciendo que la distancia entre dos puntos se alargue y se contraiga de manera imperceptible para el ser humano. Al sufrir el "tejido" del espacio-tiempo esa alteración, la luz tarda más o menos tiempo en viajar entre dos puntos. Esa es, en esencia, la técnica que se utilizó en el Observatorio LIGO, el cual consta de varios túneles de 4 km por los que se disparan láseres para tratar de medir las variaciones que introducen las ondas gravitacionales. Imagina si la tarea fue alucinante que ello equivalió a determinar si un **palo de 1.000.000.000.000.000.000.000 de metros se ha encogido o extendido 5 milímetros**.

Es importantísimo que se haya comprobado esta predicción, pues durante décadas se había intentado sin éxito. Detectar estas ondas y probar su existencia ha significado abrir la puerta a una **manera completamente nueva de explicar el universo** que puede ayudar a desentrañar numerosos misterios de la física, desde el Big Bang hasta los agujeros negros. Resumiendo, las ondas gravitacionales son:

—**Fluctuaciones,** que se producen en la **curvatura del espacio-tiempo,**
—que se propagan **en forma de Ondas** alejándose de su fuente,
—que **contraen y estiran cualquier cosa** que encuentran en su camino,
—y que **son invisibles e increíblemente rápidas**, pues se desplazan a la velocidad de la luz.

PARTE VI.
LA FÍSICA CUÁNTICA

33. La segunda gran revolución y sus protagonistas

Introducción

Estamos ante la más delirante rama de la física. Queremos comprender todo lo que sucede a nuestro alrededor y la Cuántica tiene un atractivo descomunal, pues describe precisamente todo aquello que no podemos ver, la realidad a nivel **microscópico.**

La física CLÁSICA ofrece una visión muy intuitiva del movimiento de objetos sometidos a fuerzas mecánicas o electromagnéticas, pero lo fascinante de la Cuántica es que nos presenta un mundo sin certezas absolutas. Estudia el comportamiento de la materia, las partículas atómicas, la radiación y todas sus Interacciones. Nos dice algo sorprendente: que la realidad son **ondas de PROBABILIDADES** y que no podemos saber con certeza ni **dónde** ni en **qué** estado se encuentran las partículas. Solo podemos saberlo cuando interactuamos, y *"solo en ese instante"* **es cuando se concreta la realidad**. Ese es el milagro de la Cuántica. Entenderla a un nivel profundo es muy complicado y para llegar siquiera intuir su verdadero alcance, anteriormente tratamos de la física CLÁSICA y asentamos conceptos básicos. No obstante, la verdadera dificultad es conceptual y casi filosófica. Uno de los físicos y matemáticos más geniales, el inigualable Richard **FEYNMAN**, ya nos avisó de que *"nadie comprende la Cuántica, y si crees que la entiendes, quiere decir que no la entiendes"*.

En todo lo relacionado con lo minúsculo la realidad se divide en una gama de probabilidades de muy difícil análisis. Una partícula atómica es literalmente una **onda de probabilidad** y una partícula **no podemos saber con certeza** ni **en qué estado,** ni **dónde se encuentra** hasta que interactuamos con ella. Solo en ese instante se desecha un gran abanico de otras posibilidades que eran igual de posibles hasta ese momento. Todo ello nos lleva al mismo dilema: **¿quién puede entender la verdadera y profunda naturaleza de la cuántica?** Fácil contestación: NADIE. Nos tenemos que conformar con entender sus alucinantes efectos y no las razones últimas que los provocan. Personalmente, me siento embriagado con las profundas implicaciones que tiene, y ello quizás es el mayor aliciente para intentar comprenderla.

El proceso histórico y cronológico que llevó a la aparición y consolidación de la física Cuántica es apasionante, parece una serie de detectives, historia misma de la humanidad. He añadido la mítica foto de la **Conferencia de SOLVAY** de 1927, que fue posiblemente, el momento más glorioso de talento concentrado de la historia de la humanidad, y que decidió el camino que debía seguir la física. Es una foto que emociona pues resulta sobrecogedor ver posando en un mismo escenario a Albert EINSTEIN, Max PLANCK, Wolfgang PAULI, Edwin SCHRODINGER, Madam CURIE, Max BORN, Niels BOHR, Paul DIRAC, Werner HEISENBERG, Hendrik LORENTZ... es para admirarla durante horas.

Sus protagonistas: DEMÓCRITO

Cinco siglos antes de Cristo, un señor griego llamado DEMÓ-CRITO de Abdera se levantó inspirado una mañana y se le ocurrió que toda la materia podría estar formada por **cosas muy pequeñas, indivisibles, indestructibles, homogéneas y eternas.** No sabemos que ceno la noche anterior para poder despertarse, levantarse y verse imbuido de tal inspiración. El caso es que acertó de lleno al describir esas pequeñas partes y denominarlas **ÁTOMOS**, que en griego significa "sin división". Basándose en ideas abstractas, este filosofo se convenció de que toda la materia estaba compuesta de partes muy pequeñas y que esas partes eran lo más pequeño que existía en la naturaleza. Y todo ello lo hizo en una época en la que no existía ningún tipo de sofisticación técnica ni instrumental para realizar mediciones o comprobaciones científicas, solo algunos sistemas muy básicos.

DEMÓCRITO lo planteó como una idea filosófica de su escuela y con ello dio origen a una corriente filosófica que se llamó el atomismo, compuesta de un grupo de seguidores que sostenían que la materia estaba formada por cosas muy pequeñas e indivisibles. **¡Quien hubiera tenido la fortuna de poder asistir a una de esas reuniones!** Dio en el clavo. Así, por cierto, era como funcionaban las escuelas filosóficas en la Antigua Grecia. Basándose en la lógica y la razón, planteaban alguna idea que consideraban relevante, y lo que hacían es debatir sobre ellas. Yo pienso algo, yo te lo cuento, yo te convenzo y juntos creamos una escuela que defiende esa idea. Cuando mucha gente aceptaba una idea, entonces la adoptaba como propia y se oficializaba. Las ideas no estaban demostradas científicamente, sólo eran ideas que gozaban de una cierta aceptación en las corrientes filosóficas.

A muchos les parecería descabellado y pensarían que el atomismo podía ser una mera invención. Muchos sostenían que la naturaleza estaba compuesta de 4 elementos: agua, tierra, aire y fuego. Aún sin medios científicos a su alcance, estos admirables griegos intentaban siempre dar solución a las inquietudes existenciales que les rondaban por la cabeza. Las ideas filosóficas no se enfrentaban a la censura de la prueba científica porque no había medios técnicos que lo posibilitara. Si hacía falta uno se inventaba una idea, y cómo demostrar su veracidad era poco menos que imposible, porque nadie podía probar su certeza o falsedad, no pasaba nada. Era la opinión o el convencimiento de los demás sobre esa idea lo que provocaba su apoyo o rechazo. Como que tampoco era tan importante la demostración empírica o científica, pues esta, como tal, no disponía de medios de verificación. El atomismo, por ello, fue una idea brillante y genial que lamentablemente estuvo aparcada durante más de 2.000 años (hasta el siglo XIX).

NEWTON

Ya en el **siglo XVII**, Isaac NEWTON describió y predijo el movimiento de los planetas a partir de una serie de ecuaciones hasta cierto punto simples, pero que fueron de una gran trascendencia. Consiguió revolucionar la ciencia, sus ecuaciones demostraban el poder brutal de las matemáticas. Sus leyes físicas y las ecuaciones que las soportaban podían predecir cualquier acontecimiento físico. Conclusión: **el mundo era predecible**.

DALTON

Dos siglos después, en **1803**, el químico inglés John DALTON **rescató la antigua idea del atomismo** de DEMÓCRITO con la firme intención de darle un enfoque científico o por el contrario abandonarla si al final resultaba una idea absurda. Tras años de estudios, aquel formuló el primer modelo atómico de la materia que hoy conocemos como el **modelo atómico de DALTON**. Fue el primero en plantear encima de la mesa con argumentos científicos que **la materia estaba compuesta por partículas muy pequeñas**. En esta época sí que se conocía la existencia de algunos elementos. Se sabía que el oro y el hierro por ejemplo eran elementos distintos, pero no conocían cómo estaban compuestos; pensaban que una moneda de oro estaba formada por una infinidad de bolitas de oro pequeñas. Elaboró una teoría que básicamente proponía lo siguiente:

—Que las "bolitas" de un mismo elemento son siempre iguales y tienen la misma masa. Por ejemplo, que todas las bolitas de ORO que hay en una moneda de ORO son iguales entre sí.

—Que los átomos de distintos elementos tienen pesos distintos, es decir una bolita de ORO y una de PLATA pesaban diferente.

—Que como el hidrógeno era el elemento más ligero que él conocía, comparó el peso de cada elemento con el peso del hidrógeno, es decir, planteó que una bolita de cualquier elemento pesaba X veces más que una bolita de hidrógeno. ¡Maravilloso! ¡Brillante!

A esas bolitas, las llamaba **átomos**, pero no pienses que la idea del átomo es la misma que tenemos ahora. Para Dalton, **un átomo era sinónimo de bolita muy pequeña** y pensaba que las bolitas, tenían diferente tamaño y peso según el elemento químico que fuera.

Está idea sin embargo tenía algunos problemas, pues él sabía por ejemplo que el AGUA estaba compuesta de hidrógeno y de oxígeno, pero no sabía las proporciones. No sabía si en una molécula de agua había (*como de hecho hay*) 2 átomos de hidrógeno y 1 de oxígeno, por lo que sus mediciones tampoco salían muy bien. En cualquier caso, fue un héroe de su tiempo pues 21 siglos después rescato la idea atomista de DEMÓCRITO.

AVOGADRO

Los problemas del modelo de DALTON fueron corregidos en **1811** por un físico y químico italiano llamado Amadeo **AVOGA-DRO**, quien observó que algunos átomos se juntaban formando grupitos. Además, si una habitación la llenas de un gas determinado, hay un cierto número de moléculas de ese gas, pero si la llenas de otro gas más pesado o de otro gas más ligero hay el mismo número de moléculas, lo cual era sorprendente y parecía no tener explicación. Descubrió que **la masa de un gas no afecta al volumen que ocupa**. Esto que es algo que parece intranscendente, es mucho más importante de lo que parece. Fue **el** primero en **distinguir claramente entre ¡ÁTOMOS y MOLÉCULAS!** Aunque para él los átomos seguían siendo bolitas pequeñas, como también creía DALTON.

FARADAY

Veinte años más tarde, en **1831,** mi admirado Michael **FARADAY,** un auténtico fenómeno por muchos motivos y al que dedicaremos las páginas que merece, descubrió algo fundamental, que una **corriente eléctrica genera un campo magnético y viceversa**: el ELECTROMAGNETISMO.

THOMSON

El descubrimiento del electromagnetismo iluminó muchas mentes, entre ellas la del científico inglés **JJ. THOMSON**, que en el año **1897,** estando un día jugueteando con unos electrodos, se percató de una extraña anomalía. Cogió un tubo de vacío y puso en el tubo 2 electrodos que alimentó con un voltaje, y vio que esto **generaba rayos catódicos** que iban de un electrodo al otro. Te sonará de algo porque es el principio básico por el que funcionan los televisores analógicos. THOMSON se dio cuenta de que los rayos catódicos iban de un electrodo al otro, como era de esperar, pero **si les aplicaba un campo electromagnético, los rayos se desviaban.** Estaba claro que algo raro, pero que muy raro, pasaba, y a raíz de este hallazgo los científicos se posicionaron en dos grupos:

a. Los que pensaban que los **rayos eran átomos**, es decir, bolitas pequeñas moviéndose muy veloces de un electrodo al otro.
b. Los que pensaban que eran **rayos de energía sin más,** y el rayo no incluía las bolitas.

A él se le ocurrió que tal vez esas bolitas que ellos llamaban átomos podrían tener una carga eléctrica y por eso se desviaban, pero eso no le cuadraba porque si, por ejemplo, el electrodo era de hierro (*el hierro no tiene carga eléctrica*), tu tocas el hierro y no te da calambre ni nada por el estilo, con lo cual un átomo de hierro no debería tener carga y por tanto no debería desviarse. ¡**Pero la realidad es que se desviaban**!

Hizo pruebas con diferentes campos electromagnéticos y llegó a la conclusión de que las mini bolitas voladoras tenían carga negativa, pero no solo eso, también consiguió medir el peso de esas mini bolitas y se dio cuenta de que pesaban como 1.000 veces menos que una bolita cualquiera, por lo que NO podían ser átomos del elemento del que estaba fabricado el electrodo, el hierro, en este caso.

El HIDRÓGENO es el elemento más ligero y si las mini bolitas voladoras eran más ligeras todavía; no tenía sentido, debía ser **algo mucho más pequeño**. Como no sabía lo que era, llamó a esas mini bolitas voladoras "corpúsculos" y dedujo que procedían de los átomos del electrodo; eran como pequeños trozos de esos átomos.

THOMPSON, pensando de una forma muy lógica, se planteó que, si esas mini bolitas tenían carga negativa pero el átomo en general no tenía carga, significaba que tenía que haber también otras mini partes dentro de la mini bolita con carga positiva para que se anularan y el átomo no tuviera carga. THOMPSON dio con lo que hoy conocemos como el "modelo atómico de Thomson", en el que los átomos, las bolitas, llevaban incrustadas esas mini partículas con carga negativa, lo que él llamaba corpúsculos. A este modelo se le conoce también como **modelo del pastel de pasas**. Así que demos la bienvenida a este fundamental y brutal descubrimiento: a esa carga eléctrica en movimiento la llamaron **ELECTRÓN**. Como la palabra átomo en griego significaba indivisible, y resultó que sí que se podía dividir, al electrón se le consideró **la primera partícula subatómica** por ser aún más pequeña que el átomo.

RUTHERFORD

En 1909, uno de los estudiantes de THOMPSON de origen neozelandés, un muchacho llamado Ernest **RUTHERFORD**, realizó más experimentos para intentar comprender la distribución de las cargas dentro del átomo. Se dio cuenta de que la gran parte de la carga positiva del átomo estaba concentrada justo en el centro de la bolita en lugar de estar repartida de forma homogénea, como se pensaba en el pastel de las pasas de THOMSON. Lo que este RUTHERFORD había descubierto es el **NÚCLEO** de los átomos. Se dio cuenta ¡al fin! que los átomos **NO eran bolitas**, sino que estaban compuestos de una región central con carga positiva a la que rodeaban muy alejadamente los electrones (*con carga negativa*). Eso sí, para él los electrones sí que seguían siendo mini bolitas. El modelo se asemejaba a un modelo planetario con un núcleo que alojaba casi toda la masa y unos electrones orbitando. De hecho, este es el modelo responsable de que mucha gente piense aún hoy en día que el átomo es como un sistema solar en miniatura, aunque, como veremos, no sea así.

RUTHERFORD hizo otro descubrimiento sensacional: se dio cuenta de que, implicaba una mayor cantidad de energía a cualquier tipo de átomo, se **desprendían partes** del núcleo **mucho más grandes que los electrones**, y resultaba además que esas partes desprendidas tenían **carga positiva**. Efectivamente, amigo, ¡démosle la bienvenida al **PROTÓN**!

Otro de sus logros, vaya fenómeno Ernest. fue que observó que el **núcleo** de cada átomo tenía **más masa que la suma de sus protones** por separado, lo cual implicaba que debía haber otras partículas en el núcleo además de los protones, pero esas partículas NO deberían tener carga porque la carga neta ya era neutra dado que la carga positiva de los protones y la negativa de los Electrones se anulaban. Efectivamente, no paramos de dar bienvenidas con este hombre, ¡lo que también descubrió fue el **NEUTRÓN**! Lo llamó así porque tenía carga neutra pero la misma masa que un protón. El neutrón es como un protón *medio descafeinado*, sin la gracia del protón.

RUTHERFORD dio un avance considerable a la comprensión y conocimiento de la estructura del átomo. El átomo había pasado de ser meras bolitas a tener Electrones orbitando alrededor de un Núcleo formado por protones y neutrones. Increíble; sus descubrimientos fueron transcendentales. Si creías que en Nueva Zelanda solo hay ELFOS, ORCOS y personajes míticos como FRODO, ARAGORN, GANDALF, LEGOLAS o GOLLUM, te equivocas. RUTHERFORD fue quien puso orden en el átomo a partir de un talento descomunal. Pero modelo de átomo tenía dos problemas: que cuando tenemos una corriente eléctrica (*que son electrones en movimiento*) se genera una radiación electromagnética, que si los electrones estuvieran orbitando el núcleo debería haber una radiación electromagnética, y no la había.

Por cierto, RUTHERFORD ganó el Premio Nobel de QUIMICA en 1908, y se lo dieron por sus investigaciones sobre la **desintegración de los elementos y la química de las sustancias radioactivas**. Un premio interesante, pero sin duda curioso, porque él no era químico, sino físico (*deberían haberle dado un par de ellos más, pero bueno, los suecos son así*).

MAXWELL

La gran incursión en el universo cuántico se puede decir que empezó cuando el físico escocés James Clerk **MAXWELL**, que intentaba averiguar por qué los objetos cambiaban; demostró que **la electricidad y el magnetismo también podían resumirse en ecuaciones matemáticas**. Esto dicho así tan a la ligera parece que no es más que otro paso más en el avance de la física, pero no, amigo: con MAXWELL hay que hacer punto y aparte. Las ecuaciones de MAXWELL son un auténtico prodigio de la mente humana, en concreto de un muchacho de 27 años que vivía en una granja de la maravillosa Escocia. Sus ecuaciones y teorías, que se publicaron ya cuando tenía 30 años, tuvieron un gran impacto sobre el desarrollo tecnológico del siglo XX. Fue uno de los grandes físicos y matemáticos de la historia y es inmerecidamente menos conocido que otros. Gracias a él podemos disfrutar de TODO lo que tenemos a nuestro alrededor (televisión, teléfonos móviles y todo tipo de herramientas tecnológicas que utilizamos a diario). Le daremos un trato preferencial y hablaremos de él más adelante, pues está en el top 3 de la historia. EINSTEIN solo idolatró a dos científicos: a MAXWELL y a NEWTON, y de los dos tenía sendas fotos en su despacho de Princeton.

Los científicos en el siglo XIX creían saber cómo funcionaba el mundo. Las cosas orbitaban alrededor de otras cosas y prácticamente todo lo que se transmitía, incluida la luz, lo hacía por ondas como las que forma una gota al caer al agua. Estas eran las observaciones del mundo clásico, donde todo es predecible, aunque ya lo eran menos.

PLANCK

Tuvo que aparecer el físico alemán Max PLANCK para que nos metiera de cabeza y sin trampolín en la era cuántica. El studiaba algo aparentemente tan banal como la razón por la que los objetos cambian de color al calentarse. Miraba a una hoguera con troncos y no lo entendía, pero quería hacerlo. Era algo que a él le parecía fascinante y no lo comprendía. Lo intentó utilizando la física clásica, pero comprobó que esta ofrecía respuestas equivocadas, y razonó que quizás debería probar dar un enfoque radicalmente nuevo y distinto, con una **hipótesis matemática opuesta a las leyes de la física clásica**. Sin embargo, nadie a principios del siglo XX le tomó en serio. En el fondo, ni él mismo acababa de creerse sus planteamientos. Su intuición le colocaba en una situación de descreimiento total, pero las matemáticas decían otra cosa. Así que en el año 1900 revolucionó la física al hacer el descubrimiento que **cambió para siempre** la forma que tenemos de entenderla. De lo que este monstruo se dio cuenta fue de lo siguiente:

—Que la ENERGÍA de una onda electromagnética está relacionada con la frecuencia a la que vibra.
—Que cuanto mayor es la frecuencia de una onda, mayor es la ENERGÍA que transporta.

—Y, lo más importante, que dicha relación es SIEMPRE la misma. Y ¿cómo se llama algo que siempre es lo mismo? ¡Una CONSTANTE!

Logró demostrar que la ENERGÍA de una onda electromagnética se relaciona con la frecuencia a la que vibra a través de una CONSTANTE universal a la que llamaron Constante de Planck. Hay que hacer un inciso en todo esto: cualquier onda electromagnética está compuesta por un conjunto de paquetitos de energía, como si la onda electromagnética fuera un camión de reparto de tu supermercado y los paquetitos fueran porciones de energía que transporta el camión (*la onda*).

La LUZ visible también es una onda electromagnética, así que cuando hablamos de una onda electromagnética de luz visible, esos paquetitos de energía que componen las ondas se les llama **FOTONES**. Una onda electromagnética de luz visible está compuesta por uno o más fotones que, dependiendo de su frecuencia, tendrán un color u otro. Un Fotón es una onda que ilumina realmente muy poquito.

- una luz super brillante, por ejemplo, de color rojo es porque esa onda electromagnética contiene muchos fotones, todos ellos de la misma frecuencia del color rojo.
- una luz roja pero muy tenue, esa onda electromagnética llevará una menor cantidad de ellos, y por eso ilumina menos.

¿Y qué energía tiene esta onda que lleva tantos fotones y da una luz tan brillante? Pues tendrá la suma de las energías de cada fotón. Y aquí viene lo rompedor: la energía total de esa onda no puede tener cualquier valor, sino que solo puede tener ciertos valores concretos, no puede tener 1,5 fotones, tendrá 1 o 2 fotones. A cada uno de esos escalones de energía los denominó "quantums", que en español lo traducimos como "cuantos de energía".

EISNTEIN

Sin embargo, las teorías de PLANCK **no conseguían la** aceptación que merecían. Por eso tuvo que llegar ese oficinista sin cargo
docente (*"el de siempre"*), al que en el futuro se le alborotaría el pelo
(*aún lo llevaba cortito*). Efectivamente, EINSTEIN fue quien leyera la
hipótesis de PLANCK y se tomó muy en serio sus ideas. De hecho, se
dio cuenta de algo que ni el mismo PLANCK pensó: que la Luz NO
es una onda continua y lo que ocurre es que a veces se comporta como
partícula. Es lo que los físicos llaman **DUALIDAD onda-partícula**.

Este fue uno de los muchos logros intelectuales de EINSTEIN y
por el que obtuvo además su único premio Nobel de Física, al darse
cuenta que la luz se comporta como si viniera en pedazos, en cuántos
de luz, en fotones. Ello se podía inducir del trabajo de PLANCK, pero
para este último solo era un artificio matemático. EINSTEIN, sin
embargo, **se dio cuenta de que no solo eran matemáticas, sino que
¡¡¡era una realidad física!!!** Esta idea supuso un giro fundamental en
la historia de la física moderna.

BOHR

En 1913, el danés Niels BOHR comenzó a completar el modelo
cuántico al explicar la estructura del átomo utilizando ecuaciones.
Explicó las propiedades de los átomos mediante la mecánica cuántica
y utilizó un **modelo llamado planetario** similar al de la Tierra que
gira alrededor del Sol, siendo los electrones en el caso de los átomos
los que girarían alrededor de su núcleo. Las matemáticas de BOHR
demostraron que los **electrones no orbitan del mismo modo que
los planetas** alrededor del Sol, sino que solo podían hacerlo **a ciertas
distancias**, lo que los físicos cuánticos llamaron **distancias discretas**. Pensaba que se movían de forma suave como lo hace la luna al
girar alrededor de la Tierra, o esta alrededor del Sol.

Once años después del descubrimiento de Max PLANCK, BOHR y
un compañero viajaron a Inglaterra, donde todos los avances en física se

estaban realizando. BOHR se dio cuenta de que los electrones no caían hacia el núcleo, así que debería haber una atracción, porque el núcleo y los electrones tienen diferente carga. Apoyándose en los descubrimientos de PLANCK, se percató de que los electrones no orbitaban por ahí por casualidad, sino que estaban **ubicados en órbitas "muy concretas"**. Y propuso que las órbitas estaban cuantizadas, es decir, que un electrón solo podía estar en una de las órbitas disponibles y por eso no caían ni se movían libremente. Así nació el **modelo atómico de BOHR**, según el cual los electrones podían estar en una órbita u otra, pero no entremedias. Los electrones podían saltar de una órbita a otra cuando absorbían la energía de un fotón, podían bajar de órbita desprendiéndose de la misma energía que tomaron para subir, es decir, los niveles de energía necesarios para cada nivel estaban también cuantizados. Según él los electrones solo podían subir de orbital si el fotón que lo alcanzaba tenía la energía suficiente. Si el fotón tenía energía suficiente, el electrón la absorbía y se quedaba en el nivel más alto. De ello se deducía que, si un fotón tiene mucha energía porque su frecuencia era muy alta, el electrón se liberaba por completo del átomo y se escapaba. Es lo que le pasaba a RUTHERFORD con los electrodos de los rayos catódicos que se le escapaban y se perdían por él.

HEISENBERG

Werner HEISENBERG, otro que tal baila, aportó unos avances descomunales al ser capaz de presentar la **primera teoría COMPLETA del mundo cuántico** y crear una nueva área del álgebra, lo que hoy se conoce como algebra matricial.

DE BROGLIE

Tuvo que ser el físico francés Louis DE BROGLIE quien demostrara que las órbitas atómicas pueden explicarse, asumiendo que los electrones también pueden comportarse como ondas. Pero seguía sin existir una visión global y el enigma cuántico estaba sin resolverse;

hacía falta una teoría unificadora que aclarara cómo una onda podía comportarse como una partícula y viceversa; el gran misterio de la dualidad onda partícula de la luz y la materia.

SCHRODINGER

En 1925 apareció otro superhéroe llamado Edwin SCHRODINGER, que formuló la ecuación que lleva su nombre. La aportación de ese ligón y rompecorazones empedernido fue vital, pues **su ecuación sentó las bases de una teoría completa de la mecánica y los fenómenos cuánticos**. Halló una forma sistemática de entender el mundo atómico y sus efectos, y proporcionó a los científicos la teoría que muchos consideran cómo la más precisa y con más fuerza jamás concebida por la humanidad, y no exagero. El descubrimiento de la teoría cuántica fue una herramienta científica que hizo posibles las tecnologías actuales, y es que cuando parecía que teníamos el modelo definitivo del átomo con órbitas cuantificadas en niveles de energía concretos, llegó el capo final de la física cuántica Edwin SCHRODINGER, mundialmente más conocido por su "analogía de un gato".

Mejoró el modelo de BOHR, creando el modelo definitivo del átomo hasta la fecha. Planteó que algunos de los problemas de la física cuántica se solucionaban si se consideraba al electrón no como una bolita (*¡por fin!*) sino como una onda. Descubrió la ecuación matemática que describe la órbita de un electrón como una onda que hoy conocemos como la ecuación de SCHRODINGER. Planteó que el electrón no era una partícula que estaba en una órbita precisa, sino que tenía una probabilidad de estar en unas regiones, pero no en una órbita exacta, y en algunas zonas y con cierta incertidumbre. Cada una de esas zonas orbitales no eran zonas necesariamente esféricas como los modelos anteriores, sino que los orbitales podían tomar formas muy diferentes y extrañas dependiendo del átomo que fuera. Ahora, el hecho de que un electrón pueda absorber la energía de un fotón tenía algo más de sentido porque eran ondas que interactuaban.

34. Las Unidades de PLANCK

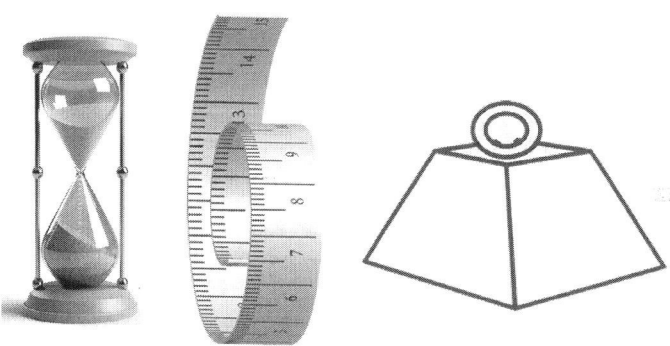

¿Qué son estas unidades y dónde está el límite?

Ya sabemos que la Cuántica estudia lo microscópico, pero lo desconcertante es que cada cierto tiempo aparecen elementos más minúsculos donde parecía que ya no era posible ahondar más "*hacia abajo*". Por ello nos preguntamos *¿dónde estará el límite? ¿Y si no hay límite?*

Da la sensación de que la realidad es un tema de dimensiones. Analizamos todo según nuestro tamaño, pero *¿y si la realidad no tuviera un final a nivel cuántico? ¿Simplemente es porque no lo vemos, porque no podemos acceder a medirlo?* Me temo que todo depende del observador y de la escala a la que se observe.

En 1899, Max **PLANCK** propuso un sistema de unidades cuya utilización trajo muchas ventajas. Se estableció un sistema de unidades fundamentales imprescindible para poder estudiar y medir los efectos cuánticos y la física de lo minúsculo. En la Cuántica solo podemos ver con microscopios y otros sistemas indirectos, por eso era esencial establecer un sistema de unidades de medida para medir las magnitudes pequeñas relacionadas con el **TIEMPO**, la **LONGITUD**, la **MASA**, la **CARGA** eléctrica y la **TEMPERATURA**. Establecer un sistema de medidas de lo minúsculo traería consigo grandes ventajas. Con ello, desde un punto de vista matemático, se simplifican las ecuaciones porque elimina las constantes de proporcionalidad y hace que los resultados de las mismas no dependan del valor de esas constantes. Con ello, además, resultaba más sencillo comparar magnitudes y a nivel computacional evitaba los problemas de redondeo, que pueden ser muchos y dar resultados equivocados, aunque existía el inconveniente de que al usarlas sea más difícil percatarse de errores.

Estas unidades de medida resultaron fundamentales en el área de investigación de la relatividad general y la gravedad cuántica. Las unidades de PLANCK son aparentemente tan ridículas y diminutas, que son llamadas medio en broma por algunos físicos como las "unidades de Dios". Estas unidades funcionan a una escala en la que ya las cosas son tan minúsculas, agitadas y aleatorias, que, de pronto, las **partículas entran y salen de la existencia o la inexistencia**, y viceversa. Así como suena. A esas escalas sabemos muy poco aun de la realidad. Por eso, para poder medir el mundo subatómico se utilizan estas unidades y escalas que se llaman respectivamente: LONGITUD de PLANCK, TIEMPO de PLANCK, MASA de PLANCK, etc. Sin estas unidades, **no sería posible medir nada.** Por ejemplo, por debajo de un tiempo de PLANCK, no habría nada menor. O si, quién sabe.

¿Qué es el <u>TIEMPO</u> (o época) de Planck?

Es **5,39106 (32) x 10-44**, que es la siguiente porción de 1 SEGUNDO:

<u>0,00000000000000000000000000000000000000000539</u>

Este es considerado el **intervalo temporal más pequeño que puede ser medido, es el universo más temprano,** llamado TIEMPO de Planck. En ese primer intervalo de tiempo, las 4 fuerzas fundamentales (*nuclear fuerte, nuclear débil, electromagnética y gravitatoria*) estaban unificadas y no existían todavía ni las partículas elementales. Por debajo de ese número, el concepto de tiempo pierde totalmente su sentido. Es la unidad de tiempo más pequeña, **por debajo** de ese instante de tiempo, las leyes de la física ya **no pueden ser utilizadas** para estudiar la naturaleza.

¿Qué es la <u>LONGITUD</u> de Planck?

Es **1,6 x 10-35**, que es la siguiente porción de 1 METRO:

<u>0,000000000000000000000000000000000016</u>

Este es considerado el **intervalo de longitud por debajo del cual se espera que el espacio deje de tener una geometría clásica**. A esas escalas, el espacio como un continuo euclídeo ya no sería válido y ya solo puede tener comportamientos probabilísticos cuánticos. Una medida inferior ya no puede ser tratada de un modo adecuado en los modelos de física. **A partir de aquí, el concepto que tenemos de espacio pierde su sentido.**

¿Qué es la <u>MASA</u> de Planck?

Es **2.176434(24)** x **10−8**, que la siguiente porción de 1 KILO:

<u>0,00000000217</u>.

Esta es considerada la cantidad de MASA que estaría incluida en una esfera cuyo radio fuera igual a la LONGITUD de Planck, y generaría una densidad del orden de 1093 g/cm³. ¡Este último número no lo pongo porque no me cabe! Según la física, **esta habría sido la densidad del universo en el momento del Big Bang**. ¡Increíble!

35. ¿Qué es la SUPERPOSICIÓN?

¿Cómo explicarlo de un modo sencillo?

Entramos en un terreno algo más que espinoso, por ello es importante tratar de comprender los siguientes conceptos. Si lo conseguimos, estaremos en una situación más favorable para tratar de vislumbrar lo que sucede en la naturaleza a nivel cuántico (*aunque sea contra toda lógica*).

Sigue el razonamiento: un ELECTRÓN, en vez de estar en una ubicación concreta como pudiéramos imaginar, **está siempre en una superposición de sus posibles ubicaciones o estados**, y solo podríamos pensar en llegar a detectarlo en caso de que lo **observemos** y lo **midamos**.

La SUPERPOSICIÓN cuántica es uno de los hechos más alucinantes de la naturaleza, pues lo que acabo de mencionar, repito, implica lo siguiente:

—que las partículas de la materia (*nosotros mismos*) **están todas en un estado de superposición** entre todos sus posibles valores,

—que en principio **no están definidas** y **no adoptan un valor concreto**;

—que las partículas no se decantan **hasta que realicemos una medida** (*es decir, hasta que las observamos, las miramos, las gravamos, las detectamos...*).

Ese momento previo es la clave de toda la realidad, por mucho que nos parezca una película de ciencia ficción, no lo es. Es el simple hecho de **mirar**, **medir u observar** esas partículas, ya sea con tus ojos, una cámara de fotos o cualquier aparato de medición, lo que **provoca que en ese preciso instante suceda el "milagro"**: colapse la función de la onda y la partícula quede fijada y definida. ¡**NUNCA antes**!

La superposición describe la capacidad de un sistema cuántico de existir en múltiples estados simultáneamente. Esto significa que una partícula, como un electrón o un fotón, puede estar en dos o más estados diferentes al mismo tiempo hasta que se mide y se colapsa en un estado particular. La superposición cuántica es una característica única que desafía nuestra intuición. Se ha demostrado en numerosos experimentos, y es fundamental para tecnologías emergentes como la computación y la criptografía cuánticas. Uno es bastante escéptico, no creo en ovnis, la alquimia o los horóscopos, pero la superposición lo supera todo. Entiendo que resulte inverosímil, pero así es la realidad, así es cómo se comporta la naturaleza. La superposición cuántica es algo fantasmagórico para nuestra experiencia cotidiana, pero está probada, así de "*irreal*" se nos revela la cuántica.

¿Qué es la FUNCIÓN de ONDA?

Sigamos con las clases de magia en torno a la superposición cuántica. Imaginamos a los electrones como bolitas o puntitos girando alrededor del núcleo del átomo, pero no es así. Ya nos lo desveló SCHRODINGER. Conviene quitarse de la cabeza que un electrón tiene una ubicación concreta en un sitio específico y que es una bolita. Como dijimos un electrón está siempre en una superposición de posibles ubicaciones y en las que podríamos llegar a verlo. Solo se "*fija*" en caso de que lo observemos o midamos, pues antes solo está en superposición de posibles estados.

Para definir las partículas se habla del concepto de función de onda como representación del mundo cuántico, lo que implica que no hay una única posición. Tenemos una función de todas las posiciones posibles dentro de esa onda. Esa función de onda puede oscilar arriba y abajo, lo que a su vez supone que, dada la rapidez con la que se producen las oscilaciones en las ondas, resulte **imposible medir la POSICIÓN y la VELOCIDAD de su movimiento a la vez**, solo podemos medir una de las dos cosas. Todo está condicionado por la alucinante rapidez a la que suceden las cosas a escalas microscópicas. La función de onda es toda la realidad que existe.

Lo que podemos aspirar es a calcular la **PROBABILIDAD** de observar una partícula en una posición determinada. Cuando intentamos mirar y medir la posición de un electrón, el valor que nos da es el **valor final de la probabilidad de observar ese resultado por parte de un observador**. Antes de ello, esa onda aparece con un aspecto crepuscular como las partículas. Tras observar la función de onda, lo que sucede es que **colapsa para localizarse en el lugar en el que ahora veríamos el electrón.** Así es la mecánica cuántica: debemos pensar en todos los lugares en que podríamos encontrar esas partículas, de acuerdo con unas probabilidades de que esté ahí la partícula. Resumiendo:

— Al tratar con ONDAS, no tenemos una única posición y cantidad de movimiento o velocidad, sino una función de **¡TODAS las posibles posiciones!**

— Y como habrás imaginado, esas posibles posiciones de la función de onda oscilan a tal velocidad que **¡es imposible saber su posición y su velocidad a la vez!** Por eso no queda otra opción que hablar de probabilidades de lo que vemos, nunca de exactitudes.

—En la cuántica no existe un estado en el que la posición y cantidad de movimiento de una partícula estén definidas simultáneamente, no tenemos puntitos, sino **funciones de onda esparcidas por todas partes**.

¿Qué es el COLAPSO de la función y la localidad?

El colapso de la función de onda es la **variación abrupta del estado de un sistema después de realizar una observación o medida sobre él**. Es decir, el momento en el que se decantan las partículas y se concreta su estado.

Es bueno recordar que en la física clásica algo es real cuando las propiedades de un objeto se mantienen **CONSTANTES y ESTABLES, y solo se puede modificar por variables externas**. Es decir, una piedra que te encuentras en tu camino cuando vas a pasear al perro, solo se moverá si le pegas una patada, de modo que esa patada influye en la piedra y la modifica por una variable externa, que es tu pierna dándole la patada. Pero como vimos en la cuántica, parece que nada es así. Para EINSTEIN y algunos otros, un objeto, como esa piedra, tiene propiedades definidas independientes de la observación. Por eso cuando oímos que estamos en un universo LOCAL es que los objetos, como la piedra, **solo** pueden ser influenciados o modificados por su entorno, es decir, por el patadón que le dimos.

El **Principio de LOCALIDAD** sostiene que un olivo existe en el campo, independientemente de que alguien lo esté mirando o no. El olivo existe, y solo deja de existir si le cae un rayo, luego lo talamos y se lo comen los gusanos. Pues bien, esta es la física intuitiva en la que todo es lineal, predecible, con variables que llamamos CONSTANTES y calculables. Pero resulta que, a pesar de toda esta aplastante lógica, la maldita cuántica nos dice que de eso nada, que por mucho que vaya contra nuestra razón y nuestra intuición, las cosas no son así.

La cuántica vino a decir, a partir de los años 20 y 30 del siglo XX, que algo **solo existe cuando se observa**, que las propiedades de los objetos, incluso su existencia, dependen de que las "observemos", de que las "midamos", y que no podemos saber el valor exacto ni las propiedades de las partículas sin medirlas. Que solo cuando se hace una medición el sistema colapsa, la función de onda colapsa y adquiere un valor determinado. Aunque parezca ciencia ficción, ello está probad: **el acto del observador obra el milagro** y es el que **crea la realidad** en cada momento. Realmente, es algo alucinante y me parece todo igual de raro que a ti, pero no te acomplejes, al mismísimo EINSTEIN también se lo parecía y nunca llegó a aceptarlo. La única verdad es que se han realizado millones de experimentos en laboratorio, y el resultado es siempre el mismo: el **observador determina las propiedades de una medición**.

La ecuación de SCHRODINGER

Al igual que a EINSTEIN, a SCHRODINGER no le acababa de gustar esto: él quería defender una visión mecanicista de los fenómenos cuánticos, no crear una herramienta (*como hizo*) para calcular unas probabilidades. En su edad más adulta, reconoció, sin embargo, que estaba equivocado en este empeño, y que la cuántica es tan rara como parece. EINSTEIN, no obstante, se fue de este mundo sin creer del todo en ella.

Existen 2 conceptos fundamentales que bastarían teóricamente para describir el mundo cuántico: 1) la función de onda, y 2) la ecuación de SCHRODINGER. Este fue quien rompió la tendencia de la cuántica. Pasó de las ondas de materia de las que hablaba DE BROGLIE a la *función de onda*.

La ecuación de SCHRODINGER determina cómo cambia la función de onda a medida que transcurre el tiempo. De hecho, los planteamientos de SCHRODINGER no eran muy diferentes de las ecuaciones de MAXWELL. La genial ecuación es de 1925, y al introducir el concepto de función de onda, describió la **probabilidad de**

encontrar un electrón en función de la posición, el momento, el tiempo y/o el espín *(este es el giro intrínseco que determina el momento angular fijo de cada partícula)*. Por cierto, la función de onda se simboliza en lenguaje matemático con la variable Ψ, sin duda, lo más parecido al tridente de AQUAMAN.

La función de onda lo que contiene es un abanico de posibilidades, pero ninguno tiene un valor bien definido. Yo, en mi máxima ignorancia, lo llamo la ausencia de magnitudes definidas, porque es precisamente esa ausencia lo que no ayuda nada a su comprensión, pero es esa imposibilidad de llegar a tener unas magnitudes definidas la esencia misma de la física cuántica. Aunque nos cueste aceptarlo, hay magnitudes que no es que no podamos conocerlas, **es que ni tan siquiera existen**. Filosóficamente, es una incongruencia, va contra la lógica de nuestras percepciones físicas y a lo que estamos acostumbrados en nuestra vida diaria. En la cuántica hay una **profunda diferencia** entre lo que **vemos** y lo que **realmente es**. A veces, una partícula tiene una posición definida, y otras veces podemos saber la velocidad a la que se mueve, pero cuando una de las dos está definida, la otra puede tener ya cualquier otro valor, estar indeterminada.

36. El Principio de
INCERTIDUMBRE

¿Qué explica este Principio?

Este principio fue enunciado por el físico alemán Werner **HEISEN-BERG** y es fundamental para comprender la cuántica, pero el tema es más profundo de lo que parece. Como mencionamos, a nivel cuántico no podemos conocer a la vez la posición y la cantidad de movimiento o velocidad de las partículas atómicas. Pero no solo es eso, ¡es que ni siquiera existen ambas cosas al mismo tiempo! La cuántica nos hace enfrentarnos a una especie de **delirio intelectual que no es fácil de asumir**.

En el mundo macro en el que vivimos, todo se puede concretar más o menos con cierta exactitud aplicando las leyes de la física de NEWTON pero a escala cuántica es como sí la locura campara a sus anchas, y electrones y demás partículas fueran fantasmas con una irritante ausencia de magnitudes definidas. Existe una disparidad entre lo que vemos y lo que realmente es, y ello dificulta cualquier comprensión por parte de nuestro cerebro, el cual, para sobrevivir durante su evolución, se tuvo que acostumbrar a unas certezas básicas. El león me ataca o no me ataca, el enemigo me clava o no me clava la lanza, a la chica me la ligo o no me la ligo, el balón entra o no entra en la portería. Vivimos en un tipo de realidad que requiere de ciertas certezas básicas y unas reglas psicológicas. Pero la cuántica nos dice que de eso nada. por eso el nombre de "*principio de incertidumbre*" me parece un acierto total. Sus matemáticas nos dan solo unas predicciones probabilísticas, no predicciones exactas, no certezas. Es algo difícil de aceptar.

Por eso, HEISENBERG tuvo un gran mérito, estaba dotado de una tremenda creatividad y osadía, y fue capaz de renunciar a la idea convencional de pensar en cómo son realmente y cómo se comportan los electrones. Renunció a poder describir su movimiento y concretó todo en cantidades que pueden ser observables. Recalculó el comportamiento del electrón utilizando cantidades que se pueden observar con la frecuencia y la amplitud de la luz emitida, y lo consiguió a base de desarrollar unas VARIABLES que registró en unas **tablas que contenían órbitas de "*partida*" y " *llegada*" expresadas en una serie de filas y columnas.** Fue algo titánico. ¿Y sabes qué edad tenía el angelito cuando se encerró en la isla de Helgoland en el Mar del Norte? ¡23 años! Insultante.

Concepto de GRANULABILIDAD

EINSTEIN nos dijo que la luz y todas las demás ondas electromagnéticas están compuestas de GRANOS elementales con una energía fija y que aquella depende de la frecuencia de los fotones. A partir de esos granos de energía,

logró explicar el llamado efecto fotoeléctrico. La luz es una onda, pero también una nube de ese granulado de fotones.

Esto es la esencia del efecto fotoeléctrico que le valió a EINSTEIN el Nobel de Física. HEISENBERG se inspiró en EINSTEIN y BORN, SCHRODINGER en él, y en 1925 surgió la teoría. De hecho, la cuántica proviene de la palabra **cuántos** y mentalmente los imaginamos lo mismo que si fueran granos, todo lo que nos rodea tendría un aspecto granular. En la gravedad cuántica que se estudia actualmente, el espacio físico a pequeñísima escala es granular, y las filas y columnas de las matrices o tablas matemáticas que HEISENBERG desarrolló describían esos valores granulares.

Todos los físicos que fueron interviniendo en el desarrollo de la física cuántica han ganado el Premio Nobel. Entre todos, a base de empujones, afirmaciones, correcciones y certezas fueron creando esta rama de la ciencia revolucionaria. Destacamos a PLANCK, BOHR, DIRAC, EINSTEIN, BORN, DE BROGLIE, HEISENBERG, SCHRODINGER, PAULI... entre todos crearon la física cuántica, algo de muy complicada comprensión para el público en general. Todos aportaron algo en esta lucha titánica.

Resumiendo, ¡qué pesado soy!, el principio de INCERTIDUMBRE nos dice que la probabilidad de medir una velocidad viene determinada por la función de onda para todas las posiciones posibles. Lo máximo que puedes llegar a hacer es predecir esas posibilidades de que algunos resultados sean más probables que otros. ¡NO existe ningún estado en el que la **POSICIÓN** y la cantidad de **MOVIMIENTO** estén **definidas simultáneamente**! Habrá una probabilidad, pero no bien definida como a nosotros nos gustaría. Hay una idea muy generalizada de considerar que la mecánica cuántica viola toda lógica, pero realmente no creo que sea tan así. Si creemos que no hay lógica es porque cometemos el **error** de creer que las partículas son puntitos en una posición y con una cantidad de movimiento bien determinados. Por ello, la cuántica es algo totalmente ajeno a nuestra experiencia, porque no son más que **nubes de probabilidades.**

37. ¿Qué es el ENTRELAZAMIENTO?

¿Qué es realmente?

El ENTRELAZAMIENTO cuántico es un fenómeno que nos dice que las partículas pueden estar **"entrelazadas"** aunque **estén alejadas entre sí**, y presentan correlaciones y reacciones físicas inmediatas entre ellas a pesar de la distancia. En síntesis, nos viene a decir lo siguiente:

—que hay una especie de *"telepatía"* entre 2 partículas que han estado en contacto anteriormente.

—que lo que hace una partícula determina lo que hará la otra de un modo **inmediato**.

—que si las 2 partículas interaccionaron entre sí, **aunque se separen, lo que una haga afectará instantáneamente a la otra**, independientemente de que estén juntas, a 1 o 1 millón de km.

Para visualizarlo, si una de las partículas está en Murcia y la otra en Siberia, y la primera empieza a girar en Murcia en una dirección concreta; la otra en Siberia girará también. Es más, ello ocurriría también si una está en Murcia y la otra en Alfa Centauri. De locos. ¿Cómo es posible que algo tan incomprensible suceda? Pues bien, la contestación es sencillísima: nadie tiene ni la más remota idea. La única certeza es que así es la cuántica, pero de un modo profunda nadie se lo explicaba, ni EINSTEIN, ni PLANCK, ni HEISENBERG, ni otros. Pocos acontecimientos de la ciencia son tan aparentemente irreales como el entrelazamiento. Intuitivamente, es un sin sentido y un despropósito, y al más común de los mortales le parece algo tan incomprensible como el origen del reguetón.

Ruptura de la experiencia diaria y la Localidad

Al todo consistir en probabilidades, no hay certezas absolutas, y por mucho que mejoren en precisión los instrumentos de medición, **NUNCA se puede conocer el valor fijo de una variable**.

El principio de incertidumbre de HEISENBERG nos dice que el mundo funciona por variables aleatorias, no deterministas, lo cual para nuestro adorado EINSTEIN era del todo inaceptable y le sacaba literalmente de sus casillas. Posiblemente, se esforzó dema- 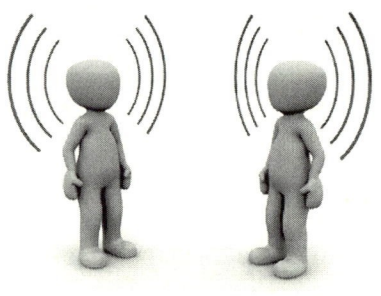 siado en probar y desacreditar el principio de incertidumbre. No le entraba en la cabeza que en el mundo de lo pequeño no haya certezas, creía firmemente que debía existir algún tipo de error o variables ocultas que aún no se habían descubierto, que hacían aparentar esa extraña naturaleza de la física cuántica. Su punto de vista tenía lógica. Si vivimos en un universo en el que casi prácticamente todo se puede explicar con las matemáticas, lo que sucedía con la física cuántica es que esas variables ocultas aun debían llegar a ser halladas, y así se eliminaría la incertidumbre.

Básicamente, EINSTEIN creía que la cuántica era una teoría "**incompleta**" porque en caso de ser cierto lo que postulaba, significaría que todo sería producto del azar; el universo en su nivel fundamental sería inexplicable, irreal e indeterminado. Para un físico genial como él, que además gano el Premio Nobel por un fenómeno cuántico como era el "*efecto fotoeléctrico*", eso era del todo inaceptable.

Lo irritante era que lo primero que hace el ENTRELAZAMIEN-TO es **violar de un modo frontal la teoría de la Relatividad**, ya que esta asegura que NADA (*incluida la transferencia de información entre dos partículas, como es el caso del que hablamos*) puede viajar a más velocidad que la luz. Entonces ¿cómo puede haber comunicación inmediata entre partículas entrelazadas, separadas y a distancias siderales de millones de años luz? Esto rompe con el principio de localidad, que nos dice que dos objetos alejados uno del otro no pueden influirse mutuamente de manera instantánea. Por eso, EINSTEIN al entrelazamiento lo llamaba "*efecto fantasmal*", y no llegó a creer del todo en él, pues pensaba que lo que sucedía es que había aspectos de la mecánica cuántica que aún estaban por ser descubiertos.

El experimento MENTAL de la Paradoja EPR

En 1935 se planteó la que es conocida como paradoja EPR, esta es un experimento mental planteado, y denominada así, por los apellidos de sus impulsores, Albert **EINSTEIN**, Borís **PODOLSKI** y Nathan **ROSSEN**. Estos trataban de demostrar lo absurdo de la mecánica cuántica y pretendían desacreditar la idea del entrelazamiento y la posibilidad de que dos objetos puedan "*comunicarse*" aunque se encuentren separados físicamente a millones de kilómetros. Como dijimos, pensaban que posiblemente lo que sucedía es que aún no se conocían algunas variables ocultas de la física que provocaban esas incongruencias y provocaban una inconsistencia con el principio de localidad. Aunque sea repetitivo, para entender esta paradoja EPR es bueno recordar de un modo muy escueto lo que la mecánica cuántica propone:

—Que no podemos saber las propiedades de las partículas si no las medimos, y solo entonces adquieren un valor determinado.

—Que sí 2 partículas estuvieron en contacto previamente, y luego las separamos y enviamos a lugares lejanos, sus propiedades estarán en un estado de "superposición", y si medimos una, sabremos instantáneamente el giro de la otra. De ahí el rechazo de EINSTEIN, que se preguntaba *¿cómo era posible saber el sentido de giro de la otra sin medirla?*.

La paradoja EPR, tal como la planteaban era sencilla, propone que las siguientes suposiciones deberían ser ciertas:

—Que si un coche va a una velocidad de 100 km/h, va a esa velocidad independientemente de que tenga o no tenga velocímetro,

—Que el principio de la LOCALIDAD es cierto y no hay forma de influir en quien se encuentra alejado a no ser que le enviemos una señal, y la cual solo debería viajar cómo máximo a la velocidad de la luz, nunca más rápido,

—Que y si estas suposiciones anteriores son ciertas, la teoría cuántica entra en una enorme PARADOJA.

—No me digas que no tiene lógica, es la realidad que vemos. Pero Niels BOHR era muy crítico con esta paradoja, pues creía que no existía tal PARADOJA, ya que estamos en un universo NO local y NO realista, y al medir una partícula, excluimos la posibilidad de medir a otra.

Teorema de las Desigualdades de John BELL

Muchos pensaban que EINSTEIN, PODOLSKI y ROSEN tenían toda la razón del mundo, y en 1960 el físico irlandés John BELL mostró un gran interés en el conflicto entre BOHR y EINSTEIN, y se posicionó a favor de las ideas de este último. El también creía que en una descripción completa de la mecánica cuántica deberían existir variables ocultas que aún no se conocían. Era lo que más sentido tenía y debía existir un método para medir las partículas cuánticas. Por ello, se puso manos a la obra y, con su increíble talento matemático, creó su conocido teorema matemático de las desigualdades de BELL, que permitieran discernir la observación experimentalmente y así determinar que debían existir variables ocultas, pero resultó que, al finalizar su teorema, algo matemáticamente muy complejo, **¡demostró todo lo contrario!**

En 1964, publicó el artículo *"ON THE EINSTEIN-PODOLSKY-ROSEN PARADOX"*, en el que mostró que cualquier teoría de variables ocultas que obedece el principio de localidad propuesto por Einstein entraría automáticamente en conflicto con la mecánica cuántica. Esa es la conclusión fundamental del conocido teorema de Bell. Es curioso que, a pesar de su teorema, BELL siguió creyendo en las teorías de variables ocultas, que tenían que ser no locales, pues fue de los pocos que, como EINSTEIN, se percató de las profundas y extrañas implicaciones. Sin embargo, sus experimentos y matemáticas ponían de manifiesto lo siguiente:

— que las desigualdades de Bell se violan experimentalmente,
— que NO hay variables ocultas,
— que estamos en un universo NO determinista,
— que las partículas entrelazadas parecen ligadas, como si formaran un solo sistema y el espacio NO existiera para ellas,
— que, además, relatividad y cuántica se complementan,
— que, si medimos una partícula, habrá un 50% de probabilidades de obtener un eje de rotación a la izquierda o la derecha y
— que no hay forma de transmitir información a la otra partícula manipulando su eje de rotación.

La puntilla final: el Premio Nobel de 2022

La paradoja EPR sucedería solo por nuestra incapacidad de percibir esos universos localmente, y cada vez que tomamos una decisión se crean múltiples realidades (*otras decisiones que tomaste*), lo que puede llevar al mismo inicio del universo o multiversos. Imagina el vacío lleno de fluctuaciones cuánticas, donde el tiempo no existe. Allí los estados son  aleatorios, están en superposición hasta que surge una consciencia y el estado colapsa. Creamos el universo, el tiempo y todo lo demás, **somos nosotros los que decidiríamos mediante la observación el universo en que vivimos**.

— John **CLAUSER** demostró, en pruebas experimentales muy complejas mediante fotones polarizados (*pruebas corroboradas*), las restricciones al concepto de localidad, y que efectivamente violan las desigualdades de Bell. Con ello confirmó que **las partículas NO tienen propiedades intrínsecas cuando se emiten**.

— Antón **ZELLINGER**, en los años 90, **consiguió teletransportar dos fotones de una orilla a otra del Danubio** mediante dos máquinas, llamadas Alice y Bob. La teletransportación cuántica ha permitido décadas después desarrollar de forma práctica la computación cuántica. Estos grandes avances adentran definitivamente en una nueva física. Lo que llamamos real es solo un punto de vista.

— Allen **ASPECT**, el sensacional físico francés, desarrolló en 1982 un experimento riguroso e irrefutable que consistió en fotones ópticos entrelazados. Cambió los ajustes de medición una vez que el par entrelazado hubiera dejado su fuente, de manera que la configuración inicial que tenían no afectó al resultado, y con ello **demostró que NO había variables ocultas**.

Todo ello nos hace plantearnos algo fascinante: que cada vez que *"medimos"* y *"observamos"*, obtenemos un resultado, y quizás se crea una rama diferente de todos los resultados físicamente posibles de ramas distintas del universo. Así que si en alguna fiesta una amiga te hizo la cobra, tranquilo, no cantes derrota, en otro posiblemente triunfaras (*o ya triunfaste*).

Así, muchos años después, en 2022, estos tres científicos, CAUSER, ASPECT y ZEILINGER, fueron galardonados con en el **Premio Nobel de Física** por sus enormes descubrimientos sobre el poder de la mecánica y la información cuánticas de partículas entrelazadas. El Nobel se lo dieron fundamentalmente por **confirmar que el universo NO es localmente real**. Quiere decir que los objetos no tienen propiedades independientes a la observación. Los estudios los realizaron cada uno de ellos por separado y en diferentes años, y a raíz de ellos se ha demostrado que sí que **se rompe el Principio de Localidad**, lo que implica que el efecto fantasmal del entrelazamiento cuántico sí que ocurre realmente. Parece que esta vez sucedió algo más extraño que el mismísimo entrelazamiento, y es que EINSTEIN estaba equivocado. ¡Milagro! El gran Alberto era humano. Las aportaciones de los tres físicos anteriores han abierto aún más si cabe el impredecible nuevo camino por el que se desarrollan las nuevas Tecnologías como la computación cuántica, la inteligencia artificial (IA), las comunicaciones ultraligeras, los sensores cuánticos, la teleportación, las mediciones mucho más precisas y la gravedad en el espacio.

La extrema racionalización desde **DESCARTES** llevó durante siglos a considerar al ser humano como algo independiente del mundo, y que lo que veíamos eran verdades absolutas en un cosmos determinista. Sin embargo, hemos de aceptar que el mundo cuántico sigue leyes distintas a las que conocemos. El objeto no está separado del observador, está TODO conectado. Los objetos deben ser analizados en su conjunto. Nuestro universo nació de fluctuaciones cuánticas y creó nuestro mundo macroscópico. Vivimos en un universo interconectado, casi holístico, en donde seríamos una fluctuación cuántica de una complejidad inimaginable que se hace consciente y crea un universo lleno de paradojas y estados entrelazados. Personalmente, cada vez estoy más fascinado. Y cabe mencionar algo tremendamente emocionante: en 2019, científicos de la Universidad de Glasgow (*Escocia*) **obtuvieron la primera imagen de un ENTRELAZAMIENTO cuántico**. ¡Increíble!

38. El experimento de la DOBLE RENDIJA

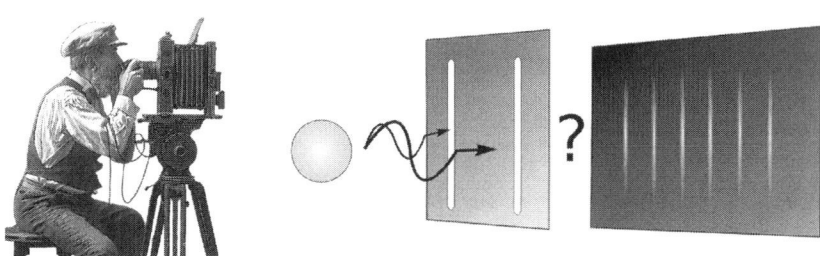

Resumen y Antecedentes

En los últimos 100 años, la física cuántica ha progresado de un modo sin precedentes. Ya comprendemos bastante bien algunos procesos que suceden a escala microscópica, pero todavía existen demasiados misterios que tal vez nunca lleguen a ser desvelados.

Richard **FEYNMAN** mencionó que el experimento de la "doble rendija", del que ahora hablaremos, es el más bello y misterioso experimento de la historia de la ciencia, pues contiene todo el misterio de la física CUÁNTICA.

En 1704, el genio absoluto de Isaac **NEWTON** publicó uno de los tratados más importantes de su extensa obra: *"OPTICS"*. En la tercera parte de este libro, plantea su **concepción corpuscular** de la luz. Este era uno de los grandes misterios de la física, la comprensión de la naturaleza de la luz. Cómo recordareis cuando hablamos de ella, NEWTON propuso que lo que nosotros percibimos como luz es un flujo de partículas, un conjunto de CORPÚSCULOS (*así las llamó*) o partículas de materia microscópicas que, dependiendo de su tamaño, daban lugar a un color u otro. La teoría de NEWTON revolucionó la ÓPTICA, pero esta naturaleza corpuscular de la luz no podía explicar muchos fenómenos lumínicos como la refracción, la difracción o la interferencia. Había algo que no funcionaba en la teoría de NEWTON y él lo sabía (*más que nadie*).

Por eso alguien rescató una teoría que pocos años antes había elaborado un científico de la entonces República de los Países Bajos, Christiaan **HUYGUENS**. Este astrónomo, físico, matemático e inventor holandés fue uno de los más importantes de su época y miembro de la Royal Society. En 1690, publicó su "*TRATADO DE LA LUZ*", un libro en el que explicaba los fenómenos lumínicos suponiendo que la luz era una ONDA que se propaga por el espacio. Acababa de nacer la teoría ondulatoria de la luz y la cruenta disputa (*todo lo que se relacionaba con NEWTON acababa siendo cruento*) que se alargaría durante todo el siglo XVIII, con los diferentes planteamientos entre NEWTON y HUYGUENS.

El mundo tuvo que decidir entre ambos científicos, la teoría de NEWTON tenía más lagunas que la de HUYGUENS que podía explicar más fenómenos lumínicos. Pero pese a que la teoría ondulatoria empezaba a ganar terreno, se seguía sin tener claro cuál era la naturaleza de algo tan importante para la física como es la luz. Lo que hacía falta es un EXPERIMENTO que arrojara luz (*valga la redundancia*) a este gran dilema. Así, tras más de 100 años sin poder encontrar una respuesta clara sobre si la LUZ eran ONDAS o PARTÍCULAS, llegó uno de los momentos de inflexión de la historia de la física.

El PRIMER experimento de la Doble Rendija

Otro inglés (*qué tipos tan inteligentes*) estaba desarrollando un experimento que ni él mismo era consciente de las implicaciones que conllevaría. Era el año 1801 y el científico se llamaba Thomas **YOUNG**, y desarrolló un experimento con el objetivo de poner fin a la guerra entre NEWTONISTAS y HUYGUENISTAS. Él confiaba en demostrar que la luz no era un flujo de PARTÍCULAS sino de

ONDAS que se propagan por el espacio. Se le ocurrió el experimento de la DOBLE RENDIJA.

Diseñó este experimento muy sencillo en el que se iniciaba una luz constante y monocromática y se hacía pasar esos haces de luz a través de una pared con 2 rendijas de manera que llegaría a una pantalla justo detrás. Al estar en una habitación oscurecida, le permitiría ver cómo se comportaba la luz al atravesar esa doble rendija. YOUNG sabía que podían ocurrir 2 cosas:

1. Si la luz era un flujo de PARTÍCULAS como NEWTON pensaba, al pasar por las 2 rendijas se observarían **2 líneas** en la pantalla de detrás, igual que si se lanzarán canicas. Aquellas partículas que llegaran a las rendijas pasarían a través de ellas, y con una trayectoria recta impactarían como puntitos sobre la pantalla.

2. Si la luz, en cambio, eran ONDAS, se propagarían por el aire como decía HUYGUENS, y al pasar por las 2 rendijas sucedería lo que se llama **interferencia** (*que son las perturbaciones como las ondas u olas en el agua, que se interfieren y mezclan unas entre otras*). En este caso la luz, una vez atravesara ambas rendijas, viajaría de forma ondulatoria. Por el fenómeno de la difracción habría dos fuentes de ondas que interferirían entre ellas, y las crestas y valles se cancelarían al tiempo que dos crestas se amplificarían y cuando llegarán a la pantalla de detrás observaríamos lo que llaman un **patrón de interferencias** sobre la pantalla (*típico de las olas*).

YOUNG había diseñado un experimento inteligentísimo por su simpleza, era tremendamente "*bello*" cómo les gusta llamarlo a los físicos, y para ello convocó una reunión de la ROYAL SOCIETY en Londres en la que realizaría la prueba. Quería testigos de nivel y hacer de ello un acto solemne, como les gusta a los británicos. El mundo de la ciencia estaba a punto de cambiar para siempre ante el asombro de todos. La lógica hacía pensar que verían solo 2 líneas en la pantalla de detrás de las rendijas que confirmarían que la luz son **PARTICULAS** (*o corpúsculos, cómo las llamaban*), pero resulto que en la pantalla del fondo aparecía un **patrón de interferencias**" Increíble pero cierto: parecía que NEWTON estaba equivocado y la luz no eran PARTÍCULAS. YOUNG, de una forma muy simple, acababa de demostrar que la luz son ONDAS. Esto en términos futbolísticos se llama "*meterse un gol en propia puerta*", los británicos desmontando al ídolo de Gran Bretaña Sir Isaac NEWTON. Como veremos más adelante, en el siglo XX se demostró que realmente ninguno de los dos estaba equivocado, pues la luz es ambas cosas, pero ahora estamos hablando de este PRIMER experimento, y lo que probó YOUNG fue lo siguiente:

— Que las partículas de luz toman **TODOS los caminos posibles** y lo hacen simultáneamente.

— Que las partículas toman **no solo el camino de la rendija derecha sino también el camino de la rendija izquierda**. Es como sí se retorcieran y pasaran por las 2 rendijas. La partícula lo que obtiene es información sobre las rendijas en las que hay un hueco para pasar.

— **Sí hay 1 rendija**, no hay problema, pasa por ella y ya está. **Pero sí hay 2 rendijas**, es decir 2 caminos por los que puede pasar, pues lo hacen. Y al pasar por las 2 rendijas **se comportan como una ONDA** e interfieren con el **patrón de interferencia** típico de estas.

Es bueno recordar que este **PRIMER** experimento de la doble rendija que te acabo de explicar es el que hizo YOUNG, y lo llevó a cabo con **HACES de LUZ**. Es muy diferente del **SEGUNDO** experimento de la doble rendija, que es más moderno y se hizo con **ELECTRONES** y que a continuación explicaremos. Igualmente, es importante resaltar que este **PRIMER** experimento con haces de luz puede verse simplemente proyectando sobre una pared en una habitación oscurecida, como el mismo YOUNG hizo en la reunión de la Royal Society, pero para el **SEGUNDO experimento con electrones**, en cambio, se requieren aparatos de alta precisión.

El SEGUNDO experimento de la Doble Rendija

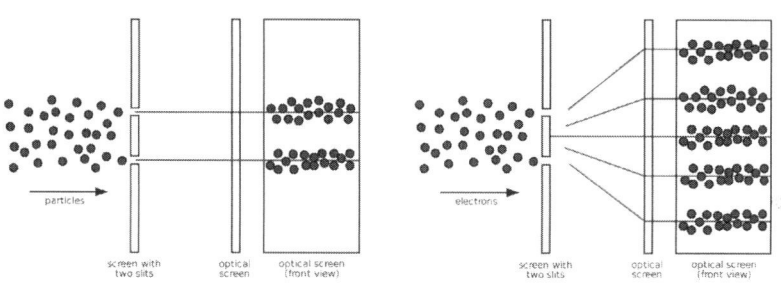

Ya en 1900, Max PLANCK abrió la puerta al mundo de la física cuántica y desarrolló su teoría sobre la cuantización de la energía. La mecánica cuántica acaba de nacer y una nueva era de la física surge más allá del átomo. El mundo se adentraba en una región de la realidad que no iba de la mano de las leyes clásicas, que aparentemente explicaban la naturaleza de lo macroscópico. Había que empezar de cero para crear un nuevo marco teórico en el que explicar la naturaleza cuántica y microscópica de las fuerzas que tejen el universo.

Una de las primeras interrogantes era el interés por desvelar la naturaleza cuántica de la luz. En esos momentos la teoría ondulatoria era firme, pero bien introducidos en el siglo XX muchos experimentos, incluido el efecto fotoeléctrico de EINSTEIN, estaban demostrando que la luz interacciona con la materia en cantidades discretas, es decir, en paquetes cuantizados cuando nos sumergimos en el mundo cuántico.

Ahora resulta que parecía que NEWTON iba a ser quien tenía razón y la luz se propagaba por corpúsculos (*partículas*). A estas partículas se les dio el nombre de FOTONES, que son las partículas portadoras de la LUZ VISIBLE y del resto de formas de radiación electromagnética. Los fotones no tenían masa y viajaban en el vacío a una velocidad fantasmagórica y constante. Pero parecía que **de nuevo algo no encajaba**: la luz parecía propagarse como una ONDA, según demostró YOUNG hacía mucho tiempo con su PRIMER experimento de la doble rendija, pero la física CUÁNTICA nos estaba diciendo ahora que la luz era un flujo de PARTÍCULAS. Sin duda, había algo misterioso en la luz que estaba escondiendo y parecía que lo que habría que hacer era **REPETIR el experimento de la doble rendija, pero ahora a un nivel cuántico.** Los físicos estaban preparados para repetir el experimento de YOUNG, pero está vez debería ser realizado con partículas muy pequeñas, con Electrones, y ya no simples haces de luz.

Este **SEGUNDO** experimento de la doble rendija, ahora pensado con electrones, se realizó en 1961 (*¡150 años después del primero!*) y del siguiente modo:

—El experimento se realizó en una cámara oscura. Pusieron una PARED con 2 rendijas y detrás una PANTALLA de detección que permitiría ver el lugar del impacto de los electrones.

—Al abrir 1 RENDIJA, los electrones se comportaban como **canicas microscópicas,** dejando **en la pantalla de detrás una línea o franja de impacto de los electrones**. Era lo que cabía esperar.

—Entonces, abrieron 2 RENDIJAS, y con ello esperaban encontrar **en la pantalla de detrás dos líneas de detección o franjas de impacto de los electrones.** Pero empezaron a ocurrir cosas extrañas. Al bombardear la pared de 2 RENDIJAS, en la pantalla de detrás no ocurría lo esperado: no aparecían dos líneas de detección o franjas de impacto de los electrones, sino que **aparecía un patrón de interferencias** como si hubieran aparecido ondas (*como las ondas del experimento de YOUNG*). ¿Cómo pueden trozos de materia como son los electrones comportarse como ondas? No tenía sentido. Quizás es que los electrones chocan entre ellos y provocan ese patrón de interferencia.

—Así que decidieron lanzar los electrones de 1 en 1, no muchos a la vez… pero lo hicieron y vieron que, de nuevo, en la pantalla de detrás aparecía un patrón de interferencia. ¡No tenía sentido!

Pero como los físicos son muy listos, decidieron REPETIR el experimento, pero esta vez en lugar de hacer el experimento en una cámara oscura como lo estaban haciendo, **pusieron unos Detectores de medición en las rendijas** para saber qué es lo que ocurría y por dónde entraba el electrón y por qué se comportaba como onda y generar el patrón de interferencia en la pantalla de detrás. Por ello, al repetir el experimento y observar más en detalle por cual ranura pasaba en realidad el ELECTRÓN tuvieron que "**iluminar**" (aquí está la clave de todo) con los dispositivos de medición, y lanzaron los electrones de nuevo:

—Pues bien, está vez ya iluminado y observado con aparatos de detección enfocados en las 2 rendijas, en la pantalla de detrás ya no aparecía un patrón de interferencia sino ¡**una franja típica del impacto del Electrón**! Increíble, el hecho de "iluminar" y "observar" el lanzamiento del electrón hacía que se comportara como partícula (apareciendo en la pantalla de detrás los impactos individuales de los electrones) y no como una onda (desapareciendo el patrón de interferencia en la pantalla).

Es como si cuando se le observa, el electrón decidiera comportarse de modo diferente de cuando no se le mira. El resultado les heló la sangre: ¿Cómo era esto posible que los electrones dibujaron en la PANTALLA de detección un patrón de franja, NADA de interferencias esta vez? La acción de "*mirar y medir*" con luz (no en una cámara oscura) **cambiaba el resultado**. El hecho de "*observar*" con aparatos de medición había hecho que el electrón no pasara por las 2 rendijas sino solo por 1. Era como si la partícula literalmente "*supiera*" que la estaban mirando y hubiera cambiado su comportamiento. ¡Es como si fuera consciente! La alucinante CONCLUSIÓN era la siguiente:

—si no miramos, los electrones se comportan como ONDAS,
—si miramos se comportan como PARTÍCULAS.

Ello demostraba que, aunque no se comprenda, **un** objeto cuántico puede comportarse a veces como ONDA y a veces como PARTÍCULA. Esto fue lo que dio origen al concepto de "**DUALIDAD onda-partícula**" del que ya hemos hablado en capítulos anteriores, y que es uno de los cimientos sobre los que se construyó la mecánica cuántica, y que ya fue planteado por **DE BROGLIE** en su tesis doctoral de física de 1924.

Quien realizó este SEGUNDO experimento fue el físico alemán Claus **JÖNSSON** en 1961, al acelerar un haz de electrones a través de 50.000 voltios e hizo pasar este haz por una doble rendija con una separación y anchura muy pequeñas.

De todos modos, muchos físicos ya sabían que la "DUALIDAD onda-partícula" quizás era solo un parche, una forma apañada de dar respuesta a un enigma subyacente mucho mayor y mucho más profundo que simplemente decir que las partículas son a la vez ondas y a la vez partículas. Eso sí, este experimento lo que ayuda es a entender que estamos ante un misterio que **no tiene respuesta final.**

Implicaciones trascendentales del experimento

Al tratar la extraña realidad que nos muestra este experimento, es bueno recordar a ese genio que en su momento arrojó luz sobre este dilema cuántico y cuyo apellido viene asociado popularmente a un gato en nuestras mentes. El físico austriaco Erwin **SCHRODINGER**, ya en 1925, había desarrollado su famosa ecuación que describe la evolución temporal de una partícula subatómica. Esta ecuación permitió describir la función de onda de las partículas y así predecir su comportamiento; con ella se confirmó que la mecánica cuántica no era determinista, sino que se basaba en PROBABILIDADES. Un electrón no es una esfera determinada, y **a no ser que lo observemos, se encuentra en un estado de SUPERPOSICIÓN**, en una mezcla de todas las posibilidades. La ecuación de SCHRODINGER es la clave para comprender lo que estaba sucediendo en el experimento de la doble rendija, y es que se estaba partiendo de un concepto erróneo.

No teníamos que imaginar una onda física, teníamos que imaginar una onda de probabilidades. La FUNCIÓN de onda no tenía una naturaleza física sino una naturaleza matemática, y por ello no tiene sentido preguntarnos dónde está el electrón. Solo puedes preguntarte: "Si miro el electrón, ¿cuál sería la probabilidad de encontrarlo justo donde estoy mirando?".

En la superposición de estados cuánticos, las distintas realidades interactúan entre ellas, y algo que aumenta la probabilidad de que algunos caminos se hagan reales y reduce la probabilidad de otros. La función de onda describía una especie de campo que llenaba el espacio y que tenía un valor concreto en cada punto. La ecuación de SCHRO-DINGER nos decía portentosamente cómo se iba a comportar la función de onda dependiendo del lugar en el que se encontrara con el experimento de la doble rendija. Lo que sucede es que al atravesar las 2 rendijas estamos soltando AMBAS funciones de onda a la vez, haciendo que estas se solapen. La superposición hará que haya zonas en las que las funciones de onda oscilan a la vez, y que haya otras donde una oscilación esté retrasada respecto a la otra, y así respectivamente. Unas se amplificarán y otras se cancelarán, cosa que repercutirá en las probabilidades de la función de onda resultante que va a chocar contra la pantalla detrás de la pared. Era esto lo que estaba generando el patrón, no por cómo viajaban físicamente las ondas, sino por sus probabilidades.

De locos, ya lo sé. Cuando el electrón en ese estado de superposición llega a la pantalla sucede un fenómeno que nos hace verlo, la función de onda colapsa de una de todas las posibilidades. Muchos de los caminos que han llevado a que el patrón de interferencias sea como lo vemos no han llegado a ser reales, pero sí han influenciado todos en la realidad que vemos, por eso percibíamos que la partícula viajaba como una onda, pero en la pantalla se manifestaba como un corpúsculo. Con esto estábamos comprendiendo la verdadera naturaleza de aquello que vagamente habíamos definido como la dualidad onda partícula, pero el experimento de la doble rendija seguía escondiendo un gran enigma: ¿por qué al observar la ranura cambiaba el resultado?

SCHRODINGER, con su ecuación, también nos dio la respuesta, y es ahora cuando de verdad viene la movida más rara: nuestra experiencia diaria humana nos lleva a creer que el universo no cambia cuando lo observamos, porque para nosotros **OBSERVAR** es una **actividad PASIVA**. No importa que estemos mirando algo o que no lo estemos haciendo, la realidad para nosotros es como es, independientemente de si es observada o no. El experimento de la doble rendija nos demostró, sin embargo, que **estamos equivocados**, **OBSERVAR es una actividad ACTIVA**.

En el mundo cuántico (*minúsculo*) es donde podemos darnos cuenta de que **OBSERVAR la realidad la CAMBIA**, porque mirar y observar implica que **¡la luz entre en juego y la luz como hemos visto viene en fragmentos, en fotones!** En el experimento, cuando queremos OBSERVAR cómo los electrones pasan por la rendija, hay que arrojar luz sobre ellos, y al hacerlo, los fotones de luz provocan que los electrones se comporten de forma distinta, como corpúsculos, y no como ondas (*y desapareciendo con ello el patrón de interferencias*). ¡Una locura anti intuitiva!

— Cuando NO miramos, están en un estado de SUPERPOSICIÓN, un mismo electrón puede pasar por dos ranuras distintas a la vez.
— Pero cuando SÍ miramos, lo que estamos haciendo es provocar un prematuro colapso de la función de onda.

Sucede que la función de onda se libera y el detector interactúa con ella, la observación hace colapsar la función de onda que vale cero en todos los lugares excepto en el punto donde hemos detectado el electrón, donde la probabilidad es del cien por cien porque lo hemos visto y así termina ese estado de superposición. Después de este colapso sigue propagándose como una onda, pero con nuevas probabilidades para el siguiente colapso en la pantalla y sin la interferencia de la onda procedente de la otra rendija por la que sabemos que no ha pasado.

No sé si te das cuenta de la trascendencia de todo esto: de repente una ciencia como la física estaba comenzando a cuestionar todo lo que intuimos de la naturaleza y la objetividad. Es que podemos conocer la realidad sin interferir en ella y sin que esto interfiera en nosotros. El experimento de la doble rendija nos abrió los ojos a una nueva era de la física en la que apenas hemos dado nuestros primeros pasos. Nos hizo cuestionar la naturaleza elemental de la realidad y nuestro papel como observadores en la materialización de esta. El experimento perdurará para siempre como uno de los más bellos, simples e incomprensiblemente complejos de la historia de la ciencia.

RESUMIENDO, los 2 experimentos

Thomas **YOUNG** realizó, en el siglo XIX, el primero de los dos experimentos de la rendija, y lo hizo **con haces de luz.** NEWTON creía que la luz es un grupo de corpúsculos. HUYGENS consideraba que la luz eran ondas. Después del experimento de YOUNG, se dio la razón a HUYGENS. De las leyes de MAXWELL se vino a reforzar esta posición. Luego llegó el siglo XX y PLANCK dudó de todo ello.

Posteriormente, ya en el siglo XX varios físicos hicieron el segundo de los experimentos de la rendija, lo hicieron **con electrones.** En 1961, Claus **JONSSON** hizo en su versión moderna, y se hizo lanzando electrones. En 1974 se llevó a cabo en su versión más completa, lanzando electrones de uno en uno. Lo hizo Giorgio **MERLI**, demostrando todas las predicciones de Richard **FEYNMAN**. Es famoso por su precisión el experimento realizado también con electrones por Akira **TONOMURA** HAMAMATSU y su alumno TAYLOR.

REFLEXIONES sobre un tema nada intuitivo

Aun siendo reiterativos, quiero resumirte las **10 importantísimas reflexiones** que este experimento conlleva y que resumen las ideas básicas de la mecánica cuántica:

1. **NO podemos conocer con precisión** las características de una partícula subatómica.

2. Las partículas **NO tienen una posición y una trayectoria definidas**, sino que **se hallan en muchos lugares a la vez con distintas probabilidades**. Parece irreal e inexplicable, pero es lo más real del mundo.

3. Si medimos objetos **macroscópicos** como los planetas, se mueven según predicen las teorías de NEWTON, pero cuando se trata de objetos **minúsculos,** como las partículas en su nivel atómico y cuántico, entonces la cosa ya funciona de otro modo, la realidad física ya NO funciona según las leyes de Newton.

4. A nivel cuántico, debemos hablar de algo bien distinto, y es la **probabilidad de que algo ocurra.** La realidad está construida a partir de posibles soluciones. Si **observamos** lo que hacemos estamos interaccionando con ese objeto. Al *mirarlo y medirlo,* que es lo mismo que *iluminarlo, interactuamos* con el objeto, estamos interactuando con **fotones** lo que conlleva una serie de efectos y se **modifica el resultado del experimento. ¡Ahí está la clave de la física cuántica!** Cuando se envia un chorro de partículas (*como son los electrones*) hacia la doble rendija de una tabla, estos se comportan como ONDAS, al pasar las 2 rendijas se forma un patrón de

interferencia detrás que es el comportamiento de las ondas (*acuérdate de los patrones de interferencia que vemos cuando se cruzan las ondas del mar*).

5. Si repetimos el experimento y ahora **observamos e iluminamos** las 2 rendijas para ver por cuál de las 2 pasan exactamente los electrones y así saber cuál es el camino que siguen (*poniendo una cámara para observar*), en ese momento todo lo que estamos haciendo es darle el protagonismo a los electrones, y sucede que "*milagrosamente*" como apuntamos con fotones, iluminándolos, en ese momento ya desaparece el patrón de interferencia, y las electrones dejan de funcionar como una ONDA. Es como encender una luz en una habitación, que cambia los resultados de la observación: ya NO hay patrón de interferencia detrás de las rendijas, los electrones dejan de funcionar como ONDA, ¡ahora lo hacen como PARTÍCULAS!

6. Absolutamente brutal, **la realidad funciona de un modo diferente según observamos o no**, según concretamos una observación con nuestra medición, con nuestra iluminación, por así decirlo,

7. Si observamos con precisión las características de un objeto cuántico, su estado quedará **radicalmente distinto** del que tenía ¡**antes de la medición**!

8. No es un problema de instrumentos de medida, es una característica intrínseca de la naturaleza cuántica, lo cual **abre la posibilidad de fenómenos sorprendentes como el entrelazamiento**, en el cual, como vimos, una pareja de partículas puede desarrollar un tipo especial de relación, y cuando algo modifica el estado de una, en el mismo momento se modifica también el estado de la otra. Esta especial conexión se mantiene incluso si las partículas están en extremos de una galaxia.

39. Teoría Cuántica de Campos Electromagnéticos

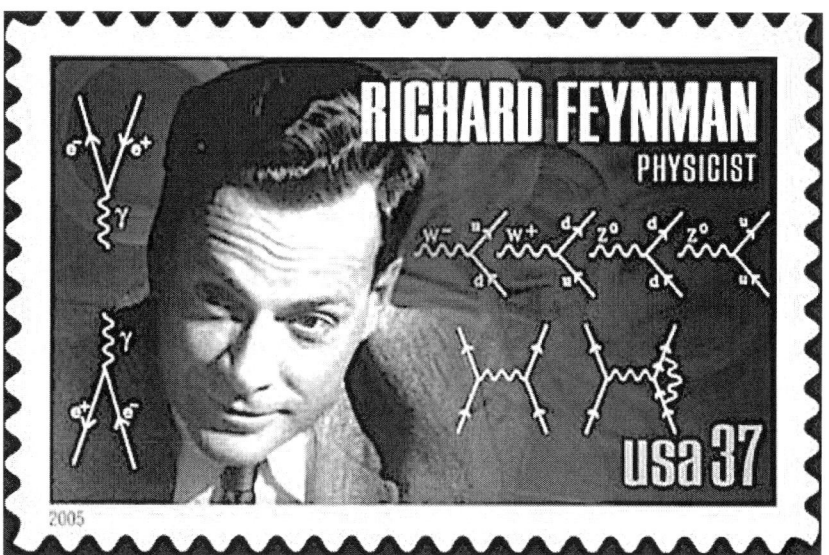

¿Qué es realmente la QFT?

Conocida como QFT (*Quantum Field Theory*), la teoría cuántica de campos es la hipótesis cuántica relativista que describe las partículas y sus 4 interacciones fundamentales como el resultado de **PERTUR-BACIONES en los campos cuánticos que impregnan todo el espacio-tiempo**. ¿Te has quedado igual? Normal, lo raro sería que hubieras entendido algo. En síntesis, lo que la QFT pretende es UNIR el mundo cuántico y el relativista en un ÚNICO marco teórico. Es una teoría complicadísima que describe la existencia de las partículas y sus interacciones como perturbaciones**.**

¿Por qué es necesario una Teoría como la QFT?

Es absolutamente esencial para entender cuestiones mayores de la física, como por ejemplo, *¿Cómo es posible que un electrón en el rincón más inhóspito de otra galaxia lejana tenga exactamente la misma masa y carga eléctrica que un electrón de un átomo de tu pelo?*

La relatividad GENERAL explicaba la razón de ser de las fuerzas fundamentales del universo. Todo encajaba dentro de la física relativista, permitía hacer predicciones, deducciones y aproximaciones matemáticas relativos a movimientos e interacciones de los objetos del cosmos. Desde por qué las galaxias forman supercúmulos hasta por qué el agua se congela. Todo lo que sucedía a nivel macroscópico encajaba en la teoría relativista.

¿Qué sucedió cuando los físicos se adentraron en el átomo e intentaron aplicar la teoría relativista a las partículas subatómicas?

Pues que **la relatividad general se derrumba**. Lo que tan bien funcionaba para explicar la naturaleza del universo no funciona cuando acudíamos a niveles microscópicos. **El mundo cuántico no podía explicarse con el modelo relativista**, no tiene una correspondencia.

La ENERGÍA sigue un flujo en saltos o paquetes energéticos, los cuantos, y esa energía en lugar de ser continua cuando se trata de una partícula subatómica resulta que está simultáneamente en todos aquellos lugares del espacio en los que puede llegar a estar, y nosotros, como observadores, somos los que al "mirar", determinaremos que este en un lugar u otro.

Los objetos cuánticos son al mismo tiempo ONDAS y PARTÍCULAS, ya lo vimos, y es imposible conocer de forma simultánea la posición exacta y la velocidad de una partícula subatómica. Además, dos o más partículas subatómicas presentan unos estados cuánticos que quedan enlazados por el fenómeno del entrelazamiento cuántico, y así podríamos seguir con cosas extrañísimas que no tienen sentido desde el punto de vista de la relatividad. Nos guste o no, así es la naturaleza a nivel cuántico. Pero a pesar de que la relatividad y la cuántica parezcan enemigas, lo cierto es que ambas no deberían ser tan diferentes, y por eso, para lograr esta conciliación de ambos mundos, surgió la teoría de la que ahora hablamos: la QFT, la teoría cuántica de campos.

¿Quién inicio esta búsqueda?

Avanzó gracias a los estudios de Erwin **SCHRÖDINGER** y Paul **DIRAC**, quienes querían explicar los fenómenos cuánticos teniendo en cuenta también las leyes de la relatividad general. Por eso decimos que la QFT es una teoría cuántica relativista. La voluntad de estos físicos fue heroica, pues llegaron a desarrollar unas ecuaciones increíblemente complejas, que daban resultados inconsistentes desde el punto de vista matemático. Esta teoría tenía problemas teóricos graves, porque muchos de sus cálculos daban **valores infinitos**, algo que, en física, es lo mismo que decir que tus matemáticas están equivocadas.

Por suerte, Richard **FEYNMAN**, Julian **SCHWINGER**, Shinichiro **TOMONAGA** y Freeman **DYSON** fueron capaces de resolver estas divergencias matemáticas. FEYNMAN fue quien más aportó y desarrolló en los 60 sus **famosos diagramas,** que permiten visualizar los fundamentos de la teoría y desarrollar la electrodinámica cuántica, lo que hizo que obtuviera el Premio Nobel de Física en 1965. Mas tarde, en la década de los 70, la QFT permitió explicar la naturaleza cuántica de otras dos fuerzas fundamentales más aparte de la ELECTROMAGNÉTICA**:** la fuerza nuclear DÉBIL (que *explica la desintegración beta de los neutrones*) y la FUERTE (*que permite que protones y neutrones se mantengan unidos en el núcleo del átomo a pesar de la repulsión electromagnética*). ¡Pero **la Gravedad seguía fallando y sigue siendo aun el problema**!

Implicaciones de la QFT

La QFT nos dice que TODO el espacio-tiempo estaría impregnado por campos cuánticos, **una especie de telas que sufren fluctuacio-**

nes. También nos dice que cada partícula subatómica estaría asociada a un campo concreto. Tendríamos un campo de protones, uno de electrones, otro de quarks, uno de gluones... y así con todas las partículas del modelo estándar.

¿Y qué implicaciones tiene esto? Pues algo fundamental, que debemos dejar de pensar en Partículas subatómicas como **entidades individuales** y las concibamos como **¡¡¡PERTURBACIONES dentro de estos CAMPOS cuánticos!!!** Imaginar a las partículas como entidades individuales tipo bolitas es algo que funcionaba, pero había varios problemas. No se entendía por qué ni cómo se **formaban y destruían** partículas subatómicas **"de la nada" cuando colisionaban entre ellas** en condiciones de alta energía, como en los aceleradores de partículas. Tampoco **¿por qué un electrón y un positrón, al colisionar, se aniquilan** con una consecuente **liberación de dos fotones**?

La física clásica no puede describir esto, pero la QFT sí, al concebir las partículas como **perturbaciones** en un campo cuántico, las partículas subatómicas serían **vibraciones** dentro de un tejido que impregna todo el espacio-tiempo.

Los estados asociados a los distintos niveles de oscilación dentro de estos campos permiten explicar por qué se crean y destruyen partículas cuando colisionan entre ellas. Cuando un electrón cede energía, lo que sucede es que transmite esta energía al campo cuántico de los fotones, generando una vibración en él que se traduce en la observación de una emisión de fotones. Por lo tanto, de la transferencia de cuantos entre campos distintos nace la creación y destrucción de partículas, que, recordemos, no son más que **perturbaciones** en estos campos.

La utilidad de la QFT es que vemos las interacciones o fuerzas del universo como fenómenos de comunicación entre campos de diferentes partículas subatómicas. Esto es un cambio de enfoque muy importante en lo que se refiere a las fuerzas fundamentales, ya que:

—las teorías de **NEWTON** nos decían que las interacciones entre 2 cuerpos se transmitían de forma instantánea.

—las teorías de **EINSTEIN** aseguraban que las interacciones entre 2 cuerpos se hacían a través de campos (*campos clásicos, no cuánticos*) a una velocidad finita limitada por la velocidad de la luz (*300.000 km/s*).

—la teoría **cuántica** las entendía como creaciones y destrucciones espontáneas e instantáneas.

—y, finalmente, la **QFT** plantea que las interacciones se debían a fenómenos de intercambio de partículas mediadoras (*bosones*) a través de la transferencia de perturbaciones entre distintos campos cuánticos**.**

Lo interesante además de la QFT es que **si pensamos en el universo como campos se consigue explicar casi todos los fenómenos** cuánticos (*dualidad onda-partícula, superposición, incertidumbre...*) mediante una perspectiva relativista. Estos campos evolucionarían como una superposición de todas las configuraciones posibles, y la simetría dentro es esos campos permitiría explicar por qué las partículas tienen carga positiva o negativa. Además, **las antipartículas serían perturbaciones dentro de estos mismos campos pero que viajan hacia atrás en el tiempo**. Increíble.

Esta teoría tan complicada, no te me desmoralices, permite entender las partículas y sus interacciones como perturbaciones dentro de un tejido cuántico que impregna todo el universo. Un electrón de un átomo de tu pelo sería el resultado de una vibración en un campo que te conecta con el rincón más lejano e inhóspito de la galaxia más lejana. ¡**TODO el universo sería un mismo CAMPO**! Por cierto, los campos son representados por partículas llamados BOSONES. Estas son las partículas que transmiten las fuerzas en los campos.

En cualquier caso, el mayor problema que tiene el QFT es la dificultad de unificar la GRAVEDAD con las otras 3 fuerzas. **Ahí está de momento el problema que impide la unificación que esta teoría busca**.

Los Diagramas de FEYNMAN

La ecuación de **SCHRODINGER** fue la primera descripción cuántica de la materia con su ecuación y la función de onda, algo que solo era válido para bajas energías. Esto lo mejoró **DIRAC** con su ecuación cuántica relativista para partículas de materia. Es un terreno complicadísimo, pues se necesitan integrales y operaciones con dificilísimos cálculos e inacabables operaciones matemáticas.

Para poner orden a esto tuvo que llegar un genio inigualable, Richard **FEYNMAN**. Este resolvió los cálculos que implicaban sumas de integrales muy complejas, algo que parece imposible de resolver, y para lo cual el gran Richard recurrió a su teoría de perturbaciones, un método matemático que resuelve un problema complejo enfocándolo como una suma infinita de problemas más sencillos. **El milagro de FEYNMAN fue convertir cada uno de estos sumandos en un dibujo o diagrama que se podía leer matemáticamente**, es lo que se conocen como reglas de FEYNMAN. Cada trazo de esos diagramas representa un término de los sumandos y todo junto da el valor de ese término de la suma infinita. El valor final no es más que una suma infinita de infinitos diagramas. Resumiendo: **¡convirtió complicadísimas ecuaciones matemáticas en simples DIBUJOS o diagramas!** Fue algo grandioso solo al alcance de un matemático y científico como Richard FEYNMAN, alguien brillante que mezclaba inteligencia y talento con creatividad, intuición y atractivo personal.

40. La FISIÓN Nuclear

¿Qué es la FISIÓN Nuclear?

La **FISIÓN** es el proceso en el que un núcleo de un átomo se desintegra. Este proceso de desintegración lo que hace es romper el átomo original y convertirlo en un elemento más ligero. El núcleo es literalmente bombardeado con neutrones, haciendo que se convierta en inestable y se descomponga en otros núcleos, cuyos tamaños son del mismo orden de magnitud. Todo significa un gran desprendimiento de energía y la emisión de 2 o 3 neutrones, los cuales, a su vez, pueden ocasionar más fisiones al interaccionar con nuevos núcleos que emitirán nuevos neutrones, y así sucesivamente.

La Reacción en cadena

La reacción en cadena, aparte de parecer el título de una película de BEN AFFLECK, es el efecto multiplicador en el que, en una pequeña fracción de segundo, el número de núcleos que se han fisionado liberan una ENERGÍA 1.000.000 de veces mayor que la obtenida al quemar un bloque de carbón o al explotar un bloque de dinamita de la misma masa. Debido a la rapidez que tiene lugar una reacción nuclear, la energía se desprende mucho más rápidamente que en una reacción química.

Hay que recordar que en el centro de cada átomo se encuentra su **núcleo** que constituye más del 99% de su masa, y el núcleo está formado por neutrones y protones que se mantienen unidos por la fuerza nuclear fuerte. Los átomos más pesados están formados por núcleos más pesados; es decir, con más protones y neutrones. Estos pequeños componentes son los responsables de las reacciones más energéticas y destructivas que se producen en la Tierra.

Reactores Nucleares

En el caso de núcleos grandes como el Uranio-235, al fisionarse, se libera tanta energía que se produce una disminución medible de la masa, a partir de la equivalencia masa-energía. Esto **significa que parte de la MASA se convierte en ENERGÍA**. Si se logra que sólo uno de los neutrones liberados produzca una fisión posterior, el número de fisiones que tienen lugar por segundo es constante y la reacción está controlada. Este es el principio de funcionamiento en el que está basado los reactores nucleares, que son fuentes muy controlables de energía nuclear de fisión.

41. La FUSIÓN Nuclear

¿Qué es la FUSIÓN Nuclear?

La Fusión nuclear es un **intento de REPLICAR los procesos del SOL en la Tierra**. No hay que confundirla con la FISIÓN y los residuos radiactivos que esta deja. La Fusión se trata de una fuente de ENERGÍA de gran rendimiento y muy limpia. Piensa que la Fusión es:

— El mismo proceso que impulsa al Sol.
— Cada segundo, millones de toneladas de átomos de Hidrógeno chocan entre sí bajo temperaturas y presiones como las que suceden en el Sol,.
— Esto les obliga a romper sus enlaces atómicos y fusionarse para formar un elemento más pesado, el Helio.
— La Fusión solar genera enormes cantidades de calor y luz.

La FUSIÓN es replicar el modelo del SOL

Durante mucho tiempo se lleva intentando encontrar el modo de alcanzar la Fusión replicando el modelo del Sol, lo cual parecía imposible, pero hallazgos recientes sugieren que se está más cerca de lo previsto. Los investigadores han estado intentando replicar este proceso en la Tierra, o como alguno lo denominó lograr *"construir el Sol en una caja"*, intentando con ello recrear lo que ocurra en el Sol, pero en la Tierra.

Es un gran objetivo de la ciencia pues sería crucial para el futuro de la humanidad y posiblemente de la supervivencia del planeta. Significaría una fuente limpia, barata y casi ilimitada de energía. Si la fusión nuclear, que es lo que sucede en las estrellas, se pudiera replicar con éxito en la Tierra, tendríamos un potencial de suministros prácticamente ilimitados para todos, y de muy baja emisión de carbono y radiación. Por supuesto, no tiene nada que ver con la FISIÓN, que, aun siendo una buena solución técnica, es bastante costosa y genera desechos radiactivos.

De un modo muy resumido, la idea detrás de la Fusión es la siguiente: calentar el gas de HIDRÓGENO a más de 100 millones de grados hasta que forme una nube delgada y frágil llamada PLASMA, y luego controlarlo con potentes imanes hasta que los átomos se fusionen y liberen energía.

Distintos proyectos de Fusión Nuclear

La carrera se ha iniciado y las inversiones para obtener la fusión nuclear son en principio imparables. 35 países se han unido en una alianza internacional llamada **ITER** para la construcción de un enorme reactor de prueba en Francia. La idea es poder contar con el primer plasma generado en 2025, pero de ahí a producir energía el camino es aún difícil, y parece que tener una planta de fusión de prueba funcionando tardara aún más.

Mientras los gobiernos sostienen al ITER, algunos países también están avanzando con sus propios planes nacionales. China, India, Rusia y Estados Unidos, entre otros, están trabajando en el desarrollo de reactores comerciales. El reactor **JET** (Joint European Torus): el Reino Unido es el país que tiene el experimento de Fusión más importante del mundo. El **BEI** (Banco Europeo de Inversiones) ha inyectado cientos de millones de euros en un programa italiano para producir también energía de fusión. La empresa **First Light**, de la Universidad de OXFORD, se fundó específicamente para descarbonizar el sistema energético y su idea consiste en disparar un proyectil a un objetivo que contiene átomos de hidrógeno. La onda de choque creada genera una onda de choque que aplasta el combustible y esta reacción producirá plasma brevemente. Commonwealth Fusion Syst. empresa del **MIT** de Massachusetts, se está centrando en desarrollar un sistema Tokamak, pero su innovación clave está en imanes superconductores. Y la compañía californiana **TAE** con el respaldo de GOOGLE, está utilizando una mezcla diferente de combustible para desarrollar reactores más pequeños y baratos. Quieren usar hidrógeno y boro, ya que ambos elementos están fácilmente disponibles y no son radiactivos. Su prototipo es un reactor de fusión de haz de colisión cilíndrico que *calienta el gas hidrógeno para formar dos anillos de plasma*. Estos se fusionan y se mantienen unidos con haces de partículas neutras para que sea más caliente y dure más. A su vez, la **Marina americana**, preocupada por cómo impulsar sus barcos en el futuro, presentó una patente para un "*dispositivo de fusión por compresión de plasma*", que usaría campos magnéticos para crear "*vibración acelerada y/o giro acelerado*". La idea es hacer reactores de fusión pequeños y portátiles. **General Fusion**, empresa con sede en Columbia Británica, Canadá, ha atraído también la atención y respaldo de gente como Jeff Bezos, de AMAZON, ya que combina la física de vanguardia con la tecnología estándar. Llaman a su sistema "*fusión de objetivo magnetizado*", y se enfoca en un plasma de gas caliente inyectado en una bola de metal líquido dentro de una esfera de acero, luego es comprimido por pistones a gran escala, como en un motor diésel.

Ya veremos, demasiado optimista parece todo, pero la realidad es que la fusión nuclear sigue siendo esquiva.

¿Por qué hasta ahora nada ha funcionado?

Como ves, son todos proyectos fascinantes, pero **NADIE hasta la fecha ha logrado obtener más energía de un experimento de**

fusión de la que se emplea para ello. La mayoría de los expertos confía en que la idea funcionará, pero muchos creen que es una cuestión de escala. Si algún proyecto sale adelante, implicará un cambio radical para la fusión y se verá una inversión masiva en el campo, posiblemente la mayor de la historia que en ningún sector anterior.

PARTE VII.
GRANDIOSAS TEORÍAS
E HIPÓTESIS

42. A la búsqueda de la Teoría M

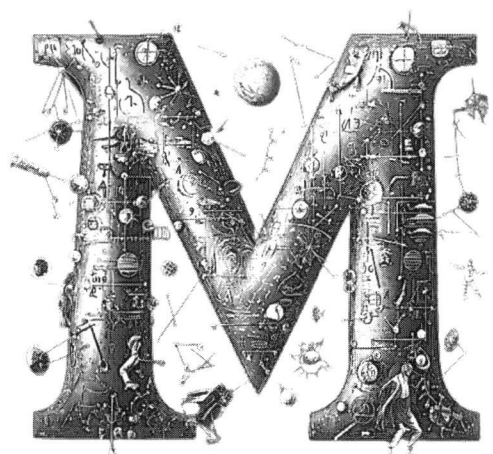

Desde que se planteó esta posibilidad hace casi 100 años, la teoría M es considerada el gran anhelo de la física. Su hallazgo supondría unificar y congeniar la relatividad, la cuántica y la gravedad, algo que hasta ahora no se ha conseguido.

¿Y qué tan lejos estamos de su descubrimiento?

Han sido muchos los intentos y teorías candidatas, pero muchos de los grandes genios se quedaron a medio camino o simplemente fracasaron en el intento. Una de las más interesantes, que lleva tiempo siendo propuesta, es la teoría de **CUERDAS**, cuyo encaje no parece fácil, pues requiere teóricamente de la existencia de **¡un mínimo de 10 u 11 dimensiones!,** lo cual resulta increíble y, sobre todo, casi imposible de demostrar. Hoy en día se está muy lejos de poder atisbar una ley del TODO. Algunos piensan que nunca será posible, y a los que aspiran a ello se les denomina "reduccionistas", con cierto menosprecio. Sin duda, lo hacen con el mismo desdén de quienes procesaron a GALILEO o mandaron a la hoguera a Giordano BRUNO.

El reduccionismo sostiene que la mejor estrategia científica es intentar reducir las explicaciones de los objetos a las entidades más pequeñas posibles. En defensa del reduccionismo hay que mencionar que hay patrones en la electricidad, en el magnetismo, en la gravedad, en la Tierra, el espacio, en la radioactividad, etc. que encajan en leyes muy simples. De hecho, la historia de la física hasta ahora es una historia del reduccionismo. Sin embargo, muchas cuestiones no se pueden explicar únicamente mediante reacciones entre átomos y partículas. El modelo estándar deja muchos asuntos por explicar, como la expansión del universo, la materia oscura, la antimateria, el mismísimo Big Bang, los agujeros negros, los viajes en el tiempo, la consciencia etc.

EINSTEIN trató, durante 30 años, de hallar una teoría unificadora, pero sin resultado alguno. **HEISENBERG**, **PAULI** o **SCHRODINGER** lo intentaron también, así que el tema no parece fácil precisamente. La teoría de CUERDAS, la gravedad cuántica de BUCLES, la SUPERSIMETRÍA, la OCR (Reducción Objetiva Orquestada) y más —algunas un tanto pintorescas— son todos intentos en esa dirección que sigue sin dar grandes resultados. Así que físicos e ignorantes seguiremos suspirando por esas ecuaciones que lo resuelvan todo. En palabras de EINSTEIN, deberá ser una idea simple, bella y elegante. Centrémonos por ello en las principales candidatas. Quién sabe, quizás alguna lo logre.

43. Teoría OCR de la Reducción Objetiva Orquestada

Naturaleza Cuántica de la CONSCIENCIA

Mi admirado y extraordinario físico y matemático británico Roger **PENROSE**, científico incuestionable, Premio Nobel de Física y uno de los más relevantes del siglo XX y XXI, plantea una teoría apasionante con una visión de la CONSCIENCIA como algo que proviene de algoritmos complejos. Hoy tenemos computadoras que hacen cosas increíblemente complejas y rápidas, desde cálculos a jugar al ajedrez. Son mejores que nosotros en muchas habilidades, lo que plantea la posibilidad teórica de que en un futuro la conciencia puede llegar a emerger.

Mirando el pasado reciente, si intentamos juntar las dos revoluciones de la física del siglo XX (cuántica y la relatividad), surge un conflicto que sugiere que tiene que haber un cambio en las reglas de lo cuántico en cierto nivel, y tiene que ver con el movimiento de la masa, pues los experimentos de mecánica cuántica son muy pequeños incluso para la biología.

PENROSE cree que hay mucha actividad computacional sucediendo en el cerebro, básicamente inconsciente. Lo que hacemos cuando *"entendemos algo"* no es computar, es algo que sucede más allá de las leyes computacionales de la física. Esas leyes no son algo que comprendamos plenamente, pues para entender primero hay que conocer, y para conocer uno tiene que estar consciente, y así evocamos la consciencia. En su libro *LA MENTE DEL EMPERADOR* quiso desarrollar esa idea: que hay muchas áreas que aún no comprendemos y donde estarían la gran laguna de nuestra comprensión física. Por ejemplo, no sabemos qué es lo que gobiernan la masa de las partículas. La mayoría de estas cosas no tienen una relación directa con el cerebro, es una gran laguna en la comprensión de esas leyes que se encuentra dentro de la mecánica cuántica. Él conocía poco sobre la propagación nerviosa, pero para él no había la más mínima posibilidad de que ocurra algún tipo de propagación que perturbara el cerebro y destruyera la coherencia.

Stuart **HAMEROFF** leyó su libro y le contactó. Este es un médico australiano conocido por su trabajo en el área de los estudios de la consciencia durante más de 20 años. Le dijo que quizás no sabía lo que eran los **Microtúbulos**; se los explicó y les pareció un buen punto de partida para colaborar, pues consideraron que estos pudieran tener el tipo de aislamiento en las células que permitan la posibilidad de hacer cosas más allá de la actividad puramente computacional. PENROSE pensó que tal vez fuera en los microtúbulos en donde sucediera lo que les faltaba. Unieron sus fuerzas para desarrollar está teoría que necesita de otro nivel de mecánica cuántica en la que cupiera la posibilidad de que surgiera esa reducción.

La Hipótesis PENROSE-HAMEROFF

La colaboración entre ambos ha supuesto desarrollar la teoría de la conciencia, conocida como OCR *(Reducción Objetiva Orquestada,* por sus siglas en inglés), también denominada hipótesis PENRO-SE-HAMEROFF, que es una postura no determinista y tremendamente persuasiva. La parte de física teórica corresponde a PENROSE, y la parte neuroquímica a HAMEROFF.

PENROSE considera que la CONSCIENCIA es algo esencial que está conectada de algún modo con la estructura y la física a escala fina del universo. Está vinculada al proceso de reducción de objetivos; el colapso de la función de onda, esa actividad en el límite entre el mundo cuántico y el clásico. PENROSE propuso que lo que llama reducción objetiva no solo tiene base científica para la consciencia, sino también sirve de solución para el problema de la medición en la mecánica cuántica. Comparó, por primera vez, las partículas cuánticas con diminutas curvaturas en la geometría del espacio-tiempo, como había hecho la teoría general de la relatividad de EINSTEIN para objetos grandes como el Sol. Sugirieron que las vibraciones cuánticas de los microtúbulos de las neuronas del cerebro estaban *"orquestadas"*, por eso la llamaron la teoría de la reducción objetiva orquestada. Según ellos la consciencia sería algo como la música en la estructura del espacio-tiempo. Esta tremenda teoría fue vista con escepticismo por algunos, lo habitual cuando algo es rompedor.

Los ordenadores cuánticos deberían funcionar a temperaturas cercanas al cero absoluto para evitar la decoherencia térmica, por lo que las perspectivas cuánticas en el cerebro, al ser cálido, húmedo y ruidoso, parecían improbables. Pero PENROSE, bastante más inteligente que sus críticos, sabía que la actividad óptica cuántica puede producirse en regiones no polares de las proteínas de los microtúbulos, donde anestésicos parecían actuar para bloquear selectivamente la conciencia. Pues bien, se ha demostrado que PENROSE y HAMEROFF tienen razón en algo importantísimo:

—Se ha demostrado un estado óptico cuántico de super-radiancia en los microtúbulos, y las pruebas sugieren que es inhibido por los anestésicos. ¿Cómo afectan las actividades quánticas a este nivel a las funciones de todo el cerebro y a la conciencia?

—La consciencia puede darse en las neuronas individuales del cerebro, extendiéndose hacia arriba a las redes de neuronas, pero también hacia abajo, y más profundamente, a los procesos ópticos cuánticos. Por ejemplo, en la *"super-radiancia"* en los microtúbulos, y más aún a la geometría fundamental del espacio-tiempo.

—Ellos están acuerdo en que la CONSCIENCIA es algo fundamental que implica el "auto colapso" de la función de onda cuántica, una ondulación en la estructura de escala fina del universo. La luz por sí misma NO es CONSCIENCIA, **pero podría ser la interfaz entre el cerebro y los procesos conscientes** en la estructura del universo.

¿Qué son los Microtúbulos?

Hay que explicar que estos no son ciencia ficción. Son las **estructuras microscópicas** que llenan por completo el **interior de las neuronas** y las células del cuerpo; constituyen la placa base o citoesqueleto de todas las células. Son **cadenas moleculares** cilíndricas compuestos de una proteína llamada tubulina que puede plegarse en forma abierta o cerrada. Estas proteínas además **están continuamente vibrando** y reordenándose sobre sí mismas. Una de las proteínas de estos microtúbulos son las MAP, cuya función es poner orden en del comportamiento de los microtúbulos. Actualmente, al mirar **dentro de una neurona**, podríamos ver cientos de microtúbulos que están compuestos de unos 100.000.000 de subunidades de proteína tubulina. En realidad, las neuronas están **abarrotadas** de microtúbulos y la tubulina está continuamente **abriéndose o cerrándose** en ciclos que ocurren en nanosegundos (*recuerda que 1 nanosegundo es 1 segundo* *dividido entre 1.000 millones*), una monstruosidad. Gracias a ello, los microtúbulos podrían actuar como **elementos estructurales de computadores cuánticos a escala molecular** que están totalmente relacionados con la inteligencia y la consciencia.

La tubulina, además, es una proteína que puede cambiar entre dos estados de fosforilación, y la hipótesis es que puede existir una **superposición de estos dos estados** de modo que **cada molécula de tubulina podría actuar como un bit cuántico,** es decir, podría actuar como un **Qubit**. Los microtúbulos **actuarían como dispositivos de computación** que, por expresarlo de un modo claro, harían la función de microchips**,** pudiéndose ser así la consciencia el **resultado de los colapsos del estado de superposición de la tubulina**.

Propuesta e implicaciones de esta hipótesis

De un modo resumido, en su hipótesis lo que proponen es lo siguiente:

1. Que la CONSCIENCIA depende de **procesos cuánticos biológicamente orquestados**.

2. Que la CONSCIENCIA **ha existido desde siempre**, desde el inicio del universo, desde el mismo Big BANG.

3. Que la CONSCIENCIA está **procesada en los microtúbulos** de las células.

4. Que los microtúbulos son **polímeros cilíndricos** que forman el citoesqueleto, y son el soporte sobre el que se sustentan las células.

5. Que **dentro de cada célula** del cuerpo hay algo mucho más fundamental que material biológico, es donde **se hallaría** la CONSCIENCIA, construida por la misma sustancia del universo.

6. Que hay que tomar muy en serio la posibilidad científica de que la CONSCIENCIA **es algo "real",** y ello implicaría la interconexión entre los seres vivos y el universo en un todo.

7. Que el entrelazamiento cuántico mismo tendría una explicación en su habilidad de que dos partículas estén íntimamente conectadas, más allá de sus limitaciones del espacio y tiempo.

8. Que existiría un tipo de sabiduría cósmica que influyera en nuestras elecciones, lo cual se deduciría de valores incorporados en la geometría del espacio y el tiempo.

9. Que la CONSCIENCIA **escaparía del cuerpo después de la muerte** al detenerse el corazón y el flujo la sangre, perdiendo los microtúbulos su estado.

10. Que **la información cuántica existente dentro de los microtúbulos no se perdería**, sino que solo se distribuiría en el universo.

11. Que sería la forma de explicar los apabullantes testimonios de las ECM (*Experiencias Cercanas a la Muerte*), y que, al reanimarse un paciente, la información cuántica regresa a los microtúbulos. Hoy las ECM están prácticamente demostradas por la ciencia con innumerables testimonios, hasta el punto de que ya se monitorizan y contabilizan en muchos hospitales con rigor científico.

12. Que la **información cuántica** sería clave en todo ello; podría existir fuera del cuerpo indefinidamente, lo cual está en consonancia con la misma física actual que afirma que la información no desaparece nunca (*ni en los agujeros negros*).

13. Que **la información permanecería entrelazada** en una suerte de estado después de la vida, pudiendo esa información regresar a un nuevo ser o embrión, en cuyo caso no se debería descartar algo parecido a nuevas existencias.

14. Que esta hipótesis propone que algún **nivel de CONSCIEN-CIA está tejido en la trama del espacio-tiempo mismo**, y la actividad cuántica en los microtúbulos de nuestro cerebro es la que permite amplificar o fortalecer esa CONSCIENCIA universal.

La CONSCIENCIA sería un proceso cuántico

Aunque muchos consideran que la consciencia pudo emerger como un subproducto de mutaciones azarosas y de la complejidad inherente de la selección natural, quizás un campo primario básico de la conciencia ha sido integrado desde el principio mismo del Big Bang y a la escala de Planck. Después, la biología evolucionó y se adaptó. Con el fin de acceder a ese campo y maximizar sus cualidades potenciales, la consciencia sería un proceso al borde de los mundos clásico y cuántico.

Algunos científicos consideran que prácticas como la meditación permiten sumergirnos en ese mundo cuántico, y si esta hipótesis de la consciencia cuántica se llegara a demostrar, sin duda provocaría una mayor dimensión espiritual de la vida. Si la información cuántica existiera indefinidamente fuera del cuerpo, sin duda llenaría de esperanza a la humanidad, ya que la consciencia y nuestra memoria podrían ser sistemas cuánticos y holográficos en el sentido de que cada partícula de este sistema podría contener la totalidad de la información de esta. De hecho, ya ocurre con el ADN, que está marcado a fuego en cada uno de los trillones de células de nuestro organismo.

Otros llaman a esta idea principio holográfico. La consciencia cuántica que habita en un cuerpo, **al morir, regresaría de ese modo a ese estado de entrelazamiento cuántico con todas las partículas al universo**.

Miles de estudios han resaltado y demostrado el papel fundamental de los procesos cuánticos que se dan en la naturaleza. Por ejemplo, en sistemas y procesos como la fotosíntesis de los vegetales, la orientación de los pájaros, etc. Lo que sugiere PENROSE es que tiene que haber un cambio en las reglas de lo cuántico en cierto nivel. Se necesitaba un tipo de aislamiento celular, algo más allá del tipo de aislamiento que esperas hallar en una célula y algo que permita y posibilite un aislamiento para ser conscientes, que permita entender que hacemos cosas que van mucho más allá de una actividad puramente computacional.

Revisiones de la OCR y supuestas pruebas

Debido a resultados recientes, PENROSE y HAMEROFF han publicado **revisiones a su teoría** que resultan aún más fascinantes. Se han aportado pruebas del descubrimiento de vibraciones cuánticas a temperaturas corporales cálidas en los microtúbulos del interior de las células cerebrales. Estas pruebas provienen de institutos de Japón, y según PENROSE, apoyan su hipótesis. Todo ello implica que el cerebro no son solo millones de neuronas actuando entre ellas, sino que cada neurona es en sí misma una superestructura muchísimo más compleja, y todos estos procesos básicos de funcionamiento computacional de estas neuronas serían la relación con la consciencia. Cada neurona, en vez de actuar como un solo bit en el computador del cerebro (*por así entendernos*), tendría es una actividad combinada, de modo que una sola neurona añadiría unos 1000 "trillones" de operaciones por segundo. Ese sería el poder estratosférico computacional de una sola célula. Todo fascinante.

PENROSE y HAMEROFF buscan la respuesta a si la consciencia evolucionó a partir de procesos complejos entre las neuronas del cerebro, como defienden algunos, o si es previa a los procesos del cerebro, como señalan otros (*como ellos*). Su hipótesis es una propuesta sobre el funcionamiento de la consciencia, y como toda proposición teórica será sometida a prueba en el futuro. Por cierto, nada que provenga de Roger PENROSE debe ser tomado con frivolidad, ya que es uno de los incuestionables talentos de la física, y entre sus muchos méritos están: Premio NOBEL de Física, Medalla EINSTEIN, COPLEY, REAL, EDDINGTON..., Catedrático de Matemáticas en la Universidad de OXFORD, Profesor Emérito de Matemáticas en la Universidad de OXFORD, el gran revitalizador de la Relatividad General de EINSTEIN, socio de HAWKING en el desarrollo de los Agujeros Negros, descubridor de los Teoremas de las singularidades del Espacio-Tiempo, la Cosmología, la Inteligencia Artificial y la teoría de los Universos Cíclicos. Y uno de los personajes más relevantes de la Física y autor de Libros excepcionales de divulgación científica.

44. Teoría de la Complejidad Emergente

¿Quién es Stephen WOLFRAM y qué plantea?

El físico británico Stephen WOLFRAM es un tipo más que curioso. Natural de Londres, además de físico es ingeniero, informático y un empresario de gran éxito, muchos le consideran un genio. De niño fue un prodigio; a los 14 años escribía libros de física de partículas, a los 15 publicó sus primeros artículos científicos, a los 18 se graduó en física en la CALTECH University, y a los 20 años fue nombrado Doctor en Física de partículas. Tuvo además el increíble honor de que en su tribunal de evaluación de tesis estaba el único y mítico Richard FEYNMAN (*Premio Nobel*), al que dejó impresionado. A los 24 años, WOLFRAM tomó la decisión de dejar a un lado la física de partículas y se centró en la computación, teniendo el interesante perfil de ser físico y experto en computación, algo que parece hoy en día ideal para abordar la complicada física cuántica. Los avances en computación cuántica y simulación computacional son tales que tener conocimientos profundos de aquellas materias resulta una ventaja y una bendición, pues le pone en una situación de privilegio para abordar cualquier aspecto de la física teórica moderna. WOLFRAM creó el famosísimo programa "**Matemática**", que, para quienes no lo sepan, es nada menos que el software imprescindible de "simulación matemática" que se utiliza en las mejores universidades de Física, Química o Matemáticas del mundo. Con este software de "Matemática", arrancó una carrera empresarial llena de éxitos.

Lo que plantea es haber desarrollado una teoría revolucionaria del TODO que trata de explicar cómo funciona el universo. Quizás no sea más que otro intento, pero WOLFRAM es un tipo brillante al cual merece la pena analizar. Existen explicaciones convincentes para cada una de las ramas de la física, la relatividad, la cosmología y la física cuántica en menor medida, pero los físicos teóricos son soñadores por excelencia y aspiran encontrar esa teoría que pueda explicarlo todo y que les cubra de gloria. Son muchas las interrogantes de la ciencia de las que aún no se han obtenido respuestas claras, como las interacciones de los átomos, la materia oscura, la energía oscura, la gravedad cuántica, la consciencia (*tema especialmente apasionante*) y muchas otras incógnitas. WOLFRAM trata de dar forma a una sola ley que explique cómo se construye el universo en su totalidad, una estructura fundamental que sería como el "código fuente" de nuestra realidad. Intentemos entenderle.

Antecedente del "Juego de la Vida"

En 1970, el fascinante JUEGO DE LA VIDA del matemático John **CONWAY** sorprendió al mundo con un algoritmo repetitivo con reglas simples de Sustitución que fue capaz de **crear sistemas complejos** que emergieron a partir de un simple fenómeno llamado

EMERGENCIA. El JUEGO DE LA VIDA es un autómata celular, un juego de cero jugadores en el que **su evolución** es determinada por **un estado inicial, sin requerir intervención adicional**. Parece algo de ciencia ficción, pero no lo es.

Teoría de la COMPLEJIDAD Emergente

WOLFRAM propone que se pueden juntar estos campos y dar una propuesta en lo que él llama la teoría de la **COMPLEJIDAD emergente**. Viene a plantear lo siguiente:

a. Las leyes del universo debieron surgir de forma espontánea a partir de un ALGORITMO contenido en la sustancia del inicio del universo,

b. universo estaría compuesto por NODOS interconectados que evolucionaron según una "regla de sustitución".

c. Si estas sustituciones se realizan millones de veces, habría muchos más nodos interconectados y con ello se aumentaría la complejidad llegándose a estructuras sorprendentes.

d. Este principio fundamental es algo simple que en apariencia se convierte en una maquinaria creadora en estado puro.

e. Plantea que todo pudo empezar en un GRAFO simple que progresó hacia hipergrafos los cuales, junto a las leyes de la evolución, definieron toda la física conocida y la que no hemos alcanzado a comprender.

f. Así, las leyes del universo tendrían un enfoque computacional, con todas las implicaciones que ello supone:

   • que sabríamos cómo pudo surgir el espacio-tiempo,
   • que sabríamos por qué es esa la velocidad de la Luz y no otra,
   • que sabríamos como evolucionaría la Vida,

- que el universo sería la consecuencia de ese algoritmo en un tiempo cuantizado y viviríamos en una simulación que a partir de leyes muy simples es capaz de crear una realidad compleja,
- que el universo sería un hipergrafo y estaría todo conectado con nodos y cada uno dependería de una estructura interior, una estructura matemática y dinámica,
- que cada nodo sería un conjunto de estructuras de información más pequeñas que la longitud de Planck y
- que el universo en su nivel fundamental estaría pixelado,

Según la relatividad de EINSTEIN el espacio y el tiempo son inseparables y forman parte de una entidad única. Para WOLFRAM el **Espacio-Tiempo es una ilusión,** el tiempo no sería una dimensión más, sino un conjunto de pasos en el desarrollo de un grafo en evolución. Si pudiéramos ver el universo con todas sus Dimensiones y Conexiones, se asemejaría un POLIEDRO con distintas caras y conexiones, y cada cara de ese POLIEDRO sería una REALIDAD distinta, en un marco de tiempo determinado, y según el observador. Su modelo computacional **explica TODO** en base a la relatividad General y a la mecánica Cuántica.

Regla básica: Regla de SUSTITUCIÓN, el Grafo

Imagina que el universo funciona siguiendo una regla muy simple, mucho más básica que las reglas que estamos acostumbrados a ver en física, algo tan simple como **la repetición constante de una regla básica y simple** que crea esa aparente complejidad. ¿De qué trata esta regla de la que estamos hablando? Sería una **regla de SUSTITUCIÓN**, una regla de evolución de un sistema

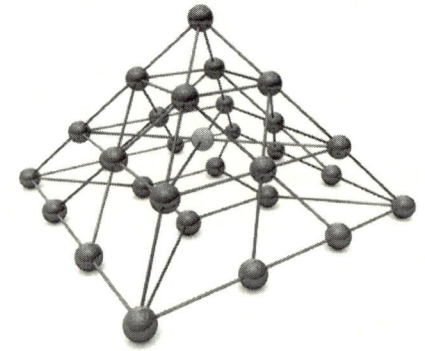

a pasos discretos, tal y como se hace en computación. Lo haría sobre un conjunto de puntos, generando un elemento matemático llamado GRAFO, que es una herramienta matemática de interrelaciones entre nodos. Simples puntos conectados con flechas. Ello, aunque parezca una simpleza, es muy útil para muchas ramas de la ingeniería. Para entender la evolución de los sistemas en Autómatas, por ejemplo.

Así que imaginemos que todo el universo son puntos, **nodos conectados que evolucionan según una regla de sustitución**. Por ejemplo, pongamos esta regla: siempre que tengamos 3 puntos alineados de una manera, introducimos 1 nuevo punto que conecta con 2 extremos. Parece una regla tonta, pero si se hace de forma recurrente, y se repite durante millones y trillones de pasos, llegaríamos a cosas sorprendentes, computacionalmente **fáciles de implementar**. Solo habría que implementar esta **regla básica de sustitución**. Parece algo hasta infantil. Esta es la **base de la teoría de WOLFRAM**, que sorprende porque es tan simple que parece irrelevante.

Por otro lado, el tema tiene su complejidad: apliquemos esta regla tan simple una y otra vez al conjunto de puntos que tenemos inicial, al grafo, y a ver qué ocurre. Habría un primer paso, un segundo y otro más, otro más y otro más, y otro más, y otro más, y otro más... El GRAFO iría creciendo y, según lo hiciera, también crecería su complejidad e iría generando formas que ya nos suenan. La clave está en algo que viene de la computación, y es que cualquier fórmula matemática se puede reducir a un algoritmo, que la calcula una máquina tipo la máquina de TURING. Los algoritmos se pueden representar por GRAFOS, así que los grafos pueden representar ecuaciones, con lo que un GRAFO puede representar cualquier ECUACIÓN física, como las leyes de NEWTON, las ecuaciones de MAXWELL o la relatividad de EINSTEIN.

¿Qué podrían representar estos nodos?

Según su propuesta, cada nodo sería **un punto del espacio** de nuestro universo y **los enlaces serían conexiones entre estos puntos**. Nosotros, en la realidad, en nuestro espacio sentimos un paso suave y progresivo cuando hacemos movimiento en nuestro entorno, pero imagina un espacio discreto, no continuo. Tampoco es ninguna locura, y en realidad no es ni siquiera revolucionario. Muchas teorías físicas proponen la cuantificación del espacio. Sin ir más lejos, teorías como la de la gravitación cuántica de BUCLES o la de CUERDAS necesitan unas celdas de espacio mínimo, que serían del tamaño de la longitud de Planck, de 10 elevado a -35 metros:

0,00000000000000000000000000000000001 de metro.

Sin embargo, WOLFRAM propone un entramado discreto del espacio de miles de millones de millones de millones de millones de veces más pequeño que esta longitud de PLANCK. Plantea un entramado en torno de espacio mínimo de *10 elevado a -93 metros*:

0,00000000000000000000000000000000000000000000000000000 00000000000000000000000000000000000000000001 de metro.

Nuestro universo, según WOLFRAM, no sería sino esos NODOS de un HIPERGRAFO con sus relaciones, conexiones y su evolución, siguiendo una regla muy sencilla de sustituciones. Una retícula con un granulado tan fino es algo tan fantasmagórico que da ganas de cerrar el libro e irse a tomar unos chupitos. Creer en zombis parece definitivamente algo más razonable.

Y surge algo básico, ¿el TIEMPO qué sería?

El TIEMPO no sería más que el *"conteo de pasos discretos"* de ese algoritmo de sustitución, y ya hemos visto cómo con esta idea podemos pasar de un pequeño grafo a una estructura muy compleja. El TIEMPO sería la evolución de este tejido de nodos que forman el espacio del universo. Y, de nuevo, por tanto, el tiempo no sería algo continuo sino discreto, cuantificado, algo que, una vez más, no es tan raro y revolucionario. En este modelo nel tiempo no sería una dimensión como plantea la relatividad. Recuerda que el tiempo y el espacio se entretejen en el concepto de la Relatividad dando una entidad única, mientras que para WOLFRAM esto es solo una ilusión, para él, el tiempo es de una naturaleza completamente distinta al espacio, el tiempo serían los espacios en ese desarrollo de evolución algorítmica.

Según WOLFRAM, con ello se pueden explicar muchos conceptos físicos, como la velocidad de la luz, la relatividad, la gravitación, los conceptos de partícula, su masa, su momento o energía. Es más, se puede entender qué es un agujero negro, la naturaleza de la materia oscura o si se puede viajar en el tiempo. Según esta teoría y su **sencillo programa matemático**, se puede incluso intentar responder los enigmas abiertos por la cuántica y los grandes misterios de la física. La propuesta de WOLFRAM tiene una respuesta teórica a todas estas preguntas.

¿De dónde pudo surgir ese hipotético Algoritmo?

Todo lo que plantea, aparte de provocar flojera en las rodillas, nos lleva a plantearnos la misma gran pregunta de siempre, la del millón: **¿QUIÉN o QUÉ creó ese algoritmo?** Llegados a este punto puede que lo único que pudiera haberlo creado es un creador que estaría **experimentando con su propia creación**. Teóricamente tendría sentido, ya que, si queremos garantizar la existencia del ser o no ser, la información debe ser eterna, debe existir siempre algo que provoque los cambios. Y la lógica nos lleva a un ente eterno. Sus leyes no serían creadas, sería su propia naturaleza.

¿Y qué tipo de código pudiera ser?

Ese CÓDIGO pudiera ser una especie de ADN cósmico con información. Así entendido, el universo sería un ser consciente y eterno, y por eso existe. Nosotros seríamos solo el resultado de un algoritmo. Lo que parecería seguro es que no existen límites en cuanto a los hipergrafos que se puedan crear.

¿Qué tipo de entidades avanzadas pudieran aparecer en sucesivas generaciones de hipergrafos?

Podemos llegar a tal nivel de complejidad que las siguientes generaciones podrían transformar el mismo cosmos. Por haber, pudiera ser que no hubiera límites a la complejidad. Ingenuamente, nos consideramos la cúspide evolutiva, pero podríamos no ser más que un paso más en el entramado cósmico sujeto a leyes simples con interacciones y reglas relativamente sencillas. Gracias al efecto memoria de sucesivas conexiones se crean patrones y seguimos una evolución.

La teoría de la complejidad emergente es una idea difícil pero muy interesante que merece ser tenida en cuenta. Como dijo EINSTEIN, *"si quieres resultados diferentes, no hagas siempre lo mismo"*. Atreverse a dar el paso significa cambio y evolución. Así es cómo la humanidad ha ido avanzando. Cuando se llega a los límites de la física, es esencial imaginar nuevos caminos.

45. Teoría SINTÉRGICA
y Código Fuente

Jacobo **GREENBERG** fue un neuro fisiólogo mexicano que presentó una interesante teoría sobre la consciencia llamada teoría **SINTÉRGICA**. Él proponía que la consciencia procede de alguna otra parte y que **vivimos en una MATRIZ**. Lo que nosotros percibiríamos es el resultado de una interacción entre esa matriz de información y nuestro cerebro, pero no tenemos acceso a saber cómo se creó esta matriz, lo cual nos llevaría a pensar que la realidad es independiente de nosotros. El cerebro no descodificaría toda la información existente para percibir la realidad completa, y solo accederíamos al resultado final de la percepción, pero no al desarrollo de este. Quizás por ello creemos que la realidad no es cosa nuestra cuando podría ser justo lo contrario, y ser partícipes de la realidad.

Interesante, sin duda, pero ahora toca tratar de enterarse de algo de lo que nos quiere decir. Empecemos por lo básico: **¿es posible que exista esta MATRIZ informática, que sea una especie de código que da soporte a todo?** Según GREENBERG, hay varias pistas que indican que puede ser así. En el entrelazamiento cuántico, si una partícula gira a la derecha, la otra hará lo propio de forma instantánea, aunque las separen millones de kilómetros. Esto viola todas las leyes conocidas de la física, y por eso el entrelazamiento, que por cierto es una certeza verificada experimentalmente, **aún no tiene una explicación**, sobre todo el hecho de que la información viaje en el espacio-tiempo más rápido que la luz. Realmente resulta incomprensible pero una posible explicación es que la **información se comunica al instante gracias a esa MATRIZ**, que sería una especie de **CÓDIGO FUENTE** del universo que solo poseería información y no tendría formas ni distancias. Sería la razón por la que la información puede comunicarse de forma instantánea. Somos nosotros, debido a nuestras percepciones conscientes, los que creamos en nuestra mente las distancias, el tiempo, colores, formas etc. Igual que podría haber comunicación instantánea de personas a través de esa matriz, podrían manifestarse pensamientos y percepciones si la consciencia del individuo es muy elevada.

Recordar que el CÓDIGO FUENTE en informática es el "**conjunto de instrucciones**" que un **programador** escribe para darle **instrucciones** a una computadora sobre cómo realizar una determinada tarea. Es básicamente el texto en lenguaje de programación que constituye un programa de software antes de ser compilado o interpretado. El código fuente puede ser escrito en distintos lenguajes de programación como C++, Java, Python, entre otros. El código fuente es la forma en la que los programadores expresan sus ideas y algoritmos para crear software. A partir del código fuente, se puede generar el código ejecutable que la computadora puede entender y ejecutar. El código fuente es fundamental para el desarrollo de software, ya que es la base sobre la que se construyen las aplicaciones y los programas informáticos. Su conclusión es que habría una conexión de todo el universo que podría formar parte de una MATRIZ y un ALGORITMO de una naturaleza suprema y dinámica, que evoluciona. Ese algoritmo también tendría una consciencia que no podemos definir y que provoca que todo lo que vemos exista. Ello implicaría que podría existir una unidad de todas las consciencias, que podrían estar conectados entre sí y ser parte de lo mismo. Esta comunicación no solo se manifestaría a nivel humano, también de animales, plantas y todo lo que rodea a la naturaleza y al universo.

GREENBERG desapareció misteriosamente en 1994 en extrañas circunstancias que ha dado pie a muchas especulaciones sensacionalistas, lo cual le da al personaje un aurea casi esotérico, pero esto lo dejamos ya para otros.

46. Teoría de CUERDAS

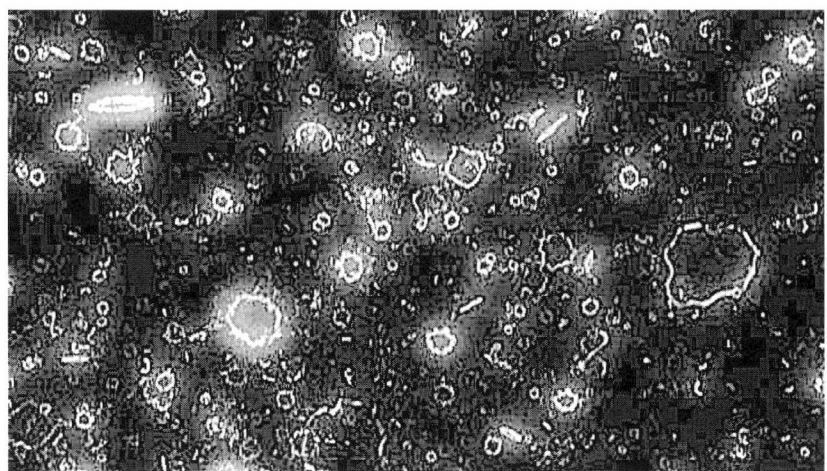

¿Qué es realmente esta Teoría?

La teoría de CUERDAS es una hipótesis científica de la física teórica que propone que las partículas subatómicas, aparentemente puntuales, son en realidad estados "*vibracionales*" de unos objetos más básicos llamados CUERDAS o filamentos, que es algo ínfimo de lo que estarían compuestas todas las partículas, serían los elementos menores de la naturaleza.

La formulación de la teoría de cuerdas se debe a Jöel **SCHERK** y a John Henry **SCHWARZ**, que en 1974, publicaron un artículo en el que mostraban que una teoría basada en objetos unidimensionales o "cuerdas", en lugar de partículas puntuales, podía describir la fuerza gravitatoria. Esta idea no recibió en su momento mucha atención y hubo que esperar 10 años, hasta 1984.

Es importante aclarar que la teoría de CUERDAS es solo una teoría, no está comprobada de ningún modo. Sus defensores proponen que si dispusiéramos de microscopios cuánticos más potentes que los actuales y con una mayor precisión nanométrica para poder observar con mayor cercanía el mundo cuántico, veríamos algo parecido a **CUERDAS, HILOS o FILAMENTOS** minúsculos que vibrarían en un espacio-tiempo de más de 3 dimensiones. Serían objetos de energía condensada que literalmente vibrarían de modo indeterminado. Un electrón, por ejemplo, se percibiría como una CUERDA en forma de lazo por utilizar palabras que puedan transmitir la idea en un lenguaje asequible, lo cual no es fácil.

Los modos de VIBRACIONES de las Cuerdas

La teoría prevé que las CUERDAS vibrarían con una tensión enorme, y muy rápidamente, con frecuencias de vibración casi irreales. Sus teóricos proponen que vibrarían a un ritmo de 10 elevado -44 segundos, que son:

¡100.000.000.000.000.000.000.000.000.000.000.000.000.000. 000 vibraciones por segundo!

Los "modos" de vibración de las CUERDAS corresponderían a diferentes partículas, de tal manera que las partículas como los electrones, quarks, gluones, gravitones etc., no serían sino diferentes MODOS de vibración de una ÚNICA entidad, de un ÚNICO tipo de cuerda. Las cuerdas podrían además hacer algo más que vibrar y moverse, podrían oscilar de diferentes maneras. Sin duda, es una idea revolucionaria.

Diferentes TIPOS de Cuerdas y Tamaños

Sus defensores, que suelen ser muy apasionados argumentando, proponen que las cuerdas pudieran ser cerradas, que se cerrarían sobre sí mismas, o abiertas, que tendrían dos extremos. En cuanto a las distancias y tamaños de lo que estamos hablando sería de 10 (-35) metros, de nuevo a la escala de PLANCK. ¡Algo inimaginable! En el corazón mismo de las CUERDAS, en la forma en cómo vibran, habría interacción de la enigmática gravedad cuántica con el GRAVITÓN, conceptos que siguen siendo verdaderos misterios.

El problema es que no hay resolución suficiente en los microscopios para ver estas vibraciones. Todo parece ciencia ficción una vez más, y si os te has planteado de qué estarían hechas a su vez las cuerdas (*seguro que lo pensarás*), cabría responder aquello que un fenomenal divulgador dijo con ironía: "*De lo mismo que pensabas que estaban hechas las partículas*".

Las DIMENSIONES y los Multiversos

Detrás de esta teoría hay cálculos matemáticos complicadísimos, y una peculiaridad imprescindible sería que **el universo tuviera al menos 10 DIMENSIONES**, aunque algunos creen que podrían llegar a 21. Esta es una de las dificultades, pues la existencia de muchas dimensiones conllevaría muy posiblemente a la aparición de MULTIVERSOS. Nada más actual para la época que vivimos, lo que hace aún más atractiva la idea.

La dificultad estriba en asumir algo tan extraño. Todos vivimos nuestro día a día en un espacio de 3 dimensiones. Solo nos podemos mover en esas 3; incluye la cuarta si quieres, que es el tiempo, pero imagina lo que significaría que fueran como mínimo 10; sin duda se hace complicado de digerir. Esas dimensiones adicionales que faltarían estarían muy plegadas, o como proponen sus defensores, estarían "*compactadas*".

¿Y qué son las BRANAS?

La teoría de CUERDAS nos habla también de las BRANAS, que serían las "extensiones" de varias dimensiones. Proponen que vivimos dentro de diferentes BRANAS, que son entornos tridimensionales, que serían los otros universos. Son estas BRANAS las que harían que fuera necesaria la existencia de diferentes dimensiones. Nos estamos poniendo casi esotéricos; de aquí a las velas negras de la bruja Lola queda poco.

¿Y que son las Variedades de CALABI-YAU?

Con cada paso que damos para entender la teoría de cuerdas, la cosa se complica más. El tema de las múltiples DIMENSIONES plantea la incógnita de las formas para establecer esas dimensiones, lo que se llaman las *variedades de Calabi-Yau*, que serían como *las formas de trenzar* esas dimensiones extras que se *enroscan* entre sí. Serían tan minúsculas que serían indetectables. Las matemáticas que intentan calcular como se desarrollarían las formas de las variedades Calabi-Yau son de una extrema dificultad a la que hay que añadir que no hay una forma de determinar exactamente cuál de las muchas variedades son las correctas.

La hormiga en el cable

Me gusta mucho un ejemplo de lo más visual en relación a la posible existencia de dimensiones. Imagina un cable por el que camina una hormiga:

—Tú, desde la distancia, miras a la hormiga y ves que va hacia delante o hacia atrás en el cable. Hasta ahí todo correcto, la hormiga camina en una dirección: o

hacia delante o hacia atrás. La hormiga no puede hacer más, así que para nosotros camina en 1 dimensión.

—Pero luego te acercas hacia la hormiga y, según lo haces, te das cuenta de que el cable realmente es un cilindro, y la hormiga no solo puede ir hacia adelante y hacia atrás, sino que puede dar vueltas alrededor del cable. Así que para ti ya no avanza en 1 dirección, sino en 2. Lo que sucedía es que no veías esa otra dimensión porque estabas "lejos" de la hormiga y del cable. Para tu visión literalmente es como sí esa segunda dimensión estuviera "plegada".

Esto nos enseña que puede haber más dimensiones, pero lo que sucede es que a nuestra escala ¡simplemente NO las vemos! La teoría de cuerdas plantea que habría como mínimo 6 dimensiones extra que estarían plegadas, y que lo que sucede es que NO somos capaces de observarlas.

REFLEXIONES de sus ideas

Las ideas principales en las que de apoya la teoría de CUERDAS es que los objetos básicos no serían partículas puntuales sino objetos unidimensionales extendidos. l espacio-tiempo en el que se mueven las CUERDAS y las P-BRANAS no sería el espacio-tiempo ordinario de 4 dimensiones, sino un espacio de tipo Kaluza-Klein, en el que a las **4 dimensiones convencionales se añaden 6 dimensiones compactadas** en forma de variedad de Calabi-Yau. Por ello, la teoría de CUERDAS plantea que existirían al menos las siguientes dimensiones:

- 1 dimensión *temporal* (el tiempo),
- 3 dimensiones *espaciales* ordinarias,
- 6 dimensiones *compactadas* que no se podrían observar por el hecho de estar compactadas; solo serían relevantes a pequeñas escalas como la longitud de Planck.

Probar la existencia de tantas dimensiones sin duda complica su candidatura a ser la teoría M. Hoy en día parece no solo difícil sino más bien imposible probar la existencia de un número tan alto de dimensiones. Algunas de estas serían tan pequeñas que serían indetectables y, además de minúsculas, estarían enrolladas sobre sí mismas a tamaños microscópicos.

El problema del estudio del universo es que no hay herramientas para explorarlo de un modo completo. Actualmente, no hay manera de estudiar ni las CUERDAS, ni sus DIMENSIONES extras, ni los posibles universos paralelos que se derivarían de las mismas como algunos teóricos proponen. Hoy en día parece una dificultad insalvable, no deja de ser una hipotética posibilidad porque, desde luego, NADIE ha visto aun una cuerda, y largo parece el camino a recorrer. Sus detractores alegan, y no les falta razón, que si planteas una teoría física tan relevante y decisiva como esta, que aspira a unificar la física, debes explicar con más detalle, y no solo de un modo genérico, cómo sería la realidad en la naturaleza en el supuesto de que la teoría fuera la correcta. Hoy en día son muchas más las interrogantes e incógnitas. Sus defensores a su vez alegan que las complicaciones provienen de la existencia de un multiverso o una cantidad enorme de universos, y que en cada uno de ellos las dimensiones se plegarían de manera muy distinta. Es una teoría preciosa, bella, como les gusta llamarlas a los físicos, ya que todo lo que ocurre en el universo se podría explicar con una *"cuerda que vibra"*. Podría describir todo con muy poco, pues todo surgiría de una única entidad. Su confirmación supondría una unificación de la física y sería el equivalente a encontrar el Arca de la Alianza para los hebreos.

47. Teoría de los Universos CÍCLICOS

¿Qué propone esta Teoría?

El matemático y físico Roger **PENROSE**, alma mater de esta teoría, propone algo revolucionario para la física ortodoxa: que el universo **no comenzó con el Big Bang**. Lo que PENROSE hace es interpretar de una forma diferente el inicio del universo. El Big Bang no sería más que el **estiramiento de un EON anterior**, no un universo anterior. Por aclarar el concepto, un EON se le llama a un periodo de tiempo de larga duración. Por ejemplo, en geología se considera al EÓN como una medida superior de tiempo, a partir de la cual pueden subdividirse los periodos geológicos y paleontológicos de la Tierra. Esta palabra se usó a partir del siglo XIX para definir a un **periodo de duración prolongada**, siendo así una de las medidas más amplias de tiempo.

Según PENROSE, un EON anterior y el EON presente estarían conectados y relacionados, sería como la continuación de un futuro y remoto EON previo. La clave de ello estaría en la gravedad, pues esta funciona muy diferente de las otras fuerzas. PENROSE antes pensaba de un modo convencional, pero fue cambiando. El famoso matemático Paul **TOD** le influenció en este sentido.

La perspectiva actual con la que se ve el mundo y el universo es que hubo una etapa temprana, la llamada expansión inflacionaria, en donde el universo se expandió enormemente; de hecho, como ya vimos, lo que sucedió en el primer segundo es algo inimaginable. Después se estabilizó en una expansión mucho más lenta y luego nuevamente se volvió expandir de una manera exponencial. PENROSE acepta esta idea del inicio del universo excepto la primera etapa o la etapa más temprana, esa **inflación o primer segundo**. Él lo razona así:

a. Hay que obtener una explicación diferente de lo que se observa en el universo; la segunda ley de la termodinámica dice que todas las cosas se vuelven cada vez más aleatorias y desordenadas conforme avanzan en el tiempo (es algo que siempre sucede, la entropía).
b. Ello implica que, si regresamos al principio, al Big BANG, todo tuvo que haber estado muy ORGANIZADO de alguna manera muy concreta, y esto desde luego NO se ha explicado en ninguna de las teorías actuales.

En esto PENROSE tiene razón y da una perspectiva apasionante y diferente. Para él, el Big Bang fue el principio de un EÓN, y un EON empieza con el Big Bang sin inflación, y se expande en una fase exponencial. Desde su perspectiva, eso no es todo el universo, porque este siempre se repite. De hecho, cree que tendremos una fase siguiente, un nuevo EON, y otro, y otro, y otro...

Señales de un EON anterior ya estaría llegando

Su idea parece sorprendente, pero en realidad explica muchas cosas, y uno de sus argumentos es precisamente que esas señales de un EON anterior ya estarían llegando a nosotros. Nuestra galaxia colisionará tarde o temprano con nuestra galaxia vecina, con ANDRÓMEDA, aunque ello sucederá en algunos miles de millones de años. En el centro de nuestra galaxia tenemos un agujero negro, que es 4 millones de veces más grande que nuestro Sol. Pero cuando choquen nuestras galaxias quizás se formen espirales y luego se volverán a juntar, y de esta manera tendría lugar una gran liberación de energía. Esto pudo haber pasado muchas veces antes de los agujeros negros, ¡es de donde procederían las señales de estos choques! Algunos físicos han empezado a observar y a buscar estas señales. De hecho, hay físicos que plantean haber detectado estas señales, pero aún no saben exactamente cómo interpretarlas.

Hay quienes son escépticos porque creen que esta idea es demasiado atrevida, pero pudiera ser, por qué no; con PENROSE ocurre como con EINSTEIN, no des por equivocado nada de lo que propone. Hace no tanto **defendió hasta la extenuación la existencia de los agujeros negros,** muchos no le creyeron, muchos se burlaron, y mirar ahora, los agujeros negros son tan reales que hasta se ha podido fotografiar uno. En cualquier caso, y por desgracia, sobre esta teoría de los universos CICLICOS será necesario esperar. Transcribo una maravillosa explicación que PENROSE dio en una de sus entrevistas:

> *"**No creo que empezara el universo con este Big Bang**... tuvimos una **etapa temprana,** la que nosotros llamamos **expansión inflacionaria,** en donde se **expandió enormemente** y **después** se estableció a una **expansión mucho más** sedativa o **lenta,** y después nuevamente **se volvió expandir** dentro **de una manera exponencial,** y de nuevo comenzamos a ver este **nuevo tipo de expansión.** Mi opinión es que el **Big Bang fue el principio de lo que nosotros llamamos un EÓN.** Este **EÓN empezó con el Big Bang, sin inflación.** Y se está **expandiendo y expandiendo, y está entrando a esta fase exponencial de expansión.** Desde mi perspectiva, no es todo el universo, **porque el universo se repite".***

48. Teoría de los Universos PARALELOS y los MULTIVERSOS

¿Qué es la Teoría de Universos PARALELOS?

En 1957, Hugh **EVERETT**, estudiante de física de Princeton, un tipo interesantísimo, propuso que los principios de la mecánica cuántica requerían la existencia de una infinidad de universos PARALELOS. Con sólo 22 años, describió en su tesis doctoral la interpretación de los muchos-mundos, conocida como teoría de universos PARALELOS, una de las hipótesis más radicales y fascinantes que han inspirado todo tipo de películas y series de ciencia ficción. Algunas muy buenas, por cierto.

Esta teoría sugiere que "cada vez" que se hace una medición cuántica, el universo se divide en dos universos PARALELOS. Realmente, lo que EVERETT desarrolló fue una interpretación de la mecánica cuántica. No fue tomado en serio en su momento, a pesar de que su padrino de doctorado era nada más ni nada menos que John WHELLER, del que ya hablaremos. Por cierto, al principio solo hubo una persona que se fijó en sus ideas, y no fue otro que Philip K. **DICK**, el escritor de ciencia ficción.

Sobre la posibilidad de existencia de universos PARALELOS habría diversas hipótesis, una de ellas sería que pueden existir múltiples universos entre los cuales solo algunos serán aptos para la presencia del hombre. Por supuesto, uno sería el nuestro. No es fácil para la mente humana admitir esta posibilidad; es una teoría que por su carga especulativa y complejas matemáticas resulta de difícil asimilación. Ninguno de los universos producidos tendría conocimiento del otro.

Una anécdota divertida de EVERETT es que, a la pronta edad de 12 años, decidió escribir al mismísimo EINSTEIN con el objeto de preguntarle sobre una duda que le acechaba. En su carta le preguntaba:

"¿Existe algo aleatorio o unificador que mantenga unido el universo?".

La respuesta de EINSTEIN no tiene desperdicio, no pudo ser más sarcástica e intrigante:

"No hay tal cosa como una fuerza irresistible y un cuerpo inamovible. Pero parece que hay un niño muy obstinado que se ha abierto paso victorioso a través de extrañas dificultades creadas por él mismo para este propósito".

Según proponen los defensores de esta teoría, cada vez (*atentos a la expresión, "cada vez"*) que tiene lugar un evento cuántico, el universo se divide en dos universos PARALELOS. En uno de ellos el evento cuántico tiene lugar y en el otro ocurre lo opuesto. Si todos nuestros átomos y todas las partículas subatómicas de nuestro cuerpo se comportasen como una sola, en el momento en que decidimos, por ejemplo, emprender un viaje, el universo se desdobla en dos universos casi idénticos con la excepción de que en uno emprenderíamos el viaje, mientras que, en el otro, que no percibimos por haberse desdoblado, nos quedaríamos en nuestra casa. EVERETT describió su interpretación más bien como una metateoría. Sin embargo, recientemente se ha propuesto que universos adyacentes al nuestro **podrían dejar una huella observable en la radiación de fondo de microondas**, lo cual abriría la posibilidad de probar esta teoría.

Se ha utilizado la analogía de la **"*baraja de cartas*"** para explicarla: cuando un observador mide un parámetro, se queda con una única carta de la baraja, y el resto de la baraja parece desvanecerse. Por eso se dice que el mundo microscópico funcionaria entonces como una especie de "*baraja de cartas*". Para tratar de explicar esta paradoja, Everett postuló una idea revolucionaria, que también plasmó en su tesis doctoral, sugiriendo que cada una de las cartas podría representar una realidad distinta, que contaría con su propio observador. En función del mundo en que se encontrara cada observador, se lograría un resultado específico de cada universo.

¿Cómo fue recibida?

La hipótesis de EVERETT fue recibida con **gran escepticismo** en la comunidad científica, a pesar del gran atractivo de esta teoría para la cultura popular. EVERETT se armó de valor y viajó a Dinamarca desde Estados Unidos para proponerle su visión al gran Niels **BOHR**

personalmente. A este no le agradó que un recién llegado tumbara una idea que llevaba defendiendo 10 años. El rechazo y la mala prensa que BOHR se encargó de hacer, le descorazonó enormemente.

EVERETT dejó la física después de acabar su doctorado, desalentado por la falta de respuestas hacia su teoría por parte de los demás físicos. Sus ideas no fueron confirmadas, lo que le provocó una enorme decepción, hasta el punto de que abandono su teoría en los archivos de la Universidad de Princeton y dejó la cuántica para dedicarse de lleno a la industria militar.

A finales de los años 60, sin embargo, su trabajo fue rescatado. Las nuevas generaciones de físicos cuánticos supieron ver la profundidad de su pensamiento y comenzaron a citarlo en sus trabajos. Su teoría fue ganando adeptos, hasta el punto de que en la actualidad se considera una perspectiva perfectamente seria de la física, aunque no esté comprobada (*como tantas otras*). Aunque fuera tarde, su talento y visión fueron reconocidos y dieron lugar a nuevos puntos de vista que están ayudando a saber más acerca de ideas, como viajes en el tiempo **o la** teoría de cuerdas. Lamentablemente, este tardío reconocimiento académico no alivió sus años de frustración. Los problemas para demostrar esta hipótesis continúan pues resulta casi imposible diseñar experimentos que prueben la existencia de universos paralelos, pero décadas después de su fallecimiento, Hugh EVERETT sigue siendo fuente de inspiración para decenas de científicos.

Un ejemplo clásico de la teoría de los universos PARALELOS es la paradoja cuántica del gato de SCHRÖDINGER. Desde el punto de vista de la interpretación de los universos múltiples, establecería que cada evento involucra un punto de ramificación en el tiempo, el gato está vivo y muerto, incluso antes de que la caja se abra, pero los gatos vivos y muertos están en diferentes ramificaciones del universo, por eso ambos gatos serían igualmente reales. Todo ello me recuerda al relato *"EL JARDÍN DE LOS SENDEROS QUE SE BIFURCAN"*, del descomunal escritor argentino Jorge Luis BORGES, que anticipa la incertidumbre del entorno combinando literatura con ciencia. Como otras veces en sus relatos, BORGES introdujo su fascinación por la física. Esta teoría también ha servido de fuente de inspiración de series televisivas cómo la estupenda *STRANGER THINGS*.

¿Qué es el MULTIVERSO?

El MULTIVERSO es un marco teórico de la cosmología moderna que plantea la idea de que existe una amplia gama de universos. El término fue acuñado en 1895 por el psicólogo **William JAMES**, y desde entonces la idea se ha convertido en una popular hipótesis científica que sugiere la existencia de múltiples universos, cada uno con sus propias leyes y propiedades independientes. Sin embargo, a pesar de su popularidad, todo lo relacionado con el multiverso no ha sido probado experimentalmente, aunque sigue siendo objeto de investigación y debate científico.

Entre las muchas teorías diferentes de multiverso, una de las más llamativas es la teoría de los universos PARALELOS, de la que hablaremos a continuación. Otra es la llamada teoría de la inflación ETERNA, que propone que el universo experimentó inmediatamente después del Big Bang esa breve fase de expansión exponencial, la inflación, que habría creado múltiples universos burbuja, cada uno de los cuales tendría sus propias leyes físicas y propiedades. Esta teoría fue apoyada por HAWKING, siendo nuestro universo una especie de fractal en constante inflación, un conjunto infinito de universos de bolsillo que estarían separados por una extensión del océano inflacionario.

49. Teoría de la INFORMACIÓN

El esquivo concepto de la INFORMACIÓN

Algunos físicos plantean que el fundamento sobre el que se construye la realidad, no es tanto la MATERIA o la ENERGÍA, sino la INFORMACIÓN. Esta sería algo mucho más fundamental que puede aplicarse a todas las interacciones y las fuerzas del universo. En este punto, la cuestión decisiva sería saber: CÓMO y de DÓNDE surge la información.

La importancia del número CERO

La ausencia de "ceros" fue una de las limitaciones que impidieron a los grandes maestros griegos desarrollar algunas teorías. En la Antigua GRECIA, los ceros simplemente no existían. Se consideraba que la nada, es decir un cero, no merecía la pena de ser considerado.

El concepto de "CERO" fue una aportación que vino de la INDIA en la época de Jesucristo. Muchos siglos más tarde, ya en la Edad MEDIA, pasaron estos conocimientos a los PERSAS, los ÁRABES y estos, a su vez, a los EUROPEOS. Solo a partir de que se consideró al CERO como una posibilidad más, los europeos pasaron a disponer de un sistema de numeración más flexible que el que tenían los romanos. Desde el RENACIMIENTO, se empezó a considerar el CERO en Occidente.

En la actualidad, la información puede ser un elemento esencial y es considerado por muchos como una magnitud física. Desde los átomos, las moléculas, las partículas, las células, los organismos, planetas... todo procesa información. Sería el origen de todo y el manual de instrucciones para que funcionen todos los elementos que conforman el universo y la vida misma.

En el inicio fue la Información

Hace 13.800 millones de años, el universo se inició a partir de una **sustancia** primigenia que debió de contener **información super condensada**, esencial y desconocida, que posibilitó la aparición de la energía, materia, tiempo y espacio, el hidrogeno, el helio, los átomos, las moléculas y los todos ingredientes del universo. Esta sustancia con información evolucionó milagrosamente a formas muy complejas a partir de unas instrucciones contenidas en dicha sustancia. Es como si la información fue el principio y el origen de todo. Sería en sí misma *"algo"* original que dio lugar a todos los procesos posteriores de los que evolucionó la realidad. Esa información super condensada nos es del todo desconocida, y debió ser previa a todo lo que vino después. Ello se puede anticipar en nuestro mismo material genético, en el ADN. La vida es un proceso de creación, procesamiento y almacenamiento de información, desde el momento mismo de la fecundación hasta la muerte.

El concepto de BIT como base esencial

La unidad básica de información es el BIT, que expresaría 2 estados alternativos, uno y cero, que es lo mismo que decir: cara o cruz, arriba o abajo, encendido o apagado, etc. La información es una función codificada en un objeto físico que pudiera ser descodificada por otro sistema. Necesitaría un soporte material o energético para poder existir, y ese soporte pudiera ser un **ser vivo**, que estaría compuesto de **átomos**, **partículas** y **ondas**. es un concepto complicado, complejo, pero sin duda vanguardista.

Uno de los grandes físicos del siglo XX, John Archibald **WHEELER**, planteó la posibilidad de que **todo lo que nos rodea no serían más que manifestaciones de un infinito comprendido de CEROS y UNOS**. Es importante entender el concepto de BIT: cualquier tipo de información puede ser almacenada y procesada con un sistema binario de un CERO y UNO. Así hay 2 estados opuestos capaces de generar toda la información. A partir del siglo XVIII, con la Revolución Industrial y las posteriores innovaciones tecnológicas, se aceleró la gestión, el almacenamiento y la transferencia de información, lo que supuso un cambio brutal en la humanidad, similar al que pudo ser el origen de la escritura hace ya 6.000 o 7.000 años.

El origen del BIT

El origen proviene de un invento simple pero sorprendente: el **TELAR automático en el siglo XIX** por parte del industrial francés Joseph Marie **JACQUARD**. En su intento

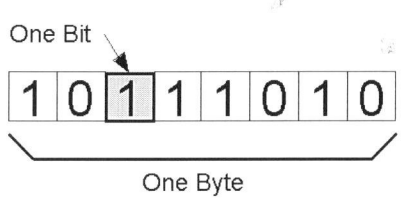

de acelerar la producción de telares, inventó un telar automático, una máquina tejedora en la que planteó un truco prodigioso por su sencillez. Hizo unas perforaciones en cartones con una distribución de los agujeros. Los cartones realizaban dibujos con unas perforaciones que establecían una secuencia en unas tarjetas que permitían el paso de las agujas que movían los hilos con repeticiones constantes. Con diferentes agujeros se creaban diseños diferentes. Estos cartones de JACQUARD establecían 2 posibilidades: "*agujero*" o "*no agujero*". Así se plasmaba la idea en las tarjetas perforadas de las máquinas tejedoras.

Fue como un primer diseño informático, pero pocos se dieron cuenta que significaba una auténtica revolución de codificación de información después de la escritura. Posteriormente, las obras musicales empezaron a codificarse en rodillos perforados que se ponían dentro de los pianos, y permitían la interpretación automática de melodías. Solo se necesitaban también dos símbolos, eran tarjetas perforadas donde se elegia entre un *"agujero"* o *"no agujero"*. Hasta el siglo XX, la automatización funcionaba mediante algo tan simple como tarjetas perforadas, las cuales serían utilizadas en los primeros ordenadores para cálculos matemáticos. Es la gran revolución de los códigos binarios para almacenar y procesar cualquier tipo de información. Posteriormente, vinieron otros descubrimientos sorprendentes para transmitir información, pero esto fue el inicio que todo lo propicio.

El Telégrafo y el Morse

En el siglo XIX ,cuando se supo controlar y manejar la electricidad, se buscó el modo de transmitir información a gran velocidad a través de diferentes sistemas. El reto era transmitir información lo más rápidamente y lo más lejos posible. Mientras más rápido se pudiera transmitir, más revolucionarias serían las consecuencias. Y para ello resultó que solo se necesitaban unos cables metálicos sostenidos por postes. Hubo muchos intentos, pero fue Samuel MORSE, un simple pintor con pocos conocimientos de electricidad, quien volviendo de Europa en barco decidió participar en debates para no aburrirse, y tuvo la brillante idea de desarrollar un **sistema sencillo y genial de lenguaje binario**. En compañía de Alfred VAIL, un maquinista americano, desarrollaron un método sensacional y sencillo para codificar la información utilizando un código binario. Ya no se trataría de tarjetas, sino que utilizaron la conexión eléctrica, introduciendo un sistema de conexiones breves, llamados puntos, y conexiones largas llamadas rayas. Con este sistema se podrían mandar mensajes inmediatos a través de un telégrafo y se podía transmitir todo tipo de información utilizando un **sistema binario de puntos y rayas**. Ello facilitó la actividad científica, comercial, industrial y de comunicación entre las personas; fue algo revolucionario.

Alan TURING

El gran empujón a la información vino de la mano de otro genial inglés, Alan Mathison **TURING**, fundador de la moderna informática y el constructor de la primera computadora. TURING, a mediados del siglo XX, tuvo una influencia decisiva en todo en el desarrollo del primer ordenador de la historia, un mérito extraordinario por haber sido capaz de trasladar las instrucciones de cálculo **a un lenguaje que fuera comprensible para una máquina**.

TURING fue un personaje extraordinario que pensó que todos los cálculos matemáticos que realizaban las computadoras humanas podían ser realizadas por una máquina. Las computadoras humanas eran un grupo de mujeres que, antes y durante la Guerra Mundial, fueron empleadas por el Gobierno americano para hacer cálculos matemáticos. TURING trató de encontrar un modo o método para que esas tareas de computación no fueran realizadas con un papel y un lápiz, como hacían aquellas. Creía que se podrían realizar mediante máquinas que utilizarían una serie de símbolos abstractos. Fue el ídolo de Steve JOBS, el fundador de APPLE, otro genio de la informática, y fue quien fundó la lógica matemática a la edad temprana de 24 años. Él comprendió que los procesos matemáticos se podrían realizar mediante unas reglas muy simples. Lo único que había que hacer era traspasar las instrucciones de cálculo a un lenguaje comprensible para una máquina, y por ello construyó la máquina de TURING, que es una construcción intelectual extraordinaria. Lideró un equipo de analistas en la Segunda Guerra Mundial, que se dedicaron a descifrar los códigos nazis de la máquina Enigma. Ello fue una aportación que resulto ser bastante decisiva en el devenir de este conflicto. Quiero recordar que TURING tuvo un final lamentable de su vida producto de la intolerancia de la época que le tocó vivir, fue acusado de homosexualidad y se suicidó. Todo lamentable, pero gracias a Alan TURING, se supo cómo *obtener*, *almacenar*, *procesar* y *utilizar* información mediante máquinas que poco a poco fueron mejorándose, pero siempre basados en códigos binarios. Él empezó la revolución informática.

Por cierto, la leyenda dice que Steve JOBS simbolizó la marca APPLE con el logotipo de una manzana mordida en honor a Allan TURING. Esta representa el modo en que el desdichado de TURING se suicidó al morder una manzana a la que había inyectado previamente una buena dosis de cianuro.

Claude M. SHANNON

Este fue un matemático y ejecutivo de la compañía Bell americana, que escribió un artículo fundamental en 1948 llamado *"A MATHE-MATICAL THEORY OF INFORMATION"*. Este artículo resultó esencial y sentó las bases matemáticas de la era digital, pues describió cómo se transmite y recibe información y marcó un hito; es una de las publicaciones científicas más importantes del siglo XX.

SHANNON fue el primero que utilizó la palabra "BIT", que supuso una auténtica revolución, pues a raíz de todas las combinaciones posibles se creó un idioma universal capaz de trasmitir cualquier tipo de información, un sistema capaz de diferenciar entre 2 estados distintos, el 1 o el 0. La mística que rodea al BIT es que es un **lenguaje universal, un único idioma para la transmisión de información a partir de esos dos estados de unos y ceros,** independiente de la lengua que hable el transmisor o receptor de dicha información.

Las Unidades de Información según VEDRAL

Según el físico de Oxford Vlatko **VEDRAL**, la información es el mejor concepto que se tiene para explicar el origen de la realidad. Esta solo podría explicarse en términos de información, ya que sin ella no existe ni la materia ni la energía. La realidad solo puede ser comprensible con una mayor cantidad de información, y las leyes de la naturaleza contienen **información comprimida**; a partir de ella se construye la realidad, sería el hilo conductor.

VEDRAL propone que la información es lo más importante, cuando se analizan las unidades fundamentales de la realidad, ya no debemos pensar en esas unidades como **fragmentos de energía o materia**, sino como **"unidades de información"**. Su hipótesis propone que estas son las que **crean la realidad**.

A modo de ejemplo: imagina que mientras lees este libro yo estoy sentado frente a ti. Si no me estuvieras observando, la cuántica te diría que yo podría estar en muchas otras ubicaciones a la vez; sin embargo, como mis átomos emiten luz, cada vez que los fotones llegan a tus ojos, ves exactamente la información sobre de dónde procede esa luz y sabes que estoy enfrente de ti. Como además son muchos los fotones que mi cuerpo emite por segundo, sigues recibiendo la información de que estoy sentado aquí, hablando contigo. Pero si pudieras aislarme de algún modo y asegurarte de que no emitiera ninguna información, entonces probablemente podría estar en varios sitios simultáneamente. Ya lo sé, no hace falta que me digas que esto que lees es muy extraño, pero la hora de crear la REALIDAD, la **sustancia fundamental** del universo **sería la información**, que es una unidad con una magnitud física que puede ser medida, cuantificada, almacenada y usada.

En su fascinante libro *"DECODING REALITY"*, VEDRAL plantea que **los hechos más sencillos son binarios**. Por ejemplo: un interruptor está encendido o apagado, un hombre está sano o enfermo, un coche arranca o no arranca, un test del Covid te dice si das positivo o negativo, etc. Los hechos que se pueden describir de esta manera contienen un BIT de información, pero cuanto más complejo es un hecho, más BITS se necesitan para describirlo. El código genético, el ADN, no es nada más que una secuencia de instrucciones básicas para el funcionamiento del organismo. La REALIDAD estaría "codificada" en bits de información; sería el marco natural sobre el que podemos entenderla. Cada vez que aumentamos el conocimiento, la información se irá comprimiendo y dando acceso a más información. La naturaleza va destapando cartas indefinidamente. No cabría desechar que el universo no fuera sino un descomunal ordenador cuántico que ejecuta el mayor programa posible para generar nuestra realidad.

La información seria la base de la vida

El secreto mismo de la vida reside en la capacidad de la información de ser procesada almacenada y utilizada. La información misma es parte esencial de la vida como la estructura del ADN, que es el fundamento de la biología molecular. Todo lo que está contenido en el ADN de un ser humano no deja de ser información, la cual está marcada fuego con información codificada. Las reacciones cuánticas son esenciales para la vida, y la información para crear y replicar la vida **está codificada solo en 4 elementos diferentes**, las moléculas etiquetadas como A C T y G del ADN.

— A se empareja siempre con T.
— C se empareja siempre con G.

A partir de ahí, se inician todos los procesos de replicación del ADN de las células, ¿no es increíble? **La naturaleza utiliza 2 bits (de 4 moléculas) para codificar la vida**, lo cual permite contrariamente a lo que hacen los ordenadores, un procesamiento de la información mucho más eficiente. Ello nos lleva a pensar que el ADN es un **ordenador cuántico**, una **macromolécula**. La realidad parece comportarse como un complejísimo ordenador cuántico a todos los niveles. Diseño inteligente es quedarse muy corto a la hora de definir la realidad. No deberíamos atrevernos a creer en nada con una certeza absoluta sobre la realidad. El guion de *"Chuki, el muñeco asesino"* es más creíble que los misterios del comportamiento de la realidad. A escalas pequeñas, microscópicas, todo se rige por las leyes de la física cuántica, y esta es un desafío al sentido común. Personalmente, en vez de desorientación, lo que siento es absoluta fascinación.

En la actualidad, muchos científicos de gran reputación vienen a asegurar que la **sustancia fundamental del universo no es otra que la información**. Todo está constituido en su parte más elemental por unidades básicas de información, que **serían magnitudes físicas reales**. Cualquier partícula del universo, pedazo de materia o energía, estaría relacionada a modo de unidades de información que posibilitarían el funcionamiento del universo. La información sería algo físico que podría transformarse en energía y en materia.

Resumiendo:

— Los seres vivos hay que entenderlos como entidades **creadas por información**.

— La información es un elemento que **funciona en todos los niveles**, los campos, las partículas, los átomos y las moléculas.

— Un **bit** sería pues la **unidad básica** de información de cualquier tipo, dado que se puede expresar y almacenar mediante un proceso que seguiría dos alternativas la de un 0 y la de un 1.

— El ser humano ha transmitido información de muy diferentes modos, con **signos**, con **ruidos, palabras, escritura**, el **arte**, etc. No dejan de ser expresiones que trasmiten **información codificada** de diversos modos.

— La información se ha ido **modificando, aumentando, corrigiendo, complementando** desde tiempos inmemorables dependiendo del tipo de medio utilizado, aunque, sin duda, la escritura fue un paso esencial.

— La naturaleza ha utilizado un **código binario** para almacenar y procesar cualquier tipo de información, algo que se realiza en los ordenadores.

Transmitir información con ordenadores

La información en bits se transmite por ondas. Las ondas son un medio excelente para poder transmitir información en el universo. Las ondas son electromagnéticas y sonoras y pueden transportar información. La realidad se hace evidente tanto en internet como en la televisión, los radares o en la radio. Las ondas transmiten información codificada de los bits en una determinada frecuencia. Una cámara de televisión, por ejemplo, transforma las ondas electromagnéticas en señales eléctricas que una antena emisora las codifica modulando su frecuencia FM o su amplitud AM. Estas señales codificadas viajan por el espacio o mediante cables de cobre o mediante fibra óptica. Las antenas receptoras lo que hacen es entonces captar la señal y descodificarla, como cuando alguien habla por la radio. Igualmente, las ondas sonoras se convierten en señales eléctricas que una antena codifica transporta por el aire a un receptor que descodifica la señal y las transforma en sonido. Todo lo que están haciendo estos sistemas es transmitir información, y esta información contenida en esos medios por el que se transportan son elementos físicos.

La información también se puede **transmitir y almacenar en los discos duros de los ordenadores**, y utiliza para ello el magnetismo. Los discos duros de los ordenadores están compuestos de bases de aluminio recubiertos de un material magnetizable, que suele ser de óxido de hierro de cobalto, y son capaces de guardar campos magnéticos. Cuando uno está escribiendo sobre un disco duro circula una corriente creando un campo magnético que al ponerse muy cerca de la superficie del disco polariza los imanes microscópicos y los orienta en dos direcciones opuestas. Estas orientaciones son los unos y los ceros que codifican la información grabándola, y se hace según se va rotando el disco, grabando al orientarse los micro imanes y escribiendo los datos en forma de bits. Todo esto que ocurre es realmente impresionante, se hace adaptando la velocidad de giro del plato que suele ser entre 7.000 y 10.000 revoluciones por minuto. Ya se está investigando en almacenar estos bits de información en átomos, lo cual sería algo sorprendente. Pronto será una realidad.

¿Sería la Información el quinto estado de la materia?

Según el físico Melvin **VOPSON**, todo lo que existe son bloques de información, como ocurre con las computadoras. La masa de las partículas tiene información, cada átomo y partículas subatómicas lo que hacen es almacenar información muy parecido al ADN de los seres vivos. Para él, sería el quinto estado de la materia junto a las cuatro que conocemos: SÓLIDO, LÍQUIDO, GASEOSO y PLASMA. Esto no contradice la mecánica cuántica ni la relatividad; justo al contrario, la complementa. La información quizás pudiera estar anclada en la misma materia OSCURA que, de hecho, es más de un cuarto del contenido del universo. Según la creencia de la física actual la **información no desaparece**, siempre tiene que ir a alguna parte, nunca se pierde. Generalmente, se convierte en fotones gamma o en infrarrojos de baja energía.

VOPSON no fue el primero que intenta verificar la existencia del **quinto estado de la materia**. La NASA, en 2020, informó que había encontrado el quinto estado de la agregación de la materia en el **condensado BOSE EINSTEIN** con unas condiciones muy particulares de microgravedad, cercanas al cero absoluto. Las unidades de información son las que crean la realidad a través del filtro de un observador, igual que un aparato transforma el Wifi en sonido e imágenes. Pero la red cuántica del universo sería infinitamente más sofisticada; existirían muchos "Wifis" y sintonizaríamos con el que nos permitiera nuestra consciencia.

¿Sería la Información anterior a todo?

Posiblemente, sí. La información es el origen primordial de cuanto vemos. Si elimináramos toda la energía del universo siempre quedaría una mínima información de energía en el vacío en forma de partículas virtuales. Cada partícula y ser vivo se comportaría como el universo pues estarían sujetas al programa que forma todo. De hecho, los patrones se repiten, creamos redes interconectadas como las galaxias. No hay duda de que repetimos los mismos patrones que el cosmos necesita para crear algo, y eso es la información. VOPSON sugiere lo siguiente:

—que cada partícula tiene una unidad mínima que contiene 1509 bits de información,

—que al medir la totalidad de la información contenida del universo se llevaron una sorpresa, pues la información codificada en las partículas del universo visible es igual a 6x10 elevado a 80 bits de información del universo observable, y eso es una *Matrix* demencial y gigantesca que en términos computacionales es 7,5x10 elevado a 59 Zettabits, algo astronómico.

Imagina las dimensiones que debería tener un disco duro o memoria para almacenar toda esa información. Desde el comienzo de la era digital, que algunos historiadores fechan en 1991, los físicos han especulado sobre la sorprendente relación entre la información y el universo, ya que parece estar codificada en la luz, en las partículas y en todo lo que existe. Si se transfiere energía de unos sistemas a otros, y todas las partículas cuánticas son información, el universo podría ser un gigantesco ADN con múltiples estados y siempre habría existido. El **ADN** no es más que **información genética**, y gracias a ella expresamos la realidad con datos.

¿Una estructura matemática de información?

Max **TEGMARK**, del MIT, también cree que todo lo que existe, incluyendo los humanos, forma parte de **una estructura matemática**. La materia compuesta de partículas tiene propiedades matemáticas como la carga y el giro. Si profundizamos más en las PARTÍCULAS cuánticas, veremos que no son más que cuerdas vibrantes de energía que quizás existen en muchas dimensiones como muchas teorías proponen. Somos quizás parte de un programa sofisticadísimo e inmenso, pero un programa al fin y al cabo, que estaría contenido en un gran sistema cuántico. Solo hay que observar los patrones en la naturaleza, como la sucesión de Fibonacci. Saber que nuestro universo es matemático haría cambiar la forma de todo lo que vemos. Sería el eslabón perdido de muchos fenómenos, incluidos los de la materia y la energía oscuras. Sin darnos cuenta, estamos creando un nuevo universo. Todos los días en la Tierra, producimos y transmitimos un mar de información a través de las redes, vivimos una realidad virtual paralela al mundo físico que conocemos. Muchos ya no saben distinguir entre lo que es real y lo que no lo es. Bueno, quizás hoy en día aún sí, pero en unas décadas... no sé yo. Puede que muchas civilizaciones en el universo estén sumergidas en un mundo de realidad virtual, y por ello ¿es más real su universo o el nuestro?

50. Teoría de la SIMULACIÓN

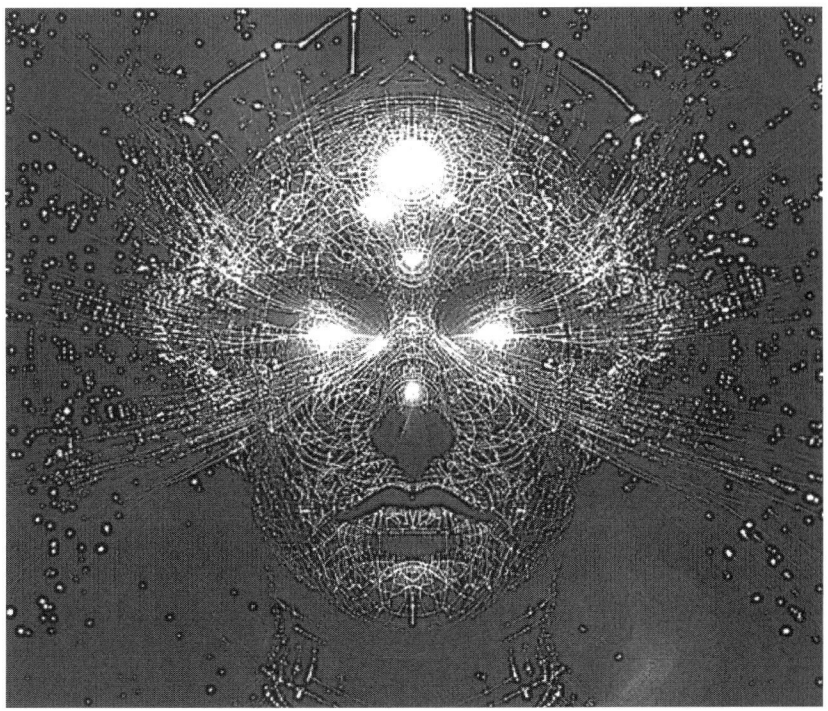

¿Vivimos en una SIMULACIÓN?

Esta teoría aborda la idea de que quizás seamos seres virtuales que vivimos en una especie de simulación informática. Teniendo en cuenta el radical desarrollo y la velocidad actual de la tecnología, hay quienes se plantean la posibilidad de que fuera posible. Acuérdate de *Matrix*, esa maravilla de película rodada hace ya muchos años pero que ha adquirido una gran actualidad, mucho más que cuando se estrenó.

¿Quién es NICK BOSTROM?

Toda esta idea se remonta a 2003, cuando el filósofo sueco de la Universidad de Oxford Nick BOSTROM publicó un originalísimo artículo titulado *"¿VIVES EN UNA SIMULACIÓN INFORMÁTICA?"*, en el que planteó que todo lo que experimentamos es parte de una sofisticada SIMULACIÓN creada por una civilización superior. Propuso lo siguiente:

"Si hubiera una posibilidad sustancial de que nuestra civilización llegara a la etapa posthumana y realizara simulaciones de ancestros, entonces, ¿cómo sabes que no estás viviendo en una simulación de este tipo?" "Si existen civilizaciones tecnológicas en el universo, y ejecutan simulaciones, debe haber una gran cantidad de realidades simuladas con habitantes de inteligencia artificial que pueden estar viviendo dentro de un juego, habitantes como nosotros. Estos seres podrían imaginarse a sí mismos reales, pero no tendrían forma física, existiendo solo dentro de la simulación".

BOSTROM no es un iluso, es el filósofo menor de 50 años más citado del mundo; pero no solamente eso, tiene estudios de física, neurociencia computacional, lógica e inteligencia artificial. Está en la lista de los 15 más importantes *World Thinkers* y sus trabajos académicos han sido traducidos a 30 idiomas. Desde que se publicó su trabajo ha habido un intenso debate entre físicos, filósofos y una parte de la comunidad científica sobre la naturaleza de la realidad que ha sacudido con esa idea tan provocadora y cautivadora a la que muchos asignan una alta probabilidad.

Ya en 2016, Elon **MUSK** mencionó que *"lo más probable es que estemos en una simulación"*. Hemos pasado de los simples videojuegos a juegos masivos online con gráficos tremendamente realistas y millones de jugadores haciéndolo simultáneamente, y cree que las nuevas generaciones de juegos serán de realidad virtual aumentada. En muy poco tiempo será difícil diferenciar la realidad de lo que no lo es. De hecho, las creaciones virtuales de personajes públicos, tanto en formato de vídeo como de audio, están al orden del día y son indiferenciables de sus originales. Son tecnologías que han llegado para quedarse y crecerán exponencialmente con inconcebibles posibilidades que no sabemos a dónde nos llevarán. El futuro se plantea inimaginable, y a ciertos niveles no será posible diferenciar la realidad de la ficción.

La tasa de mejora tecnológica es además incalculable, solo es una cuestión de tiempo, nada más. Los avances se prevén inconcebibles en áreas cómo la simulación, la computación cuántica, la inteligencia artificial o la biología cuántica. ¿Te lo imaginas? Yo no. Vivir realidades alternativas, curar todo tipo de enfermedades, detener los procesos de envejecimiento… y otros avances que no podemos ni imaginar se nos antoja inevitables. Cero dudas.

Imagina, por ejemplo, cómo serán las simulaciones dentro de **10.000** años, que en términos evolutivos eso es NADA de tiempo. Si aún tienes alguna duda y no te impresiona, te pregunto: ¿cómo serán en **50.000** años o en **500.000** años? ¿Sigo?

Científicos han calculado que las probabilidades de que estemos viviendo en una simulación son altísimas, más del 50%. De todos modos, debemos tomarlo como algo meramente especulativo; lo único que podría evitarlo sería un desastre natural apocalíptico que borrara nuestra civilización de la faz de la Tierra, lo cual en los próximos milenios parece improbable.

¿Seríamos simples avatares?

Si vivimos una simulación todos seríamos simples avatares con un tiempo de caducidad, creados por entidades avanzadas (*qué difícil es encontrar la palabra adecuada*) que han impuesto unas condiciones con unas reglas en la simulación, que no serían sino las leyes de la naturaleza y las constantes inalterables del universo.

El astrofísico Neil **DEGRASSE TYSON**, un tipo peculiar y simpático, opina que tenemos una probabilidad superior al 50% de que vivamos en una simulación y que la hipótesis de la simulación sea correcta. Este no deja indiferente a nadie y plantea que sería fantástico si los humanos fuésemos en realidad algún tipo de simulación. Se pregunta qué sucedería si los creadores de esas simulaciones se aburriesen y comenzasen a introducir anomalías que perturbasen la paz y tranquilidad que ellos mismos dieron vida. Estos supuestos creadores podrían moldear nuestra realidad a su antojo. Si lo piensas bien, ¿qué son sino las ideas en las que se basan las religiones? Sería algo más que curioso que fuesen las personas religiosas quienes tuvieran razón y seamos la obra de seres superiores pero muy diferentes a cómo se los imaginan.

Premisas de una Simulación

Esta hipótesis, como todas, también tiene sus escépticos. El físico Frank **WILCZEK**, tipo listísimo, opina que hay demasiadas complejidades desperdiciadas para que nuestro mundo y el universo sean simulados. Construir complejidad requeriría energía y tiempo. Sinceramente, esto no parece ser un motivo consistente, pues me temo que complejidades desperdiciadas hay en todos los sistemas, sobre todo en sistemas de los que sabemos tan poco como los que generan la energía del universo, los agujeros negros, la materia oscura, la energía oscura y demás desconocidas energías.

WILCZEK se pregunta también por qué un diseñador consciente e inteligente desperdiciaría tantos recursos para hacer nuestro mundo más complejo de lo necesario. Este razonamiento suyo no parece científico sino moral; las motivaciones o razones profundas de la existencia de la realidad, y menos aún las intenciones, en el supuesto de que provengan de entidades inteligentes avanzadas como ese diseñador al que se refiere (*si las hubiera*), a nosotros como humanos se nos antojan imposibles de descifrar. También es del todo imposible comprender cómo la industria musical desperdicia recursos energéticos considerables con el reguetón, y muy a pesar nuestro sucede. La única realidad es que existimos, que estamos leyendo este libro, y la hipótesis de la simulación vale la pena considerarla.

Para analizar si estamos viviendo en una simulación, habría que tener en cuenta ciertas premisas. Para una mejor comprensión, antes quiero mencionar lo que en la ingeniería informática significa la palabra "**ARTEFACTO**", que es el software de trabajo, los documentos de diseño, modelos de datos, los diagramas de flujo de trabajo, las matrices y los planes de prueba, y los scripts de configuración. Piensa en términos informáticos, entre las premisas para considerar seriamente la posibilidad de una SIMULACIÓN deberían incluirse las siguientes requisitos:

— Tener ordenadores que **ejecutan diferentes tipos de simulaciones** de inteligencias o algoritmos de distinto nivel.

— Tener cualquier **hardware informático** deja lo que se llama un artefacto de su existencia dentro del mundo de la simulación que está ejecutando, y ese artefacto es la **velocidad del procesador**.

— Cuando decimos artefacto, en este contexto estamos hablando de la **unidad central de procesamiento**, que es diseñada y fabricada por un ser inteligente.

— Si maginamos por un momento que somos un **programa de software** que se ejecuta en un ordenador, el único artefacto del hardware que lo soportaría sería la **velocidad del procesador**.

— Todas las demás leyes que experimentáramos serían las **leyes de la simulación o del software** del que formamos parte.

— Si fuéramos un SIM o un personaje de cualquier videojuego, la regla fundamental del juego es que cualquier cosa que hagas en la simulación estaría **limitada por la velocidad del procesador**. Es decir, la velocidad de procesamiento dicta una realidad física sobre la que opera. Y por muy completa que sea la simulación, la velocidad de procesamiento **limitaría las operaciones** de la simulación.

— Si efectivamente vivimos en una simulación, nuestro **universo también debería tener un artefacto** que tendría que darse dentro de las leyes de funcionamiento de nuestro universo simulado.

—Una vez definidas las propiedades del ARTEFACTO, este tendría que presentarse en la simulación con un límite superior, el cual sería absoluto. Ese **límite superior** sería la **velocidad de la luz**, un límite máximo que hasta ahora es inexplicable por la física, pero que sin duda existe y es absoluto. Por lo tanto, se podría llegar a la tesis de que constantes como la **velocidad de la luz** son el **artefacto del hardware** que demostraría que vivimos en un universo simulado.

Simulación y Consciencia

Todo ello plantea además un nuevo enfoque a la naturaleza real del espacio en el universo. Si efectivamente vivimos en una simulación, entonces **el espacio sería una propiedad abstracta**, en otras palabras, **el espacio no sería real**. Quizás por ello nunca no seriamos capaces de viajar de galaxia en galaxia, porque puede que tampoco sean reales.

Esto no es lo único que podría apoyar la posibilidad de que podríamos estar viviendo en una simulación. La pista más probable estaría escondida **justo delante de nuestros ojos**, o más bien detrás de ellos. Para explicarlo, imagina un personaje de un JUEGO de ROL. El **algoritmo** que representa al **personaje** y el algoritmo que representa **el entorno del juego** en el que se desenvuelve **están entrelazados** a muchos niveles, sin embargo, si asumimos que el personaje, el entorno o el mundo de juego están separados, el personaje no necesita una proyección visual de su punto de vista para interactuar con el entorno. Lo que vemos en la pantalla es *para nuestro beneficio* y así poder experimentar la sensación de estar en el juego. Otro ejemplo son las PELÍCULAS. Algunas suelen entrar en el punto de vista de los personajes para mostrarnos lo que ocurre y sienten desde su perspectiva. Esto no tiene ningún propósito para los personajes de la película y, una vez más, es solo *para nuestro beneficio*.

Ello nos lleva a considerar algo más, que la consciencia sería necesaria. Si consideramos que vivimos en una simulación, la consciencia podría describirse como una **interfaz integrada** entre el **yo** y el resto del universo. Por tanto, la única explicación razonable de su existencia sería que existe para ser una experiencia. Piensa en ello por un momento: no hay nada en la filosofía o la ciencia, en sus teorías o leyes que prediga la aparición de esta experiencia que llamamos consciencia. Así que podría haber dos explicaciones para su existencia:

—Que haya **fuerzas evolutivas que aún no conocemos** y que seleccionan la aparición de la CONSCIENCIA o experiencia.
—Que tal vez la CONSCIENCIA o experiencia **sea alguna función que cumplimos**, un producto que creamos como experiencia generada como seres humanos.

¿Para quién se estaría creando el producto de la experiencia?

Algo parece cierto, creamos la experiencia y no hay ninguna razón que explique por qué experimentamos lo que llamamos CONSCIENCIA. Y pudiera tener lógica que **sirviera a otra parte o mente**. Piensa que cuando  juegas a un Juego de ROL, la experiencia de los personajes es diferente a la del jugador. Este siente algunas de las alegrías o decepciones que se han diseñado para que la sienta el personaje y el personaje experimenta las consecuencias del comportamiento del jugador.

Como personaje en un juego de realidad virtual, sí sentimos la gravedad, pregúntate lo siguiente: **¿de dónde viene la sensación de GRAVEDAD?** Está existe en el espacio entre el personaje que se cae de una silla y nuestra mente que ocupa la mente del personaje. Podríamos estar percibiendo una pequeña parte de la experiencia nosotros mismos, y una versión más rica en información está siendo proyectada a alguna otra mente para cuyo beneficio la experiencia de la consciencia surgió. Una explicación sencilla de la existencia de la consciencia es que sería una experiencia **creada por nosotros**, pero **NO para nosotros**. Lo que esto trata de expresar es que quizás nuestra experiencia sea **para beneficio de ALGUIEN o ALGO** que **experimenta nuestra vida a TRAVÉS de nosotros**. Bueno, me frenaré en mi delirio sobre la CONSCIENCIA, es un concepto especialmente apasionante y hablaré de ello en el siguiente capitulo.

La Simulación sería para beneficio de otros

Según Fouad **KHAN**, editor de la revista NATURE ENERGY, los indicios son más que consistentes y pueden confirmar la posibilidad de una simulación. Si el universo es realmente una simulación en un mundo virtual, necesitaría una **fuente de energía,** un **procesador de tamaño titánico** como único elemento que residiría fuera de la simulación. La forma de detectarla sería gracias a la **velocidad de la LUZ**. Un procesador de tal poder informático podría trabajar con la información a razón de una operación por segundo, algo que ocuparía una extensión igualmente grande de 300.000 kilómetros de largo y por tanto esa cámara de información **podría rastrearse**.

> *"La **velocidad de la luz** es un **artefacto de hardware** que muestra que vivimos en un universo simulado y el espacio es para nuestro universo lo que los números son para la realidad simulada en cualquier ordenador".*

Entonces, **¿cómo es que percibimos la vida como algo real?** KHAN menciona que ello se debe a una proyección subjetiva de ciertas variables dentro del software en el que vivimos inmersos. No seríamos dueños de todos nuestros actos realmente, sino que los algoritmos controlarían las variables ambientales y los personajes dentro de la simulación (*nosotros*). A ello se sumaría que ni siquiera lo que vivimos en la simulación virtual sería en beneficio de los protagonistas, sino que serviría a espectadores exteriores que estarían viendo la "*película*" de nuestras vidas. El universo sería una simulación diseñada con una salida audiovisual integrada que otra inteligencia puede aprovechar. Viviríamos una simulación informática.

KHAN retoma la especulación filosófica que ya mencionamos de Nick BOSTROM, quien propuso que el universo es una monumental simulación. Sin embargo, aquel aporta algo muy relevante al debate: plantea que hay **indicios consistentes que confirman la posibilidad**. Considera que, si el universo es una simulación, necesita una fuente, una especie de procesador gigantesco, que sería el que estaría fuera de esa simulación y el único objeto real de esta realidad. Para él, esta sería una proyección subjetiva dentro del programa informático en el que estamos y nos permitiría experimentar la sensación de que estamos en el juego que llamamos vida. Esta se desenvolvería como una película regida por algoritmos que modulan las variables ambientales y el estado de los personajes (*nosotros*). Todo con una salvedad importante y desconcertante: **lo que vivimos** en esta simulación **NO es para nosotros.** Insiste en la idea de que solo somos personajes de una "*película*" que participan en una trama para beneficio de otros. La consciencia que tenemos de nuestra experiencia sería una **interfaz subjetiva integrada** entre cada uno de nosotros y el resto del universo. Y para ello sería necesario combinar nuestros 5 sentidos físicos.

A su vez matiza que esa consciencia no está en el guion de las leyes naturales de la simulación y que la explicación del hecho de que nos demos cuenta de nuestra experiencia es porque es de utilidad para los que están fuera de la simulación; esos supuestos espectadores que están experimentando la "*película*" de nuestra existencia. Si nuestra consciencia es un producto para otra inteligencia, lo más probable es que **esa inteligencia esté viviendo una experiencia propia a través de la nuestra**. Sería algo así como cuando nosotros sentimos la gravedad a través de un personaje de videojuegos que se tira a una piscina.

Por ello concluye que el último sentido de la evolución que vivimos como especie humana sería la creación de salidas audiovisuales integradas que otra inteligencia puede aprovechar. Gracias a la gravedad, quizás nos estamos dando cuenta de la gran *"conspiración"* en la que estamos para engañar a nuestros sentidos. KHAN concluye con una cierta sensación de impotencia: ***"Todo lo que podemos hacer es aceptar la realidad de la simulación y hacer de ella lo que podamos".***

El debate ya está abierto

Al margen de lo que nos pueda parecer el razonamiento de KHAN, lo cierto es que el debate acerca de si vivimos en una ilusión informática se intensifica a medida que desarrollamos nuevas tecnologías. De hecho, ya disponemos de ordenadores que ejecutan todo tipo de simulaciones para inteligencias o algoritmos de nivel inferior, lo que de un modo aun inicial se podría considerar una huella clara del espejismo en el que quizás vivimos.

KHAN se alinea pues no solo con BOSTROM y con el visionario Elon MUSK, sino también con el astrofísico de la Universidad de Columbia David KIPPING, para quienes las posibilidades de que estemos en una simulación son altísimas y ciertas.

Este debate cuenta también con detractores, como la física alemana Sabine HOSSENFELDER, quien, dotada de esa soberbia tan germana considera que no tiene sentido dedicarle tiempo a esta teoría a pesar del apoyo de muchos notables colegas suyos. Otros también lo ven improbable porque el gran ordenador que sostuviera al universo en toda su complejidad de manifestaciones jamás podrá ser construido. Esto, con todos mis respetos, no es una razón; ya vimos que el tema de las magnitudes es algo muy relativo y monstruoso en sí mismo. También sería incomprensible para un Australopiteco o para una ameba de las profundidades del Atlántico la existencia de agujeros negros o las ondas gravitacionales. Y, hace no tanto tiempo, ¿COPÉRNICO hubiera aceptado que el número de estrellas aproximado en las galaxias

del universo visible es aproximadamente 100.000.000.000.000.000.000.00
0.000? ¿O que el número de átomos en un ser humano sea un numero
con tantos ceros que no cabe en este libro?

El hecho de que a alguien le parezca algo complejo o enorme no es
más que una evaluación subjetiva. Muchos son los datos ya demostra-
dos de la física y de la realidad que eran impensables hasta hace bien
poco, y ello muy a pesar de algunos que no fueron capaces de imaginarlo hasta que se demostraron que *"son las que son"*. La posibilidad
de que vivamos en una SIMULACIÓN, sin duda, sigue moviéndo-
se en el terreno de la epistemología (*la filosofía de la ciencia*), pero se
encuentra la espera de más descubrimientos que nos desvelen la naturaleza real o virtual del universo. Mientras tanto, toca esperar y no
pontificar en exceso.

¿Cuál sería entonces la realidad subyacente?

La física actual ya no deshecha explicaciones que antes podían
ser consideradas inverosímiles o extravagantes. Algunas de las teorías
parecen más cercanas a la ciencia ficción, pero es que en los últimos 30
años son tantos los avances tecnológicos y de cálculo computacional (*y
lo que nos espera con la computación cuántica*), que resultará excitante
comprobar los avances en la ciencia y la física. Sobre todo, a partir del
momento en que los ordenadores cuánticos se incorporen de verdad a
la ciencia y la investigación. Entonces, el avance será exponencialmente milagroso. Al tiempo.

Son muchas las cuestiones fascinantes que plantean los científicos,
y una de ellas es esta, que quizás no vivamos en un mundo tal como
lo percibimos sino en un mundo en una banda de frecuencia de información desconocida. Nuestra realidad física es la que percibimos
a través de nuestros sentidos, pero esconde otras realidades físicas. No
vemos lo que existe en el espacio a nuestro alrededor. El espectro electromagnético es solo el 5% de lo que existe en el universo en forma de
energía y otras posibles formas de materia, algunas desconocidas. De
hecho **la luz visible es la única banda de frecuencia que podemos**

ver, y ello es una fracción muy pequeña del espectro. Por eso lo que experimentamos es un mundo físico en donde unas cosas están separadas de otras. Pero solo lo "*parece*", no es así ni por asomo, solo es la forma en que lo experimentamos. Una red WIFI, por ejemplo, no deja de ser información que viaja a nosotros y que percibimos a través en campos de ondas de radiación, y ello es física elemental real.

El Proceso de Descodificación

Hoy disponemos de herramientas tecnológicas como ordenadores, inexistentes en el pasado y ahora accesibles a toda la población. Estos funcionan de tal manera que captan esos campos de radiación y los "decodifican", así que lo que vemos en la pantalla no tiene absolutamente nada que ver con esos campos que generan esas imágenes en su forma primaria. Es lo que exactamente haríamos para crear la realidad. Vivimos en un océano de información casi ilimitado de datos y probabilidades. De hecho, **nuestro cuerpo es un ordenador biológico que utiliza procesos de descodificación de la información** que provienen de diferentes campos y los proyecta en nuestra pantalla particular que es nuestro **cerebro**. De este modo, percibimos olores, visiones, sensaciones del tacto etc. Ese **proceso de Descodificación** es seguido después por un **proceso de Construcción** de lo que percibimos y creemos que es el mundo externo que nos rodea. Pero, en realidad, **TODO sucede "dentro" de nuestra mente**. Pongamos un ejemplo siguiendo el razonamiento siguiente:

—El AIRE nos envía información **vibratoria** que llamamos SONIDO, el cual se convierte en información **eléctrica** que va al cerebro, pero el sonido no existe como tal, **no lo oímos hasta que no lo descodificamos**.

—Solo cuando podemos descodificar la información es cuando "*escuchamos*" el SONIDO como tal.

—Si hablas, tus cuerdas vocales crean un campo de frecuencia de información, y **hasta que no se decodifica la información** vibratoria que son las palabras, tu interlocutor no entenderá nada.

Aparentemente, vivimos en un mundo lógico para nosotros, pero la realidad es que es un mundo que una vez decodificado es holográfico, en 3 dimensiones. Por tanto, no estamos muy lejos de lo que es la realidad virtual, la cual según avanza la tecnología (*sobre todo la biología cuántica*), quizás no sea muy diferente de la realidad que experimentamos. Los científicos de esta especialidad aseguran que en poco tiempo no podremos distinguir entre la realidad y la realidad virtual. Acojona, ¿verdad? Pues sí, para qué negarlo.

Hoy en día, los aparatos de realidad virtual utilizan **sistemas de Descodificación** como son unos guantes, que simulan el sentido del tacto, y un casco, que simula el sentido de la visión y del oído. lo que hacen estos juegos es introducir una fuente alternativa de información que los sentidos decodifican y con ello crean esa "*aparente*" realidad. En muchos casos, son ya tan increíblemente reales que la gente reacciona de un modo emocional ante lo que es simple información que reciben sus sentidos. Hay miles de videos en internet en los que impresiona ver las reacciones de la gente ante peligros simulados y creados artificialmente mediante aparatos de realidad virtual.

Y volviendo a la CONSCIENCIA

La consciencia es algo que proviene de algoritmos complejos, como los que ocurren en computadoras modernas que realizan cálculos increíblemente rápidos. Se cree que en el cerebro hay conciencia computacional, aunque se realice de un modo inconsciente, pero eso es harina de otro costal. La conciencia como tal parece algo diferente; cuando comprendemos algo, no es realmente computar, es algo más que sucede en nuestra cabeza siguiendo las mismas leyes que se aplican para el universo desconocido. Y esas leyes no es algo que comprendamos plenamente hoy en día. Hay algo que está fuera de las leyes computacionales de la física. En sus investigaciones, Roger **PENROSE** defiende que *"existen sucesos que no comprendemos y que podría ser dónde está el gran misterio de nuestra comprensión física actual"*. Son muchas las lagunas. Por ejemplo, no sabemos qué es lo que gobierna la MASA de las partículas. La mayoría de estas cosas no tienen una relación directa con el cerebro; es un camino incorrecto, una gran laguna en la comprensión de esas leyes, y esta gran laguna se encuentra dentro de la mecánica cuántica actual. Pero entremos en materias más profundas: la CONSCIENCIA. Ya empieza a *"merodearnos"* en todas las reflexiones y es el objetivo de los siguientes capítulos.

PARTE VIII.
GRANDIOSOS ENIGMAS
Y CONTROVERSIAS

51. La fascinación de las Magnitudes

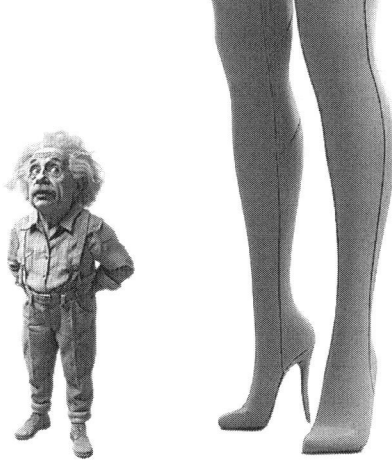

Las MAGNITUDES: los tamaños y las distancias

Una de las razones por las que una persona ordinaria siente vértigo ante la física es el irremediable desconcierto que le provocan sus **magnitudes**, **tamaños** y **distancias**. Las demenciales escalas a las que nos enfrentamos al hablar del universo y la cuántica nos desarman y nos deja en un estado de desconcierto. Asimilar y visualizar sus magnitudes puede confundirnos o, por el contrario, fascinarnos (*como a mí*). Como buenos mamíferos, el miedo atávico a lo desconocido se encuentra bien anclado en nuestro cerebro, pero tenemos la opción de tomárnoslo todo con sentido del humor, así que procedamos a plantearnos algunos de los innumerables enigmas.

El delirio de la VELOCIDAD de la luz

La velocidad de la luz es de **299.792** kilómetros por segundo pero redondeamos a 300.000 km para facilitar los cálculos. Visualizar una velocidad así es complicado para nuestras mentes porque no es que recorra 300.000 km en una hora (*que ya sería increíble*), ¡es que lo hace en **1 segundo**!

—Imagina que viajas en un **SUPERAVIÓN ultrasónico**. Si fuese capaz de viajar a la velocidad de la luz, en **1 segundo** daríamos unas **7 veces y media la vuelta a la Tierra**. ¡No está mal! ¡Esa es la velocidad a la que se mueve un fotón de luz!

—Imagina un viaje en **COCHE Madrid-Valencia**. Esto son 354 km. A 120 km por hora tardarías unas **3 horas**, dependiendo sí paras o no para comprarte unas patatas fritas y un bocadillo. Pues bien, la LUZ recorre esa misma distancia en solo **0,00118 segundos**, que es un periodo de tiempo que nuestro cerebro simplemente no puede ni percibir.

—Imagina un viaje imaginario en **COCHE a la LUNA**. La distancia de la Tierra a la Luna es de 384.400 km, aunque varíe dependiendo del momento de su órbita con respecto a la Tierra. Si hubiera una gran autopista que te permitiera viajar en un COCHE imaginario a la Luna, y lo hicieras a una velocidad media de **120 km** por hora, tardarías en llegar a la luna **135 días**, que son **4,5 meses**, que a su vez son **11.727.457 segundos**. Ya deberías llevarte una buena remesa de frutos secos porque se te haría largo. La LUZ recorre esa misma distancia en **1,28 segundos**.

—Imagina un viaje en una **NAVE a ALFA Centauri**. Te recuerdo que dentro de nuestra galaxia (*la Vía Láctea*) la estrella más cercana al Sol es ALFA CENTAURI. En términos terrenales, es como esa entrañable señora mayor que vive en nuestro edificio y a la que ayudamos con las bolsas de la compra cuando nos la encontramos en el ascensor. Pues bien, ALFA C. se encuenta a **4,36 años luz**, que es lo mismo que decir que su luz tarda en llegar a la Tierra 4,36 años. Ello significa que está a **41.249.088.000.000 km** de la Tierra (*41,2 billones de km*). No está mal, ¿verdad? Pues si tú viajaras en la **NAVE más veloz jamás construida** por el ser humano a la velocidad máxima jamás registrada, que fue de **39.897 km hora** que alcanzó el APOLO, tardarías en llegar a ALFA Centauri ¡**118.023 años**! Para una mejor visualización, alguien a **120 km hora** en un coche imaginario, tardaría en recorrer esa distancia **39.240.000 años** *(¡más de 39 millones de años!)*. Esto es el vértigo a las MAGNITUDES al que me refiero.

El delirio del TAMAÑO del Universo

El número aproximado hoy en día de galaxias que hay en el **UNIVERSO** es en torno a **2 billones** (2.000.000.000.000), lo cual es 10 veces más de lo que se creía hace no tanto. Para mayor escándalo, esto es solo en el **universo observable**. Nuestra galaxia, la Vía Láctea, no es más que una minúscula molécula de agua en un océano cósmico, que abarca entre **200.000 y 400.000 millones de ESTRELLAS**, como nuestro Sol.

Es imposible ni acercarse al **número de ESTRELLAS** que puede haber en el universo, pero puestos a estimar se considera que **entre TODAS las galaxias del universo visible** el número de estrellas pudiera rondar las **100.000.000.000.000.000.000.000** (*100.000 trillones*). De planetas (*similares o no al nuestro*), ya ni hablemos. Esto es el vértigo a las MAGNITUDES a las que me refiero. Ejemplo muy visual en nuestro universo. Sigue el siguiente ejemplo:

— El **diámetro** del **UNIVERSO** observable son **93.000** millones años luz.

— El **diámetro de la Vía LACTEA** son **100.000** años luz.

— El **radio de nuestro SOL** son **700.000 km**, unos 10 elevado a 9 veces el diámetro de la TIERRA; si el SOL fuera una ciudad de **20 km** de diámetro, la TIERRA sería del tamaño de **1 aceituna.**

— Tenemos **30.000 billones de células en el cuerpo**, una CÉLULA es menos microscópica que la TIERRA comparada al UNIVERSO.

— Las **CÉLULAS**, a pesar de ser tan minúsculas, están formadas a su vez por **100.000 billones de ÁTOMOS**.

— Y si entramos dentro de un **ÁTOMO resulta que el 99,9% de ellos están vacíos**. Sus partículas elementales solo ocupan una parte ínfima de su estructura, por lo que podemos decir que la materia está casi formada por la NADA. Y en esa NADA se esconden minúsculos elementos del mundo cuántico que dan vida a la realidad que conocemos. Aunque estemos formados por ÁTOMOS, la naturaleza profunda parece aún más lejana que los confines del universo observable. TODO fantasmagórico. Esto es el vértigo a las MAGNITUDES.

El delirio del TAMAÑO de lo cuántico

Siguiendo ya con los tamaños de lo microscópico y la cuántica, aquí las dimensiones cuesta ponerlas por escrito por la cantidad de decimales y ceros que contienen. Hay que recordar que un micrómetro o **MICRA** es la unidad de longitud que equivale a una **millonésima parte de 1 metro**, *(es decir, 10 elevado a -6 metros)*. En otras palabras, una MICRA es la milésima parte de un milímetro (o 0,000001 metro). Pongamos los siguientes ejemplos, pero antes asegúrate de estar sentado para no caerte al suelo:

— 1 **CÉLULA** son 7,00 a 150 micras = **0,000007 a 0,00015 metro.**

— 1 **BACTERIA** son 0,30 a 0,5 micras = **0,0000003 a 0,0000005 metro.**

—1 **VIRUS** son 0.02 a 0.75 micras = **0,00000002 a 0,00000075 metro**.

—1 **MOLÉCULA** es un conjunto de átomos interrelacionados por enlaces químicos, y se la considera **la parte más pequeña de una sustancia que aún conserva propiedades físicas y químicas**.

—2 litros de **OXÍGENO** contienen **100.000.000.000.000.000.000.000** moléculas. Así pues, cuando des un par de bostezos mientras un amigo te enseña el video de su boda, que sepas que en tus pulmones habrán entrado casi el mismo número de moléculas que de estrellas hay en todo el universo observable. Esto ya no da vértigo, directamente colapsa el cerebro.

—1 **ÁTOMO** son 0,00001 micras, **0,00000000001 metro** *(100 billonésimo de metro).* En 1811, Amedeo AVOGADRO estimó su tamaño en 1 ANGSTROM *(nada que ver con el ciclista)* que son 10 elevado a -10 metros. Repito, un ANGSTROM es ¡la diezmilmillonésima parte de 1 metro! En 1 centímetro caben ¡100 millones de ÁNGSTROMS! Todo esto lo explico tan explícitamente porque los átomos se separan unos de otros por ¡unos cuantos ANGSTROMS!

—1 **NÚCLEO** atómico son 0,000000001 micras = **0,0000000000000014 metro.** En 1911, Ernest RUTHERFORD precisó que, según la estructura del átomo, el núcleo atómico tenía este tamaño.

—La **distancia** entre el NÚCLEO de un átomo y los ELECTRONES que se mueven a su alrededor es el equivalente a que el NÚCLEO fuera una pelota de baloncesto (de 24,3 cm diámetro) y sus ELECTRONES estuvieran orbitando a 35,3 km de distancia de la pelota.

—En cuanto a las **partículas subatómicas**, es aún más extremo. Solo decir que individualmente los PROTONES y NEUTRONES son aún más pequeños que el núcleo del que forman parte.

Y a su vez los ELECTRONES son aún más pequeños, y los QUARK son aún mucho más pequeños... etc.

Reflexiones sobre las magnitudes

¿Dónde estará el límite? Nadie lo sabe con certeza y se tardará en saberlo, si es que algún día es posible. Las magnitudes del TIEMPO son también igualmente incomprensibles para la mente humana. Me remito al capítulo de las UNIDADES de PLANCK, en el que se explican en detalle. La inevitable reflexión de todo lo anterior es que el UNIVERSO y la REALIDAD se nos muestran inimaginables a nuestra escala. A nuestra mente se le hace complicado tener ni la más remota idea del espacio y el tiempo en donde habitamos, de las dimensiones en las que nos movemos y la realidad que nos rodea. Analizar estos datos es interesante, pues nos hace ser conscientes (*de nuevo surge la importancia del tema de la CONSCIENCIA*) de que todo es a buen seguro muy diferente de lo que podamos ni siquiera intuir. Aquí radica la fascinación de las magnitudes que nos muestra la física. Sin duda, todo es tan alucinante que no queda otra que tomarnos este asunto con mucho sentido del humor, y recordar aquello que Calderón de la Barca nos propuso en 1635 al final del monologo del Príncipe Segismundo de su obra teatral LA VIDA ES SUEÑO:

> *"Yo sueño que estoy aquí destas prisiones cargado,*
> *y soñé que en otro estado más lisonjero me vi.*
> *¿Qué es la vida? Un frenesí.¿Qué es la vida? Una ilusión,*
> *una sombra, una ficción, y el mayor bien es pequeño;*
> *que toda la vida es sueño y los sueños, sueños son".*

52. El Misterio de la Simplificación

¿Por qué las leyes que gobiernan el universo son las que son y tendemos a unificar?

Esta pregunta es casi metafísica y, por supuesto, no tiene una respuesta clara. Sin embargo, permite que tomemos conciencia de la causalidad de la existencia y de la posible razón subyacente de unas reglas del juego concretas que quizás no pueden ser diferentes de las  que son. La física nos muestra unas leyes que desvelan una naturaleza mucho más profunda de lo que podemos imaginar. Siglo tras siglo, el ser humano ha ido desgranando esas reglas y leyes como quien cava un túnel que parece no tener final, y cuando atisbamos algo de luz, una meta, de nuevo surge una nueva jungla aparentemente infinita. Las leyes parece que fueron rigurosamente establecidas, lo que inevitablemente nos conmina a plantearnos la pregunta ultima de la existencia:

— ¿QUÉ o QUIÉN plantó esa **primera semilla** del universo? Esa sustancia con la **información necesaria** que posibilitó que el espacio se expandiera, la materia se creara, la vida surgiera y el universo continuara expandiéndose a velocidad cada vez mayor.

Sus leyes y normas vienen determinadas por el diseño mismo del juego. Cada uno puede interpretar la aplastante realidad de acuerdo con sus creencias, pero la prueba de lo que es o no es, se encuentra en la realidad misma, en las reglas y leyes que gobiernan los hechos que las describen. Todo ello resulta apasionante mires por donde lo mires. *¿De dónde proviene todo?* *¿Por qué existe la realidad misma?* Son incontables los misterios y en el fondo la ciencia y la espiritualidad buscan lo mismo. La ciencia persigue una explicación racional de la existencia, la consciencia, el universo y demás aspectos de la naturaleza. ¿Y qué buscan la espiritualidad y las creencias filosóficas? Lo mismo: dar sentido a la existencia. La única diferencia es que la ciencia se basa en hechos demostrables. El filósofo y el religioso buscan un ente único que explique todo, que dé sentido a la existencia. La ciencia, con la misma inquebrantable fe, busca esa teoría que lo unifique todo. La misma unificación que busca el creyente la persigue el científico; ambos ansían resolver el enigma de los enigmas. Y si algún día hallamos una teoría unificada, la pregunta primaria seguiría inalterable: *¿quién creo esa teoría única?*

Tendemos al Reduccionismo

Los seres humanos tendemos a la simplicidad, a la causa común, a la búsqueda de un factor unificador. Tratamos de reducir al máximo, y ello es tan propio del pensamiento científico como del espiritual y filosófico. Es normal que sea así, los seres humanos tendemos a simplificar hasta el extremo. Así nos es posiblemente más fácil comprender y sobrevivir.

Los científicos buscan la belleza en las matemáticas y en las formulaciones de la naturaleza, lo cual no es sino reduccionismo. Por ello, las religiones acabaron por ser monoteístas, ya que tendieron a dar explicaciones que encajaran también por su simplicidad. Nuestro cerebro converge siempre hacia soluciones unificadas que simplifiquen y faciliten su comprensión y así facilitar la supervivencia. El tamaño del cerebro tiene unos límites fisiológicos, ello no se puede superar, así que el reduccionismo es inevitable. Un gran psicólogo americano, Abraham **MASLOW**, tipo inteligentísimo, pronunció una frase que describe perfectamente esto:

"Cuando el único instrumento del que disponemos es un martillo, todos los problemas parecen clavos".

Necesitamos explicaciones simples, concretas, reducidas, si es posible una única respuesta, ya sea en forma de un solo creador del que todo partió o una sola teoría del todo. El espiritual, el filósofo y el científico tienen una aspiración común, unos objetivos casi idénticos. Por eso las soluciones deben ser sencillas dentro de la enorme complejidad, o como los físicos y matemáticos dicen: ***las ecuaciones deben ser bellas***. Dada la limitación de nuestro hardware y software biológico, puede que nuestra realidad última nunca llegue a sernos desvelada o se nos revele diferente a como podemos sí quiera imaginar. Así que habrá que aceptar deportivamente que, dadas las limitaciones de nuestro propio material, quizás nada sea como imaginamos. Alguien podría plantearse por qué seguir haciendo preguntas con tan pocas probabilidades de respuesta. Causa perdida, el ser humano es un explorador, un colonizador intelectual. Si tú no lo haces, será otro el que ponga su empeño en ello. Conocer la realidad es apasionante, la mejor de las aventuras. Teólogos y creyentes deberían estudiar física, y los científicos adentrarse en terrenos filosóficos y espirituales.

La Navaja de Ockham

La simplicidad viene apoyada por teorías interesantísimas como la "navaja de Ockham". **Guillermo de OCKHAM** fue un fraile franciscano del siglo XIV, que postuló la idea de que "**la explicación más sencilla suele ser la correcta**". Esta define a la mente del ser humano por su tendencia a la simplicidad, a la unificación, a la explicación final de las cosas. Una unificación que dé respuesta a todas las preguntas. Gottfried **LEIBNIZ**, gran filósofo y mejor matemático, conocido entre otras muchas razones por sus controversias con Isaac NEWTON en el siglo XVII acerca de cuál de ellos fue el que inventó el cálculo, mantenía que la mayor prueba de la existencia de un creador era nuestra propia existencia. La mejor razón que tenía para explicar un creador era que un ser independiente lo había creado a él.

Las leyes físicas fundamentales difieren muchos de las humanas por algo muy curioso, las leyes humanas son muchas y muy complejas, en cambio el mundo de la física contiene POCAS leyes, son SIEMPRE LAS MISMAS y funcionan EN TODO LUGAR. Estas leyes se expresan en el lenguaje de las MATEMÁTICAS, que es el lenguaje de la ciencia. Todo ello viene a significar algo muy sorprendente: que **bastan unas pocas leyes para gobernar nuestra realidad física y la del universo**. Por ejemplo, tanto el electromagnetismo, la fuerza nuclear fuerte, la fuerza nuclear débil y la gravedad (*las 4 fuerzas de la naturaleza*), funcionan perfectamente y se pueden expresar de forma precisa y exacta con unas cuantas ecuaciones matemáticas, lo cual es algo más que sorprendente, casi milagroso.

53. El Misterio de la vida

Milenio tras milenio, hombres y mujeres de toda condición y raza se hacen la misma pregunta: **¿cuál es el sentido último de la vida?** Aparte de nuestra replicación como organismos, marcada a fuego en nuestros genes e impulsada por el instinto de supervivencia, queremos saber sí existe alguna otra razón, motivo o sentido de nuestra existencia.

Solo en ocasiones nos planteamos el sentido de la vida, y suele suceder cuando afloran las dificultades o perdemos el rumbo. Ante ello, nos preguntamos si la vida tiene un sentido o si somos nosotros mismos los que decidimos darle un sentido. Quizás somos seres colonizados por bacterias y virus, que solo tienen un propósito: existir y cumplir esa misión. Cada parte de tu cuerpo estaría diseñada para ese propósito; simplemente para que existas y cumplas esa misión encomendada.

Para los biólogos evolucionistas, los seres vivos cumplen un solo objetivo: sobrevivir y reproducirse. Las plaquetas tienen como función formar coágulos que ayuden a sanar las heridas y a prevenir el sangrado. Las bacterias de tu intestino favorecen la síntesis de compuestos como las vitaminas, y así un larguísimo etcétera. En cada acción que hacemos gastamos ENERGÍA, una energía que no se recupera. Al igual que el mismo universo, que, aunque se recicla y renueva, el destino final es quedarse sin ENERGÍA y desaparecer. Desde ese punto de vista, no "*parece*" haber ningún propósito trascendente para el universo y la humanidad.

El sistema de vida en la Tierra se define como un sistema predatorio que cumple la cadena alimentaria y está organizado de acuerdo con estas 3 sencillas reglas: crece y existe el mayor tiempo posible, toma lo que necesites para vivir y mantén a tu especie mediante la reproducción. Desde un punto de vista materialista, el hecho de estar vivos no tiene en sí mismo ningún propósito salvo la continuidad del genoma. La supervivencia y la diseminación de tus genes parece que es el objetivo principal y, como tal, tienes una misión como cada ser vivo de este mundo. El instinto de reproducción es el más poderoso creado de forma específica para garantizar la supervivencia de la especie. Por eso, cada vez que lo usas se estimulan diversas zonas del cerebro que te da una recompensa en forma de sensación placentera. Aunque el ser humano se las ha ideado para experimentarlas sin tener que reproducirse, aumentando aún más la entropía del universo.

Resumiendo, desde una perspectiva Materialista, el propósito del ser humano sería comer, vivir y fornicar, y no necesariamente por ese orden. Pero nos las hemos apañado de tal forma que comer, vivir y reproducirse es lo más complicado del mundo. Muchos creen que cuando mueras no te habrá servido de nada haber vivido. Todo lo que conseguiste, tu casa, tu dinero, tus posesiones materiales... desaparecerán y se quedarán en el olvido (*o aún peor, en manos de otros*). Sin embargo, si desde hace millones de años todos nosotros hubiésemos pensado que todo carece de sentido, no habría habido avances ni evolución, ni siquiera tú estarías aquí. Somos seres individuales pero la humanidad es una gran mente colectiva que trabaja para que todos existamos. Bien pensado, no nos diferenciamos de otros seres vivos. Aunque nuestros propósitos sean egoístas, el sistema de vida en la Tierra está estructurado para que dependamos los unos de los otros. Pero más allá de la vida en nuestro planeta, algo poco claro parece aguardarnos en el universo. Desde el comienzo de los tiempos, desde aquella abertura del espacio-tiempo que algunos llaman Big Bang, el universo se está muriendo poco a poco y aumentando su entropía (*su desorden*). Estamos en un universo que permite nuestra existencia y, si nuestra misión es sobrevivir, la misión de toda la humanidad es evolucionar y sobrevivir al fin del universo.

Es tal la incógnita de la desaparición física que la pregunta se convierte en puro existencialismo. Si eres creyente, te ahorrarás dudas y debates, aunque ni el más ferviente de los religiosos escapa a esta incógnita. La fe otorga la esperanza de otra vida, concede un gran premio aunque con condiciones, pues deberíamos cumplir con unos preceptos morales que varían de una religión a otra y que pueden resultar algo más que pintorescos. Estos preceptos suelen ser bastante similares, no son tan diferentes en las más de 4000 religiones del mundo, y la interpretación de estas varían además según el siglo que te toco vivir; pero eso es harina de otro costal. Si nos comportamos adecuadamente, el creador, el diseñador te recompensaría con un estado de felicidad eterno, en ello coinciden todas. Por ello, la religión otorga un sentido a la vida, eso es incuestionable, y premia con el mayor premio imaginable: el alma continuará existiendo por la eternidad. Para muchos, no tener a Dios significaría que la vida carece de sentido. No les culpo, la recompensa parece más que atractiva.

Todo el universo está estructurado en diferentes niveles y depende del punto de vista con el que lo observemos. Si nosotros fuéramos microbios para el universo, deberíamos contribuir a mantener su equilibrio. Por desgracia, en nuestro actual nivel de evolución no podemos ver más allá, igual que una bacteria no puede entender que forma parte de un cuerpo mucho mayor y que su existencia es necesaria para que otros existan. Si es así, todo tendría sentido en el universo y formaría parte de esa extraordinaria maquinaria que, como seres humanos, no podemos entender.

En la novela de ciencia ficción, "*Guía del autoestopista galáctico*", de Douglas **ADAMS**, se pregunta al poderoso ordenador llamado *disfrute* cuál es el sentido de la vida, del universo y de todo. La respuesta es que la pregunta está mal planteada y que esta debe ser de nuevo formulada correctamente para entender la respuesta.

El universo es el que es porque nosotros no podemos percibir otro. El universo que tiene más probabilidades de ser observado no es necesariamente el que es más probable que exista. Significa que nuestro universo podría ser de un tipo muy raro. Lamentablemente, no podemos saberlo porque no podemos observar donde no podemos existir. No obstante, con todo lo anterior no quiero plantear una visión pesimista ni muchísimo menos, y por ello te remito a los capítulos posteriores, en los que planteo una visión muy esperanzadora que refleja que esto puede que no sea el final, sino todo lo contrario.

54. El Misterio del Origen de la Vida

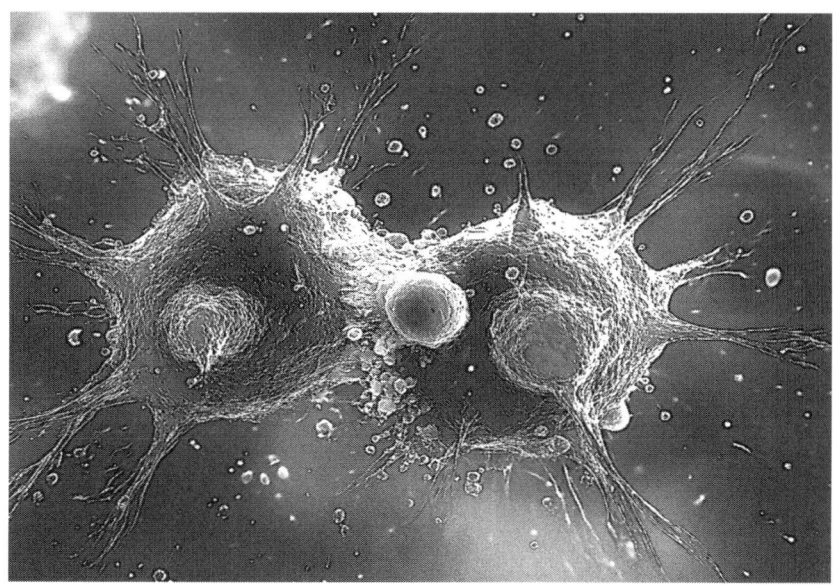

El Gran Misterio

Cómo surgió la vida en la Tierra es uno de los grandes misterios de la naturaleza. Saber cuándo y cómo apareció la primera forma de vida es un enigma apasionante. La Tierra se formó aproximadamente hace 4.500 millones de años. Sabemos que en la Luna hay fragmentos de roca da hace 4.000 millones de años. La Tierra tuvo durante cientos de miles de años unas temperaturas elevadísimas que hacían imposible la conservación del agua en su superficie. En cuanto al modo en el que surgieron los océanos, son diversas las teorías sobre si el agua pudo provenir de cometas que se precipitaron sobre la superficie de la Tierra trayendo consigo compuestos orgánicos y el agua misma durante los diferentes bombardeos de material estelar. Sin duda, fue un elemento esencial para la aparición más tarde de vida en formas muy básicas. A partir de estos bombardeos, sucedieron terremotos y los volcanes a lo largo de millones de años fueron el caldo de cultivo para la aparición de las primeras formas de vida. Sin embargo, todo sigue siendo una absoluta incógnita.

A partir de una serie de compuestos orgánicos, empezó algún tipo de reproducción que podemos entender como el origen de la vida. Debió ser químico, y la cuestión es cómo pudieron reunirse aquellos ingredientes que hicieron posible la aparición de formas de replicación. Se han realizado diversos experimentos en laboratorio que intentaban recrear esas **condiciones** iniciales hace millones de años, y lo que parece claro es que se necesitaron como mínimo amoniaco, hidrógeno, agua y metano. A partir de ahí, debieron surgir reacciones eléctricas a ciertos niveles de temperatura, pero repito: sigue siendo un misterio. De las mezclas de ingredientes pudieron surgir los aminoácidos básicos y esenciales que fueron precursores de la vida. Se han realizado experimentos, pero son complejos, y resulta extremadamente difícil replicar cómo fueron las condiciones de la Tierra en aquellas épocas.

¿Cuándo surgió la Vida en la Tierra?

Los geólogos calculan que la Tierra se formó hace unos 4.500 millones de años. Esta estimación se obtuvo tras medir la edad de las rocas más antiguas de la Tierra, así como las edades de rocas de la Luna y meteoritos, con lo que se denomina datación radiométrica que utiliza descomposición de isotopos radioactivos para calcular el tiempo transcurrido desde la formación de una roca.

El origen de la vida se cifra aproximadamente entre 4.000 a 3.500 millones de años. Ello puede corroborarse por los fósiles y la datación radiométrica. No obstante, CÓMO fue posible es la gran cuestión, y no parece fácil resolverla. Las teorías sobre el origen de la vida son mucho más complejas de lo que nos podamos imaginar. Nadie está seguro de que hipótesis es la correcta, o si la hipótesis correcta se encuentra a la espera de ser descubierta.

Durante muchos millones de años, la Tierra temprana recibió el impacto de asteroides y otros objetos celestes. Además, las temperaturas eran muy altas. Los primeros indicios de vida pudieron surgir durante una pausa en el primer bombardeo de asteroides, hace unos 4.400 o 4.000 millones de años, cuando la Tierra estaba lo suficientemente fría como para que el agua se condensara en los océanos. Sin embargo, se produjo un **segundo bombardeo** hace **3900 millones** de años, y es probable que solo después de este ciclo la Tierra dispusiera de condiciones para la vida continua.

Resulta apasionante imaginar la posibilidad de que exista vida en otros rincones del universo, y si fuera similar a la vida en la Tierra. *¿Vendrían esas formas de vida provistas de material genético cómo nuestro ADN? ¿Y existirían también células?* Solo se puede especular, ya que aún no hemos encontrado ninguna forma de vida ajena a la Tierra. Es algo complicado pues nos adentramos en un terreno muy especulativo.

Los primeros indicios de vida Fósil

Los primeros indicios provienen de fósiles descubiertos en AUSTRALIA Occidental que datan de hace 3.500 millones de años. Estos fósiles son de estructuras conocidas como estromatolitos que, en muchos casos, se formaron con el crecimiento de capa tras capa de microbios unicelulares, tales como cianobacterias. Los primeros fósiles de microbios, en lugar de solo sus subproductos, conservan los restos de lo que los científicos creen son bacterias metabolizadoras de azufre. Los fósiles también provienen de Australia y datan de hace unos 3.400 millones de años. Las bacterias son relativamente complejas, lo cual indica que la vida probablemente comenzó mucho antes que hace 3.500 millones de años. Sin embargo, la falta de indicios de vida fósil anterior dificulta o hace imposible determinar con precisión el momento en que se originó la vida.

Hipótesis OPARIN - HALDANE

En la década de 1920, el científico ruso Aleksander **OPARIN** y el inglés J.B.S. **HALDANE** propusieron de manera independiente esta teoría, según la cual la vida en la Tierra podría haber surgido paso a paso de materia no viva a través de un proceso de "evolución química gradual. Ellos pensaban que la Tierra en sus inicios tenía una atmósfera con muy baja concentración de oxígeno, en la cual las moléculas tienden a donar electrones. Por ello, según esta teoría, la vida surgió poco a poco a partir de moléculas inorgánicas. Primero, se formaron unidades estructurales como aminoácidos, y luego se combinaron para dar paso a polímeros complejos.

Los detalles de este modelo probablemente no son del todo correctos. Los geólogos hoy en día piensan que la atmósfera no era reductora, y no está claro si los primeros indicios de vida surgieron en los pozos a la orilla del mar. La idea básica es una formación espontánea paso a paso de moléculas simples a más complejas. Todavía es el elemento central de la mayoría de las hipótesis sobre el origen de la vida.

Hipótesis MILLER-UREY

En 1953, Stanley **MILLER** y Harold **UREY** hicieron un experimento para comprobar las ideas de OPARIN Y HALDANE. Determinaron que **las moléculas orgánicas podrían formarse espontáneamente**, aquellas que pensaban que eran similares a las de la Tierra en sus inicios. Se demostró, por primera vez, que las moléculas orgánicas necesarias para la vida podían formarse a partir de componentes inorgánicos. Construyeron un sistema cerrado que incluía un recipiente con agua caliente y una mezcla de gases que supuestamente abundaban en la atmósfera terrestre en sus inicios. Para simular los relámpagos que proporcionaron energía para las reacciones químicas en la atmósfera de la

Tierra primitiva, hicieron pasar chispas eléctricas a través de su sistema experimental. Lo sé, te estas acordando de *"El Jovencito Frankenstein"*. Después de una semana, comprobaron que se habían formado varios tipos de aminoácidos, azúcares, lípidos y otras moléculas orgánicas. Aunque faltaban moléculas complejas (*como las de ADN y proteínas*), su experimento demostró que algunas de las unidades estructurales de estas moléculas podrían formarse espontáneamente a partir de compuestos simples. En la actualidad, se cree que la atmósfera de la Tierra en sus inicios era diferente al experimento de MILLER y UREY *(es decir, no reductora y con bajos niveles de amoniaco y metano)*. Por ello, se duda que hicieran una simulación precisa de las condiciones en la Tierra en sus inicios.

Hipótesis *"los GENES primero"*

Otra posibilidad es que las primeras formas de vida fueran **ácidos nucleicos** que se duplicaron a sí mismos, como el ARN o ADN, y que otros elementos (*como las redes metabólicas*) fueran un complemento posterior a este sistema básico. Esto se llama hipótesis de los GENES PRIMERO. Muchos científicos que avalan esta hipótesis piensan que el ARN, no el ADN, probablemente fue el primer material genético, lo cual se conoce como hipótesis del mundo del ARN.

Hipótesis de "Primero el Metabolismo"

Una alternativa a la hipótesis de primero los genes es la de PRIMERO EL METABOLISMO, que sugiere que las redes de reacciones metabólicas autosustentables pueden haber sido la primera forma de vida simple (*antes de los ácidos nucleicos*). Estas redes pudieron formarse, por ejemplo, cerca de **respiradores hidrotérmicos submarinos** que proporcionaron un suministro continuo de precursores químicos y que pudieron ser autosustentables y persistentes (*cumplen los criterios básicos para la vida*).

Hipótesis de Moléculas orgánicas del Espacio

Las moléculas orgánicas pudieron formarse espontáneamente en la Tierra en sus inicios, pero **¿pudieron quizás llegar del espacio?** La idea de que las moléculas orgánicas pudieron viajar a la Tierra en METEORITOS puede sonar a ciencia ficción, pero cuenta con el respaldo de pruebas razonables. Algunos científicos han determinado que las moléculas orgánicas pueden producirse a partir de precursores químicos simples presentes en el espacio. También se sabe de la existencia de **compuestos orgánicos** que se encuentran en otros sistemas estelares. En varios Meteoritos se han encontrado **compuestos orgánicos** (*derivados del espacio, no de la Tierra*).

— El meteorito ALH84001, que vino de Marte, contenía moléculas orgánicas con varias estructuras en anillo.

— Otro meteorito, el Murchison, portaba bases nitrogenadas (*como las que se hay en el ADN y ARN*), así como variedades de aminoácidos.

— Otro que cayó en el año 2000 en Canadá contenía diminutas estructuras orgánicas llamadas "**glóbulos orgánicos**". En la NASA creen que este tipo de meteorito **pudo caer con frecuencia en la Tierra durante sus inicios y sembrarla de compuestos orgánicos**.

Así pues, ¿porque no?, podrían haber llegado a la Tierra en meteoritos. Se plantea la posibilidad de que surgiera la vida a partir de una panspermia, que la vida realmente llegara a partir de organismos que aparecieron en nuestro planeta en asteroides, cometas o meteoritos que se iban esparciendo por la galaxia y acabaron en nuestro planeta. También se habla de la panspermia suave, que plantea que en lugar de organismos microscópicos lo que llegaron en asteroides y meteoritos fueron algunos de los bloques básicos de la vida imprescindibles, que a su vez formarían esos microorganismos.

55. El Misterio de la REALIDAD

El jardín de las delicias (*De tuin der lusten*) de *Jheronimus Bosch*

Buscando entender la REALIDAD

Da igual sí eres espiritual o materialista, del Atleti o del Madrid, buena o mala persona, la pregunta no cambia: *¿qué es la realidad?* Como seres biológicos, tratamos de obtener una única respuesta y una sola causa para todo, y ello quizás sea un error. La ciencia la componen científicos que son personas que por encima de todo tratan de **conocer la verdad última**. Tenemos un único cerebro con un número limitado de neuronas que nos hace reducir al máximo las explicaciones. Como vimos es lo que llamamos **reduccionismo, tratar de reducir al máximo la complejidad**. Sin embargo, el universo es algo muy diferente a lo que imaginamos y una sola respuesta reducida no es suficiente. Intentar obtener una respuesta concreta puede ser un error de planteamiento, pues la REALIDAD parece ser mucho más compleja de lo imaginable e imposible de abarcar por nuestras limitaciones. Cualquier comprensión de la REALIDAD parece solo aproximada, ya que dependemos demasiado de nuestros sentidos y capacidades físicas. Estamos limitados por nuestros sentidos y, con tales herramientas, tratar de encontrar una respuesta clara y unificada al tremendo enigma de la REALIDAD puede que no sea posible.

La REALIDAD y la Información

Al hablar de la teoría de la Información, vimos que la **REALIDAD está codificada mediante BITS de información**, y el universo podría entenderse como un enorme ordenador cuántico que ejecuta el mayor número de operaciones posibles. A raíz de esa ejecución se generaría la REALIDAD, y lo que sí parece claro es que sin información aquella no existiría.

¿Es la REALIDAD una ilusión?

Algunos científicos afirman que **el universo no es REAL y que todo es una ILUSIÓN**. Este tipo de afirmación, más bien especulativa, puede indignar al ciudadano medio que se levanta a trabajar a las siete de la mañana y coge la línea de metro de Antón Martin y Tirso de Molina, rodeado de "*frotiers*" y carteristas. Cuéntale que nada de eso es real.

La REALIDAD no siempre ha sido aceptada

Muchas veces, la realidad de las cosas no ha sido fácil de asimilar, sobre todo a raíz de los nuevos descubrimientos en la ciencia. Ello ha sucedido en numerosísimas ocasiones. Por ejemplo, las críticas y artículos de eminencias de la época criticando sin piedad la teoría de la relatividad de EINSTEIN son un buen ejemplo. Aquellas fueron terribles, pues trataron a la relatividad como una mera fantasía de un joven sin puesto académico alguno, que no estaba capacitado, según ellos, para plantear teorías fuera de toda comprensión. La criticaban además porque derribaba, sin proponérselo, las teorías clásicas de NEWTON, y lo que sucedía es que simplemente no la entendían, pues no dominaban las matemáticas abstractas necesarias para su comprensión. Los filósofos la criticaban también, pues no se podía visualizar y daba lugar a paradojas alejadas del *"sentido común"*. Incluso hubo quienes las rechazaban por *burdo antisemitismo*. En Francia, llegando al chauvinismo rancio y ridículo, la repelieron por motivos nacionalistas; y en la Unión Soviética, por razones ideológicas. Solo a partir de 1919, el año en que Sir EDDINGTON publicó los resultados que confirmaron las predicciones por sus mediciones de un eclipse de sol, las teorías de EINSTEIN se tomaron en serio y fueron elogiadas de un modo unánime en la comunidad científica. No nos olvidemos: hasta entonces se hizo burla de ellas y se consideraban alejadas de la realidad. Es por ello por lo que en física **no hay que despreciar aquellas teorías que puedan parecer demasiado osadas**, y ello viene al caso por lo difícil que parece ser saber si algo es real o no. La cuántica misma es un ejemplo claro de que lo que parece irreal y ciencia ficción, realmente no lo es.

La REALIDAD y la Cuántica

La CUÁNTICA nos explica que en el mundo subatómico la REALIDAD consiste en PROBABILIDADES, que no hay certezas absolutas. Ya sabemos que esto va contra la lógica de nuestra experiencia diaria, pero la realidad es que los instrumentos de medida, por mucho que mejoren (*y son cada vez más precisos*), nunca permitirán conocer el valor fijo de una variable.

Como ya explicamos, el principio de incertidumbre implica que el **mundo funciona por variables aleatorias**, no deterministas, lo cual para nuestro adorado EINSTEIN era del todo inaceptable y le sacaba literalmente de sus casillas. Se esforzó, posiblemente demasiado, en desacreditar este principio, ya que no le entraba en la cabeza que en el mundo de lo pequeño no haya certezas, y llegó a la conclusión de que **debían existir variables ocultas** que aún no se habían descubierto.

En física se consideraba que algo era realidad cuando las propiedades de un objeto se mantenían constantes y estables. Para EINSTEIN y sus contemporáneos, los objetos debían tener propiedades definidas independientes de la observación. Eso es lo que significa un universo LOCAL, que los objetos contenidos en él solo pueden ser influenciados por su entorno. Una silla siempre va a ser una silla, aunque nadie la vea o la mire, y **si cambia será por factores externos a ella**, como que alguien le meta una patada y la rompa. Esta es la física intuitiva, la que siempre se había considerado REAL, lineal, predecible, con variables constantes y calculables. Pues bien, dicho lo anterior, resulta que la cuántica nos dice que esto no es así, que la realidad NO ES ASÍ. Como bien explicamos en capítulos anteriores, es precisamente todo lo contrario: la realidad **solo existe cuando la observas,** el acto de observador crea la realidad, pues no podemos saber el valor exacto de las propiedades de las partículas si no las medimos.

Los experimentos en la cuántica han confirmado esto. El gran físico John **WHEELER**, que por cierto acuñó el término "*agujero negro*", lo expresó perfectamente: ***"Ningún fenómeno es real hasta que es OBSERVADO"***. Y no solo John WHEELER; otros muchos como Max PLANCK, Niels BOHR, Richard FEYNMAN o Werner HEISENBERG hicieron lo propio. No existe un adjetivo que exprese la profundidad y trascendencia de este concepto básico cuántico. Simplemente, así es la mecánica cuántica, y ha sido demostrado miles de veces en miles de experimentos en laboratorio y en la naturaleza.

Intuitivamente, todo me parece igual de extraño que a vosotros, pero la realidad es que se han realizado miles de experimentos y siempre se alcanza el mismo resultado. Siguiendo con la cuántica, como ya explicamos, las partículas pueden "comunicarse" instantáneamente, aunque las separen miles de años luz. No hay nada más aparentemente irreal que el entrelazamiento cuántico. Parece un despropósito en sí mismo. Como también explicamos, nos dice que a nivel cuántico existe "telepatía" entre 2 partículas que han estado en contacto anteriormente, y que lo que hace una partícula determina lo que hará la otra de un modo inmediato. Si dos partículas tuvieron interacción entre sí, aunque se separen, lo que una haga afectará a la otra instantáneamente, y da igual si están juntas en ese momento o en otra galaxia. Ello parece que viola la relatividad que nos asegura que la información entre 2 partículas no puede viajar a más velocidad que la de la luz. Por ello, la importancia del Premio Nobel de 2022, otorgado a los físicos CAUSER, ASPECT y ZEILINGER por sus estudios durante diferentes décadas, en los que demostraron que algo tan "aparentemente irreal" como el entrelazamiento cuántico realmente tiene lugar.

El acto de la observación

Existimos en un mundo en el que la cuántica ya ha demostrado que, el **"el acto de observación", da forma a la REALIDAD**. Somos lo que vemos y experimentamos, somos un proceso activo en sí mismo, una verdad física que nos indica que somos lo que ocurre en nuestra mente. **Construimos la realidad física mediante** la **OBSERVACIÓN**, lo cual es de una transcendencia increíble.

— Nosotros seríamos el PROCESO mismo.
— Nosotros seríamos un ACTO de CREACIÓN mismo.
— Nosotros seríamos la CONSCIENCIA misma del universo el cual se crearía en cada una de nuestras acciones y observaciones.
— Nosotros crearíamos la realidad en cada momento con cada bocanada de aire.

Steven WEINBERG, Premio Nobel de Física en 1979, escribió un libro fantástico titulado *"SUEÑOS DE UNA TEORÍA FINAL"* en el que reconoce que, a pesar del poder de la teoría física, la consciencia no se deriva de las leyes físicas, sino que es una realidad ultima que existe por sí misma en el universo. Ahora sí, querido lector, es el momento de adentrarse en el maravilloso concepto de la consciencia.

56. El Misterio de la CONSCIENCIA

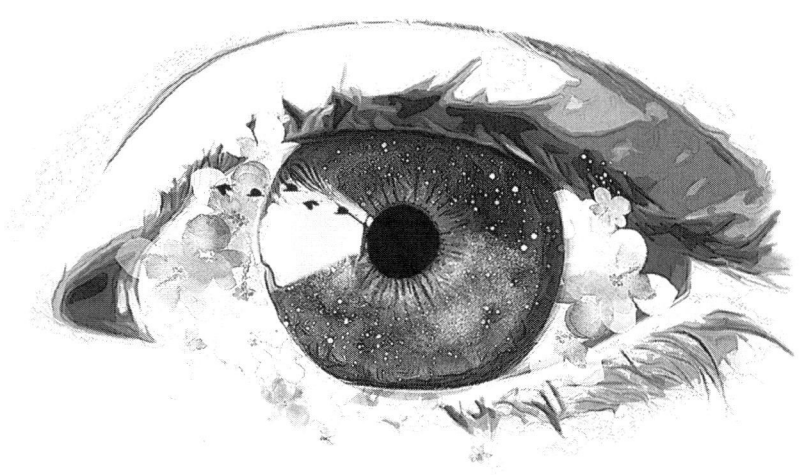

¿Cómo definiríamos la CONSCIENCIA?

La CONSCIENCIA es un concepto complejo de describir y puede enfocarse desde diversos ángulos. Es una percepción que proviene del cerebro, aunque **no se sabe con certeza en qué parte concreta se origina**. Es todo lo que experimentamos, es esa canción que no se va de tu cabeza, el gesto de aceptación de alguien, lo que percibes cuando te das un golpe, el amor que sientes por otros seres o el conocimiento de que en algún momento ya no estarás más en este mundo. Es una facultad que nos permite:

— reconocernos y saber que existimos,

— reconocer el presente, recordar un pasado e imaginar un futuro,

— sentir que formamos parte de una realidad y del universo,

— recordar cada paso que hemos dado en nuestras vidas,

—otorgarnos esperanza, anhelos y deseos,

—tener conocimiento de pensamientos, sentimientos y actos,

—ser conscientes de estar vivos y reconocer nuestra propia existencia.

¿Cuál sería su origen?

Ciencia y filosofía no se ponen de acuerdo en determinar de un modo categórico algo tan fundamental como el ORIGEN de la consciencia. Es posiblemente uno de los mayores enigmas, pues no hay una respuesta clara. Tu consciencia no es solo el procesamiento de información, es también una experiencia subjetiva.

¿Dónde estaría localizada?

En la mente, pero eso es como no decir nada. La cuestión es cómo se genera en el cerebro, ahí radica la dificultad porque no sabemos exactamente qué es. Podemos tratar de explicar la consciencia y sus efectos, pero no de un modo profundo, o al menos la ciencia aún no ha sabido hacerlo. No es algo observable, no puedes localizarla. Se ha progresado mucho con respecto a la actividad cerebral y a cómo contribuye al comportamiento humano, pero lo que nadie ha logrado explicar es cómo desemboca en sentimientos y emociones. El misterio radica en que no podemos ver la CONSCIENCIA, no la podemos observar; esto es el problema para su estudio. Los científicos están acostumbrados a tratar con elementos casi inobservables, como los electrones, por ejemplo, que son demasiado pequeños para ser vistos, pero los investigadores lo que hacen es generar rangos en donde podría estar un electrón, como rastros de nubes. Pero aquí los métodos normales de observación y medición no se aplican, por ello el estudio de la CONSCIENCIA siempre ha estado sentado incómodamente en la ciencia.

El Diccionario Internacional de Psicología la describió como un fenómeno fascinante, pero evasivo. Es imposible especificar qué es, qué hace o por qué evolucionó. Se ha convertido en un tema cada vez más popular, generando numerosas ideas, pero con poco consenso.

Algunas hipótesis sobre su origen

Una de las hipótesis más aceptadas apunta que la CONSCIENCIA surge como una solución a uno de los problemas más fundamentales que enfrenta cualquier sistema nervioso: el **EXCESO de información**. Surgiría cuando fluye constantemente demasiada información para ser procesada. El cerebro podría haber desarrollado mecanismos cada vez más sofisticados para procesar profundamente algunas señales seleccionadas a expensas de otros, y la CONSCIENCIA sería el resultado final de esta secuencia evolutiva. Si esto es correcto, evolucionó gradualmente durante los últimos 500 millones de años y debería estar presente en una gran variedad de especies de vertebrados.

Otra hipótesis propone que su última función adaptativa es hacer posible el desempeño VOLITIVO, es decir, todo lo relacionado con la voluntad y la capacidad de ejercerla. Cuando interviene la inteligencia con la voluntad, es cuando tenemos que *"echar mano"* de esa facultad de tomar decisiones en las mejores condiciones y dirigir nuestra atención. Para ello, es necesaria la CONSCIENCIA, para así poder determinar en última instancia los movimientos, decisiones, acciones y todo aquello que sea importante para la supervivencia y la reproducción.

Ninguna de las hipótesis sobre su alcance ha sido confirmadas por la complejidad y dificultad de estudiarla. Se pueden hacer experimentos para probar si lo que se observa coincide con lo que predice una teoría, pero cuando se trata de datos no observables, esta metodología no sirve para mucho. Lo mejor que pueden hacer los científicos es correlacionar experiencias, y a la vez escanear cerebros de personas y confiar en los informes sobre las experiencias. Por ejemplo, tener la sensación de que sentimos hambre se correlaciona con actividad en el hipotálamo del cerebro. Eso se puede ver en los escáneres cerebrales, pero esas correlaciones no son suficientes para formar una teoría de la CONSCIENCIA. Diríamos que estamos en pañales en su estudio. Lo que se necesita es saber por qué las experiencias conscientes están correlacionadas con la actividad cerebral.

¿Podría llegar la IA superar a la inteligencia humana?

La pregunta del millón que tanto nos inquieta a todos. Las habilidades de los procesamientos básicos de una inteligencia artificial no son tan diferentes a algunos de los procesamientos básicos que tienen lugar en nuestros cerebros, y, por qué no, pudieran llegar a superarnos, lo que la convierte en una idea algo más que inquietante. Solo imaginarlo da pavor: inteligencias artificiales creadas por nosotros tomando el control de nuestras vidas. Parece un escenario de película de ciencia ficción, la lucha del hombre contra las máquinas que nos llevaría a un holocausto que propiciaría la extinción de nuestra especie. Eso, en el mejor de los casos, pues pudiera darse la paradoja de que nos convirtiéramos en siervos de las máquinas. Cuántas veces lo hemos visto en el cine en buenas películas como TERMINATOR, RESIDENT DEVIL o YO ROBOT, pasando por todo tipo de series.

Quizás llegue el día en que las unidades artificiales pueden utilizar un proceso llamado **aprendizaje prof undo** para resolver tareas computacionales utilizando redes de algoritmos en capas que se comunican entre sí para resolver problemas complejos y funcionando de modo similar a como lo hacen nuestros cerebros. Llegado este caso, quizás permitiría a una IA, a través de una red neuronal, aprender a identificar enfermedades, ganar a los juegos de estrategia o escribir una canción. Sin embargo, para lograr estas hazañas **se necesitaría de un PROGRAMADOR humano que configure las tareas y seleccione los datos**. Ahí podría estar la solución o quizás la amenaza. ¿Quién puede asegurar que una IA no pudiera transformarse en PROGRAMADOR? Me temo que nadie. Y si alguien nos asegura que no, no le creeríamos.

¿Podría llegar a surgir la Consciencia en una IA?

Pongámonos menos apocalípticos: una de las dificultades para que las máquinas se vuelvan conscientes es que la misma CONSCIENCIA en los humanos no está bien definida. Para que una IA tuviera consciencia, las redes neuronales tendrían que tomar decisiones iniciales por sí mismas o directamente no hacer caso a las intenciones de los programadores y tomar decisiones por voluntad propia. Entonces, la pregunta importante sería: **¿puede este *surgimiento* suceder espontáneamente o tiene que ser necesariamente producto de una orden de un PROGRAMADOR**? Es improbable, pero, aunque no parece previsible que surja consciencia espontáneamente, podría ocurrir por algún defecto en la programación, por algún error. ¡Y ahí está la clave! Los errores existen, las copias pueden salir defectuosas. ¿Qué creéis que sucede con las MUTACIONES del ADN? En los errores de copiado de nuestro ADN es donde surgen las mutaciones que provocan desastres en el organismo o mejoras evolutivas. ¡Y son IMPOSIBLES de predecir!

Diferentes modos de interpretar la Consciencia

La naturaleza de la CONSCIENCIA ha sido ponderada de muchas maneras en todas las culturas. Algunos mantienen que lo abarca todo, comprende la realidad misma, y el mundo material es solo una mera ilusión. Según T.H. **HUXLEY**, el biólogo y filósofo británico, y "*guardaespaldas ideológico*" de DARWIN, somos "*meros espectadores indefensos, acompañando el viaje*".

Sin embargo, hay para quienes el cerebro es un ORDENADOR; de hecho, las funciones cerebrales se han comparado con las tecnologías de la información contemporáneas. Neurocientíficos, filósofos y defensores de la IA comparan el cerebro con un complejo ordenador de neuronas de algoritmos simples, conectadas por sinapsis de fuerza variable. Estos procesos pueden ser adecuados para funciones de "*piloto automático*" no consciente, pero ello no parece que pueda explicar la CONSCIENCIA. Otros ven estas conexiones de la física fundamental como algo más espiritual, como una conexión con los demás y con el universo. Como una prueba de que la CONSCIENCIA es una característica fundamental que se desarrolló mucho antes que la vida misma.

Desde principios del siglo XX, se sabe que las partículas quánticas pueden existir en superposición de múltiples estados y localizaciones posibles simultáneamente. Están descritas matemáticamente como una función de onda a través de la ecuación de SCHRODINGER. Pero no vemos tales SUPERPOSICIONES porque el propio acto de medición o de observación consciente parecía colapsar la función de onda a estados y lugares definidos, es decir, la CONSCIENCIA colapsaba la función de onda. Este punto de vista, desde luego, sitúa a la CONSCIENCIA fuera del ámbito de la ciencia.

LUZ y la Consciencia

La LUZ es parte del espectro electromagnético, y a través de la llamada LUZ visible los ojos pueden ver y nos hacen ser conscientes. Cada punto del espectro se corresponde con un fotón de una determinada longitud de onda y una frecuencia. Cada longitud de onda es vista por el ojo y el cerebro como un color diferente. Además de la longitud de onda, los fotones tienen otras propiedades esenciales, como son la intensidad, la polarización, la fase y el momento angular orbital.

Las tradiciones antiguas siempre han mostrado a **la CONSCIENCIA como LUZ**. Las figuras religiosas se representaban con "*halos*" luminosos y/o auras. Las deidades hindúes son representadas con una piel azul luminosa. Y las personas que han tenido experiencias cercanas a la muerte describen siempre, de un modo coincidente, que se sienten atraídas por una "*luz blanca*". En muchas culturas, los que han "*despertado a la verdad sobre la realidad*" son "*iluminados*". En los últimos años se ha determinado la presencia de biofotones en las neuronas del cerebro, en las longitudes de onda ultravioleta, visible e infrarroja, procedentes del metabolismo oxidativo en las mitocondrias.

La LUZ predominaba en el universo primitivo, durante el periodo que comenzó 10 segundos después del Big Bang, los fotones dominaban el paisaje energético e iluminaban brevemente la realidad. Sin embargo, durante 350.000 años, los fotones, protones y electrones se fusionaron en un plasma caliente y opaco, oscureciendo la realidad. Solo cuando el universo se enfrió, permitió que los electrones y protones formaran átomos neutros y construyeran materia y estructura. Los **fotones quedaron libres entonces** para vagar por un universo mayoritariamente transparente, y así pudieron encontrarse con la materia, reflejarse, dispersarse o ser absorbidos.

La Consciencia DENTRO de las neuronas

Como vimos, la mecánica cuántica sugiere que las partículas están en un estado de superposición de varios estados hasta que se produce una medición, y sólo entonces es cuando la función de onda que describe la partícula colapsa en uno de esos estados. El colapso tiene lugar cuando interviene un **observador consciente.** Sin embargo, no todos piensan igual. Roger **PENROSE**, cree que el proceso es al revés: que en lugar de que la consciencia provoque el colapso, son las funciones de onda que colapsan espontáneamente y las que dan lugar a la CONSCIENCIA. El da la vuelta al **observador consciente**. El colapso, o la reducción del estado cuántico, se produce en un umbral objetivo en la estructura de escala fina de la geometría del espacio-tiempo.

A pesar de la inquietud que provoca esta hipótesis, personalmente me causa vértigo, resultados experimentales sugieren que tal proceso puede tener lugar en los microtúbulos del cerebro, lo cual significaría que la CONSCIENCIA es parte fundamental de la realidad que surge primero en las bio-estructuras primitivas, en las neuronas individuales, y asciende en cascada hasta las redes de las neuronas. Recordemos lo que ya explicamos al hablar de la teoría de la OCR (Reducción Objetiva Orquestada). Roger **PENROSE** junto a Stuart **HAMEROFF**, propusieron este modelo OCR que la conciencia emerge como resultado de colapsos que ocurren en el cerebro a través de los microtúbulos dentro de las neuronas. Estos estarían estructurados en un patrón fractal que permitiría procesos cuánticos como la superposición. Dichos procesos abarcarían redes de neuronas, y **cuando la masa de los microtúbulos en una superposición supera algún umbral, colapsa produciendo momentos conscientes.** En otras palabras, la reducción objetiva orquestada es una hipótesis que plantea que **la CONSCIENCIA se origina de procesos DENTRO de las neuronas y no de procesos entre neuronas**.

La teoría de la conciencia cuántica es descartada por algunos científicos, pero investigaciones realizadas en laboratorio y publicados en NATURE PHOTONICS, mencionan que las partículas cuánticas podrían moverse en una estructura compleja como el cerebro, y **los microtúbulos están estructurados en un patrón fractal que permitiría que se produzcan esos procesos cuánticos**. La propagación de la luz a través de un fractal se rige por diferentes leyes y este nuevo conocimiento de los fractales podría sentar las bases para que los científicos prueben experimentalmente la teoría de la CONSCIENCIA cuántica. Ello podría tener profundas implicaciones en diferentes campos científicos, ya que al investigar el transporte cuántico de las estructuras fractales diseñadas artificialmente, es posible que se hayan dado pasos hacia una unificación de la física y la biología. Por ello, la CONSCIENCIA definiría nuestra existencia; sería todo lo que realmente tenemos y lo que realmente somos.

La Consciencia y la MÚSICA

En el caso de la MÚSICA, percibimos ondas sonoras a través del oído que generan una serie de reacciones eléctricas, y esto hace que esas ondas lleguen a nuestras neuronas y así *"escuchemos"* las notas musicales. Estas notas, al llegar a nuestro cerebro, agitan algo dentro de manera que ya no son meras vibraciones sonoras, sino ondas que interpretamos como melodías que nos provocan una serie de emociones que pueden llegar a conmovernos profundamente. Es como si dependiendo del tipo de música, del tipo de vibración, se pusiera en marcha algo dentro de nuestra CONSCIENCIA. Esas ondas auditivas se transforman en emociones y sentimientos muy profundos que nos pueden llenar de felicidad o provocarnos sufrimientos.

La Consciencia y el CEREBRO

El cerebro humano es algo mucho más sofisticado que una mera computadora biológica, los mecanismos que hacen funcionar la CONSCIENCIA no lo hacen con sistemas binarios de 1 y 0, es decir, con BITS, sino que trabajan con mecanismos cuánticos de computación como son los QUBITS, mecanismos basados en la superposición de estados cuánticos. Hay que recordar que los QUBITS no trabajan solo con 2 valores, el 1 y el 0, sino con 4 valores a la vez, lo cual hace que sean mucho más poderosos.

Realizar labores de procesos de CONSCIENCIA representaría una carga elevadísima de memoria del orden de ZETABITS. Para que se entienda mejor, procesar la CONSCIENCIA equivaldría a una memoria de más de:

—*17.000.000.000 de teléfonos móviles de última generación.*
—*36.000.000 de años de la memoria que utilizan vídeos de HD.*

El intento de defender que la CONSCIENCIA es un mero reflejo de la actividad neuronal del cerebro no está fundamentado en pruebas, sino en suposiciones. El número de sinapsis cerebrales y circuitos neuronales necesarios para concretar la CONSCIENCIA sería de unas proporciones astronómicas. Una sola neurona puede enviar información a través de hasta 10.000 sinapsis cerebrales, y a su vez recibir información de hasta 10.000 de otras neuronas.

Lo que parece es que la CONSCIENCIA está asociada con la corteza cerebral, pero se necesita un CÓDIGO neuronal que explicaría cómo los patrones eléctricos se traducen en actividad mental. **Ese CÓDIGO sería el eslabón oculto entre las células y la consciencia, y desde luego hoy por hoy es desconocido por la ciencia y la biología**. Además, hay reacciones humanas incompatibles con la mera función de supervivencia del cerebro, y que se guían por procesos opuestos, como el concepto de altruismo, la bondad, el amor incondicional o los procesos de la conciencia relacionada con hacer el bien, incluso aunque ello implique la no supervivencia.

La Consciencia y la CUÁNTICA

Es en la física cuántica donde hay que obtener respuestas. La CONSCIENCIA podría ser el resultado de algún proceso físico desconocido hasta la fecha. En los últimos años, se ha encontrado una relación convincente entre el mundo intangible de las partículas subatómicas y el mundo inmaterial de la consciencia. A partir de ahí se están desarrollando teorías que parecen sorprendentes.

— Los deterministas creen que la CONSCIENCIA puede explicarse a través de la propia complejidad del sistema neuronal de nuestros cerebros. Es decir, que sin cerebro no hay CONSCIENCIA, no hay alma ni ente que transcienda a la desaparición del cerebro.

— Los NO deterministas, sin embargo, proponen que la CONSCIENCIA es algo mucho más profundo que no puede ser explicado en términos de computación neuronal o cerebral, por más compleja y evolucionada que esta sea. Ello tendría como consecuencia que, entre otras muchas razones, la Inteligencia Artificial nunca pudiera llegar a desarrollar CONSCIENCIA como las personas. Interesante debate. Pero ¿qué tiene que decir la ciencia a todo ello?

La CONSCIENCIA es algo que proviene de algoritmos complejos como los que ocurren en computadoras modernas que realizan cálculos increíblemente rápidos, y se cree que en el cerebro hay consciencia computacional, aunque se realice de un modo inconsciente. Sin embargo, la CONSCIENCIA como tal parece algo muy diferente. Cuando comprendemos algo, no es realmente computar, es algo más que sucede en nuestra cabeza siguiendo las mismas leyes que se aplican para el universo desconocido, y esas leyes no son algo que comprendamos plenamente hoy en día. Muchas cuestiones no tienen una relación directa con el cerebro, y hay consenso en que existe una **gran laguna en la comprensión dentro de la mecánica cuántica actual**. Por ejemplo, no sabemos qué es lo que gobierna la MASA de las partículas. En su libro *"LA MENTE DEL EMPERADOR"*, PENROSE defiende que

> *"existen sucesos que no comprendemos y que podría ser dónde está el gran misterio de nuestra comprensión física actual".*

Hay físicos y científicos que no se conforman y miran más allá de los límites. Abi LOEB, Roger PENROSE, Stephen WOLFRAM y otros están liderado este cambio de tendencia. Es una época ciertamente expectante de la física, y hay que aplaudir a quienes aportan ideas nuevas. Si entendemos que el universo está formado por pequeños elementos conectados y encontramos esos elementos y la forma en que reaccionan entre sí, podríamos entenderlo todo. En caso de que la física pudiera llegar a explicar todos los fenómenos del universo, incluiría también a nuestra CONSCIENCIA, la cual es parte del universo y debería ser capaz de ser explicada. Que la consciencia esté o no separada de la realidad material es algo que aún no podemos saber. Algunos asumen que la conciencia es producida por algo físico como el cerebro, pero eso es algo que realmente tampoco podemos probar. Se están haciendo intentos por saber dónde se origina la conciencia en el cerebro, qué mecanismos la producen, pero algunos científicos sugieren que para poder descifrar esto lo que necesitamos es una mejor comprensión de cómo el

CEREBRO crea modelos de un "yo" que experimenta subjetivamente el mundo, y esto puede no estar regido por la física clásica. La consciencia tendría propiedades tan inusuales que quizás solo podría explicarse gracias a la cuántica. A escala cuántica, hay infinidad de interacciones de partículas en entornos muy abarrotados. Las teorías cuánticas de campos son difíciles de establecer y muchas cuestiones importantes en la física de los estados sólidos siguen sin resolverse.

La mecánica cuántica predice cosas muy extrañas. Las partículas cuánticas pueden comportarse como ubicadas en un solo lugar o pueden actuar como ondas distribuidas por todo el espacio en varios lugares a la vez. La forma en que aparecen parece depender de cómo elegimos medir las partículas. Antes de medirlas parecen no tener propiedades definidas en absoluto. Es un enigma sobre nuestra realidad básica y ello conduce a aparentes paradojas como la del gato de SCHRODINGER, en la que está vivo y muerto al mismo tiempo. Y esto no es todo, ya que las partículas cuánticas también parecen poder afectarse entre sí instantáneamente, incluso lejos unas de otras, lo cual complica mucho más todo para poder comprender el alcance cuántico de la realidad. Todo es un delirio en el que nadie puede estar convencido de la verdad última de la consciencia. Ni por asomo hoy en día.

57. El Ajuste FINO del Universo y el Principio Antrópico del universo

¿Qué es el Ajuste fino?

Este es uno de los postulados más interesantes de la física, y se basa en que las leyes físicas —que han dado como resultado el universo y la vida— están tan finamente ajustadas, que, si de alguna manera, variáramos el mínimo detalle, por imperceptible que sea, aun siendo ínfimo, la vida no existiría. El universo parece estar ajustado perfectamente para que sea posible la existencia y la aparición de la vida.

Para muchos, el ajuste fino del universo implica de un modo apabullante la evidencia de un diseño inteligente detrás de cualquier sistema. Si en el universo se deben verificar ciertas condiciones para nuestra existencia, dichas condiciones se verifican por sí mismas, ya que nosotros existimos. Este ajuste fino del universo contiene tantas constantes en un rango tan estrecho de valores que cualquier cambio en alguna de esas constantes implicaría que el universo no existiría, pero existe. Y da igual los ejemplos que pudiéramos mencionar, que son miles: todo es de una complejidad tal, de una inteligencia latente tan sobrecogedora y estructurada, que la verdad se revela apabullante.

El universo requirió de una AFINACIÓN irreal e increíble. Si fuese mínimamente mayor, las galaxias se transformarían deprisa en densos aglomerados y se formarían agujeros negros antes de que se reúnan las condiciones para la vida. Y si fuese mínimamente menor, la densidad de la materia sería demasiado débil y las estrellas no se formarían. En otras palabras, era imprescindible que la HOMOGENEIDAD fuese exactamente la que es para que fuera posible la existencia de VIDA. Las posibilidades de que ello se diese son obscenamente minúsculas, ¡pero se dieron!

Todo demasiado adecuado, casual y conveniente, ¿no? Y aunque ya lo mencionáramos (*es bueno repetirlo*), si se hubiera alterado mínimamente el valor de la gravedad, o la fuerza electromagnética, o la relación de masas entre el electrón y el protón, etc. nada de lo que vemos en el universo hubiera sido posible. Los electrones comenzarían a agitarse demasiado e imposibilitarían la realización de procesos muy precisos, como la reproducción de ADN. Pero no es todo: si cambiaran un poco determinadas CONSTANTES, tampoco habría fusión, ni estrellas, ni carbono, ni fusión estelar... no habría vida. Resumiendo, para que el universo pudiera generar vida, **fue necesario que el valor de las CONSTANTES fueran exactamente las que son**. Ni más ni menos.

¿Qué es el Principio ANTRÓPICO?

Este principio plantea que se dan las increíbles condiciones para poder considerar que el universo fue concebido para crear vida. El principio antrópico propone que el universo y la vida NO son un accidente, NO son fruto del azar, NO son un resultado fortuito. Son el resultado de aplicar unas leyes y los valores de sus misteriosas constantes, y que la absoluta precisión de estas constantes y leyes universales estarían concebidas con la intención de la concepción de la vida.

Las Constantes de la Naturaleza

Hay unas cantidades que desempeñan un papel fundamental en el comportamiento de la materia y presentan los mismos valores y constantes en cualquier parte del universo y en cualquier momento desde su creación. Por ejemplo: un átomo de hidrógeno es IGUAL en la Tierra que en una galaxia lejana. Personalmente, es algo que me parece milagroso: se utilizan los mismos ladrillos de la materia de la Tierra que en cualquier otro planeta que este a millones y millones y millones de años luz.

Estas constantes son valores realmente misteriosos de la naturaleza, se encuentran en su misma raíz y otorgan al universo sus actuales características. Sería una especie de CÓDIGO que encierra los secretos de la existencia, constituyendo una misteriosa propiedad del universo que condiciona y regula todo lo que nos rodea. El tamaño y la estructura de los átomos, moléculas, planetas, estrellas y del universo, no derivan del azar, sino de valores de estas constantes. Es alucinante cómo algo tan aparentemente complejo sucediera de un modo tan sencillo. Fue una lotería cósmica en toda regla:

— ¿Qué hubiera sucedido si los valores de esas CONSTANTES de la naturaleza fuesen ligeramente diferentes?

— ¿Qué hubiera sucedido si la GRAVEDAD fuera ligeramente más débil o fuerte de lo que es?

— ¿Qué hubiera sucedido si la velocidad de la LUZ fuese un poco mayor o un poco menor de la que es?

— ¿Qué hubiera sucedido si la CONSTANTE de PLANCK hubiera tenido un valor mínimamente diferente?

— ¿Qué hubiera sucedido si toda la ENERGÍA liberada por el Big BANG hubiese sido solo una pequeñísima fracción más DÉBIL de la que es? ¿La materia volvería hacia atrás y se aplastaría como un agujero negro?

—¿Qué hubiera sucedido si toda la ENERGÍA liberada por el Big Bang hubiese sido solo una pequeñísima fracción más FUERTE de la que es? ¿La materia se dispersaría de un modo tan rápido que las galaxias ni siquiera llegarían a formarse?

—Etc, etc, etc, etc, etc...

Por supuesto, en todos los casos, hubiera sucedido que no estaríamos leyendo este libro.

¿Qué hubiese sucedido con una ínfima fracción más débil o fuerte?

Estamos hablando de una diferencia mínima, de una variación de fracciones **increíblemente pequeñas**, de trillones, del orden de 10 elevado a menos 120 (*un uno seguido de 120 ceros*):

0,000000000000000000000000000000000000000000000000
000000000000000000000000000000000000000000000000
00000000000000000000000000000001

Piensa en todos los granos de arena de todas las playas y desiertos del mundo. Es como sí quitáramos o pusiéramos un solo grano en el mundo y todo cambiara. Bastaría con añadir o quitar un solo granito de arena para que nuestra existencia hubiera sido inviable.

¿Qué hubiese sucedido con pequeñas alteraciones de valores en el Big Bang?

El Big Bang tenía unos valores increíblemente precisos y situados en un intervalo asombrosamente estrecho. Todo fue extraordinario, se liberó la energía rigurosamente necesaria para que el universo pudiera organizarse. Se liberó la energía estrictamente imprescindible para ello.

Cuando se produjo la expansión creadora no había MATERIA, la temperatura era enormemente elevada, tan elevada que ni los átomos conseguían formarse. El universo era entonces una sopa hirviente de partículas y antipartículas creadas a partir de esa ENERGÍA liberada. A raíz de aniquilarse unas zonas a las otras, aparecieron partículas, quarks y antiquarks, idénticas entre sí, pero con cargas opuestas, y cuando se tocaron estallaron y volvieron a ser energía.

A medida que el universo se fue expandiendo, la temperatura fue bajando y los quarks y antiquarks fueron formando partículas mayores llamadas "hadrones", pero sin dejar de aniquilarse las zonas con las otras. Se creó así la materia y la antimateria. Como las cantidades de materia y de antimateria eran iguales, ambas se aniquilaban mutuamente. El universo se presentaba constituido de energía y partículas de existencia efímera y no había posibilidad de que se formase MATERIA duradera. Sin embargo, ocurrió que, por alguna razón misteriosa e inexplicable, la materia "empezó a producirse en una cantidad minúscula mayor que la antimateria". No hay razón alguna por la que esto pudiera suceder. Lo que pasó fue que por cada 10.000 millones de antipartículas se producían 10.000 millones de partículas más 1. Una diferencia ridículamente ínfima e insignificante, pero suficiente para producir la MATERIA. En la creación del universo se produjo una lotería **extraordinaria**. Sin ella, no habría MATERIA, y sin MATERIA nosotros no estaríamos aquí.

Ejemplos de equivalencias casi imposibles

a. **Una FLECHA lanzada al espacio**
   Siguiendo por la senda de plantear coincidencias similares, la conclusión es que la realidad que nos rodea equivale a la casualidad de que ¡lanzáramos una FLECHA al azar al espacio, atravesara todo el cosmos y alcanzara un blanco de 1 mm de diámetro localizado en la galaxia más próxima! Una coincidencia imposible, pero la misma que se tuvo que dar para la aparición

de la vida. Esta increíble afinación fue la requerida para todas las fuerzas, las temperaturas del universo primordial, la tasa de expansión, y muchas otras extraordinarias coincidencias.

b. **Una LOTERÍA cósmica**

Es difícil que a uno le toque la LOTERÍA, pero al fin y al cabo a alguien le ocurre todos los años, pero ¿cuán posible es que te toque la lotería, la bonoloto, el euro millón y las quinielas el mismo día? Un ejemplo bastante gráfico es el de un viaje por 200 países. Imagina que durante un millón de años viajaras TODOS los años a los 200 países de la Tierra, y al aterrizar en cada uno de estos países comprastes en el mismo aeropuerto un billete de la BONOLOTO. Y al llegar de vuelta a casa después de viajar durante ese millón de años a razón de 200 países/año, al comprobar los millones de resguardos de la BONOLOTO acumulados, comprobaras que en TODOS te tocó la BONOLOTO. Simplemente, inimaginable. Sin duda, ya tendrías suerte sí te hubiera tocado en uno solo de esos países en alguno solo de los días de ese millón de años, ello ya hubiera sido algo extraordinario. Así que no podrías creerlo y tenderías a buscar otra explicación, pues sabrías que algo falla. ¿No sería como para desconfiar? Sin duda, algo anormal habría ocurrido, y es lo que nos preguntamos en relación con el origen de la vida. Nos tocó el gordo en TODOS los parámetros, absolutamente TODOS.

¿Coincidencias?

Este principio plantea que se hubieran dado todas las coincidencias, casi imposibles en términos probabilísticos, para el origen de la vida. **Se dieron las condiciones exactas y precisas de los siguientes parámetros**:

—el número exacto de la TEMPERATURA primordial,
—el número exacto de la HOMOGENEIDAD de la materia,

—el índice de EXPANSIÓN del universo,
—la ínfima superioridad de MATERIA sobre la ANTIMATERIA,
—el número exacto de los valores de las fuerzas electromagnética, fuerte, débil y de gravedad,
—el número exacto del índice de CONVERSIÓN del hidrógeno y helio,
—el número exacto del proceso de formación del CARBONO,
—la inclinación precisa del eje de rotación de la Tierra,
—a aparición de la LUNA, cuyos efectos gravitacionales moderaron el ángulo de la inclinación de la Tierra, posibilitando la vida,
—que la Tierra tuviera níquel y hierro líquido en el núcleo suficientes para generar un campo MAGNÉTICO, algo imprescindible para proteger la atmósfera de las partículas letales que emite el sol. Etc, etc, etc, etc, etc...

Son muchos más los ejemplos que se pueden mencionar, pero no acabaríamos nunca. En fin, billones de *casualidades*. Hubiera bastado que solo uno de los valores fuese mínimamente diferente, solo uno, y BOOOMMMM, ya no hubiera surgido la vida. No fue solo la vida la que se adaptó al universo, sino que el propio universo se preparó para la vida. Nuestra existencia surgió de una extraordinaria y misteriosa cadena de coincidencias e improbabilidades. Las propiedades del universo, tal cual como están configuradas, son requisitos para la aparición de vida. Esas propiedades podrían ser diferentes, y todas esas alternativas conducirían a un universo sin vida.

Se pueden sacar diversas conclusiones, pero cuanto más observamos y analizamos el universo, más se nos revelan las características inherentes a la acción de una fuerza inteligente y consciente detrás de la realidad. Para que esta surgiera, hubo de afinarse un gran número de parámetros para un valor muy específico. Algunos creen que no pueden darse tal dimensión de coincidencias sin un propósito y que todo está concebido con la intención última de crear la vida. ¿Crees que esto es mero resultado del azar? Me niego a pensarlo y por ello permitámonos sonreír. Esta afinación se dio; eso es el principio ANTRÓPICO.

58. ¿Qué es el Vacío?

El Vacío como Ausencia de Materia visible

Podemos definir el VACÍO como la ausencia de toda materia visible. Una botella parece que está vacía si no contiene líquido, pero en realidad no es así, NUNCA está vacía, ya que dentro contiene miles de millones de moléculas de aire que conforman un gas imperceptible para nuestra propia visión.

Para crear un VACÍO real sería necesario extraer todo el aire del objeto que lo contiene, pero en la práctica es **imposible conseguir un vacío perfecto**. Solo podemos acercarnos a ello gracias a técnicas modernas que permiten reducir la cantidad de partículas miles de millones de veces. El VACÍO que puede obtenerse en un laboratorio está muy alejado del absoluto, y siempre quedan miles de millones de partículas por metro cúbico si queremos encontrar un espacio aún más vacío. El único modo de crear el vacío sería viajar al espacio y salir de la atmósfera terrestre. En el espacio entre los planetas de nuestro sistema solar, por ejemplo, las partículas son muy escasas y "*solo*" habría unas decenas de millones por metro cúbico. En cambio, en el espacio intergaláctico, el que existe entre galaxias, es donde nos encontramos con un VACÍO "*casi total*", con un promedio de una partícula por metro cúbico, lo cual es simplemente ridículo. En este supuesto tendríamos una densidad de materia tan ínfima que sería como si en un globo del tamaño de la Tierra hubiera las mismas partículas que en un vaso de agua.

Efectos indeseables

Sí consiguiéramos un VACÍO perfecto con ausencia total de materia, ciertas propiedades que consideramos evidentes dejarían de serlo. Si tocáramos un violín en el vacío del espacio, no emitiría ningún sonido, ya que la vibración de las cuerdas del violín no podría propagarse por el aire y llegar a nuestros oídos por la ausencia de cualquier forma de materia capaz de restituir vibraciones. El sonido no puede viajar a través del VACÍO del espacio, por eso cada vez que veas una película de ciencia ficción en la que la nave explota y hace un estruendo, sonríe irónicamente; es todo falso.

Atmosfera de la Tierra y la perdida de propiedades

Lo paradójico de todo esto es que si consiguiéramos un VACÍO perfecto con ausencia total de materia, ciertas propiedades que consideramos evidentes de nuestra realidad física dejarían de serlo.

En la superficie de la Tierra, la ATMÓSFERA tiene un peso que empuja hacia abajo los objetos que contiene. Esto equivale a una cantidad colosal de fuerza de compresión y corresponde al peso de 15 toros por metro cuadrado, es lo que llamamos presión atmosférica. Si no sentimos esta presión en el día a día es porque nuestro cuerpo y casi todas las cosas de nuestro entorno generan también una presión interna dirigida hacia el exterior que compensa perfectamente la presión atmosférica. Una botella de plástico en la que creamos un vacío al sacar el aire que contiene, una vez vacía ya no puede resistir la presión exterior (*porque ya no tiene contenido*) y, por tanto, se comprimirá violentamente por el peso de la atmósfera.

El Vacío y la Temperatura

El espacio VACÍO no posee realmente temperatura, que es el grado de agitación de las partículas en un determinado entorno en el aire. Es más caliente cuando las moléculas de aire están más AGITADAS y más frío cuando están menos AGITADAS. Pero en un espacio VACÍO, dada la ausencia de partículas, es imposible medir cualquier nivel de agitación, y, por lo tanto, el concepto de temperatura pierde su significado. En el VACÍO, el calor realmente solo podría propagarse a través de la luz y otras ondas electromagnéticas que son las únicas capaces de viajar por él.

El Vacío a escala Microscópica

Imagina ahora la idea del VACÍO a escala microscópica, pero recordemos antes lo siguiente: la materia está formada por átomos, y esta a su vez está formado de un núcleo y sus electrones. El núcleo es **100.000 veces más pequeño** que el átomo que lo contiene, pero representa el **99.9% de la masa total del átomo**, así que los átomos están en su mayor parte vacíos, lo que significa que toda la materia visible en el universo también está casi hecha de VACÍO. Conclusión: aún el más VACÍO de los espacios NUNCA estará totalmente VACÍO.

Esas Partículas Virtuales que aparecen y desaparecen

El VACÍO cuántico es un estado constantemente ocupado por una gran cantidad de lo que serían estas **partículas virtuales**. Estas aparecen y desaparecen y son fluctuaciones del vacío que tendrían una existencia tan efímera que resulta imposible observarlas. Según algunos físicos, las leyes de la mecánica cuántica proponen que sea posible que tales partículas aparezcan de la nada a condición de que desaparezcan muy rápidamente de modo que sea imposible observarlas.

La catástrofe del Vacío y la Energía Oscura

Hoy en día se piensa que la energía cuántica contenida en el VACÍO podría ser muy similar a la energía oscura, que como sabes es el tipo de energía que acelera la expansión de nuestro universo. Sin embargo, cuando comparamos su intensidad con la de la energía oscura nos encontramos que es billones de veces mayor. Este es uno de los mayores misterios sin resolver de la física, es lo que se conoce como la CATÁSTROFE del vacío.

59. ¿Sabemos de algún Planeta que pudiera albergar Vida?

El Observatorio Espacial KEPLER

La NASA realizó en su día cálculos y un análisis elaborado a partir de datos del **telescopio espacial KEPLER** con el objetivo de estimar con mayor precisión el número de planetas habitables de la Vía Láctea. Este telescopio es conocido como un "**cazador de planetas**". Se le otorgó la misión de analizar y evaluar unas 150.000 ESTRELLAS de nuestra galaxia en busca de pistas que ofrecieran datos de exoplanetas con vida, algunos de los cuales podían ser potencialmente habitables. El objetivo era contrastar otras estimaciones teóricas de los confines del universo con datos precisos de observaciones.

Después de 10 años de observaciones y un cribado a partir de planetas y estrellas similares a la nuestra, se dieron a conocer los resultados y mostraban que habría unos 300 millones de PLANETAS potencialmente habitables solo en la Vía láctea. Según los científicos, algunos de estos planetas están a una distancia de unos 30 años luz de nuestro SOL **y** fueron publicados en "THE ASTRONOMICAL JOURNAL". Esta investigación fue conjunta entre la NASA, el Instituto SETI y otras organizaciones internacionales. Es decir, estamos hablando de datos elaborados con rigor científico y de absoluta fiabilidad. Lo que parece complicado es ponerse de acuerdo en las cifras. Jeff **COUGHLIN**, investigador de exoplanetas en el Instituto SETI y director científico del observatorio espacial KEPLER, emitió un comunicado de esta institución, y aseguró lo siguiente:

> *"Las conclusiones del estudio eran un paso importante en nuestra carrera por descubrir si estamos solos en el universo, y **es la primera vez que han reunido todas las piezas del puzle para proporcionar una medida fiable del número de planetas potencialmente habitables de nuestra galaxia".***

La clave es considerar planetas de tamaño similar a la Tierra, y para realizar una estimación fiable se fijaron los siguientes criterios: exoplanetas de tamaño similar a la Tierra con probabilidades de que fueran rocosos, estrellas que tuvieran un edad y temperatura similares que nuestro Sol, y exoplanetas con probabilidades de tener agua líquida. Esta nueva estimación desvel**ó** hasta dos veces más candidatos que anteriores investigaciones realizadas con datos del observatorio KEPLER. En esta ocasión, los investigadores añadieron datos recabados por el satélite europeo GAIA, que aportaban datos sobre el brillo y la posición de miles de estrellas de la Vía Láctea, lo cual ha permitido trazar con mayor precisión las posibles zonas habitables de la galaxia.

Método o Hipótesis TITIUS-BODE

La ciencia actual tiene otros sistemas para calcular las posibilidades de existencia de planetas que puedan albergar vida. Uno de los métodos es el denominado TITIUS-BODE, que establece que, al menos teóricamente, habría 2 planetas por cada estrella que reúnan las condiciones adecuadas. Ello, aplicado a la Vía LACTEA, significaría que solo en nuestra galaxia habría unos 400.000 millones de planetas con la posibilidad de albergar vida. Estás leyendo bien; por si acaso agárrate a la silla, que mareo sí que da. Está hipótesis está basada en los datos que enviados por el telescopio espacial KEPLER, y si además tenemos en cuenta que hay miles de millones de galaxias diseminadas por el universo, nos deja con la mirada perdida y cierra el debate sobre la posibilidad de existencia de vida en el universo. No es que haya solo vida, es que debe de rebosar vida por todos los confines del universo.

Primer planeta Similar observado

Los Astrofísicos Michael **MAYOR** y Didier **QUELOZ**, fueron quienes dieron un paso importante al asignar valores estimativos. En 1995 detectaron el primer planeta que orbitaba en torno a una estrella semejante al Sol fuera de nuestro sistema solar. Se trataba de **51 PEGASI B**, una enorme masa gaseosa la mitad de grande que Júpiter situada aproximadamente a unos 50 años luz de la Tierra. Este hallazgo valió a los investigadores el Premio Nobel de Física en 2019, sirviendo además para afinar el objetivo marcado por DRAKE un cuarto de siglo antes.

La Ecuación de DRAKE

En 1961, el radioastrónomo Frank **DRAKE**, por aquel entonces presidente del Instituto SETI *(Search for Extra Terrestrial Intelligence)*, mientras trabajaba en el Observatorio Nacional de Radioastronomía de Green Bank en Virginia, **ideó una ECUACIÓN que pudiera servir para realizar una estimación** sobre el número de civilizaciones que podría albergar nuestra galaxia. Esa ecuación es conocida como la "ecuación de DRAKE", y es tremendamente sugerente tal como se plantea. Desde entonces, ha sido una de las técnicas más recurrentes a la hora de determinar el número probable de planetas habitables de nuestra galaxia. El mero planteamiento de una ecuación ya suponía un paso importante, pero quedaba lo más difícil: encontrar todas las variables que podrían dar cierto sentido a esta ecuación. Esta ecuación es un **ejercicio teórico** que lo que pretende es calcular la probabilidad de encontrar civilizaciones inteligentes en nuestra galaxia.

Como dijo Avi **LOEB**, catedrático de Astrofísica de la Universidad de HARVARD: *"A diferencia de la mayoría de las ecuaciones, **la de Drake no pretendía ser resuelta**. Lo que pretendía era **más bien ser un marco de referencia** para plantearse **cuántas civilizaciones inteligentes podrían habitar nuestro universo**. Drake nunca ideó esa ecuación con el objetivo de realizar un cálculo matemático que diera un resultado numérico, sino que **su idea era pensar qué factores habría que tener en cuenta** en la búsqueda de civilizaciones en el universo".*

En este libro no se mencionan ecuaciones, pues a mí y mis lectores se nos nubla la vista por ello. No obstante, haremos una excepción con la ecuación de DRAKE, pues no es una al uso y son muy curiosos los parámetros que utiliza en los factores de la ecuación. A saber:

$$N = R^* \times fp \times ne \times fl \times fi \times fc \times L$$

—**N** es el número de **civilizaciones de la Vía Láctea tecnológicamente** aptas para la comunicación interestelar.
—**R** es el **ritmo de formación de estrellas** en nuestra galaxia.

—fp es la fracción de esas **estrellas con sistemas planetarios**.
—**ne** es el número de **planetas apropiados para la vida** por cada sistema.
—fl es la fracción de esos **planetas en que aparece la vida**.
—fi es la fracción de esos **planetas donde se desarrolla la inteligencia**.
—fc es la fracción de esas vidas inteligentes **capaces de emitir señales**.
—L es el **tiempo durante el cual esas civilizaciones producen señales**.

Esta ecuación busca la probabilidad de que exista vida avanzada en la Vía Láctea y que pueda ser detectada, y para ello lo que se calcula son:

—las estrellas de la galaxia multiplicado por las que tienen planetas,
—multiplicado por las que tienen planetas "habitables",
—multiplicado por aquellas donde haya surgido la vida,
—multiplicado por la proporción en que se desarrolló inteligencia y
—multiplicado por las que pueden tener la capacidad o disposición de emitir señales para buscar otras civilizaciones cósmicas.

Todo muy especulativo, pues los factores biológicos y sociales, que son las últimas 4 variables, son muy subjetivas y los datos que se pueden incluir pueden variar mucho. De hecho, solo conocemos un lugar donde se desarrolló la vida que es la Tierra, de momento no hay rastro de vida alguna en nuestra galaxia. La ecuación es muy interesante, pues supuso plantearse a nivel científico algo que parecía de ciencia ficción, y de hecho ha quedado algo obsoleta por los avances cosmológicos, pero no deja de tener un gran valor por lo que significa para el planteamiento formal de ser seriamente considerada la búsqueda de inteligencia extraterrestre.

El **Instituto SETI**, del que Frank DRAKE fue presidente, entrega cada año los Premios DRAKE para honrar a quienes contribuyen en la búsqueda de vida inteligente extraterrestre y en la astrobiología a través de la investigación científica y la exploración espacial. El hecho que se intente mejorar la ecuación de Drake confirma su vigencia.

> "*Debemos apreciar la ecuación de Drake por su utilidad, no por sus posibles deficiencias. Después de todo, un mapa no es un destino. Pero puede ayudar a conducirnos ahí*".

Planetas potenciales

Nuevos modelos sugieren que puede haber más planetas habitables de lo que se pensaba. Algunos científicos han desarrollado modelos para que les ayuden a identificar planetas en sistemas solares lejanos que sean capaces de albergar vida. Los cálculos sobre la cantidad de planetas habitables han estado basados en la probabilidad de que tengan agua en la superficie. Pero se han desarrollado nuevos modelos que permiten identificar planetas con agua subterránea en estado líquido a raíz del calentamiento planetario.

El agua es fundamental para la vida tal como la conocemos, y los planetas que están muy cerca de su Sol pierden agua superficial por la evaporación. En los planetas más alejados del sol, el agua está congelada. Se creía que el agua en forma líquida era indispensable para la vida. El dogma era que para que pudiera existir el agua en forma líquida (*capaz de dar vida*), un planeta debía estar a la distancia correcta de su Sol, en la zona HABITABLE. La investigación presentada por Sean **MCMAHON**, de la Universidad de Aberdeen, que está llevando a cabo el proyecto, explicó que:

> "*Se trata de un rango de distancias desde una estrella en la que la superficie de un planeta similar a la Tierra no es **ni demasiado caliente ni demasiado frío para que el agua sea líquida**".*

Si un planeta está en esta zona *'ideal'* entonces puede tener agua líquida en su superficie y ser un planeta habitable. Pero los investigadores están empezando a pensar que la teoría *'ideal'* es demasiado simple. En cuanto a las fuentes de calor, que es la clave, el profesor John **PARNELL**, también de la Universidad de Aberdeen, asegura que existe un hábitat significativo de microorganismos debajo de la superficie de la Tierra, que se extiende por varios kilómetros. Los planetas pueden recibir calor directamente de una estrella o desde el fondo del propio planeta. Mientras se desciende a través de la corteza de la Tierra, las temperaturas van aumentando. Incluso cuando la superficie está congelada, puede haber inmensas cantidades de agua debajo del suelo que pueden estar llenas de vida primitiva.

> *"Existe un hábitat significativo de **microorganismos** debajo de la superficie de la Tierra que se extiende por varios kilómetros. Y algunos creen que **la mayor parte de la vida en la Tierra podría residir en esta biosfera profunda**".*

El equipo de Aberdeen desarrolló modelos para predecir qué lejanos planetas podrían albergar depósitos subterráneos de agua líquida con la posibilidad de vida extraterrestre. MCMAHON dice que:

> *"Si se toma en cuenta la posibilidad de biosferas profundas, habrá problemas para conciliar esa información con la idea de una estrecha zona habitable definida solo por las condiciones en la superficie".*

A medida que uno se aleja de la estrella, la cantidad de calor que un planeta recibe de una estrella disminuye y el agua de la superficie se congela. Sin embargo, el agua que queda atrapada en el interior permanecerá líquida si el calor interno es lo suficientemente alto. Esa agua podría sustentar la vida. Incluso es posible que un planeta que esté muy lejos de la estrella, y no reciba casi nada de calor solar, pueda mantener agua líquida subterránea.

Durante más de un siglo, la Tierra ha estado emitiendo de señales de radio al espacio. El ruido de radio de la Tierra ha llegado durante mucho tiempo a docenas de otros sistemas estelares, incluido ARTURO, ubicado a 37 años luz. Además, las señales de nuestro planeta se pueden escuchar en la superficie de una gran cantidad de exoplanetas potencialmente habitables, como ROSS128B o GLIESE667CC. El primer planeta potencialmente habitable e identificado es el KEPLER-186f, situado a unos 500 años luz de la Tierra. Su tamaño es un 10% superior al nuestro, aunque la composición y densidad de su masa todavía es un misterio *(como casi todo, me temo)*.

60. ALFA CENTAURI, el sistema solar más cercano a nuestro Sol

¿Qué son los Exoplanetas?

MARTE está relativamente cerca de la Tierra, lo que hace que sea posible enviar humanos allí, pero el verdadero reto sería ir mucho más lejos en dirección a exoplanetas. El prefijo "exo" señala que son simplemente planetas que orbitan alrededor de una estrella distinta a nuestro sol. Los astrónomos han confirmado la existencia de miles de exoplanetas que giran alrededor de estas estrellas lejanas y aún quedan innumerables por confirmar.

El descubrimiento de Exoplanetas se debe a los equipos científicos más potentes de que disponemos hoy en día. Uno de los problemas es que al igual que la Tierra, **los exoplanetas no emiten luz**, sino que

solo reflejan la luz de las estrellas que orbitan. Por eso, en contraste con sus estrellas, la visión de los exoplanetas es muy tenue.

Hasta la fecha, el descubrimiento de Exoplanetas ha hecho que los científicos se den cuenta de algo que intuíamos sobre nuestro planeta en nuestro sistema solar: parece ser una excepción en el mundo de los sistemas de estrellas. Antes, la mayoría de los científicos esperaban que los exoplanetas fueran similares a los planetas solares, pero se encontraron con muchas órbitas diferentes que son difíciles de explicar.

Se ha teorizado sobre diferentes tipos de Exoplanetas. Los **Júpiter calientes**: denominados así por su contenido de gas y su masa, similar a Júpiter. Las **supertierras**: son planetas con una masa entre la de la tierra y la de los gigantes gaseosos más pequeños de nuestro sistema solar, Neptuno y Urano. La composición de estos es más bien rocosa que gaseosa, por lo que es más probable que sean como los planetas terrestres, Mercurio, Marte, Venus y la Tierra. Los **mini Neptunos**: con masas de hasta 10 veces la de la Tierra; sin embargo, no son tan grandes como Neptuno. Los **mundos oceánicos**: son los que contienen mucha agua. Los **gigantes de hielo**: aquellos que están formados por compuestos volátiles como el agua, el metano y el amoniaco, en lugar del hidrógeno y el helio.

El caso ALFA CENTAURI, un sistema solar Triple

ALFA CENTAURI es el **sistema solar más cercano a nuestro SOL**. Es un sistema TRIPLE y el vecino estelar más cercano, lo que le convierte en el candidato ideal para el primer vuelo interestelar, ya que "*solo*" está una distancia de aproximadamente **4,36 años luz** (41,2 billones de km). Sabemos que es un sistema estelar múltiple que consta de 3 partes. Las 2 más grandes están ubicadas relativamente cerca una de la otra, y son como una sola fuente de luz, y giran alrededor de un centro de masa común en órbitas elípticas ligeramente alargadas, haciendo una traslación completa en 80 años.

El primero: ALFA CENTAURI A.

Fue descubierto en 2016 y cuatro años después, en 2020, su existencia fue confirmada por estudios utilizando el telescopio terrestre más grande, el PLP. Es el más masivo y brillante. Se trata de una **estrella con una masa un 8% mayor que el Sol** y un radio de alrededor de 1,22 veces el del Sol. A pesar de que la temperatura de la superficie es similar a la de la estrella, emite una vez y media más energía luminosa que nuestra estrella. Actualmente, no se han encontrado **exoplanetas** confirmados en las cercanías de esta estrella, sin embargo, en 2021 las observaciones infrarrojas de la estrella revelaron evidencia de la posible presencia de un objeto similar a un planeta. Según cálculos preliminares, su masa oscila entre 9 y 35 masas terrestres y su tamaño vira entre 3,3 y 7 radios de nuestro planeta. Los datos necesitaran ser verificados por observaciones adicionales, que pueden ser hechas por el telescopio espacial James WEBB u observatorios terrestres.

El segundo: ALFA CENTAURI B. (o Tolimán)

Su masa es aproximadamente un **10% inferior al Sol**. Su radio es de 0,86 veces al radio de nuestra estrella. Es un poco más fría que el Sol. Su temperatura superficial es de 5.260 Kelvin o un poco menos de 5.000 grados Celsius. La combinación de estos factores conduce al hecho de que tiene un color naranja y su brillo es en promedio la mitad del brillo de nuestra estrella. Al mismo tiempo, en comparación con otros objetos de su clase ALFA CENTAURI B, emite mucha más energía en el rango de rayos X.

Tampoco se han encontrado **exoplanetas** confirmados alrededor de esta estrella. En 2012, a partir de un análisis del movimiento propio de la estrella durante 4 años, un grupo de astrónomos del Observatorio de Ginebra sugirió la existencia de un planeta muy próximo a ella. Sin embargo, 3 años más tarde, durante una verificación adicional, se descubrió que se había cometido un error matemático en el procesamiento de los datos y se refutó la existencia del planeta.

El Tercero: PRÓXIMA CENTAURI

En 2020 se probó su existencia. Difiere bastante, es una **enana roja** con masa alrededor del **12% de la masa del Sol** y un tamaño aproximadamente 7 veces menor que el tamaño de esta estrella. La temperatura de su superficie apenas supera los 3.000 Kelvin y la luminosidad es escasamente 0,17% de la del Sol. De todos los componentes del sistema ALFA CENTAURI, este objeto espacial, ubicado **a una distancia de 4,25 años luz**, es **la estrella MÁS cercana al Sol**, por eso recibió el nombre de PRÓXIMA CENTAURI. Además, la distancia al objeto está disminuyendo gradualmente, y en 26.700 años será un poco más de 3 años luz. Sin embargo, debido a su brillo extremadamente bajo, esta estrella no es visible desde la Tierra a simple vista. PRÓXIMA CENTAURI está más distante de los otros dos elementos de su sistema estelar.

A diferencia de sus vecinos más grandes, el sistema a PRÓXIMA CENTAURI **tiene 2 exoplanetas confirmados**, así como al menos un objeto hipotético. Además, el estudio de la estrella en el infrarrojo indujo presencia de un anillo de polvo y probablemente de muchos de los cuerpos celestes como asteroides o cometas. De ellos hablaremos en el siguiente capítulo. El resto de lo que sabemos es que posee varios cinturones de asteroides. El sistema es algo más antiguo que el nuestro. Desde luego, si de que surja la vida compleja se trata, parece el candidato ideal para que surja la vida simple. Lo que no sabemos es como sería la vida en un entorno tan hostil, lleno de radiación, y días y noches perpetuos. Si estuviéramos allí, veríamos una estrella de color rojizo y anaranjado en el cielo, y de brillo muy débil en luz visible, ya que casi toda la luz la emite en infrarrojo. La estrella PRÓXIMA CENTAURI es muy activa, con inyecciones constantes de masa coronal y sus llamaradas pueden erosionar las atmósferas de los planetas en sus cercanías. Si pusiéramos a la tierra a 0,05 unidades astronómicas de la estrella en varios miles de años, la atmósfera terrestre sería erosionada. Resulta improbable que en un planeta pudiera evolucionar la vida compleja tal como nosotros la entendemos, incluso aunque el planeta tuviera un campo magnético más fuerte que el de la Tierra. El sistema causa expectación, aunque no se sabe si sería compatible con la vida compleja.

SETI detecta una señal en el exoplaneta PRÓXIMA B

El James WEBB está transmitiendo datos del espacio y los datos están sorprendiendo. Se empezaron a detectar señales, y una en concreto resulto de lo más intrigante y misteriosa. Vino de la **estrella más cercana al sistema solar**, la susodicha PRÓXIMA CENTAURI, que está a 4,2 años luz, y que tiene algún planeta donde puede albergar agua líquida y quizás vida. Se han detectado luces que inducen a pensar en la posibilidad de que en PRÓXIMA B pudieran estar sucediendo eventos no comprendidos. En el proyecto SETI y el PARKES, los astrónomos observaron la estrella durante 26 horas como parte de su estudio de la llamarada estelar, pero, como es habitual también marcaron los datos resultantes para un examen posterior en busca de cualquier señal SETI. Esta señal fue emitida en una frecuencia de 982 MHz y, según el efecto Doppler, con un corrimiento al azul debido a la rotación de uno de sus planetas de PRÓXIMA CENTAURI. El origen es de una fuente desconocida en ese sistema y fue captada durante unas 3 horas por equipos del proyecto **BREAKTHROUGH LISTEN**, que empezó a operar en el 2016. Su objetivo era escanear 1.000.000 de estrellas cercanas y los centros de 100 galaxias en búsqueda de señales de radio y transmisiones láser. Este proyecto era de 100 millones\$ y lo dirigía Andrés SIMÓN de la Universidad de Berkeley, y financiado por el multimillonario Yuri MILNER bajo el paraguas de la iniciativa BREAKTHROUGH.

La señal se descubrió por casualidad, el equipo estaba intentando captar emisiones de radio de las llamaradas estelares de PRÓXIMA CENTAURI. Al comenzar a examinar los datos dieron con la curiosa emisión de banda derecha de 982002 MHz **oculta a la vista** en las observaciones de PRÓXIMA CENTAURI. La señal apareció durante 5 periodos de 30 minutos a lo largo de varios días, todo ello mientras el telescopio apuntaba directamente a PRÓXIMA B. La técnica utilizada fue que el telescopio pasa un tiempo mirando a un objetivo y otro período equivalente mirando a otra parte del cielo para comprobar que cualquier señal potencial proviene realmente del objetivo. Lo impresionante es que, en esas 5 observaciones de 30 minutos a lo largo de 3 horas, la señal volvía a aparecer. Un indicio de que la señal se originó en PRÓXIMA CENTAURI o en alguna otra fuente del espacio profundo en esa parte del cielo, es que antes de llegar a la Tierra, en particular cuando el telescopio se alejó de la estrella, la señal desapareció. Emplearon filtros de software capaces de rechazar las cacofonías de señales procedentes de la Tierra o de satélites en órbita terrestre para aislar las que provienen del espacio profundo, pero esta transmisión no se parecía a nada que el proyecto hubiera encontrado anteriormente. El jefe del equipo Andrés SIMÓN afirmó que ocupaba una banda muy estrecha del espectro radioeléctrico, (982 MHz), **región donde no hay transmisiones de satélites y naves espaciales** de fabricación humana.

La señal llamada B1C1 fue detectada en abril del 2019 por el Observatorio Parkes de Australia y anunciada en diciembre del 2020, muy similar a una firma tecnológica. La señal era muy débil y los investigadores filtraron todas las señales que utilizamos en la tierra, y una vez filtradas se comprobó que venía del espacio y en concreto del sistema PRÓXIMA CENTAURI. Su estrecho ancho de banda tenía una frecuencia que variaba y se alejaba. Lo que quiere decir que la fuente de la señal podría venir de un planeta en rotación. Justamente **desapareció cuando el telescopio comenzó a observarla**. Por la frecuencia de 982 MHz, en teoría se debería descartar el origen terrestre: podría ser de origen natural o incluso una firma tecnológica de otro mundo. La expectación crecerá a raíz de los datos que pueda enviar el telescopio espacial James WEBB. Como no puede ser de otro modo, **los científicos son muy cautelosos** y **no se pusieron de acuerdo**. Unos piensan que, a pesar del filtro, es de origen terrestre. Otros, todo lo contrario. Si fuese una señal extraterrestre del sistema estelar vecino, significaría que la galaxia estaría plagada de civilizaciones técnicas y, dado que hay más de 300.000 millones de estrellas en nuestra galaxia, parece mucha suerte que haya algún tipo de civilización extraterrestre justo "*al lado*" de nosotros, y que además tuvieran un desarrollo similar al nuestro. Lo que se sabe es que la señal se atribuye a otros planetas en las inmediaciones del sistema aún no descubierto.

¿Y si fuera un sistema de comunicación interestelar? Ya lo sé, suena más a una trama de algún episodio de STAR TREK, pero un posible **sistema de comunicaciones** extraterrestres interestelares sería un escenario teórico posible, en donde un sistema como PRÓXIMA CENTAURI pudiera ser una **red de paso tecnológica de otro sistema**. Es lo que hacemos nosotros cuando nos queremos comunicar mediante los teléfonos móviles. No nos comunicamos directamente entre ellos, sino que los teléfonos envían señales a las torres de transmisión más cercanas y ellas se encargan de distribuir la señal a nuestros móviles. Debido a las grandes distancias en el universo, deberían existir **redes o torres de comunicación entre sistemas** que envíen las comunicaciones a otros mundos. Al menos teóricamente, PRÓXIMA CENTAURI **pudiera ser solo un REPETIDOR de una gran red**. Después de todo, es lo que el SETI espera encontrar, no una señal directa de alguna civilización, sino una red de comunicaciones galácticas. Si una civilización tecnológicamente avanzada se hubiera expandido por la galaxia quizás lo hiciera de este modo.

Hay muchos objetos en el universo que pueden producir señales naturales y apenas estamos descubriendo esas señales. Los púlsares son cadáveres de estrellas y PRÓXIMA CENTAURI está repleto de cuerpos helados. Es posible que el sistema esté pasando por una etapa de bombardeo, igual que ocurrió en nuestro sistema solar en el pasado. Lo que molestó al equipo de **BREAKTHROUGH LISTEN** es que la información de esta misteriosa señal se filtró antes de acabar el análisis y la información corrió por **medios de comunicación**. Insensatos hay en todos lados. Otra opción es que **la señal provenga de un transmisor de la Tierra**, cuya frecuencia por alguna razón está cambiando lentamente. La señal está *"sospechosamente"* cercana al valor entero de 1.000 MHz, lo que les induce a algunos a sospechar que pueda ser terrestre. Las coincidencias en ciencia no son buenas noticias. Sin embargo, no se ha podido localizar su origen en la Tierra.

¿Cómo sería el Exoplaneta PROXIMA B?

El motivo por el que los astrónomos están interesados en este exoplaneta es porque orbita justo en el centro de la zona habitable de su estrella y es posible que exista agua líquida e incluso vida en él. Además, tiene una gran ubicación, pues está en el centro de nuestra estrella vecina más cercana PRÓXIMA CENTAURI, que al igual que nuestro Sol, tiene su propio conjunto de planetas que la orbitan, y uno de ellos es PRÓXIMA B. Debido a su masa similar a la de la Tierra, los científicos creen que no solo podría existir agua líquida sino también ser un planeta rocoso similar a la Tierra. PRÓXIMA B órbita alrededor de su estrella, que es mucho menos masiva que nuestro Sol. El planeta completa una órbita cada 11 días terrestres. La temperatura en la superficie podría estar entre menos 90º grados y 30º grados Celsius. Lo que no está claro que tenga es una atmósfera. Si la tuviera, los ingredientes simples como agua, dióxido de carbono y roca necesarios para la formación de los ciclos bioquímicos que llamamos vida, podrían estar presentes e interactuar en su superficie. El agua estaría presente, pero no saben la cantidad que tendría. Han calculado incluso dónde podría estar la mayor parte examinando los posibles climas mediante un sofisticado modelo 3D. Se descubrió que el agua líquida podría estar presente sobre la superficie del planeta en las regiones más soleadas.

Formas de detectar las luces

Si el James WEBB es capaz de detectar la luz de banda estrecha que recuerda a las bombillas LED, podría caracterizar la atmósfera del planeta y permitirá utilizar los instrumentos del observatorio para detectar cuánto transporte de energía se produce en el planeta, y luego realizar cálculos de las curvas de luz para determinar si coinciden con las de una fuente de luz LED, y así llegar a la conclusión de que se puede ser capaz de detectar luz artificial.

El fascinante astrofísico de Harvard Avi **LOEB** y otros físicos, utilizaron una calculadora de tiempo de exposiciones, que permite predecir lo que se puede detectar en un periodo de tiempo determinado. Basándose en ajustes predefinidos antes del lanzamiento del observatorio, les permitió determinar la posibilidad de detectar diferentes valores de flujo y detectar aquellos con una longitud de onda que se ajusta a los niveles de luz artificial que cabría esperar en una civilización obligada a vivir en una obscuridad permanente. En ese caso, las luces que brillan en la obscuridad permanente deberían ser extremadamente potentes, por tanto, más susceptibles a ser detectadas y podría mostrar la existencia de iluminación artificial para LEDS estándar 500 veces más potentes que lo que se encuentra actualmente en la Tierra y para una iluminación artificial de magnitud similar a la terrestre.

Las misiones tripuladas con el proyecto BACKGROUND START, antes mencionado, podría ir al 10% o 20% de la velocidad de la luz para visitar el sistema Centauri. Los científicos han estado tratando de determinar si el nuevo telescopio podría detectar luz artificial, que sería un signo definitivo de civilización en PRÓXIMA B. LOEB llegó a la conclusión de que, si su iluminación artificial nocturna alcanza el 5% de la iluminación natural diurna, el James WEBB podría detectar la luz artificial con un 85% de certeza.

En una investigación más profunda, los científicos también han intentado determinar el aspecto que tendría la Tierra como planeta si orbitara alrededor de PRÓXIMA CENTAURI. El hecho de que la órbita de PRÓXIMA B se encuentre en la zona habitable en la que podría acumularse agua en la superficie no significa que sea habitable. La atmósfera es esencial para la vida pues permite regular el clima, mantener una presión favorable al agua, protegerla del peligroso clima espacial y albergar componentes químicos de la vida. El modelo informático de los científicos utiliza la atmósfera, el campo magnético y la gravedad de la Tierra y calcularon el promedio de la cantidad de radiación que produce PRÓXIMA CENTAURI en base a observaciones del Observatorio CHANDRA X de la NASA. Con estos datos, el modelo BREAKTHROUGH de MILLER lo simula y muestra que la radiación de PRÓXIMA CENTAURI agota la atmósfera terrestre hasta 10.000 veces más rápido que lo que ocurre en la Tierra. Sobre la importancia de este descubrimiento, Jason **WRIGHT**, astrónomo de la Universidad Pensilvania, dijo: *"Si ves ese tipo de señal y no está proviniendo de la superficie de la Tierra, sabes que acabas de detectar tecnología extraterrestre"*.

¿Qué forma habría para llegar a Próxima Centauri?

¿Han encontrado los científicos alguna forma de viajar más rápido que las naves espaciales convencionales? ¿Cuántos años necesitaría este transporte para llevarnos a las estrellas más cercanas? Hoy por hoy **parece imposible superar los 40 billones de km** de espacio que nos separan. La luz tarda más de 4,2 años en venir de PRÓXIMA CENTAURI a la Tierra, y la nave moderna más rápida tendría que viajar decenas de miles de años. Sin embargo, posibles tecnologías futuras en deberían reducir ese periodo.

Desde el inicio de la exploración espacial se busca dar con un diseño de naves que pudieran ser capaces de reducir estas distancias interestelares, pero aún es pronto para que alguna idea pueda ser llevada a la práctica. La mayoría de estas posibles misiones no se han considerado seriamente, pero hay una, el **Programa BREAKTHROU-**

GH STARSHOT, que consiste en **enviar 1.000 microondas** a PRÓXIMA CENTAURI en la primera mitad del siglo XXI. Suena fascinante, sobre todo por un dato sorprendente: ¡el tamaño de las naves no sería mayor a 1 cm! Increíble. Se planea usar una vela delgada y duradera, acelerada por pulsos de un láser terrestre súper poderoso. Según las estimaciones, la sonda interestelar dejaría el sistema solar a una velocidad del 20% de la velocidad de la luz, con lo que el tiempo total de viaje sería de unos 20 años. Después, teóricamente, pasarían casi 5 años más para que los datos recopilados por la misión pudieran llegar a la Tierra.

Otra opción fundamental es la de hacer mucho más potentes motores a reacción. Lejos de las estrellas, hoy en día **no habría más remedio que fueran reactores termonucleares**, o con algún tipo de tecnología adaptada a un posible descubrimiento de energía limpia y casi ilimitada producto del descubrimiento de los secretos de la fusión nuclear que en la actualidad no es realidad. Ello permitiría suministrar energía a la gente e invernaderos.

Hoy en día parece una entelequia total un viaje a la estrella más cercana. Incluso en el hipotético caso de que dispusiéramos de naves espacial que pudieran viajar a **200 km por segundo** (*solo por poner un ejemplo irreal*)*,* **ya sería como un tren bala intergaláctico**. Suena emocionante hasta que sacas la calculadora, empiezas a hacer números y compruebas la fecha de llegada. Incluso a esa velocidad tardarías en llegar 6.500 años al sistema ALFA CENTAURI. Esto significa que generaciones enteras de pasajeros que hicieran este viaje interplanetario morirían en el camino y nunca llegarían al destino. Sería una nave descomunal en la que se estableciera toda una colonia de seres vivos (*no solo personas*) de un modo permanente en órbita. Sería una especie de Arca de Noe intergaláctica y la única recompensa sería la posibilidad de viajar durante millones de años a un lugar desconocido.

61. El enigma de un
Creador o Diseñador

El Gran Enigma

Desde los albores de los tiempos, un pensamiento redundante del ser humano ha sido plantearse la existencia de un creador. Las preguntas al respecto rondan una y otra vez entre la esperanza o la desilusión que supondría una vida sin mayor transcendencia. La búsqueda de pruebas al respecto ha sido una constante en el pensamiento humano. *¿Podemos si quiera imaginar cómo podría ser un posible creador? ¿Puede la ciencia aportar alguna prueba científica de su existencia?* Es el misterio de los misterios.

EINSTEIN (*siempre es interesante saber lo que pensaba*) creía que, de existir uno, sería una entidad omnisciente e inteligente, la fuerza detrás del universo. Un gran arquitecto, pero no una figura antropomórfica y paternal como muestran los textos religiosos. La frustración de cualquier teólogo es no poder demostrar la existencia de ese creador, pero es normal, juegan en desventaja. Un creador no es inteligible a través de la observación, no es posible probar su existencia mediante un telescopio, un microscopio o mediante un análisis de ADN. Muchos científicos creen que habría que entenderlo como una fuerza creadora, inteligente y consciente, pero no necesariamente moral. O sí, quién sabe.

La física conduce inexorablemente a la metafísica y a la filosofía. Muchas son las hipótesis que se han planteado para explicar el origen de nuestra consciencia y de la vida; cada cual más fascinante, y muchas abogan por la visión de un creador en consonancia con la evolución del universo. A la ciencia se le debe dar el incuestionable papel de liderar el análisis de este misterio último, pero su primera regla al respecto debería ser **no cerrar ninguna puerta** y permanecer alerta a propuestas e ideas. Son muchos los enigmas que tardaron en resolverse por mantener posiciones rígidas e inflexibles sustentadas en creencias no demostradas, y luego fueron resueltas con soluciones inesperadas. Por ello, mantener una **actitud abierta y empática hacia lo desconocido** es la primera regla del verdadero científico.

Si EINSTEIN no hubiera dudado del concepto de gravedad y de las leyes de NEWTON (*incuestionables al inicio del siglo XX*), las profundas revoluciones que supusieron la relatividad y la cuántica no hubieran tenido lugar. Y es que había que ser muy osado, casi un inconsciente, para atreverse a dudar de las leyes de la gravedad por parte del joven Albert. Para ponerse en situación y comprender la magnitud de su contribución a la ciencia, hay que recordar que EINSTEIN no tenía ninguna experiencia científica ni posición académica. De hecho, fue rechazado varias veces para ejercer de simple ayudante de laboratorio. Imagina hoy en día a un licenciado en Físicas que no encuentra trabajo en ningún lado y un amigo le enchufa para un puesto de becario con salario muy justito en una oficina de Correos, y con ello se dedica a colocar sellos y ordenar expedientes, pero luego en su tiempo libre se empeña en elucubrar fantasías mentales de física y al hacerlo revoluciona toda la física conocida.

Cerrar puertas es un error. Sin ir más lejos las autoridades religiosas durante siglos han tenido que cambiar literalmente de chaqueta a raíz de pruebas científicas que no podían esperar más pero que fueron cayendo inexorablemente como chuzos en Pontevedra. Pues lo mismo cabría decir hoy en día, pero a la inversa, cuando un exceso de "*cientifiquismo*" no debería cerrar puertas a la posibilidad de la consideración de una entidad creadora del universo. Como seres interesados en el conocimiento y la verdad de las cosas, es el misterio último de la vida lo que nos conmueve. Es esa inevitable encrucijada que es el final al que todos nos enfrentaremos la que alimenta este debate eterno. Nos hacemos las mismas preguntas esenciales, posiblemente las mismas que se hizo ese hambriento y solitario homínido en una esquina de una cueva esperando a que amainara la climatología para poder salir a cazar algo para sus crías. *¿De dónde surge esta terrible tormenta que me acecha? ¿Hay alguna forma de controlarla? ¿Por qué se comportan así los cielos? Y si me cae un rayo y muero, ¿dónde iré?* Todas, aristas de una misma pregunta fundamental.

Difícil posicionarse

Se pueden adoptar varias posiciones al respecto, aunque básicamente se reducen a tres:

a. Aceptar que la realidad es solo lo que perciben nuestros sentidos. **Solo existiría lo que percibimos** y resulta imposible imaginar a una entidad creadora de la cual surgiera todo.

b. Aceptar que la naturaleza responde a unas leyes que nos muestran unos patrones, constantes y reglas universales que serían la prueba de que el universo y la vida provienen de un

diseño inteligente, y en toda lógica detrás de él tendría que haber un creador.

c. Aceptar que **no tenemos ni la más remota idea**. Que cualquier posición estricta, en un sentido u otro, no es más que una conjetura carente **de prueba**. Ni se puede estar seguro de que exista un creador ni de que no exista, pero dada la apabullante magnificencia del universo, nada sería descartable.

Una posición inflexible resulta acientífica

Nada es rechazable a priori; cualquier dogma tajante es acientífico en sí mismo, y el verdadero científico tiene que dudar y no rechazar nada debido a creencias preconcebidas. La física suele ser inmisericorde con los soberbios y tajantes. Una posición rígida hubiera supuesto que teorías como la cuántica o la relatividad nunca hubieran sido aceptadas. Desde el primer momento, estas teorías fueron denunciadas por legiones de críticos y escépticos que se mofaron de ellas con burlas que llegaron al escarnio. Muchas veces, la excusa, poco inteligente, fue que los científicos que las proponían eran veinteañeros e inexpertos.

El universo se nos está dando a conocer como una realidad tan alucinante que la opción de un creador ya no puede desecharse de ningún modo, salvo que seas un fanático. Escuchar o leer a tipos inteligentes como Richard DAWKINS, el biólogo inglés, quien asegura con arrogante rotundidad que es *"seguro"* que un creador o diseñador no existe, no es más que una pose ideológica y pasional dirigida a contentar a sus seguidores. Alguien que pretende convencerte con una firmeza incuestionable y exacerbada de su propio materialismo, no puede tener demasiada credibilidad; es más una militancia postural. En las mismas charlas que DAWKINS realiza ante auditorios repletos de sus fieles, resulta sorprendente y hasta cómico ver cómo la mofa y la burla se convierten en un modo de celebración grupal que las convierte en algo más cercano a un mitin político que a un acto científico. La única certeza que se desprende de esa actitud es que no es capaz de probar la inexistencia de un diseñador o creador del que partiera el inicio de la realidad, el universo y la vida misma. DAWKINS hierra como pensador científico al mostrar un jolgorio impostado y artificioso en esos mítines autocomplacientes con seguidores fanatizados que parecen más preocupados por mostrar su indignación y burla con el agnóstico que duda, que por demostrar algún tipo de tesis o prueba (*estas nunca las aportan*) que demuestre lo indemostrable.

La imposibilidad de demostrar la inexistencia

Cada uno tiene derecho a manifestar su posición "*ideológica*" al respecto, faltaría más, pero el mismo derecho tienen quienes perciben y denuncian que el trato otorgado a científicos agnósticos o creyentes no se aleja mucho del trato que los inquisidores dieron a GALILEO por proponer que la Tierra no era el centro del universo. En ese error científico incurrió Fred HOYLE al burlarse de George LAMAITRE por proponer su idea inicial del Big Bang. Se mofó por televisión sobre lo absurdo del concepto del Big Bang y posteriormente resultó unánimemente aceptado por la comunidad científica. Este mismo vergonzante trato le dio la prensa, y gran parte de la comunidad científica, a Charles DARWIN cuando publicó su *teoría de la evolución de las especies*; incluso publicaron viñetas y chistes de monos vestidos como personas en los diarios británicos de la época.

Defender con excesiva vehemencia una supuesta superioridad moral y cognitiva de algo que no se puede probar no es de ningún modo científico, más bien todo lo contrario. Hoy en día nadie puede saber si está en lo cierto, no se puede demostrar la EXISTENCIA de un creador pero tampoco su INEXISTENCIA. Por ello, asegurar con la rotundidad de un profeta abducido que no hay posibilidad alguna de que exista un creador o un diseñador, resulta de una simpleza intelectual tan burda que da la sensación de que la irritación proviene del hecho de que otros alberguen sus propias esperanzas (*y que ellos carezcan de ellas*).

Universo y Materia, hardware versus software

Los físicos y matemáticos observan el universo como un ingeniero que mira un ordenador. Si preguntas cómo funciona, lo abrirán, desarmarán, estudiarán y emitirán un veredicto que confirma que son una serie de cables y circuitos estructurados de una determinada manera, pero aun así son mucho más que eso, pues transmiten información, comunican e influyen sobre nuestras vidas y sobre el entorno. Son, pues, mucho más que la mera descripción de sus componentes tecnológicos.

Lo que hace la física precisamente es eso: observar y estudiar el universo, la materia, sus átomos, las fuerzas y campos responsables de las interacciones y las leyes que las rigen. En resumen, todo su hardware. La clave está, sin embargo, en observar más allá de la materia, comprender el programa o software que rige estos procesos que operan el *"superordenador"* que hace funcionar el universo. Lo que la ciencia lleva descubriendo desde hace siglos es que el universo dispone de unas leyes y reglas, las cuales en su *mayoría son inalterables a modo de constantes*, algunas de las cuales son aún desconocidas. Ese software que hace viable el universo y lo anima todo, esa suma de componentes que impregna todo el universo es la mecánica cuántica.

En un ser humano, la materia o hardware es mucho más que eso. Somos una estructura biológica que posee una consciencia, que piensa, sufre y ama, que puede llegar a sentir una inexplicable compasión por otras personas en vez de verlas como enemigos y rivales por la supervivencia. Se puede asegurar que somos mucho más que la suma de las partes que nos constituyen. Podemos proponer que nuestro cuerpo es el hardware por donde pasa el software de nuestra CONSCIENCIA. Y ahí reside la realidad más profunda de la existencia, en ese misterioso software.

Requisitos básicos: inteligencia e intención

No podemos escapar a nuestra máxima existencialista, pero una prueba de un creador o un diseñador debería incluir una INTELIGENCIA y una INTENCIÓN. Y no bastaría con que la respuesta sea afirmativa en uno de los dos casos, debiera serlo en ambos.

La interpretación del concepto de **INTENCIÓN** es algo sumamente difícil de concretar. Un profesor de Derecho procesal os dirá que la mayor dificultad consiste justamente en determinar la intención y si un acusado cometió un crimen porque quiso o si fue un accidente. Podemos aceptar que existe una gran **INTELIGENCIA** en la concepción de las cosas, *pero ¿esa inteligencia es fortuita? ¿Hay una intención detrás de ella? Y de haberla, ¿cuál es? ¿Habría alguna manera de demostrarla?*

El orden brutal y la mínima entropía del universo

Debido a los grandes avances científicos de los últimos 100 años en la astrofísica y la cuántica, se hace difícil, pero que muy difícil, llegar a la conclusión de que todo sea producto del azar. Si algún principio rigió el inicio del universo fue un estado de **mínima entropía** en la que existió un **orden brutal** y programado de las consecuencias que desataría la creación del universo, el espacio, la materia y todo lo que se desencadenó después. Toda la información debió estar contenida en esa **sustancia inicial** justo en el instante CERO del Big Bang.

El universo es un lugar extraordinario con un punto de belleza deslumbrante que parece responder a un orden superior con unas leyes y reglas de las que aún no lo sabemos todo ni por asomo. La precisión de las matemáticas, la simetría de sus formulaciones, la belleza subyacente de las leyes físicas son de tal magnitud que impide ignorar la posibilidad de la existencia de una mano creadora. Este sin duda, debería ser el mayor y más sólido argumento para un agnóstico que duda o para un creyente que cree. Muchos científicos son reacios a admitir la existencia de un diseño, pero también son muchos los que creen lo contrario. En cualquier caso, si de creencias se trata, no creo que nadie esté en mejor posición que los demás para defenderlas. Da igual que seas fontanero, sacerdote, científico, abogado o pianista. Salvo que seas cantante de reguetón, por supuesto.

Lo incomprensible es que sea comprensible

Dada la ausencia de verificaciones y pruebas reales en un sentido u otro, tener una posición demasiado firme y tajante sobre temas tan trascendentales es altamente arriesgado. La existencia de un diseñador o creador sería muy diferente a cómo lo imaginamos o a cómo nos lo describen.

Santo TOMÁS de Aquino, ya en el siglo XIII, se hizo las preguntas adecuadas. Decía que los objetos se mueven porque son empujados, que algo los pone en movimiento, lo cual se adecúa a los postulados de la aceleración de las leyes del movimiento de NEWTON. Los objetos, planetas y galaxias se mueven porque algo los empuja en todas direcciones, algo les saca de la pista de baile. Alrededor del universo visible, hay también un universo cósmico invisible y cuántico gobernado por **leyes complejísimas que distan mucho de ser comprendidas**. Algunas las conocemos, y otras aún parecen más cercanas a la ciencia ficción, como el entrelazamiento, que, aunque demostrado, nos resulta anti intuitivo.

Hemos aprendido que las leyes de la física son ecuaciones simétricas. Se leen y aplican del mismo modo de adelante a atrás y de atrás a adelante. Tenemos la sensación de que tarde o pronto TODO se llegará a comprender. Como dijo el gran EINSTEIN:

> *"Lo más **incomprensible** del universo es que sea **comprensible**. Es fantástico que el universo pueda **comprenderse** y razonarse, porque **podría no haber sido así**. Debe de **existir una razón necesaria** para que así sea, no puede ser algo casual".*

Pero a él lo que realmente le interesaba era saber si un creador podría haber hecho todo de un modo diferente. Si la necesidad de simplicidad lógica deja alguna libertad. Lo que planteaba es la cuestión de si el universo sería diferente con otras condiciones iniciales, y me refiero a aquellas que sucedieron en los primeros instantes de la creación del universo.

Un diseño inteligente adquiere sentido desde muchos puntos de vista. Es más, se nos antoja escasa la expresión, más bien cabría calificarlo como de un **diseño INAUDITAMENTE inteligente**. Detrás de todo diseño de nuestro mundo tridimensional, de toda la complejidad de cada organismo y cada bocanada de aire que respiramos, existe un equilibrio de fuerzas increíblemente preciso y descomunal que hacen muy improbable la posibilidad de que todo surgiera de la nada. ¡De eso nada!

Una aportación interesantísima fue la de Gottfried Wilhelm **LEIBNITZ**, el matemático y filósofo alemán que utilizó una **lógica sorprendente** en la que otorgaba lo que él consideraba la prueba de la existencia de un creador. A LEIBNITZ lo que más le impresionaba de la realidad es que existiera algo en el universo en vez de que no existiera nada. La nada era el estado más simple y **la única razón de que existiera algo era que un ser independiente hubiera creado la realidad**. Para él, esto era una prueba más que suficiente. Redujo el asunto a la mayor simpleza encontrando una gran respuesta. Esto para él era una prueba suficiente para plantear la existencia de un influidor externo.

El físico de Oxford David **DEUTSCH**, uno de los grandes discípulos de WHEELER, razonaba también que la incapacidad de explicar el universo mediante un solo principio iría en contra del racionalismo, y que ese principio último y definitivo de la física que explicara todo tiene que estar y tener su origen fuera de la física

¿Pudo algo surgir de la NADA? La Creación Ex Nihilo

Algunos mantienen, sin prueba alguna por supuesto, que todo pudo surgir por casualidad y sin causalidad alguna. Postulan que cualquier sistema con el suficiente paso del tiempo tendera a replicarse y desarrollar otros sistemas entre los que pudiera originarse la vida. Solo sería cuestión de tiempo y de *"que se den las condiciones adecuadas"*.

Buen intento, amigos; ahí reside la trampa y un as en la manga que sirve para cualquier descosido y emergencia. Esta frase es el ejemplo por antonomasia de la ausencia de argumentación. Es quitarse de encima la pregunta del millón con algo tan etéreo, generalista y demagógico como *"que se den las condiciones adecuadas"*. **¡Pero si precisamente lo que queremos saber son esas *"condiciones adecuadas"*!** Ello resulta algo tan incongruente como manifestar que los gnomos, las hadas y los zombis pueden existir o no, dependiendo de *si se dan las condiciones adecuadas*. GROUCHO MARX no lo hubiera expresado mejor. Lo que algunos tratan de evitar es dar una respuesta mínimamente coherente a una pregunta tan incómoda y difícil. Lo que hacen es subestimar al adversario y dar acrobáticas piruetas lingüísticas que, por la falta de una explicación convincente, resultan incoherentes. Sería mucho más honesto, y desde luego mucho más científico, asegurar que **"hoy en día NO tenemos ni idea de CÓMO pudo surgir el universo y la vida de la NADA"**. Siguiendo con el hilo:

— ¿Qué o quién determina *"esas condiciones adecuadas"*?
— ¿Qué o quién determina cuándo *"se darían esas condiciones y no otras"*?

Hay quienes, con la fe del converso, aseguran que **la NADA surgió de la NADA**, con lo que lo único que aportan al debate intelectual es precisamente eso: NADA. Parecen especialmente empeñados en no aportar algo que defienda su posición "*nadaticia*". Muy científico no parece, desde luego. La NADA absoluta, además, en la física no existe; el CERO absoluto, tampoco. Los átomos, incluso en sus valores energéticos cuánticos más pequeños, en una escala mucho menor a la escala de PLANCK, **¡siguen vibrando!** Ello hace inviable, desde un punto de vista científico, matemático y filosófico, que la NADA provenga de la NADA.

¿Puede inducirse su existencia por la razón?

Bueno, dejemos de dar estopa, que incluso los "***nadaticios***" merecen un respeto. Desde la aparición del SAPIENS y los posteriores avances científicos, el ser humano ha intentado comprender de dónde pudo surgir la existencia. *¿Es posible un ser supremo omnipotente, omnipresente y omnisciente? ¿Un ser del que todo surgiera?* Existen más de 4.000 religiones en el mundo y todas plantean algo común: la existencia de un ente creador. Sin embargo, *¿pueden la razón, la física y la filosofía ayudar en algo a este debate? ¿Pueden añadir algún tipo de certeza al respecto?*

Hasta donde sabemos, no conocemos algo que se creara a partir de la nada. Todo en nuestro universo tuvo un inicio o un comienzo que provocó la realidad que nos rodea, y en nuestro universo parece que sucedió lo mismo. En física se puede más o menos explicar lo que sucedió justo después de la expansión que empezó con el Big Bang, lo que no hay es una explicación ni teórica de lo que pudo suceder justo antes de esa **mínima fracción del primer segundo** entre el momento cero y 10 elevado a -43 segundos. Y a todo hecho le hubo de anteceder algo. Reflexionemos:

— Entre **0 y 0,0000000000000000000000000000000000000 0000043** segundos, **no sabemos NADA** de lo que sucedió.
— De ahí en adelante, como ya explicamos al hablar sobre las edades de universo, sí que tenemos una explicación más o menos cohe-

rente. Sucedió la inflación y la expansión del universo hasta nuestros días. Pero **antes** de esa fracción **NO TENEMOS NI IDEA**. Es el gran misterio para el que no hay respuesta.

Ya sea con causa o sin ella, **algo sucedió**, y es algo incontestable. Cuando decimos que ALGO sucedió, queremos decir que **algo lo causó**. El universo existe, sucedió, surgió, se expandió de repente, algo lo provocó y, por lo tanto, en ese inicio del universo tuvo lugar un **hecho desconocido**. Atentos a las palabras, pues son clave. A falta de una mejor descripción, a esa causa la podemos considerar el **acto creador**. Pon el nombre si quieres, personalmente me da igual. Con ello entramos, sin embargo, en un bucle infinito de pensamiento. Si hubo un creador o acto de creación, tuvo una causa. *Pero ¿qué o quién lo causó? ¿De dónde surgió esa causa, ese acto de creación o ese creador mismo?* **¡La CAUSA de la creación es la clave!**

Podemos seguir incluso más allá: *¿qué o quién creó a su vez a ese creador?, ¿qué causa hubo detrás de la causa misma de la creación del universo y nuestra realidad?* ¡Ya no podríamos considerarlo como un solo acto de creación sino como otros muchos que le precedieron! Y así sucesivamente... Para volverse locos.

Con el paso de los siglos se han hecho modificaciones a este argumento, de manera que no se caiga en estas contradicciones. Un creador quizás debería estar exento del orden natural, lo cual es inimaginable en sí mismo, y ser una causa sin causa. El creador no tendría un principio, no necesitaría haber sido creado. Estamos en pleno éxtasis metafísico. Si un creador no estuviera sujeto a unas leyes naturales que nosotros percibimos inviolables, ello no deja de ser una contradicción en sí misma. Tendemos a despreciar los argumentos de la filosofía y las religiones, pero independientemente de que tengan una visión acertada o fallida (*nadie lo sabe*), no dejan de ser procesos profundos que intentan vislumbrar nuestra naturaleza más profunda.

Las CONSTANTES del universo

Las leyes y constantes del universo son tan precisas que se hace difícil imaginar su existencia sin una entidad creadora que las plantara en la sustancia misma del inicio del universo. La ciencia, la física y la humanidad están adentrándose en una era más avanzada del entendimiento del acto de creación del universo.

En su día, la mayor discusión en torno al movimiento de los astros del cielo radicaba en que si la Tierra era el centro del universo o si el Sol era el centro del universo. Esto fue un debate de siglos y las religiones no aceptaban debates o nuevas ideas. Cualquier concepto de que la Tierra no fuese el centro del universo tenía serias implicaciones religiosas, y abría muchas interrogantes acerca de la finalidad última del universo. No fue hasta las aportaciones titánicas de personajes como COPERNICO, GALILEO e Isaac NEWTON cuando todo empezó a girar de un modo fascinante para la ciencia. Ya no se discutía que astros giraban en torno a que otros astros; NEWTON se preguntó directamente por la causa natural de que los astros giraran. Todos ellos, pese a ser hombres religiosos, no se conformaron con una explicación divina del cosmos, y menos provenientes de autoridades religiosas ancladas en rígidos y erróneos principios aristotélicos.

NEWTON dio una idea del concepto de gravedad y de cómo funcionaban las órbitas de los planetas gracias a las cuales supimos que la naturaleza puede ordenarse a sí misma sin intervención exterior, al menos en un gran número de ámbitos. La idea de la gravitación universal abrió la puerta a muchas otras teorías que englobaban toda la naturaleza dentro de principios universales, los cuales permitían explicar fenómenos recurriendo a causas naturales y leyes físicas cuantificables. De esta manera nació un nuevo concepto de ciencia, en el que las leyes divinas ya no eran las únicas candidatas para proporcionar una explicación del universo. De hecho, las leyes divinas empezaban a perder rápidamente terreno frente a las leyes naturales como hipótesis favoritas de los pensadores y los hombres de ciencia.

Los físicos nos han dado a conocer con sus muchos descubrimientos, que existen unas **CONSTANTES** que parecen extraordinariamente ajustadas y permitieron la aparición de un universo y la vida. Ya hablamos de ello cuando mencionamos el AJUSTE FINO del universo y el principio ANTRÓPICO; no es cuestión de repetir lo mismo, pero el universo "*parece*" una obra de ingeniería armónicamente construida. Si existiese alguna ínfima, casi inapreciable variable en las condiciones y CONSTANTES, no existiríamos. La extrema dificultad de que todas las variables se ajustaran de manera milagrosa a nuestro favor ha llevado a muchos científicos y filósofos modernos a proponer que un creador es el responsable último de la creación de **esas CONSTANTES del universo.** Por ejemplo, si estuviéramos solo un poquito más lejos del Sol, el agua de la Tierra se congelaría; si estuviéramos algo más cerca, el agua herviría; si el campo magnético de la tierra fuera más débil, nuestro planeta sería devastado por la radiación cósmica; si fuera más fuerte, quedaríamos devastados por fuertes tormentas electromagnéticas, etc. El listado es interminable.

Algunos creen que todas estas circunstancias fueron diseñadas para dar lugar a la formación del universo, pero es algo extraño. ¿Por qué creer que todo se armonizó para crear vida solo en un remoto planeta de un pequeño vecindario denominado sistema solar, de uno de los miles de millones de galaxias existentes en el universo? Es bastante improbable que solo fuera por nosotros. Ahí es donde quizás algunas ideas religiosas entran en contradicción. Si hay un creador, no solo nos puso a nosotros en el centro de la creación, sino que también a los dinosaurios, las mariposas o cualquier forma de vida de cualquier rincón del universo. ¡Incluso a Paquirrín! (*posiblemente sea el origen de la energía oscura*).

Interesante hipótesis del origen de un Creador cercana a la ciencia ficción (¿*o no?*)

Imagina los avances tecnológicos en un futuro en donde unos seres (*humanos o no*) hubieran logrado sobrevivir a miles o millones de años.

Resulta imposible prever el alcance de sus avances tecnológicos en ese futuro, pero el impacto sería infinitamente superior al del desarrollo tecnológico actual con respecto a un *Australopitecus Afarensis* que migraba por las Sabanas africanas hace 4 millones de años.

Imagina si puedes (*que no podrás*), un salto en el tiempo hacia delante y lo que ello supondría de avances exponenciales en: computación cuántica, fuentes de energía ilimitada y limpia como la fusión nuclear (*algo de lo que no estamos tan lejos*), manipulación genética de seres biológicos a través de la biotecnología, desaparición de los procesos de envejecimiento, dominio de los procesos cuánticos cómo el entrelazamiento cuántico, teleportación, desarrollo biológico de diferentes formas de vida y realidades, etc.

Ahora, **redobla tus esfuerzos e IMAGINA este hipotético escenario**:

1. Que fueras uno de esos seres que hubieran desarrollado avanzadísimas tecnologías de **realidades virtuales o juegos de simulación** de unas proporciones siderales.

2. Que esas realidades virtuales o juegos de simulación tuvieran unos PERSONAJES con **una intención o un propósito ahora imposible de prever**.

3. Que, para mayor emoción de la experiencia vivida, los PERSONAJES ocuparían un **rol aleatorio** en ese mundo virtual.

4. Que también, para mayor emoción o motivación, esos PERSONAJES tuvieran que actuar e interaccionar en lo que se denomina "**mundo abierto**", en el que se fijarían una reglas, leyes y constantes de su universo virtual suficientemente complejas que garantizaran una **aleatoriedad** suficiente, **sin un final o resolución preestablecida**, y sometidas al **azar** y a **variables** determinadas por el mismo juego.

5. Que a esos PERSONAJES les **podrían suceder cosas "buenas" o "malas"**, pero **no podrían anticiparse de**

ningún modo, pues la motivación del juego desaparecería. Ahí **radicaría la esencia misma del juego**, el interés por la aventura y la experiencia *"vivida"*.

6. Que esos PERSONAJES **no podrían conocer el desarrollo del juego ni mucho menos anticipar el final**, igual que no se puede saber el final de una partida de cartas, un partido de futbol, una de trivial o el final de una aventura por el Amazonas.

7. Que dispusieran de la capacidad técnica de **dotar a esos PER-SONAJES de consciencia**, la cual pudiera incluso provenir de una porción parcial de la propia consciencia de los seres o "jugadores" que los hubieran creado.

8. Que se crearían unas condiciones específicas que establecerían la **caducidad** de los PERSONAJES del juego.

9. Que esos PERSONAJES **no sabrían el motivo ni la razón por la que fueron puestos en ese juego** porque si no se perdería la esencia de este, ya que plantea superar retos, dificultades, alcanzar metas, obtener puntuaciones, sobrevivir en condiciones desfavorables... etc.

10. Que a esos PERSONAJES se les posibilitaría plantearse **quiénes son** realmente, **de dónde** surgen esos límites de su realidad, **si existe algo más allá** de sus efímeras existencias y **si sobrevivirán** al mismo juego.

11. Que esos PERSONAJES **tratarían de encontrar respuestas y de explicar** cada uno de los fenómenos que suceden en sus existencias que perciben como *"reales"*. Recuerda la antológica escena final de esa obra maestra llamada *BLADE RUNNER*, en la que el Nexus5, interpretado por Rutger Hauer, se pregunta cuánto tiempo le queda de vida.

12. Que se irían **develando los misterios y secretos de su universo** a esos PERSONAJES, los cuales temporalmente fueron

confinados hasta su baja del juego pues fueron creados con una caducidad.

13. Que esos PERSONAJES funcionarían de acuerdo con unos **parámetros, algoritmos y gráficos** (*leyes del universo*) que tú y otros SERES avanzados programasteis.

14. Que las reglas mismas del juego posibilitaran que los PERSONAJES pudieran **evolucionar**, y antes o después llegaran a alcanzar el conocimiento suficiente para plantearse **saber más de ese juego y de su creador**. Así buscarían respuestas por todos lados llegando al punto de que trataran **de contactar a su creador**, aunque ello se desvelara imposible.

Te suena todo, ¿verdad? Esos PERSONAJES serían como nosotros mismos, peces queriendo salir de su pecera y tratando por todos los medios de conocer el mar.

El Misterio de la MALDAD

La maldad y el sufrimiento humano quizás son el peor defensor de la existencia de un creador. Filósofos y pensadores enfocan este concepto como algo incomprensible, aunque quizás no lo sea tanto. Es una gran paradoja, sin duda. Si un creador es de una magnificencia fuera de toda comprensión, *¿por qué permite la existencia del mal? Si no puede acabar con el mal, ¿no sería omnipotente? Y si puede acabar con el mal ¿por qué no lo hace? ¿Vendría el mal como un parámetro de serie en nuestra existencia?*

Las posturas religiosas no culpan al creador, sino todo lo contrario: resaltan el libre albedrío y la libertad de elección como elementos exculpatorios del creador. Pero poca elección tuvo un prisionero en Auschwitz, otro de un Gulag de Siberia o un menor agredido. En esencia refieren al ser humano como el mayor responsable de hacer el mal, lo cual es más que cuestionable también. Si estas en una guerra y matan a tu familia, sería más que complicado no intentar vengar a tus seres queridos. Desde esa perspectiva, el **costo de la libertad será el mal**. Un creador permitiría el mal para sacar de él un bien mayor, algo que parece una tragedia. Tiempo después nos recompensaría con cosas buenas, quizás ya fuera del *videojuego*. Sin duda, sería un acuerdo algo exótico.

Si todo lo que existe es producto de un creador, se nos antoja de una gran complejidad adivinar las razones profundas de la existencia. Quizás sea una pérdida de tiempo. A veces el concepto del bien o del mal no son fácilmente separables ni diferenciables. Una leona que mata a una gacela puede interpretarse como un acto de amor para poder alimentar a sus crías hambrientas o como un acto de extrema crueldad para la pobre mamá gacela, que vería cómo le arrebatan lo más preciado que nunca tendrá.

Posiblemente, el mal en un ámbito macroscópico de la realidad no sea más que otro parámetro más de la creación, es una valoración humana. Dentro de 4.000 millones de años, la VÍA LÁCTEA y ANDRÓMEDA chocarán (*ya se sabe que así será*), y esa colisión de las dos galaxias se llevará de por medio toda la vida concebida en ellas. ¿Esto hace a ANDRÓMEDA mala? Pues me temo que no. Este razonamiento no está defendiendo a un asesino que mata, para nada; encargarse de eso es el objetivo de las leyes, pero estas cambian con el tiempo. La esclavitud fue legal y desposar a niñas de 10 años también lo es aun en muchos países. El concepto del bien y del mal puede variar en el discurrir de los tiempos.

Mi argumento va mucho más allá, en el sentido de que quizás el mal en la naturaleza es parte inherente del caos necesario que se necesita para la existencia del universo. Duro de similar, ¿verdad? Si existe un creador, no sabemos cómo será, ni por asomo podríamos hacernos a una idea. Si fuera benevolente sería inconsistente con la experiencia humana del mal, por los terribles sufrimientos de millones de personas. El gran argumento ateo puede ser este. Desde un punto de vista filosófico, el argumento del mal se presentó de una manera lógica como una incompatibilidad entre la idea de un creador omnipotente y bueno, y la existencia del mal.

En filosofía, Alvin PLANTINGA, que escribió un libro interesantísimo en los años 60 titulado *"DIOS, LA LIBERTAD Y EL MAL"*, proponía que quizás no hay una contradicción estricta, sino que ambas cosas son compatibles. La razón profunda es que ese creador tendría una razón para permitir los males, aunque la esencia del problema de su comprensión radica en que la realidad del mal resta credibilidad a las hipótesis de un creador bueno. La tensión entre el bien y el mal es difícil de explicar, pero también existe la evidencia de un universo como el nuestro, y eso es aún más difícil de explicar sin un creador. Quizás no sea tan extraño que un creador permitiera ciertos males, pues siempre serían temporales y posibilitarían la existencia y el aprendizaje de bienes de tipo superior, de los cuales desconocemos su alcance. Por ejemplo, nadie podría ser valiente en un mundo sin peligro, la compasión no se puede comprender ni ejercer en un mundo en el que nadie sufriera, el amor por alguien es difícil de imaginar sin conceptos contrarios como el desamparo o la soledad, el perdón no se podría ejercer en un mundo en el que nadie cometiera errores…

Esta perspectiva quizás dote de cierto sentido a un creador que permita el mal. Un creador no causaría directamente el mal, pero lo permite para que puedan surgir esos bienes que, como hemos dicho, sin el mal no serían posibles. Desde una perspectiva de momentos de desesperación que son vencidos, un triunfo sobre el mal, de alguna manera, es un bien que no sería posible si no existiera el mal.

Reflexiones

Nos hemos adentrado de lleno en un **campo metafísico y filosófico**. La búsqueda del conocimiento y la verdad no es sino hallar las respuestas últimas a preguntas universales. Encontrar una postura definitiva resulta imposible porque posiblemente no la hay para un homínido con un cerebro de 1,4 kg como nosotros. Las tendencias físicas más modernas proponen que podemos encontrarnos en un

universo abierto. Lo que parece ya real es que la energía no se pierde, y tampoco la información contenida en ella. Todo ello contribuiría a que el libro del conocimiento físico quedara aún más abierto a **nuevas teorías científicas** que hasta hace unos años parecerían argumentos de guiones de Hollywood.

Los avances científicos y desarrollos tecnológicos en la astrofísica y la física cuántica del último siglo nos abrieron exponencialmente a **nuevas posibilidades de estudio de la realidad** que hasta ayer en términos históricos eran inimaginables. Pensar en lo poco que se conocía por ejemplo en la edad media, que en términos de nuestra historia biológica es lo mismo que hace 30 segundos. Todo resulta tan apabullante y sorprendente, que **la opción de una entidad creadora original no puede desecharse de ningún modo,** salvo que seas un fanático autocomplaciente (*y de estos hay muchos*).

El **ateo *hooligan*** y militante se aleja del principio más básico y primario que debe anidar en la **mente de un científico**, que es dudar de todo y no cerrar la puerta a ninguna explicación. Una posición categórica es arrogante y no científica porque no duda a la hora de asegurar sin prueba alguna que no existe nada, cuando precisamente mientras más conocemos del universo más vamos descubriendo que en realidad el concepto de vacío no existe de un modo estricto y que el espacio y el universo están llenos de todo tipo de partículas, campos de fuerza y energía intercambiable. Al ateo *hooligan* le irrita un agnóstico, aquel que duda y no cierra ninguna posibilidad. Aquel está presuponiendo un conocimiento que no tiene. Si de verdad cree que nada existe y pretende convencerte de ello, tendrá que demostrarlo, y esto es imposible porque **demostrar la no existencia de algo es verdaderamente difícil**, incluso más difícil que demostrar lo contrario. Es *"quien afirma con rotundidad sobre el que cae la carga de la prueba"*.

En uno de sus libros, Richard **DAWKINS** compara a Dios con una tetera, lo cual, ya de entrada, hace que esté tratando de ridiculizar una cuestión tan profunda que el espíritu humano lleva debatiendo desde el inicio de los tiempos. El tono irritante y supremacista de sus palabras le lleva a tratar un asunto tan interesante y fundamental como algo fatuo y superficial, con lo que él mismo se autocalifica por su dogmatismo y falta de rigor científico para abordar un tema tan difícil. Comparar la esencia de un creador con una tetera no es serio, sino ridículo.

La posición más científica sobre estos asuntos quizás sea dejar la puerta abierta y confiar en que la ciencia, posiblemente, sea la que decida. La aparente superioridad en una posición más preocupada por ridiculizar posiciones antagónicas es una zafiedad intelectual, pues desprecia la organización inteligente de la naturaleza. La ingenuidad de la creencia en un creador, aun siendo reduccionista, fue adoptada en casi todas las culturas, aunque ello es un dato estadístico que no prueba nada, no significa que estén en lo cierto.

Los **dogmatismos** bloquean el crecimiento porque no permiten ir más allá. Discursos como estos resultan prepotentes, porque simplemente no responden ni a la verdadera naturaleza de la ciencia, ni al espíritu científico de humildad y búsqueda de la verdad. Apenas comprendemos el 4% del universo, ¡siendo muy optimistas! Por ello, sabiendo que "*se nos escapa el casi todo*", que algunos tengan la arrogancia de asegurar con la certeza del converso (*pero a la inversa*) que algo seguro no existe, es un discurso fanatizado y acientífico.

La única realidad, si se puede hablar en estos términos, es que **el universo es de una complejidad tal, de una inteligencia tan sobrecogedora, de una precisión tan fantasmal en sus parámetros más fundamentales, que cuesta encontrar adjetivos para describirlo**. El mismo misterio parece imposible de ser explicado con el lenguaje por seres que tenemos unos límites biológicos. El hecho de que las leyes que hacen funcionar el cosmos se puedan resumir en unas cuantas ecuaciones que caben en un folio, y doblar y guardar en el bolsillo de nuestros vaqueros (*tal como suena*), hace que ello **sea inimaginable sin un diseño no solo inteligente sino inauditamente**

inteligente. Este es el mayor de los argumentos a favor de una posible entidad creadora o diseñadora.

La física está cambiando por el conocimiento derivado de los increíbles avances tecnológicos, computacionales y cuánticos del universo profundo. Contrariamente al reduccionismo que pudieran acarrear los avances científicos, ahora la realidad parece muchísimo más sorprendente, más de lo que parecía preverse hace unas décadas. Si hay algo irrefutable es que en la naturaleza existe un orden y sobre todo un diseño alucinante. El incremento de estos avances tecnológicos está posibilitando el número de nuevas hipótesis y escenarios inverosímiles. Muchos de estos avances están siendo inesperados, incluido la posibilidad de un universo inteligente y creado. Lo que resulta incontestable es que la naturaleza y la realidad que percibimos está dotado de un espectacular y complejo orden, que transmite información. Un cuadro de VELÁZQUEZ no es una mera tela impregnada de pigmentos de colores, sino que detrás de ello hay una codificación de información, una inteligencia que lo moldeó con unos pinceles y un acto de creación artística excepcional.

Existe un ajuste preciso en las constantes del universo, y de sus fuerzas y campos. Una leve alteración de ellas y NADA habría sido posible. Ese diseño, malo o bueno, es de una complejidad irreducible. Tan inverosímil puede resultar la existencia de un creador como el entrelazamiento de dos electrones a millones de años luz, ¡y resulta que esto se ha demostrado que sí sucede y que es *"real"*! Dado el escenario de la física cuántica y del universo observable, para muchos lo más razonable es afirmar que cualquier escenario es posible.

62. ¿Una entidad
inteligente del universo?

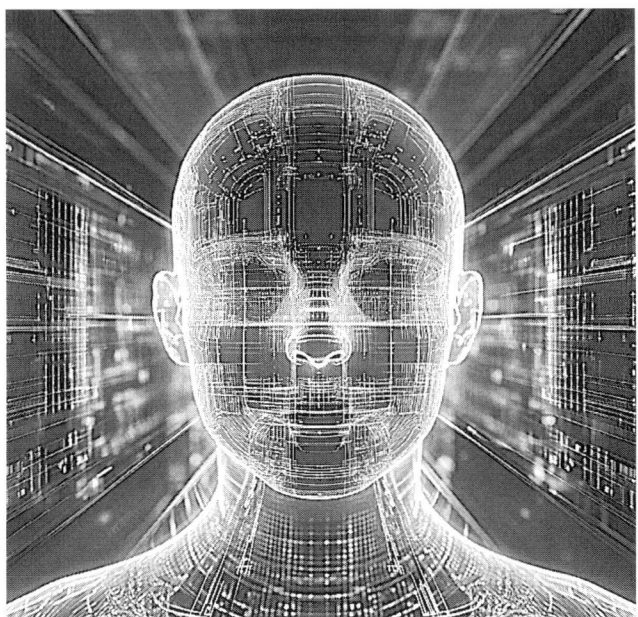

Reflexionando sobre ello

En línea con el capítulo anterior, la probabilidad de que surja un ser inteligente como el ser humano son tan remotas que parecen imposibles. Después del Big Bang y del inicio del universo se crearon cuatro fuerzas fundamentales que constituyen la base de la física: la nuclear fuerte, la nuclear débil, el electromagnetismo y la gravedad. Estas fuerzas son como NORMAS de algo superior que diseñó el universo de un modo concreto. Órdenes que definen cómo deben unirse los compuestos químicos a los átomos, cómo debe comportarse la gravedad y cómo se deben desatar las reacciones nucleares. La más mínima alteración en cualquier parámetro de esas 4 fuerzas no hubiera posibilitado ni siquiera la formación de galaxias; sin embargo, sucedió. Lo mismo ocurre con el resto de los hechos relevantes del universo. Hay miles de millones de combinaciones que podrían haber fallado, pero no lo hicieron. Por ejemplo, si el asteroide que mató a los dinosaurios hubiera caído 1 millón de años más tarde o 1 mil lón de años antes, probablemente nosotros no estaríamos aquí. Es más. ¡no estaríamos aquí sí hubiese sucedido un segundo antes o después! Somos el último eslabón de miles de millones de combinaciones que acabaron en la vida inteligente. Parece imposible algo así sin la posibilidad de alguna entidad detrás del asunto. Pero hay algo aún más increíble si cabe, y es que después de crearse el universo hasta llegar a nosotros, nos encontramos con que debe de haber un orden. Toda la **materia existente debe mantener un orden** de lo contrario sería el fin. Por ejemplo, pensemos en el átomo: 1 **protón** tiene una masa 1836 veces mayor que la de 1 electrón, 1 **neutrón** pesa un poco más que el protón y si la masa de 1 protón varía una milésima parte sería el fin del universo.

Si viajamos a los orígenes de la vida, nos quedamos aún más perplejos. ¿Como puede ser posible que los **aminoácidos de una célula humana se puedan unir al azar**? ¿Cómo pudieron las fuerzas ciegas del océano primordial arreglárselas para **combinar los elementos químicos correctos para construir enzimas**? Entre otras muchas cosas, la vida, tal como la conocemos, depende de al menos 2000 enzimas diferentes. La **probabilidad de obtener todas estas 2.000 enzimas de la vida en una prueba aleatoria es casi inexistente**.

Si hoy en día podemos comprender el universo es porque **obedece a algo que se llama matemáticas**. Podemos explicar muchos hechos físicos que ocurren en el universo con extraordinaria precisión, por ejemplo, la relatividad de EINSTEIN se basa en ecuaciones matemáticas desarrolladas anteriormente por el gran matemático alemán Bernhard RIEMANN, simples ecuaciones sin aplicación práctica que acabaron por explicar gran parte de los sucesos del cosmos. Lo mismo sucedió con las ecuaciones de otros físicos; de hecho, si lográramos unir todas las teorías matemáticas y físicas sobre el universo y halláramos una solución, podríamos explicar todo el universo con simples matemáticas. HAWKING habló de esto en numerosas ocasiones y concluyó que en menos de un siglo descubriremos una teoría que podría explicar el universo de acuerdo a ecuaciones matemáticas.

¿Un orden inteligente?

El diseño inteligente del universo (*ID en inglés*) es algo que se planteó en 1996 a raíz del famoso libre del profesor de bioquímica Michael **BEHE**, "*LA CAJA NEGRA DE DARWIN*", a partir del cual se habla de "*Intelligent Design*".

La idea, brillantemente expuesta en el libro, es la llamada **complejidad irreductible**, que propone que en la bioquímica actual los seres vivos tienen unos sistemas que ostentan **un tipo de complejidad que no es posible simplemente por variaciones aleatorias**. La conclusión a la que llega BEHE es que **dichos sistemas sólo pueden haber sido diseñados**, y que la labor de la ciencia, entre otras, es la de determinar los procesos de inteligencia del diseño.

William **DEMBSKI** es el mayor defensor del movimiento. Estaba acabando su tesis doctoral cuando se publicó "*La caja negra de Darwin*". Ha publicado numerosos libros al respecto y, por su gran formación científica, se ha convertido en el líder indiscutible de este movimiento. En sus escritos trata de establecer las condiciones que debe reunir un sistema para poder afirmar que en su formación ha intervenido algún tipo de diseño inteligente. Entre sus objetivos está el dotar al diseño inteligente de carácter científico. **Es importante diferenciar el diseño inteligente del creacionista**. El inteligente no tiene nada que ver con el creacionismo, es más bien todo lo contrario pues otorga a la ciencia determinar si realmente existen en la naturaleza sistemas de complejidad irreductible.

En el siglo XIX, William **PALEY** usó la analogía del relojero afirmando que de la misma manera que el hallazgo de un reloj entre las piedras de un río conduciría fácilmente a creer que no tuvo el mismo origen que las demás piedras, sino que se debió al diseño inteligente de algún relojero, también los seres vivos muestran signos de designio inteligente. La idea del diseño inteligente está constituida por científicos y filósofos que no cuestionan el evolucionismo, sino que se plantean que este sea el único elemento creador el cosmos; entre otros hallamos a autores como William DEMBSKI, Michael BEHE, Phillip JOHNSON o Hugh ROSS.

Según la filosofía naturalista, la apariencia que poseen los seres vivos, así como la materia y las leyes del cosmos, de haber sido diseñados inteligentemente, se debería tan sólo a un espejismo de los sentidos humanos, pues, en realidad, todo sería obra de la selección natural, ciega y sin propósito, actuando sobre la materia inanimada o sobre las mutaciones fortuitas en los diversos genomas de los organismos. No obstante, caben varias posibilidades al respecto:

— Que la propia evidencia científica muestre la existencia de órganos o funciones biológicas complejas que no pudieran haberse formado de ninguna manera mediante el tipo de transformaciones aleatorias.

— Los últimos descubrimientos científicos en bioquímica y la citología moderna han evidenciado que las principales **macromoléculas de los seres vivos, como el ADN y el ARN**, y casi todas las funciones celulares importantes **apuntan en la dirección de algún tipo de inteligencia original que lo habría diseñado**.

— Que es matemáticamente **imposible que la compleja información que poseen tales estructuras se haya originado al azar**, sin propósito ni planificación previa alguna.

Durante siglos, la mayor parte de pensadores y científicos del mundo estuvieron convencidos de que el universo había sido diseñado. Esta idea de diseño no tiene que interferir negativamente en su tarea investigadora. Al contrario: el cosmos puede ser comprendido racionalmente porque pudo ser creado de manera inteligente. La ciencia es comprensible porque hay unos parámetros en la naturaleza que la hacen precisamente entendible. El cosmos **es inteligible precisamente porque es un sistema complejísimo basado en parámetros inteligentes**.

Isaac NEWTON dijo que:

> *"Un sistema tan bello cómo el Sol, los planetas y los cometas solamente podría proceder del consejo y dominio de un Ser inteligente y poderoso"*

Otros hombres de ciencia, como COPÉRNICO, GALILEO, KEPLER, PASCAL, FARADAY o KELVIN, compartían la misma opinión. El hecho de que detrás de la realidad y de todas las fuerzas de la naturaleza subyaga una entidad inteligente es lo que hace que poco a poco pueda ser comprendida la física y el universo por medios inteligentes. La posibilidad que la humanidad tiene de descubrir las matemáticas precisas para enunciar las ecuaciones de SCHROEDINGER, las de MAXWELL o los diagramas de FEYNMAN no son sino una prueba más de **los procesos inteligentes subyacentes en la naturaleza macroscópica y microscópica** de la física que responden a modelos matemáticos.

Existen posiciones antagonistas y radicales que frenan cualquier explicación o enigma no resuelto de la naturaleza. Todos **los avances de la ciencia en el último siglo abren nuevas interrogantes cada vez más profundas**. El creacionismo religioso y el evolucionismo radical son posiciones extremas que en cierto modo frenan la ciencia y la posibilidad de preguntas complejas. Un creacionista religioso, aparentemente, desprecia cualquier argumento científico porque, llegado un punto, cuando algo no tenga una explicación clara ni entendible, siempre puede aducir lo mismo: ***"Dios lo hizo así*, y punto"**. Curiosamente, un evolucionista radical hace lo mismo ante cualquier dilema que muestre dudas: ***"La evolución lo hizo así* y punto"**. Los extremos se tocan muchas veces y ambas posiciones se conforman con no aportar prueba alguna al debate. Es un argumento que puede usarse indistintamente en ambos casos.

Si, por ejemplo, un investigador estudia el **origen de la fonación** o la **capacidad para hablar y emitir sonidos articulados** desde la perspectiva evolucionista, es probable que se centre en la anatomía de las diferentes laringes y lenguas en los primates, así como en la estructura de los cráneos de sus posibles fósiles, y los compare con los análogos humanos. Trataría de comprender cómo el puro azar pudo transformar una laringe muda en otra capaz de hablar. Por su parte, el científico que no desprecia un diseño inteligente se centraría más en estudiar *los patrones que gobiernan el origen embrionario de la laringe humana y su desarrollo*. Si la capacidad para hablar, propia de los humanos, es un sistema que fue concebido de manera inteligente debería haber un *patrón detectable*. Posiblemente existirían genes en las personas que controlarían dicha capacidad que no estarían presentes en los simios. ¿Cuál de las dos líneas de investigación sería la correcta?

Un diseño inteligente **no niega que se haya dado la selección natural**, lo que no acepta es que esta elimine la necesidad del diseño. Más bien, afirma que el **cosmos está constituido por leyes, azar y diseño**; que este se puede detectar por medio de métodos estadísticos y que algunas características naturales, como la complejidad irreductible, demuestran claramente diseño. Hay que seguir la evidencia hasta donde nos lleve. ¿Y si esta nos sugiere diseño? Pues entonces habrá que cambiar las bases metodológicas sobre las que se fundamenta la ciencia actual. Como dice William **DEMBSKI**: "*El argumento del diseño nos permite declarar de manera irrefutable que detrás del orden y la complejidad del mundo natural hay un diseñador inteligente*".

Ninguno de los datos obtenidos por la ciencia actual está en contradicción con la existencia de un creador inteligente.

El delirio del ADN

El diseño del universo y del cosmos, con sus galaxias y misterios inescrutables, nos desborda y nos deja sin palabras. No hace falta mirar mucho más allá para quedarnos perplejos: la estructura y el diseño de nuestro ADN es por su complejidad y precisión matemática la esencia misma de un diseño de una magnificencia grandiosa. Faltan las palabras. Y no solo el GENOMA del ser humano sino el de cualquier organismo con ADN, como son los sistemas vivos. **El paso de una molécula a la vida** es algo que puede explicarse hasta cierto punto en sus pasos técnicos, pero es del todo incomprensible; tanto el *cómo*, el *porqué* y el *origen último*, como su *razón* y *diseño*.

El ADN de nuestras células es un **código de información** sencillamente deslumbrante, es algo que nos desarma intelectualmente. Estirado entero es de miles de millones de kilómetros de longitud, y ¡**TODO está escrito en un lenguaje de SOLO 4 letras!** En él se recogen TODAS y cada una de las **instrucciones** del **ensamblaje y funcionamiento** de los seres vivos. Es un sistema con un diseño dotado de tal inteligencia y sofisticación que podríamos catalogarlo como algo "*superdotado*". **El ADN representa la inteligencia pura,** y es complicado imaginar un ejemplo de diseño de algo que lo supere.

El delirio de la FOTOSÍNTESIS

Esta es uno de los procesos de la naturaleza que **funcionan a un nivel cuántico**. La computación cuántica tiene una función esencial en todas las células vivas, solo así logran hacer que funcione la vida.

El proceso de la **FOTOSÍNTESIS de las plantas** es algo espeluznante, y además clave para que exista la vida en la tierra,

— logra **absorber** la energía que llega de un modo desorganizado del Sol,
— la **reordena** y logra así que esa energía sea útil y pueda ser utilizada,

—es el mecanismo por el cual las plantas **absorben, almacenan y luego utilizan esa energía lumínica** que nos llega del Sol,

—esa energía es **utilizada por las células** para vivir y multiplicarse,

—es el **procesamiento de la información a nivel cuántico** lo que transforma esa energía en solución biológica radiando en las hojas de plantas, es un **sistema infinitamente más eficiente** que otros sistemas.

Resumiendo, la **luz solar** incide en la superficie de las plantas, la **energía** se extiende por su superficie en forma de calor y cada **átomo** funciona independientemente de los átomos que tenga a su alrededor. Ahí está lo sorprendente: para que esa energía no se pierda, todos los átomos y moléculas de la superficie deben actuar **coordinados y conjuntamente**. Un auténtico milagro, no es sino otro subsistema inteligente más de nuestra realidad, ¡y todas las plantas son capaces de hacerlo! Además, cuando realizan esta función, las plantas literalmente *"vibran"* **al interactuar entre ellas**. Les llega la luz a su superficie y es como si enloquecieran de alegría, alterando su dinámica y vibrando.

El gran Von NEWMAN

No tengo más remedio que mencionar a un tipo extraordinario, al matemático húngaro John Von **NEWMAN** (1903-1957), quien propuso que si quisiéramos crear una máquina universal que fuera **capaz de autorreplicarse** necesitaríamos una **copiadora**, un **controlador** que implementara los pasos necesarios como proceso auto replicador y un conjunto de **instrucciones** para asegurarnos que la autorreplicación fuera perfecta. La lógica de VON NEWMAN sobre un proceso de autorreplicación resulta interesantísima, pues él sostenía que no tendría por qué haber ningún obstáculo para una autorreplicación indefinida. Pero, como todo proceso de autorreplicación, puede llevar a errores, a mutaciones... y esto implicaría que replicar réplicas que ya son erróneos pueda llevar a un proceso de destrucción.

El propósito de VON NEWMAN era intentar demostrar que es posible construir **robots auto replicantes** en el futuro y así posibilitar colonizar el espacio y exoplanetas, pudiendo mandarlos en misiones espaciales en lugar de personas.

James **WATSON** y Francis **CRICK** descubrieron que el **portador** de todas las **instrucciones biológicas** era una compleja **molécula** llamada ácido desoxirribonucleico o ADN, que contiene las **instrucciones** sobre las que **producir una copia similar** al organismo portador del ADN. Todas las células de nuestro organismo contienen ADN, todas y cada una de las moléculas de ADN pueden por sí solas reproducir el organismo entero. Por ello, en 1962 ganaron el Premio Nobel de Fisiología y Medicina, pero fue VON NEWMAN quien aportó la **brillante idea** de que **para hacer modelos auto replicantes** hacen falta 4 componentes:

—el **CONSTRUCTOR** universal,
—la **COPIADORA**,
—el **CONTROLADOR**,
—un **conjunto de INSTRUCCIONES**.

Resulta que eso es exactamente lo que hacen las **células**:

—como **CONSTRUCTOR** universal, tienen las **Proteínas** que actúan de máquinas sintetizadora,
—como **COPIADORA** tienen el **nanomotor biológico**,
—como **CONTROLADOR** tienen a las **Enzimas**,
—como **conjunto de INSTRUCCIONES** tienen el **ADN** que tiene toda la información.

Independientemente de la necesidad de todos estos escalones, en todo este proceso **la clave es el ADN**, pues es el **plano de cómo cada célula opera y se replica**. Y según ese plano, la máquina constructora de **nuestras células sintetiza aminoácidos que a su vez fabrican**

proteínas y nuevas células. La replicación celular es complejísima, pero el paso crucial para crear nuevas células son las nuevas proteínas, y el hecho de que la información de ADN es fielmente confiada de una célula a otra. En los procesos biológicos puede haber **errores o mutaciones** que pueden llevar a mejoras, y no al contrario. Esta es la base de la evolución conocida como selección natural, por ello **el ADN que se propaga es cada vez más complejo**, pues está afectado por los cambios aleatorios que se producen en el ADN.

Como quizás sepas, el gran Erwin **SCHRODINGER**, uno de los pioneros de la mecánica cuántica (*sino el que más*), y que descubrió sus trascendentales ecuaciones, era un fanático de la biología y casi se adelanta a WATSON y a CRICK. Después de revolucionar la física dedicó muchísimo tiempo a la biología y estuvo a punto de deducir el mecanismo exacto de la reproducción de la información, y ¡una década antes que Watson y Crick! De hecho, sus explicaciones al respecto son brillantes, pero falló solo en una cosa, en que el CODIFICADOR de la replicación según él debería ser un cristal, y WATSON y CRICK probaron que no era un cristal, sino el ADN.

En cualquier caso, y como la ciencia nunca acaba de abordar tales complejas cuestiones, hoy en día se considera que la información de la naturaleza no se encuentra solo en el ADN, y quién sabe quizás SCHRODINGER al final pueda tener razón. No es la primera vez que la ciencia complementa sus descubrimientos con nuevos hallazgos. Según SCHRODINGER, los cristales tienen una estructura mucho más simple que el ADN y crecen en la naturaleza de un modo mucho más espontáneo, pero en cualquier caso el enigma profundo sigue abierto, y es saber **cómo** la **INFORMACIÓN necesaria para reproducir la vida pudo pasar de los cristales al ADN**. Independientemente de estos debates, aquí lo importante es que la base de la vida está fundamentada en la información, lo que nos lleva a hacernos unas preguntas aún más fundamentales: *¿por qué existe la información? ¿Cómo surgió esa complejidad de la nada? ¿Cómo puede surgir la información biológica a partir* *de la ausencia de información*? Lo que nos lleva a cuestionarnos de nuevo: *¿por qué el universo es cómo es*? ¡Todo fascinante, todo maravilloso!

El ADN en los CROMOSOMAS de tu organismo

Como mencionamos, el ADN es literalmente un **libro de instrucciones** en el que se almacena **toda la información** sobre cómo se debe comportar el cuerpo humano, cómo debe funcionar, cómo operar todos y cada uno de sus órganos individualmente y como sistema. Estas instrucciones son de una complejidad tal que convierte en juego de bebés cualquier manual de funcionamiento de cualquier objeto creado por el hombre, un avión, un barco, una nave espacial o cualquier obra de ingeniería que puedas imaginar.

Los componentes esenciales de la física cuántica, como son los átomos, con sus núcleos comprimidos de protones y neutrones, y sus electrones revoloteando indeterminadamente, son los componentes imprescindibles de las moléculas. Las hay de muchos tipos, pero hay un tipo de moléculas que tienen un trabajo de lo más fundamental sin los cuales nada funcionaria, que son las proteínas.

La Evolución biológica

La evolución biológica es algo fascinante que **explica los pasos** de los sistemas biológicos, pero no el ánimo vital que provocó que ello sucediera. La biología puede llegar a explicar cómo ocurrieron los procesos, pero no por qué sucede de un modo concreto, cuál fue el *prendido inicial*, la ignición de esa *primera división celular*.

Esta es la confusión que provoca esa absurda disputa entre *evolucionistas* y *creacionistas*. La única motivación de algunos de sus debates parece que sea la de hallar argumentos puntuales y aislados que soporten *una posición ya predeterminada* sobre las incongruencias de las tesis contrarias. El origen de la vida misma a nivel celular no tiene una explicación; la división celular no es algo abstracto que debamos obviar.

No ocurrió "*porque sí*". *¿Y si fue "porque sí", por qué no fue "porque no"?* La vida es un milagro en sí mismo; la existencia de **ALGO en vez de NADA**, con sus normas y reglas marcadas a fuego en nuestros genes y en el universo, es algo sencillamente desconcertante pero maravilloso.

La complejidad de todos los sistemas vivos y hasta de los inertes, es de una inteligencia que podemos asegurar casi infinita. Que surgieran las **proteínas** porque sí, al azar, y así se pudieran formar las células de los organismos, y después evolucionar con el tiempo, es algo sencillamente desconcertante. Y asegurar que ello no significa nada, aparte de ser un paupérrimo planteamiento intelectual, parece un acto de soberbia para evitar reconocer que **no tenemos ni idea del porqué ni del cómo**. Todo es sencillamente increíble. No considerar el gran misterio y solo referirse a la nada como verdad última es una opinión poco fundada, pero solo una opinión, al fin y al cabo. A buen seguro que la NADA no crea la NADA. Por mucho que algunos físicos hagan de esta cuestión una militancia ideológica y una fatua pose intelectual cómo ya mencionamos. Es lo menos científico imaginable. Al igual que el radical religioso, el ateo puede llegar a ser incluso más arrogante, pues asegurar algo de lo que no se tiene evidencia alguna ni se puede probar es precisamente eso: la NADA.

Desafiar la evolución no tiene sentido, es algo ciertamente osado, pero hay **mecanismos orgánicos** que **no se pueden formar paso a paso**. Imagina un mundo de seres que no tiene vista por una mutación y uno lograra ver. Según la evolución, podría sobrevivir como el más apto, y como bien me explicó mi primo José María (*excelente oftalmólogo y mejor* tipo), para ver bien hace falta pupila, retina, iris, córnea, cristalino, nervio óptico *y* estructuras cerebrales para *decodificar los impulsos*, y por sencillo que sea el órgano que elijas, o está completo o no funciona. Esto plantea dudas si en este supuesto hay selección natural. El mismo DARWIN, un personaje extraordinario, escribió que si pudiese demostrar que existió un órgano complejo que no pudo haber sido formado por pequeñas y sucesivas modificaciones, su teoría se destruiría por completo.

Los proyectos de ingeniería copian la naturaleza siguiendo sus propios diseños. Las evidencias de la **inteligencia** de los diseños del **universo** y la **cuántica**, así como de los sistemas vivos, son evidencias aplastantes, desde la menor partícula subatómica hasta la mayor galaxia del universo. El "*porqué*" no lo sabemos, pero considerar que no exista la posibilidad de un diseño o ánimo creador, que no haya un orden en las cosas, de que todo surgiera de la evolución de la NADA... parece algo simplemente dantesco.

El milagro de las PROTEÍNAS

¿Te has parado a pensar cómo surgen las PROTEÍNAS y el efecto que causan? La **probabilidad de formar una sola proteína**, por ejemplo, es de uno entre un quintillón. Lo que lees. ¿Tienes idea de lo que esto significa? No lo creo, podríamos asegurar que la probabilidad es nula. No escribo en números lo que es un quintillón pues el número no cabe aquí. Es como si después de un terremoto recoges todos los escombros de los edificios derribados, los llevas a un cementerio de escombros en camiones fuera de la ciudad, y al soltar allí todos los escombros caen de tal modo que, al apilarse unos encima de otros, forman la CATEDRAL de SEVILLA. ¡Las posibilidades son aún menores!

Esas moléculas tan especiales son las que hacen el trabajo duro en las células. Una de las claves de la vida son los mensajes o **"claves codificados"** que están en un GEN en un CROMOSOMA, pues son las que comunican a las CÉLULAS **"como fabricar las proteínas"**. Esas PROTEÍNAS, a su vez, están hechas de AMINOÁCIDOS (*200 a 300 de media*) que están **unidos entre sí por una misma "cadena"**, y esas cadenas de aminoácidos están a su vez enrolladas como en **"pelotitas compactas"**. Para que se entienda el trabajo vital que hacen las proteínas, mencionaré una concreta, la HEMOGLOBINA. Todos sabemos de ella cuando leemos los análisis de sangre. Pues bien, la hemoglobina es una proteína constituida por 140 aminoácidos diferentes, que están enrollados en su "*pelotita compacta*", los cuales son transportadas en los glóbulos rojos de la sangre. El motivo es que tiene un mandato claro y preciso: "coger" el OXÍGENO de los pulmones y llevarlo diligentemente con la puntualidad y la precisión de un caminero alemán a través de los vasos sanguíneos del cuerpo para poder suministrarlo a cada parte del cuerpo que lo necesite. ¿Qué es todo esto? Esto no es más que uno más entre millones de ejemplos de una inteligencia subyacente de la realidad. Quizás, lo que no es inteligente es dudar de que así sea.

El diseño en la BIOLOGÍA

La biología, la química, la física y la cosmología nos muestran argumentos de todo tipo a favor del diseño de la realidad. En biología el descubrimiento de secuencias altamente complejas y no repetitivas que tienen propósitos funcionales o comunicativos específicos codificados en su información digital es algo inexplicable. Estos son inherentes a las **células vivas**. La programación en el ADN y otras biomoléculas muestran **pensamiento, intención e inteligencia** inherentes al diseño. La naturaleza y la biología están rebosantes de ejemplos que parecen innumerables, tanto en el mundo de los minerales como en el de los vegetales o los animales. Y toda la armonía está basada tanto en leyes rotundas en todo tipo de especies que habitan bosques, lagos, desiertos y montañas. Pongamos como ejemplo a dos tipos de elementos de la naturaleza: los árboles y los hongos.

Los **ÁRBOLES** demuestran una amplia variedad de inteligencia que rivaliza con la de los animales, ya que pueden **aprender, almacenar y procesar** INFORMACIÓN, **reconocer amenazas** y **resolver problemas** complejos. Tienen capacidad para tomar decisiones informadas, mostrando respuestas de comportamiento a estímulos externos que demuestran una inteligencia. Se ha descubierto que son capaces de resolver problemas utilizando una variedad de métodos diferentes, y son expertos en encontrar alimentos y evitar la depredación. Esto se debe a sus sistemas sensoriales altamente desarrollados y a su disposición de aprender de experiencias anteriores. Poseen la capacidad de comunicarse y cooperar con otras especies, envían señales químicas para hacer que el entorno circundante sea más adecuado para ciertas especies, y reconocen diferentes tipos de animales y ajustarán su comportamiento en consecuencia. Los árboles son sistemas inteligentes capaces de tener un comportamiento inteligente, y sus estrategias de adaptación incluyen acciones para ayudar a mantener el equilibrio de la naturaleza.

En cuanto a los **HONGOS**, son esenciales para el equilibrio biológico de la Tierra. Desempeñan un papel fundamental en el ecosistema, y desempeñan funciones esenciales como el ciclo de nutrientes, la calidad del agua, la supresión de patógenos y plagas de las plantas y la contribución a los procesos climáticos globales. La mayoría de los hongos conviven con otros organismos, pues colaboran con organismos mutuamente beneficiosos formando relaciones simbióticas, incluidas asociaciones con plantas, líquenes con algas y bacterias. Estas asociaciones son esenciales para la salud de ambos socios y para la del medio ambiente. Son especies clave para el equilibrio biológico. Descomponen la materia orgánica y liberan nutrientes fundamentales en el suelo, que luego son absorbidos por las plantas. También son clave en el ciclo de nutrientes y minerales gracias a su capacidad para descomponer la materia orgánica en elementos básicos que pueden ser reutilizados por las plantas y otros organismos. Por supuesto, también son muy importantes para la salud humana; tanto para la producción de alimentos, medicamentos y otros productos. Por ejemplo, las levaduras se usan para hacer pan y cerveza, mientras que los hongos, como la penicilina, se utilizan ampliamente como antibióticos. Finalmente, los hongos son la fuente de algunos de los venenos más poderosos conocidos por el hombre. Su importancia para el equilibrio biológico de la Tierra no es exagerada. Hongos y árboles son ejemplos de manual del diseño inteligente de la naturaleza. Sin ellos no existiría la vida que conocemos en la Tierra. Los árboles y los hongos siguen siendo hoy esenciales para la supervivencia humana.

El ajuste fino

En física, el ajuste fino cósmico, del que ya hablamos, muestra que las constantes y las leyes físicas que permiten que nuestro universo funcione están equilibradas en variaciones con una precisión tan alta que la aparición de vida compleja es casi imposible de comprender. La precisión de la física que permite que la vida continúe ha persuadido incluso a los científicos agnósticos a concluir que debe haber un propósito trascendente para la vida y el cosmos. El matemático y astrofísico británico Fred HOYLE manifestó:

> *"Una interpretación de sentido común de los hechos sugiere que un super intelecto pudiera haber estado 'jugando' con la física, así como con la química y la biología, y que no hay fuerzas ciegas que tengan nada que decir en la naturaleza. Los números que uno extrae de los hechos me parecen tan abrumadores como para situar esta conclusión casi fuera de toda duda".*

Si el universo se **expandiera más rápido que una parte en 1.055**, la formación de estrellas, planetas y galaxias sería imposible. Si fuera más lento, el universo colapsaría. Esto, y otros ejemplos en física y la naturaleza, empujan a no desechar la existencia de un diseño. También si la relación entre la fuerza electromagnética y la gravedad **aumentara 1 parte en 1.040**, las estrellas se expandirían hasta un 40% más que nuestro Sol, arderían más rápido, y no permitirían la vida tal como la conocemos. Si disminuyera ligeramente, las estrellas, incluido el Sol, no serían capaces de producir elementos pesados necesarios para mantener la vida.

En cosmología, existe la creencia entre científicos de que el cosmos tuvo un comienzo y desde nuestra perspectiva todo lo que comienza tiene una causa aparte de sí mismo de la que el universo comenzó a existir. Por lo tanto, el universo pudiera tener una causa aparte de sí mismo, algo que no fue causado, sino que existió antes de todas las cosas que fueron causadas. Este algo debería existir fuera del espacio, la materia y el tiempo.

63. Las ECM y la posible supervivencia de la CONSCIENCIA

¿Qué son las ECM?

Mas conocidas como *"experiencias cercanas a la muerte"*, son aquellos inquietantes testimonios de personas que habiendo estado en condiciones diagnosticadas de muerte clínica o coma profundo, recuperaron después sus constantes vitales, y después narran un discurso recurrente muy similar al de otros que lo padecieron. Todos reaseguran algo muy inquietante, como es el contacto directo y clarividente con un nivel superior de consciencia extracorpórea. Todos ellos además

son concordantes con unos patrones repetidos y coincidentes.

Resulta realmente sorprendente, pues estos relatos se contabilizan ya por decenas de miles, reflejados en hospitales, muchos de los cuales llevan un riguroso registro. Hay médicos expertos dedicados a su estudio y análisis, y sorprende el nivel de consciencia y seguridad de los testimonios en cuanto a la certeza de las experiencias, muy alejadas de cualquier ensoñación o alucinaciones provocadas por medicaciones. Los detalles son convergentes en la mayoría de los casos y, según los psicólogos médicos, parecen alejados de cualquier intento de engaño o delirio clínico. Pero, entonces, *¿qué son realmente?*

La ciencia y la Espiritualidad

Carl **JUNG**, el padre fundador de la psicología profunda compleja, una de las mentes más brillantes del siglo XX y quizás el psicólogo más destacado de la historia, se refirió a la conexión entre el **inconsciente o subconsciente colectivos**. Él hablaba de un mundo "subyacente". JUNG era médico, psicólogo y psiquiatra, uno de los principales colaboradores de Sigmund FREUD y una figura clave en el psicoanálisis, aunque las discrepancias con su mentor le llevaron a elaborar su propio marco teórico en psicología.

JUNG teorizó cómo la **sincronicidad** cumple un papel similar a los sueños, con el propósito de cambiar el pensamiento consciente egocéntrico de una persona a una mayor totalidad. Estaba convencido que la vida no era una serie de eventos aleatorios, sino una expresión de un **orden más profundo**, al que él y el físico Wolfgang **PAULI** se refirieron como "*un mundo*". Este término se refiere al concepto de una **realidad unificada subyacente** del mundo, un universo del que todo emerge y al que vuelve. JUNG creía que ese principio de "*un mundo subyacente*" puede expresarse a través de **sincronicidad** y es la base del **misticismo cuántico**.

Las teorías cuánticas, como la **interpretación de muchos mundos** de la mecánica cuántica y su correspondiente teoría de muchas mentes, respaldan este paradigma. Estas teorías cuánticas también respaldan la teoría de la **inmortalidad cuántica**, que teóricamente haría posible la inmortalidad de una "*consciencia*" no física. Si uno entiende la CONSCIENCIA como una parte fundamental del universo, es posible concebir que la CONSCIENCIA **continúe existiendo** en otra dimensión, en otro universo o en otro estado, después de la muerte.

La Relatividad, EINSTEIN y las ECM

La revolución científica más importante del siglo XX fue la teoría de la relatividad de EINSTEIN, que transformó la física teórica reemplazando la mecánica de la gravedad de 250 años de antigüedad creada por NEWTON e introdujo además conceptos nuevos como **espacio-tiempo**, **simultaneidad**, **dilatación del tiempo** o **la contracción de las longitudes** en velocidades cercanas a la luz.

Mencionaré algo que pocos conocen, y es la relación entre las ECM y las ideas de EINSTEIN. Albert Von St. Gallen **HEIM** fue un profesor universitario de Zúrich de finales del siglo XIX que tuvo un grave accidente mientras escalaba en los Alpes. Milagrosamente, salvó la vida después de una caída tremenda y, siguiendo su propio relato, experimentó una experiencia cercana a la muerte. Durante los 25 años siguientes, se dedicó a recopilar datos de relatos de personas que habían tenido experiencias similares. Presentó y publicó sus hallazgos en febrero de 1892, convirtiéndose así en la primera persona en la historia moderna en divulgar lo que más tarde se conocerían como las ECM. Entre las interesantes sensaciones que HEIM experimentó, está la revelación de que al caer al vacío su cuerpo experimentó algo que describió como que "*el tiempo se expandió enormemente*". Con ello describió algo común entre personas en situaciones similares: que al caer el tiempo se **ralentiza** o se **detiene** por completo. EINSTEIN, al ingresar en la Politécnica de Zúrich, se matriculó en Geología con el profesor HEIM como una asignatura optativa. El biógrafo Ronald **CLARK** describió el trabajo de curso de EINSTEIN en el Instituto Politécnico:

> *"Einstein agregó una extraña bolsa de opciones que incluían Antropología y Geología de montañas **bajo el famoso Albert HEIM**".*

Otro biógrafo suyo, el físico y divulgador científico Albrecht **FOLSING**, señaló que EINSTEIN optó elegir más del número obligatorio de asignaturas opcionales porque estaban

> *"fuera de su campo especial. EINSTEIN se inscribió en muchas más de estas conferencias que el mínimo obligatorio, como 'Prehistoria del hombre' y 'Geología de las cadenas montañosas', ambas **impartidas***

*por **Albert HEIM**, quien a las siete de la mañana siempre tenía una sala de conferencias llena de alumnos".*

En 1952, dos años antes de fallecer, EINSTEIN escribió a Arnold HEIM, recordándole sus conferencias, a las que calificó como *"mágicas"*. Conoció los hallazgos y los informes publicados por HEIM, que aportaban a la física la idea de que a medida que un objeto se precipita a través del espacio, el tiempo se vuelve relativo, dependiendo del movimiento. La cuestión es si los relatos de las ECM de HEIM podrían haber sugerido a EINSTEIN que el tiempo y el espacio no son fijos ni constantes, como suponían los físicos en ese momento, sino que son relativos. Sus ideas revolucionarias fueron propuestas y descritas 10 años después de su llegada a Zúrich. EINSTEIN, en una entrevista del *NY TIMES*, al ser preguntado sobre cómo empezó a trabajar en la teoría de la relatividad, contestó que relacionó la idea con un evento cercano a la muerte que había presenciado al ver a un hombre caer desde un tejado de Berlín. El hombre había sobrevivido milagrosamente y dijo que **no había sentido los efectos de la gravedad**, una declaración que le condujo a plantearse esa visión del universo y la gravedad. Este testimonio personal supuso la inspiración fundamental para sus ideas, que pronto revolucionarían la física, y coincide con la experiencia que HEIM relataba a sus alumnos en sus conferencias, entre cuyos oyentes estuvo EINSTEIN.

La relación entre la Luz y la cuántica con las ECM

Hay dos conceptos esenciales y coincidentes en el centro de cualquier debate en torno a las ECM, como son la LUZ y la CONSCIENCIA. Testimonios de personas que las han experimentado manifiestan la increíble sensación de luz y de consciencia aumentada que sintieron durante las mismas. En física, el intento de explicar el fenómeno de la luz sigue rodeado de un misterio fascinante. Ya hablamos extensivamente sobre ello en la Parte III, capítulo 23. La liberación de fotones de luz fue esencial y estuvo omnipresente en el Big Bang, y es lo más rápido del universo. Stephen **HAWKING** manifestó que *"cuando descompones las partículas subatómicas a nivel más elemental, solo queda LUZ pura"*.

La ecuación E=mc2 de **EINSTEIN** revela la importancia de la velocidad de la luz al cuadrado, y propone que la luz es el poder invisible que mantiene unidas a todas las cosas. La física nos indica que se necesitaría una cantidad casi infinita de energía para que cualquier objeto pudiera moverse a la velocidad de la luz, y al alcanzarla, el tiempo mismo — pasado, presente y futuro— se detendría, existiendo todo simultáneamente.

En este sentido, el astrofísico Metod **SANIGA** toma en serio el testimonio de las ECM cuando describen experiencias en un ámbito en el que *"el tiempo se detiene"* y en el que algunos de ellos *"ven el pasado, el presente y el futuro a la vez"*. SANIGA describe este estado como *"el presente puro"*. Usó estas experiencias anómalas para describir un modelo matemático único que puede explicar tanto las formas convencionales como las extraordinarias en que los humanos experimentan el tiempo.

La naturaleza de la luz es la piedra angular de la física moderna, de las ECM y la investigación moderna de la CONSCIENCIA. La luz también tiene una DUALIDAD o doble condición, ya que coexiste como partícula y como onda. La razón por la que podemos ver cualquier cosa es porque **la mera observación de las cosas convierte las ondas de luz en partículas de luz**, provocando que la consciencia humana sea el principal factor de la realidad.

Es sorprendente cómo en las situaciones de las ECM, la luz que se describe se corresponde con los principios de la física cuántica. La física clásica, en cambio, no funciona muy bien cuando se trata de comprender la luz, la consciencia y las experiencias subjetivas. La física cuántica plantea la posibilidad de un universo consciente y en la superposición la materia puede existir en más de una dimensión al mismo tiempo, posibilitando teóricamente fenómenos anómalos como las ECM. Algo similar sucedería con el entrelazamiento. Se ha demostrado experimentalmente que 2 partículas a millones de km podrían tener comportamientos simultáneos ante cualquier cambio, los cuales estarían conectados. Son acciones espeluznantes desde la distancia que sugieren una realidad subyacente que los físicos aún no han podido explicar, aunque haya diversas teorías al respecto.

La Superposición cuántica y las ECM

Como vimos, los átomos y las partículas subatómicas pueden existir en dos o más ubicaciones simultáneamente como múltiples posibilidades coexistentes conocidas como SUPERPOSICIÓN cuántica. La razón por la que no vemos superposiciones cuánticas a gran escala en la vida cotidiana se conoce como el "*problema de la medición*", que ha dado lugar a diversas interpretaciones de la mecánica cuántica.

Los primeros experimentos realizados por pioneros de la cuántica, como el Premio Nobel Niels **BOHR**, parecían mostrar cómo las superposiciones cuánticas, cuando eran medidas por una máquina, permanecían como múltiples posibilidades hasta que un ser humano consciente observaba los resultados. La observación consciente colapsa la función de onda de probabilidad, y las superposiciones no observadas continúan existiendo hasta que se observan, momento en el cual también colapsan en estados aleatorios particulares. La consciencia es lo que provoca el colapso de las posibilidades cuánticas, y ello la coloca en una posición esencial y protagonista dentro del ámbito de la ciencia.

Evidencias recientes **relacionan las funciones biológicas con los procesos cuánticos** y respaldan la posibilidad de que la consciencia tenga funciones cuánticas no locales en el cerebro. Esto conlleva que la naturaleza de la experiencia consciente requiere una visión del mundo en la que la consciencia tiene componentes irreductibles de la realidad. Esta interpretación establece que las superposiciones se convierten en **separaciones en la realidad** con **cada posibilidad evolucionando**

en un propio y distinto universo, dando lugar quizás a una multitud de universos, tal como explicamos en el capítulo 48.

Las superposiciones pueden verse como un conjunto de **separaciones en el tejido mismo de la realidad**. Esta teoría postula que tales condiciones han evolucionado dentro del cerebro, dentro de las neuronas cerebrales, donde los microtúbulos procesan superposiciones cuánticas. Este **proceso cuántico** dentro del cerebro puede ser la base para que la CONSCIENCIA trascienda y sobreviva a la muerte física, como se revela en las ECM. En tales estados alterados, el proceso cuántico de superposiciones puede cambiar la consciencia a diferentes dimensiones de frecuencias más altas. Cuando sucede una ECM, es posible que la INFORMACIÓN **cuántica** de la que está hecha la consciencia **cambie a una existencia fuera del cerebro de forma no local**, apoyando la idea de que la mente no es el cerebro material.

El Principio HOLOGRAFICO y las ECM

En 1982, un equipo de investigación dirigido por el físico francés Alain **ASPECT**, ganador del Nobel de Física en 2022, realizó lo que puede llegar a ser uno de los experimentos más importantes del siglo XX, pues **confirmó experimentalmente el entrelazamiento** cuántico, logrando que las partículas subatómicas pudieran permanecer en contacto entre sí sin importar la distancia que las separaba. Los hallazgos de ASPECT parecían violar la teoría sobre la imposibilidad de viajar más rápido que la LUZ, y las implicaciones de estas confirmaciones experimentales sugieren un **nivel más profundo de la realidad,** donde todas las cosas en el universo están **infinitamente interconectadas.** ¡Y esto NO son fantasías, es CIENCIA demostrada!

Los hallazgos de ASPECT influyeron en David **BOHM**, uno de los físicos teóricos más importantes del siglo, para desarrollar lo que denomina una profunda teoría matemática en la que **la aparente separación del universo es una ilusión**. La teoría de BOHM, conocida en última instancia como el **principio HOLOGRÁFICO**, describe el universo como un holograma gigantesco y espléndidamente detallado.

La **noción de la realidad como ilusoria** se remonta a los antiguos indígenas, que creían que la existencia era un *"sueño o una ilusión"*. Los desarrollos modernos de la ciencia han llevado a muchos físicos teóricos a **percibir la realidad de manera similar**, una realidad compuesta por una **matriz, rejillas, realidad virtual, simulación y hologramas**. Esto, querido lector, que tanta paciencia estás teniendo, no es ciencia ficción, no son teorías de tarados sin formación que creen que las pirámides las construyeron unos extraterrestres o que la tierra es plana. Esto es, quizás, la REALIDAD misma.

Un universo holográfico explicaría la supersimetría que se encuentra en el universo, y sugiere lo siguiente a nivel cuántico: que TODO —es decir átomos, células, moléculas, plantas, animales o personas— sería una **red de INFORMACIÓN que fluye conectada**. Toda la naturaleza la podríamos ver como una **RED continua** en un universo holográfico en donde el tiempo y el espacio se vuelven una ilusión, y en donde pasado, presente y futuro existen simultáneamente. Por ejemplo, los electrones en un átomo de carbono del cerebro humano están conectados a las partículas subatómicas que componen todos los demás cerebros humanos, incluso con cada estrella en el cielo.

Otro aspecto de un universo holográfico sería que **cada parte de un holograma contiene toda la INFORMACIÓN que posee el TODO**. Si tratamos de desarmar algo construido holográficamente, no obtendremos las piezas de las que está hecho, solo obtendremos totalidades más pequeñas. Esta naturaleza de **TODO en cada parte** de un universo holográfico puede ser la base de experiencias místicas como la ECM. Todas estas visiones están en consonancia con el misticismo oriental que tantas veces en occidente se infravalora, y que propone que toda CONSCIENCIA existe como parte de un TODO único dentro de toda CONSCIENCIA. En teoría, un universo holográfico podría verse como una **MATRIZ que crea todo lo demás** en nuestro universo: toda la materia y la energía, desde átomos hasta sistemas solares, galaxias, etc. Esta MATRIZ podría entenderse como una especie de almacén de toda la información y podría ser la base para "las revisiones de vida" de las ECM. David BOHM creía que un nivel holográfico de la realidad puede ser una mera etapa más allá de la cual se encuentra *"una infinidad de desarrollo posterior"*. Según el físico Fred Alan **WOLF**, las ECM se pueden explicar utilizando un modelo holográfico en el que la muerte es un **cambio de la conciencia** de una persona **de una dimensión del holograma a otra dimensión**, lo cual, por cierto, tiene muchas coincidencias con la teoría de cuerdas.

El cerebro HOLONÓMICO y las ECM

A diferencia de teorías reduccionistas, esta visión holística de la realidad, también se puede aplicar al CEREBRO humano. El principio HOLOGRÁFICO fue un catalizador hacia una teoría de la CONSCIENCIA cuántica, llamada teoría del **cerebro HOLONÓMICO**, que explica cómo **el cerebro codifica los recuerdos de manera holográfica**. Esta teoría la originó  el neurofisiólogo Karl **PRIBRAM**, neurocirujano y profesor de la Universidad de Chicago, quien llegó a un modelo holográfico de la MENTE. Al mismo tiempo, David BOHM estaba desarrollando un modelo holográfico del UNIVERSO, que es parte de una nueva propuesta emergente llamada **HOLISMO**, la cual propone que el mejor modo de estudiar el comportamiento de sistemas complejos es **tratarlos como un TODO**.

Uno de los hechos más asombrosas del proceso de pensamiento humano es **cómo cada pieza de INFORMACIÓN** parece **correlacionarse instantáneamente con cualquier otra pieza de información dentro del cerebro**, otra característica intrínseca del holograma. Debido a que cada porción de un holograma está infinitamente interconectada con cada otra porción, el cerebro humano es quizás el ejemplo supremo de la naturaleza de un sistema holístico correlaciona-do. Un **almacenamiento holístico de la memoria en el CEREBRO** se vuelve más comprensible a la luz del modelo holográfico del cerebro de PRIBRAM. Otra propiedad holística del CEREBRO es cómo es capaz de **traducir la avalancha de frecuencias que recibe a través de los sentidos** (*frecuencias de luz, de sonido, etc.*) y transformarlas en el mundo concreto de nuestras percepciones. La consciencia y la percepción procesan **fuentes de energía** luminosa, y precisamente lo que mejor hace un holograma es codificar y decodificar frecuencias de luz. Así como un holograma funciona como una lente que traduce fre-cuencias borrosas sin sentido en una imagen coherente, PRIBRAM teoriza que el cerebro también tiene una lente, el ojo, que utiliza prin-cipios holográficos para convertir matemáticamente las frecuencias recibidas por los sentidos en el mundo interior de nuestras percepcio-nes. Sugiere que el cerebro utiliza principios holográficos para realizar sus operaciones. Toda la teoría de PRIBRAM ha ganado un apoyo cada vez mayor entre los neurofisiólogos.

La Reducción Objetiva Orquestada y las ECM

La teoría de consciencia cuántica conocida como **Reducción Ob-jetiva Orquestada** (OCR en inglés), de la que ya hablamos en el ca-pítulo 43, fue desarrollada por el trabajo conjunto del físico inglés y Premio Nobel de Física en 2020 Sir Roger **PENROSE** con el anes-tesiólogo Stuart **HAMEROFF**. Al igual que David BOHM y Karl PRIBRAM, antes que ellos, PENROSE y HAMEROFF desarrolla-ron sus teorías sincrónicamente. PENROSE abordó la consciencia desde el punto de vista de las matemáticas, mientras que HAMERO-FF lo abordó las estructuras cerebrales.

Las **teorías convencionales** asumen que la CONSCIENCIA surgió del cerebro, por lo que se centran particularmente en la com-putación compleja en las sinapsis que permiten la comunicación entre las neuronas. En cambio, la OCR asume que la **física clásica no puede explicar de ningún modo la CONSCIENCIA**. Ya hace décadas, 1994, la revista DISCOVER publicó un artículo sobre cómo la consciencia y la física cuántica están íntimamente conectadas. En él se mencionaba que la OCR sugiere lo siguiente:

- Que la consciencia puede encontrarse **dentro de los microtúbulos** de las células cerebrales.
- Que, al fallecer, la energía de la información contenida en ellos, lo que algunos denominan *alma*, no desaparece, sino que se retiene en el universo.

Una de las leyes fundamentales de la física, la PRIMERA ley de la TERMODINÁMICA, establece que **la energía no se puede crear ni destruir, solo transformar**. Si la consciencia es de hecho una forma de energía, entonces, de acuerdo con la primera ley de la termodinámica, la consciencia **no se podría destruir**, **sino convertir en otra cosa**.

La CONSCIENCIA no local y las ECM

La consciencia y la posibilidad de su supervivencia después de la muerte **es quizás la última frontera de la ciencia**. Aun existiendo una gran cantidad de conocimientos sobre el cerebro, según neurocirujanos como Wilder **PENFIELD**, los conocimientos del cerebro no pueden explicar la mente y la consciencia. **La ciencia todavía tiene que producir un modelo concluyente** de la consciencia. Esto se debe principalmente a su incapacidad para cuantificar experiencias subjetivas en primera persona. El método científico se basa únicamente en experimentos repetibles para verificar una hipótesis, pero su límite se alcanza al cuantificar la consciencia. La hipótesis de que esta pueda ser producida por el cerebro es algo análogo a afirmar que los sonidos e imágenes de televisión son producidos en su totalidad por televisores a pesar de que los sonidos e imágenes de televisión son producidos por estaciones que transmiten ondas de radio no locales. Hay una multitud de fenómenos anómalos, incluidas las ECM, que no pueden explicarse utilizando el método científico. Estos fenómenos anómalos proporcionan una base teórica para un modelo de consciencia **no local**, mientras que la ciencia es incapaz de explicar cómo las experiencias inmateriales, conscientes y subjetivas pueden surgir de un cerebro material. Los científicos médicos han descubierto áreas dentro del cerebro que permiten la comunicación con información cósmica fuera de los cuerpos materiales. Ellos llaman a esto "*No localidad cuántica*". Los psicólogos lo llaman el "*Inconsciente colectivo*". Los hindúes, "*Brahman*". Los budistas, "*Nirvana*". Los judíos, "*Shekhinah*". Los cristianos, "*Espíritu Santo*". Jesucristo y sus discípulos son llamaban la "*Luz del mundo*". Los seguidores del *New Age* se refieren a ello como "*Consciencia superior*".

El Campo de Punto CERO y la ECM

En la teoría cuántica el campo de Punto CERO es un estado de **vacío cuántico** que no contiene nada más que **ondas electromagnéticas y partículas** que aparecen y desaparecen. Un campo de punto CERO del universo apoya el principio holográfico en el que la CONSCIENCIA y los recuerdos **no se localizan en el cerebro**, sino que **se distribuyen por todo un universo holográfico**. El cerebro actuaría como **receptor**, accediendo a ciertas frecuencias de información cuántica para procesar este campo de punto CERO universal y describiría el mundo y el universo como una **red dinámica** donde TODO **está conectado**, donde la CONSCIENCIA **influye en la materia y crea la realidad**, donde todo es posible.

El Dr. Ervin **LASZLO**, nominado dos veces al Premio Nobel, es un físico teórico defensor de este campo de punto cero como el instrumento para comprender la consciencia y el universo. LASZLO es reconocido como el fundador de la filosofía de sistemas y propone la importancia de establecer una perspectiva holística sobre el mundo y el hombre a través de la consciencia cuántica. Escribió un innovador libro, titulado "*LA CIENCIA Y EL CAMPO AKÁSHICO: TEORÍA*

INTEGRAL DE TODO", que presenta el supuesto de que el campo de punto cero es la **sustancia de todo el universo**, la **fuente** de toda la **consciencia y la materia** en el universo. Usando el concepto hindú de los "*registros akáshicos*", mantiene que el campo de punto cero es la **energía fundamental** y el campo portador de información del universo. Describe que dicho campo explica por qué el universo parece estar **afinado para formar formas de vida conscientes**.

Esta teoría plantea una solución teórica a varios problemas de la cuántica, desde la no localidad hasta el entrelazamiento cuántico. Aunque suene algo esotérico, algo que quiero evitar a toda costa, su teoría concuerda con revelaciones místicas en que la información es recibida como una puerta de entrada para ver el presente. LASZLO propone que esta "*puerta de entrada*" es equivalente al concepto hindú de los "*registros akáshicos*" y al concepto del "*libro de la vida*".

Su teoría está respaldada por investigaciones científicas cómo las del biólogo Paul **PIETSCH**, quien, al experimentar con salamandras para localizar dónde se almacenan los recuerdos en el cerebro, llegó a la conclusión de que la memoria no era un fenómeno local, sino que estaba vinculada a algo fuera de sus cuerpos. Sus hallazgos fueron publicados en su libro *"SHUFFLEBRAIN: THE QUEST FOR THE HOLOGRAMIC MIND"*.

El neuroanatomista Harold **BURR** realizó también experimentos similares y descubrió un campo de luz que rodeaba sus óvulos no fertilizados con la forma de una salamandra adulta. BURR también detectó campos de luz que rodeaban semillas de plantas que tomaban la forma de plantas maduras. Sus investigaciones respaldan los hallazgos de PIETSCH de que los **cuerpos físicos están conectados a un campo de energía circundante**. Los hallazgos de BURR se publicaron en su libro *"THE FIELDS OF LIFE: OUR LINKS WITH THE UNIVERSE"*. Este campo de energía puede explicar que las partes de la salamandra vuelvan a crecer cuando se eliminan y también por qué los humanos a veces sienten lo que se llama "*dolor fantasma*" en una parte del cuerpo amputada, como lo describe el experto en ECM Robert **MAYS**. Este campo de energía también respalda el fenómeno de las personas que se han sometido a trasplantes de órganos y adquieren ciertos recuerdos del donante de órganos.

El descubrimiento del campo electromagnético de punto cero pudiera dar credibilidad a la posibilidad de tener una capacidad de almacenamiento de **memoria fuera del cuerpo físico**. Fenómenos como los antes descritos se podrían entender mejor si este campo de punto cero se concibe como una ubicación de almacenamiento de información y energía a la que se puede acceder en cualquier momento. El campo de punto CERO tiene paralelismos con el vacío y el punto omega descrito en las investigaciones del Dr. Kenneth **RING** en su libro "*DIRIGIÉN-DOSE HACIA OMEGA: LA BÚSQUEDA DEL SIGNIFICADO DE EXPERIENCIAS CERCANAS A LA MUERTE*".

Los AGUJEROS NEGROS y las ECM

En la década de 1970, Stephen **HAWKING** presentó una teoría de los agujeros negros que parecía violar un principio fundamental de la física, la **ley de conservación de la información**, que implicaba que la información cuántica puede desaparecer permanentemente dentro de un agujero negro con la excepción de lo que él llama la "*radiación de Hawking*". Esto condujo a lo que se denominó la "*paradoja de la información del agujero negro*".

El físico Leonard **SUSSKIND** resolvió más tarde esta paradoja usando el principio holográfico para mostrar cómo la información que ingresa al borde de un agujero negro no se pierde y que puede ser contenida por completo en la superficie del horizonte de manera holográfica. La teoría de SUSSKIND resolvió la paradoja de por qué la naturaleza de la estructura de información bidimensional de un holograma se puede "*pintar*" en el borde del agujero negro, donde la información cuántica no se pierde. La solución de SUSSKIND a la paradoja de la información condujo a una amplia aceptación del principio holográfico.

El físico David **BOHM** estaba convencido de que toda la materia del universo, incluido nuestro cuerpo físico, está compuesta de luz en un estado *"congelado"* condensado. Quienes experimentaron una ECM describen los cuerpos espirituales durante la ECM como *"cuerpos de luz"*, que pasan del mundo material que opera a velocidades inferiores a la de la luz a una dimensión que opera a velocidades muy superiores. Puede incluso observar desde elementos espaciales transición de la dimensión material a la espiritual. También describen que suelen entrar en un *"túnel NDE"* de la misma manera que un *"cuerpo de luz"* podría experimentar lo que los astrofísicos llaman un agujero negro o agujero de gusano. La teoría de los agujeros negros de Leonard SUSSKIND permite que las partículas de luz viajen a través de un agujero negro sin ser destruidas. A una velocidad superior a la de la luz, un cuerpo de luz podría entrar en una dimensión temporal y sin espacio, donde podría **avanzar y retroceder a través del espacio-tiempo.** Este túnel NDE pudiera ser un *"portal"* a otra dimensión de la realidad.

A fines de la década de 1980, el extraordinario físico teórico Kip **THORNE**, Premio Nobel y cómo mencione, asesor científico de la sensacional película INTERESTELAR de Christopher Nolan, describió cómo los objetos conocidos como **agujeros de gusano** pueden realmente **existir en el espacio**, lo que teóricamente permitiría viajar en el tiempo. Estos ya fueron teorizados por EINSTEIN y podrían ser esencialmente **dos agujeros negros conectados cuyas bocas forman un desgarro en el tejido del espacio-tiempo.** Como explica P.M.H. **ATWATER** en *"BEYOND THE LIGHT"*, los sujetos que experimentaron una ECM han observado un túnel de este tipo descrito como *"dos tornados enormes que aparecen en forma de un inmenso reloj de arena"*. El tornado superior gira en el sentido de las agujas del reloj y hacia afuera, mientras que el tornado inferior gira en sentido antihorario y hacia adentro, lo que es una descripción de un agujero de gusano. George **RODONAIA** también hace una excelente descripción de ello:

"Entendí lo que significaba la luz. Aprendí que todas las reglas físicas para la vida humana no eran nada comparadas con esta realidad unitiva. También llegué a ver que un agujero negro es solo otra parte de ese infinito que es luz. Llegué a ver que la realidad está en todas partes. Que no es simplemente la vida terrenal, sino la vida infinita. Todo no solo está conectado entre sí, todo es también uno. Así que sentí una totalidad con la luz, una sensación de que todo está bien conmigo y con el universo".

El BIOCENTRISMO y las ECM

El doctor Robert **LANZA** es considerado uno de los más prestigiosos científicos del mundo. Es un investigador médico a la vanguardia en los avances en clonación y trasplante de órganos y células madre. Sus mentores lo describieron como un genio. Siendo muy joven, llamó la atención de los investigadores de la Escuela de Medicina de Harvard cuando alteró con éxito la genética de los pollos como proyecto de clase. Fue descubierto y asesorado por grandes científicos como el psicólogo B. F. **SKINNER**, el inmunólogo Jonas **SALK** y el pionero en trasplantes Christiaan **BARNARD**. LANZA formó parte del equipo que clonó el primer embrión humano del mundo con el propósito de generar células madre y su trabajo ha sido crucial para la comprensión de la biología de las células madre. En 2009 publicó un libro titulado *"BIOCENTRISMO: CÓMO LA VIDA Y LA CONSCIENCIA SON LAS CLAVES PARA COMPRENDER LA VERDADERA NATURALEZA DEL UNIVERSO".*

El principio del BIOCENTRISMO propone que la **investigación biológica** desempeña un papel central en la comprensión de la vida y de la consciencia, debiendo incluirse también la neurociencia, la anatomía del cerebro y los estudios de las ECM. LANZA utiliza su teoría del BIOCENTRISMO para explicar la posibilidad de que la consciencia sobreviva a la muerte y para ello explica la importante paradoja científica de cómo las leyes de la física **se ajustan con tanta precisión** que permitan la **existencia de la vida consciente**. El médico Deepak **CHOPRA** opina que:

> *"El Biocentrismo es consistente con las tradiciones de sabiduría más antiguas del mundo que dice que la consciencia **concibe, gobierna y se convierte en un mundo físico**. Es la base de nuestro Ser, en el que tanto la realidad subjetiva como la objetiva llegan a existir".*

Experiencias Subjetivas y Testimonios de las ECM

En diciembre de 2001, THE LANCET, la gran revista británica de medicina, publicó los sorprendentes resultados del estudio realizado por el Dr. Pim **VAN LOMMEL**, que mostraban que el 18% de los pacientes clínicamente muertos tenían ECM. El estudio documentó eventos verificados observados por estos pacientes desde una perspectiva alejada de sus cuerpos, llamada *"percepción verídica"*, lo que sugería la existencia de una consciencia trascendente. Dichos estudios plantean la pregunta de por qué la comunidad científica en general permanece mayoritariamente en silencio sobre estos hechos. Es posible que la ciencia nunca pueda responder a la pregunta de si la consciencia sobrevive o no a la muerte corporal, pero los estudios actuales sobre situaciones cercanas a la muerte empiezan a ser apabullantes.

THE AWARE STUDY está tratando de investigar en este sentido, y el director de este estudio, el Dr. Sam **PARNIA**, médico de cuidados intensivos y director de investigación sobre reanimación en la Facultad de Medicina de la Universidad de Stony Brook en NY, y reconocido como una autoridad en el estudio científico de la muerte, estudia la relación entre la mente del cerebro humano y la experiencia cercana a la muerte.

A finales de los 90, el Dr. PARNIA y el Dr. Peter FENWICK establecieron el primer estudio de ECM en el Reino Unido, y desde entonces han publicado numerosos artículos. Desde que PARNIA formó parte del estudio AWARE, lanzado por *"THE HUMAN CONSCIOUSNESS PROJECT,"* son ya más de 30 hospitales participantes en Europa y América del Norte los que han estado examinando con rigor médico y científico todos los informes de pacientes que después de diagnosticada su muerte clínica, muestran testimonios contrastados y apabullantes alejados de cualquier tipo de demagogia. Son tantos los casos documentados que no tiene mucho sentido hablar de ellos ahora, pues no acabaríamos el relato. No obstante, te animo a que te intereses por ellos, pues son sorprendentes desde cualquier punto de vista. El fisicalismo postula que solo existen las cosas físicas. El materialismo, que solo existen la materia y la energía, y que todos los fenómenos son el resultado de interacciones físicas. Según ambas teorías, la REALIDAD **se** limita a estados de energía y materia. Aplicado a la consciencia, supone que los aspectos de la experiencia subjetiva se explican por estados objetivos dentro de un cerebro físico. Tales posiciones no distinguen entre mente y cerebro.

Una de las personas que más ha insistido en la naturaleza subjetiva de la consciencia es el Dr. David **CHALMERS**, profesor de filosofía y director del Centro para la consciencia en Australia, que se especializa en el área de filosofía de la mente y filosofía del lenguaje. CHALMERS es autor del libro *"THE CONSCIOUS MIND: IN SEARCH OF A FUNDAMENTAL THEORY"*, que plantea el difícil problema de la consciencia desde un punto de vista materialista. Para ello propone el interesantísimo experimento mental del ***"cerebro en una cubeta"***, que plantea lo siguiente: el cerebro de una persona se suspende en un tanque de líquido que sustenta la vida, sus neuronas se conectan a una supercomputadora que proporciona impulsos eléctricos idénticos a los que el cerebro recibe. La supercomputadora podría simular la realidad y la persona con el cerebro *incorpóreo* podría seguir teniendo **experiencias conscientes perfectamente normales** no relacionadas con objetos o eventos en el mundo real. La **experiencia de estar en un tanque y la experiencia de estar en un cráneo serían idénticas**, con lo que desde la perspectiva del cerebro sería imposible saber si está en un cráneo o en un tanque. Cuando el cerebro está en la persona, la mayoría de las creencias del cerebro serían **ciertas**, pero cuando el cerebro está en un tanque, las creencias del cerebro son completamente falsas. Por lo tanto, si el cerebro no puede hacer tal distinción, no puede haber una base sólida para que este crea todo lo que cree. Este argumento, en inglés "*brain in a vat*", es similar al argumento del sueño, que sugiere que la capacidad del cerebro para crear realidades simuladas durante el sueño REM significa que existe una probabilidad estadística de que se simule nuestra propia realidad.

También existe una larga historia filosófica y científica de la tesis de que la realidad es una ilusión que se centra en la suposición, que no experimentamos el entorno en sí, **sino una proyección de él creada por nuestras propias mentes**. Ya mencionamos extensamente en un capítulo aparte el interesantísimo argumento de la simulación, que propone que la realidad puede ser una simulación y que nuestro paradigma actual de la realidad es una ilusión (*recuerda el capítulo 50*). Algunos físicos han desarrollado un experimento científico para determinar si nuestro universo es una simulación desarrollada por un colosal sistema computacional. Varias interpretaciones de la mecánica cuántica, como el *principio holográfico*, sugieren que nuestra percepción de la realidad es holográficamente una ilusión.

Los estudios cercanos a la muerte contienen múltiples informes de **percepción verídica de eventos** que estaban fuera del rango de percepción sensorial del experimentador de ECM y, por lo tanto, de la mediación cerebral. En algunos casos, tales percepciones ocurren mientras la persona que experimenta la ECM está padeciendo la **inactividad cerebral** que sigue dentro de los 10 segundos posteriores al cese de los latidos del corazón. Multitud de casos están publicados en numerosos portales, como w.iands.org, w.nderf.org, w.oberf.org y w.near-death.com. La evidencia sugiere la posibilidad de que la percepción de las ECM suceda sin la ayuda de los sentidos físicos o del cerebro. Por ello, para los escépticos referirse a las ECM como ilusiones o delirios, es algo considerado fuera de lugar pues los investigadores de situaciones ECM ofrecen innumerables **evidencias verídicas reportadas** que sugieren que la mente puede funcionar independiente del cerebro físico.

Uno de los casos más conocidos y contrastados

Un gran protagonista de ECM es el prestigioso neurocirujano americano Eben **ALEXANDER**, el cual tiene un conocimiento profundo de los aspectos fisiológicos de la ECM que él mismo experimentó. ALEXANDER actualmente practica con un grupo neuroquirúrgico en Lynchburg, Virginia, y realiza presentaciones sobre las revelaciones de su experiencia de coma que aclaran la naturaleza de la consciencia. Según ALEXANDER:

"El modelo materialista reduccionista en el que se basa la ciencia convencional es fundamentalmente defectuoso. En esencia, ignora intencionalmente lo que creo que es el fundamento de toda existencia: la naturaleza de la consciencia".

"A partir de los experimentos de EINSTEIN, BOHR y SCHRÖDINGER se podría inferir que la consciencia tiene un papel definido en la creación de la realidad. Y esos resultados experimentales solo se han vuelto más extraños en los últimos años. Creo que el núcleo de ese misterio es que la consciencia misma está profundamente arraigada en los procesos cuánticos".

"Incluso los físicos y científicos del modelo materialista se han visto al borde del precipicio. Ahora deben admitir que conocen solo un poco, sobre el 4%, del universo material que existe, pero están totalmente en la oscuridad sobre el otro 96%. Y eso ni siquiera aborda el componente aún más grande que alberga la 'consciencia', que creo que es la base de todo".

"Que podemos saber cosas más allá del alcance de los canales 'normales' es indiscutible. Un recurso excelente para cualquier científico que todavía busque pruebas de esa realidad es el riguroso análisis y revisión de 800 páginas de todo tipo de conciencia extendida titulado 'MENTE IRREDUCIBLE: HACIA UNA PSICOLOGÍA PARA EL SIGLO XXI'. Esta obra magna de la Universidad de Virginia cataloga una

amplia variedad de fenómenos empíricos que parecen difíciles o imposibles de acomodar dentro de la forma fisicalista estándar de ver las cosas. Los fenómenos cubiertos incluyen, en particular, ECM que ocurren bajo condiciones como anestesia general profunda y paro cardíaco que, como mi coma, debería evitar que ocurra cualquier experiencia, y mucho menos las experiencias profundas que ocurren con frecuencia. También cabe destacar que el Instituto Estadounidense de Física patrocinó reuniones que cubrieron la ciencia física de estos extraordinarios canales de conocimiento".

Tales experimentos a los que se refiere **ALEXANDER** revelan algo asombroso de cómo la consciencia es el **factor supremo** en la física cuántica. Plantean cómo un experimentador puede elegir y predecir con éxito el resultado aleatorio de un evento incluso después de que el resultado ya se haya producido y evidencian cómo el resultado, ya sea que un **fotón** de luz sea **onda** o **partícula**, puede ser predicho después de que el experimentador haga una elección mental aleatoria del resultado del experimento. En otras palabras: la elección del resultado después del hecho por parte del experimentador en realidad determina el resultado del experimento. Estos asombrosos hallazgos sugieren dramáticamente que nuestras elecciones hechas hoy puedan determinar el resultado del pasado. Por ello, la consciencia no puede explicarse enteramente como eventos **objetivos** experimentados por el cerebro, sino también por eventos **subjetivos**. El argumento del *"cerebro en una cubeta"* muestra que la experiencia subjetiva no puede reducirse a propiedades funcionales de los procesos físicos en el cerebro. El concepto de la consciencia no ha sido explicado en términos materialistas y el argumento del *"cerebro en una cubeta"* es una versión contemporánea de la *"ALEGORÍA DE LA CAVERNA"* por PLATÓN.

El argumento del sueño también se aplica a la naturaleza subjetiva de las ECM defendidas por el Dr. Vernon **NEPPE** en su artículo *"La realidad comienza con la conciencia: un cambio de paradig-*

ma que funciona", en el que NEPPE utiliza una hipótesis sobre las implicaciones neurofisiológicas y describió la posibilidad de que un individuo expuesto a un universo puramente mental, independiente de la materia, que contiene todos los eventos mentales, puede experimentar una superposición o enredarse con el universo físico. Esto está respaldado por las similitudes que existen entre los elementos de las ECM y el concepto de subjetividad del campo cuántico, que sugiere que todos los eventos están **relacionados y se influyen** entre sí instantáneamente. Estos argumentos de subjetividad apoyan el paradigma holístico de la *"separación"* **ilusoria** entre la **experiencia del observador subjetivo** y el **objeto observado**. La realidad es que una posición materialista es incapaz de explicar las experiencias conscientes ni cómo surge la consciencia o cómo los átomos en el cerebro componen la consciencia.

64. El dilema ARISTÓTELES

A pesar de la buena reputación que les precede, algunos personajes incurrieron en obscenos errores de bulto o simplemente calcularon mal. No es que uno les tenga de fobia o *"paquete"* personal, sino que con sus calamitosas ideas acumularon errores e influenciaron negativamente en la ciencia. Algunas ideas anclaron el avance científico incluso durante siglos, lo cual poco tiene que ver con las honrosas intenciones de sus protagonistas. Al contrario que en los libros de historia, en los que habitualmente se relatan las atrocidades de personajes dañinos para la historia de la humanidad, en la ciencia han existido personajes que, sin pretenderlo, tuvieron una influencia ciertamente negativa en su desarrollo. Muchas veces no creo que fuera culpa tanto de ellos como de aquellos que les encumbraron.

Un caso especialmente llamativo y digno de análisis es la figura de **ARISTÓTELES**. Nacido en el año 384 A.C., es considerado por muchos como el padre de la ciencia. Aun sin quererlo —de su buena fe nadie duda— detuvo el desarrollo de la ciencia en general y la física en particular. Aún es considerado por algunos como un genio de la filosofía y las ciencias naturales, pero la realidad es que su nefasta influencia en la física hizo que algunas obscenas ideas se convirtieran en dogmas indiscutibles durante 2.000 años. Ello supuso una autentica remora para el avance científico, pues muchos de sus análisis e inexplicables ideas fueron utilizados interesadamente por otros como justificación para manipulaciones que nada tienen que ver con la ciencia, frenando con ello el avance científico durante siglos. Es insólito que este hombre tuviera tal influencia en el pensamiento filosófico y de las ciencias de la naturaleza durante tanto tiempo. Desde la lógica a la metafísica a la ciencia natural, pasando por el arte, la ética, la retórica, la física, la astronomía y la biología, ARISTÓTELES llegó a escribir 200 tratados de los cuales sólo han llegado hasta nuestros días apenas 30. Sus teorías contienen gravísimos errores, y lo que sorprende es que inteligentísimos autores, y el público en general, le consideren una referencia intelectual.

ARISTÓTELES se dedicó a recopilador una cantidad ingente de datos, de los que de todos quiso lamentablemente obtener una respuesta y sacar conclusiones. Un alto porcentaje de estas conclusiones fueron ridículas y totalmente equivocadas, algunas rayando el absurdo, pero lo verdaderamente grave fue que quienes le siguieron durante siglos se agarraron como lapas a equivocadas conclusiones para justificar planteamientos ortodoxos y limitadores del avance científico. Son tantos sus errores que cuesta enumerarlos, lo cual no deja de sorprender pues cualquier mención a su nombre implica un aura de respeto y sabiduría. Durante siglos se oyó: *"¡Si ARISTÓTELES lo dijo, así debe de ser!"*.

Otros filósofos de la GRECIA Antigua tenían tal talla intelectual y destacaron por ideas tan innovadoras que a buen seguro aún ahora se revuelven en sus tumbas cada vez que se equipara el nombre de ARISTÓTELES a sabiduría. La realidad es que sacó conclusiones desconcertantes sin aportar, por supuesto, comprobación alguna. Muchas de sus absurdas explicaciones sobre todo tipo de cuestiones a buen seguro que hicieron ruborizar a otros filósofos de la época. No hay nada como tener un buen biógrafo. Aun así, y sin desmerecer algunas de sus aportaciones, que las tuvo, el mayor defecto de nuestro amigo fue su **obstinación por pretender tener explicación para todo**. De hecho, muchas se las inventó de un modo algo pueril, burdo y poco imaginativo. Groucho Marx hubiera sido mucho más divertido.

En muchas ocasiones, sus ideas **se basaban en simplistas observaciones** las cuales parece que no tuvo el más mínimo interés en repensarlas antes de enunciarlas. Él solo apelaba a la lógica y se basaba en planteamientos inventados sobre las propiedades de la naturaleza. Es cierto que nadie en aquellos tiempos disponía de sistemas de comprobación de sus teorías (*lejos quedaba aun la implementación del método científico*), pero tampoco los tenían **ARQUÍMEDES** o **PITÁGORAS** y acertaron en casi todo. ARISTÓTELES, contrariamente a otros sabios de la Antigüedad, representa el ejemplo de lo ***acientífico***, y por alguna razón que no se acaba de comprender su forma de enfocar la ciencia frenó el pensamiento occidental.

Hagamos un somero repaso a algunas de sus escandalosas ***conclusiones***. Recomiendo no alarmarse en exceso y poner el benevolente filtro de la historia. Eso sí, se aceptan carcajadas:

— El CORAZÓN es la **fuente orgánica de las sensaciones y de la inteligencia humana**.

— El CEREBRO es el responsable de **enfriar la sangre**, y la inteligencia esta manejada por el corazón. Esto no deja de ser algo sorprendente pues la mayoría de los filósofos griegos, como ALCMEÓN, DEMÓCRITO o HIPÓCRATES, ya propusieron que el cerebro es el **centro de la actividad** intelectual de las personas. El, sin embargo, insistió en que el cerebro era simplemente un órgano corporal encargado del **enfriamiento de la sangre**.

— La CARNE genera **GUSANOS** de *"forma espontánea"*.

— El AIRE es el causante de los terremotos porque *"**por alguna razón**"* lo que el aire pretendía es "**escapar**" de la Tierra.

— En relación con el MOVIMIENTO de los objetos parece que iba más bien desencaminado. Llegó a inventarse la simplista barbaridad de que la razón por la que objetos inanimados aceleran y caen más rápido es porque *"así están más contentos"*. Maravilloso, directamente se inventó un concepto de la **aceleración** más cercano al delirio que a la razón.

— Explicó además que los más pesados, a medida que se acercan al suelo, *"se alegran de acercarse a la tierra a un estado de reposo para así poder descansar"*. Su total desatino parece glorioso y hubiera sido divertido saber la opinión de NEWTON sobre el personaje. Sin duda, el vino era barato en la Antigua Grecia.

— Provocó **uno de los errores de base que ha perseguido a la humanidad hasta el mismo siglo XX**. Estaba convencido de que la MATERIA era el resultado de la **mezcla de agua, aire, tierra** y **fuego**. Hasta ahí nada de que alarmarse, pues en aquellos tiempos muchos pensadores así lo creían y eran ideas compartidas por sus contemporáneos. Dada esa imperiosa necesidad que tener respuestas para todo, trató de explicar cómo las estrellas flotaban sobre nosotros y se mantenían en suspensión. Para ello, y sin mayor reflexión, se **"inventó"** un **quinto elemento de la materia: el ÉTER**. Por sorprendente que parezca, esa errónea predicción, sin base científica alguna, solo dejó de considerarse un elemento central del espacio a principios del siglo XX. Pero como lo había dicho ARISTÓTELES, se aceptaba cómo *"dogma de fe científica"* a la vieja usanza.

— La **parte izquierda** del ser humano **es más fría** que la derecha. Estaba convencido de que **el hombre era el ¡único ser vivo con músculos en sus extremidades!** Tamaña sandez podemos asegurar que podía ser rebatida por cualquier homínido cazador de la época o de un millón de años antes.

— Los **insectos y peces**, según él, nacían *espontáneamente* de la humedad y el sudor. Aunque suene increíble, para él las **moscas tenían 4 patas**, lo cual es incomprensible pues, a simple vista, con algo de tranquilidad y agudeza visual, se puede observar que poseen 3 pares de patas, 6 en total. Esta cantidad de patas no es casualidad, pues los insectos poseen 6 y por ello se les denomina hexápodos.

—Los **objetos voladores** como una flecha o una lanza estaban "*manejados*" por la atmósfera.

—Según él, la **sangre de las mujeres es más espesa** que la del hombre, y las personas con **cabeza grande duermen más que el resto**.

—Otro error, si no el mayor, fue no considerar que DEMÓCRITO, uno de los mayores sabios de la Antigüedad, nacido casi 80 años antes que él, podía tener razón **cuando ya afirmaba que todo estaba formado por pequeñas partículas a las que llamó Átomos**. ARISTÓTELES (*no podía esperarse otra actitud*) consideró esta posibilidad una *burla a la inteligencia*, ya que los átomos "no se pueden ver".

Podríamos seguir con su lista de desafortunadas creencias sobre la naturaleza y las ciencias. Su osadía e incontinencia intelectual parece que no tuvo freno a la hora de realizar todo tipo de predicciones, despreciando con ello algún tipo de mínima comprobación. Sus ajustes tapaban sus propias contradicciones (*tengo algún amigo que hace lo mismo*) y **alteraba cualquier evidencia** que estuviera en contradicción con sus planteamientos iniciales. Construyó sus principios físicos de acuerdo con lo que él consideraba **ideas "atractivas"**, descartando cualquier hecho que las contraviniera. Lo hacía no se sabe por qué motivo, pero, como dijimos, posiblemente fuera por pretender tener **una respuesta para todo**, incluso para todo aquello de lo que era imposible tener respuestas. Trató de **describir los hechos naturales de un modo superficial y muy generalista** sin entrar en detalles, más bien despreciándolos, y **modificaba sus conclusiones cuando las observaciones no le agradaban**. Realizaba sus "*ajustes*" para adaptar los principios a lo que ya consideraba verdadero de antemano.

No sé por qué pero me da que ser nombrado "tutor personal de ALEJANDRO MAGNO" le hizo venirse arriba (*es solo un chascarrillo aristotélico*).

La humanidad tuvo que esperar hasta el siglo XVII para que las **ideas aristotélicas de la naturaleza empezaran a ser cuestionadas**. GALILEO fue el primero que de verdad cuestionó sus planteamientos, lo cual le supuso casi perder la vida y sufrir la humillación de tener que retractarse de sus ideas para no ser ejecutado por el Tribunal de la Santa Inquisición. Fueron "*benevolentes*", vio reducida su pena a arresto domicilio por el resto de sus días. GALILEO, en cualquier caso, tuvo mucha más suerte que el pobre desdichado de Giordano **BRUNO**, el cual, "*por mantener posiciones científicas incompatibles con los principios aristotélicos*" (*así rezaban las acusaciones*), fue quemado en la hoguera por el infame Papa **URBANO III.**

Todos sus graves errores se produjeron porque a nadie en aquella época se le ocurría demostrar una teoría. Sencillamente, se observaba y se sacaban conclusiones sin pruebas precisas. Sin embargo, la osadía de ARISTÓTELES por tratar de dogmatizar y mantener de modo categórico sus observaciones no tiene parangón en la Grecia Antigua. Solo a partir del siglo XVII, casi 2.000 años más tarde, Francis **BACON** introdujo el **proceso de comprobación** con hechos de cualquier realidad, lo que llamó el conocimiento empírico. Sin seguro pretenderlo, ARISTÓTELES quizás sea uno de los personajes más nefastos de la historia de la ciencia. Sus afirmaciones retrasaron el avance de la ciencia durante siglos, pues a sus afirmaciones se les dio rango de certezas. Por todo ello, su denominación de "*padre de la ciencia*" no deja de ser un irónico y lamentable chiste.

65. Los LIBROS Prohibidos

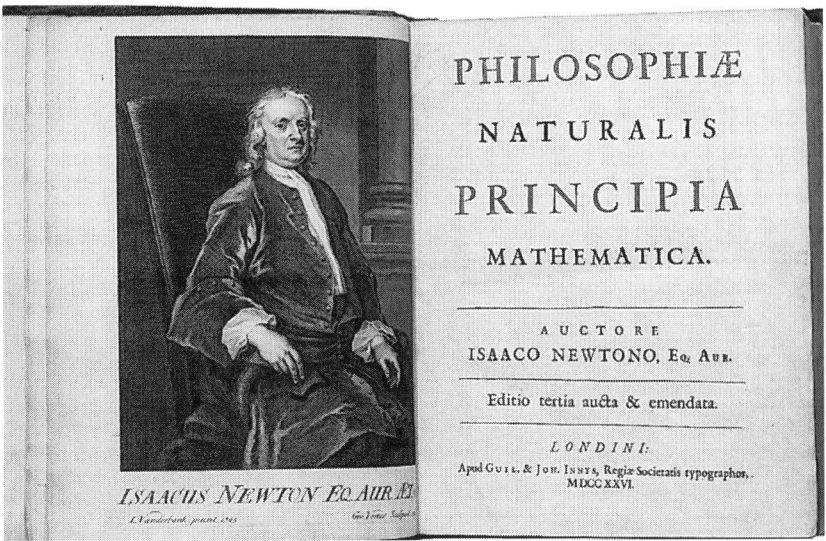

La Censura en la Historia

Curioso capítulo en el que nos centramos en el lamentable hecho de la prohibición de LIBROS. Muchos han sido los que fueron declarados heréticos o inaceptables, y consecuentemente prohibidos, retirados de la impresión, edición y circulación pública. Lógicamente, solo mencionaremos algunos casos, pues hacer justicia a este desatino llevaría un nuevo libro.

En el **siglo XV**, un emprendedor de las tierras vinícolas del río Rin (*Rhein auf deutsch*) perfeccionó un sistema de impresión que combinaba el antiguo sistema chino y tecnología usada en las prensas de uvas que se utilizaban en la elaboración del vino. En 1455, ese astuto herrero alemán llamado **Johannes GUTENBERG** imprimió la primera edición *"BIBLIAS DE 42 LÍNEAS"*, la primera que se elaboró sin intervención de los monjes copistas que durante siglos mantuvieron el saber bajo el orden de la Iglesia. Este decisivo invento para la humanidad, solo equiparable a la escritura misma, la rueda, la penicilina o el motor de combustión, permitió que cualquiera con medios suficientes pudiera realizar un **número elevado de reproducciones de un libro a un costo moderado y en un tiempo muy breve**. Recuerda que en la Edad Media el copiado de un libro a mano podía llevar hasta 10 años, así que entonces se abrió la puerta a la producción masiva y distribución de libros entre la población, y con ello las ideas que contenían (*si alguien sabía leer, cosa improbable para la mayoría de la población en la antigüedad*).

Esto significó la entrada en la **Era Moderna**, y a ello contribuyeron tres acontecimientos fundamentales: el descubrimiento de América, la caída del Imperio Romano de Oriente y la invención de la imprenta. Desde entonces, Gobiernos y autoridades religiosas buscaron la forma de controlar la naciente industria de la edición y la impresión, y con ello evitar cualquier crítica al poder o la propagación de textos heréticos. Se emitieron leyes y códigos y se exigieron licencias para imprimir y vender libros, Esto fueron llamados ***IMPRIMATUR***, que en latín significa "*que se imprima*".

Como te imaginarás, ello trajo consigo censuras y se publicaron más y más edictos, así como listas de libros que todo creyente tenía prohibido **leer, reproducir y distribuir**, so pena de excomunión, tortura e incluso muerte. Vamos, lo de siempre: los poderes públicos y políticos facilitando la vida a sus ciudadanos y controlando lo que pueden y no pueden decir, hacer o leer. Aun todavía en pleno **siglo XXI**, y para vergüenza de la humanidad, organismos mundiales multiculturales compadrean con dictaduras y regímenes totalitarios y fundamentalistas en los que la libertad de leer lo que uno quiera es un mero espejismo.

La Censura en la Antigüedad

Cabe señalar, como recuerda Werner **FULD** en su *"BREVE HIS-TORIA DE LOS LIBROS PROHIBIDOS"*, que la primera quema de libros documentada tuvo lugar en **ROMA**, la cual fue impulsada por el primer emperador **AUGUSTO** con la eliminación de escritos proféticos que pudiesen cuestionar su llegada al poder. Curiosamente, fue la *BIBLIA* una de las primeras obras censuradas de la historia. El Imperio Romano prohibió el cristianismo (*una religión muy diferente a la religión politeísta romana*) y también la Biblia, una decisión enfocada al intento de impedir la expansión del cristianismo por el Imperio. En todo caso, los textos sagrados de diversas religiones fueron históricamente prohibidos, o al menos su difusión entorpecida, en aquellos territorios con otra religión dominante. Sin embargo, a lo largo de los siglos, los romanos tuvieron que sucumbir a la expansión de nuevas religiones, y al final del imperio hicieron del cristianismo su religión oficial.

La preciosa **leyenda de los libros SIBILINOS**, unos textos mitológicos y proféticos de la antigua ROMA, nos cuenta que, en una antigua ciudad, una mujer ofreció vender al pueblo 12 libros que contenían todo el conocimiento y sabiduría del mundo a un precio muy alto. Considerando la propuesta ridícula, ella quemó la mitad de los libros y volvió a ofrecer los 6 restantes al doble del precio. Los ciudadanos se burlaron de ella, aunque un poco nerviosos. La mujer quemó 3 más y puso el resto a la venta, pero dobló el precio otra vez. Nuevamente, la rechazaron y, finalmente, quedó 1 solo libro por el que los ciudadanos pagaron al precio extraordinario que exigía la mujer, y ello supuso que solo se dispusiera de una duodécima parte de todo el conocimiento y sabiduría del mundo.

Obras consideradas una amenaza

La **Iglesia Católica** también practicó la censura, de una forma metódica y prolongada en el tiempo, contra todas aquellas ideas que se enfrentaban a su fe, tanto desde un punto de vista religioso como filosófico o científico. El instrumento que utilizó fue el **INDEX LI-BRORUM PROHIBITORUM**, que traducido al español significa *Índice de libros prohibidos*. Una lista con publicaciones consideradas perniciosas para la fe y que los católicos (*muchas veces asimilados con la totalidad de la población de una nación*) no estaban autorizados a leer. Un ejemplo de gran simbolismo y que pudo suponer una gran pérdida de conocimiento lo encontramos en la "HOGUERA DE LAS VANIDADES", promovida por el monje Girolamo **SAVONA-ROLA** en Florencia en 1497. Este radical religioso pretendía purificar por el fuego la corrupción de costumbres y entre sus objetivos estaban aquellos libros que portaban ideas paganas o no piadosas. Dado que Florencia fue un foco fundamental del resurgir del Renacimiento del conocimiento antiguo, es más que probable que muchos de sus importantísimos textos se convirtiesen en cenizas para siempre gracias a la labor —no muy cristiana, precisamente— de este monje.

Los libros contenidos en estos INDEX eran de una importancia decisiva en el ámbito de la ciencia, y los que fueron prohibidos se ordenaban según el nivel de peligrosidad percibido por los censores. Estaban aquellas obras portadoras de ideas que podían hacer saltar por los aires las creencias o consensos sobre los que se asienta y asentaba una cierta visión del mundo en un momento dado. Esas ideas peligrosas había que intentar combatirlas por todos los medios demonizándolas, ridiculizándolas o directamente prohibiéndolas.

También encontramos obras que generan polémica por su carácter transgresor de las normas sociales, aunque puedan suponer solo un escándalo temporal a la moral de la época o a cierto tipo de creencias. La Iglesia católica, durante mucho tiempo, disuadió al pueblo de poseer su propia copia de la Biblia, y aprobó únicamente su traducción al latín para que muy poca gente común la pudiera leer. En principio, era para evitar que los laicos "malinterpretaran" la palabra de Dios, pero sin duda el objetivo real era garantizar que no pudieran cuestionar la autoridad de los líderes eclesiásticos. La iglesia católica solo permitía copias de la Biblia en latín para limitar el número de personas que la pudiera leer y mantener un monopolio sobre su interpretación. Los INDEX de libros tenían **un tiempo determinado de vigencia**, y durante la misma esas obras señaladas no solo se prohibían y calificaban como heréticas o inmorales, sino que también se **podía incluir la obra total** de sus autores. Así, a voluntad de la Congregación encargada del INDEX, entraban y salían libros y autores. Pero volviendo a las LISTAS prohibidas, no parece que con tanta regulación fuera fácil acceder a la impresión de libros de ciencia en aquellos siglos, pues sin duda podían vulnerar la "*versión oficial*" de la ciencia, la naturaleza y las creencias religiosas. Mencionar tres listas en particular.

Index **LIBRORUM PROHIBITORUM** - También conocido como "*Índice de libros prohibidos*", fue la más famosa lista de aquellos textos declarados heréticos, anticlericales o lascivos y, por lo tanto, prohibidos por el Vaticano. Se elaboró con el propósito de *"proteger la fe y la moral cristianas de las herejías y los libros inmorales".* Este índice consistía en un listado de textos que, de acuerdo con las autoridades eclesiásticas, iban en contra de la fe y no debían ser leídos por ningún creyente. Fue publicado por primera vez en **1559** bajo el papado de PABLO IV, siendo la última edición en 1948 y después abolido por el Papa PABLO VI en ¡**1966**! Sí, amigo, este índice solo fue retirado unos meses antes de la publicación del álbum que cambio la música para siempre, el "*Sgt. Pepper's Lonely Hearts Club Band*" de The Beatles. Duro de aceptar. Por supuesto que todavía existen libros que no son del agrado de la Iglesia, pero a la fecha no existe ninguna advertencia tan categórica como lo era el INDEX. Durante su publicación, algunos textos fueron "*perdonados*" y salieron de la lista, como "*LOS MISERABLES*" de Víctor Hugo" (*no sabemos qué de herético o corruptor puede haber en esta sensacional novela*). Otros menos afortunados nunca fueron excluidos y sus obras fueron permanente vetadas.

Index **PAULINO** - Promulgado por el Papa PAULO IV en 1559, prohibía la obra de más de 500 autores.

Index **TRIDENTINO** - Cinco años más tarde, en 1564, se promulgó este nuevo INDEX, llamado así por haber sido aprobado durante el Concilio de TRENTO.

Tres ejemplos de obras esenciales censuradas

Quiero mencionar tres obras científicas fundamentales que fueron lamentablemente censuradas y que sirven de ejemplo de lo que hablamos:

1. *DE REVOLUTIONIBUS ORBIUM COELESTIUM* - de Nicolás COPÉRNICO. En 1543, el astrónomo polaco publicó esta obra cumbre de la ciencia en la que expuso el modelo heliocéntrico del universo y señalaba al Sol y no la Tierra como el centro de todo.

2. *DIÁLOGOS SOBRE LOS 2 MÁXIMOS SISTEMAS DEL MUNDO* - de GALILEO Galilei. En 1632, el debate protagonizado por dos personajes de ficción acerca de la validez de los dos paradigmas sobre el papel de la Tierra en el universo; el Ptolemaico que la considera inmóvil en su centro y el Copernicano que aboga por que ésta se mueve como un planeta más, le costó a su autor la condena inquisitorial a cadena perpetua domiciliaria y la inclusión de su libro entre el *Índex* de publicaciones prohibidas hasta 1822.

3. *El ORIGEN de las ESPECIES* - de Charles DARWIN, publicado en 1859. Este libro es considerado uno de los trabajos precursores de la literatura científica y el fundamento de la teoría de la biología evolutiva. Propone la teoría de la evolución de la vida mediante la selección natural. Introdujo **la teoría científica** de que las poblaciones evolucionan durante el transcurso de generaciones mediante un proceso conocido como selección natural. En esta obra, el científico inglés madura ideas que se encontraban en el ambiente de la época para concretar una teoría de la

evolución de la vida mediante la selección natural que aún sigue vigente. Chocó de frente con la Iglesia católica y con el creacionismo, comprometía la interpretación creacionista católica, el autor italiano que le provocó la censura por parte de la iglesia, vigente en la mayoría de los países europeos durante buena parte del siglo XIX.

Incluso se prohibieron obras completas

Entre los autores cuya obra completa fue prohibida, están el monje dominico Giordano **BRUNO,** Nicolás **COPÉRNICO,** el filósofo inglés Francis **BACON,** el reformista protestante alemán **Martín LUTERO, el** filósofo y matemático francés René **DESCARTES,** el filósofo francés **VOLTAIRE,** el filósofo inglés Thomas **HOBBES,** el historiador italiano Gregorio **LETI,** el filósofo inglés David **HUME,** el autor francés **STENDHAL,** el autor francés, George **SAND,** el autor francés Honoré de **BALZAC,** el filósofo italiano Vicenzo **GIBERTI,** el filósofo inglés Pierre-Joseph **PROUDHON,** el autor francés Alexandre **DUMAS** (padre e hijo), la autora francesa Émile **ZOLA,** el autor italiano Gabriele **D'ANNUNZIO,** el autor belga Maurice **MAETERLINCK,** el autor francés Anatole **FRANCE,** el filósofo francés Jean-Paul **SARTRE,** Alberto **MORAVIA,** etc. etc. etc.

Obras consideradas amenazas políticas y la inexplicable censura del siglo XX

La afición por prohibir libros no es solamente de autoridades religiosas, sino sobre todo y principalmente de **Gobiernos y Regímenes autocráticos**. Son tantos los ejemplos que daría lugar a un libro bien interesante. La larga historia de la censura de libros muestra una gran diversidad. Existían formas muy refinadas de control, como la practicada en la **Francia** del siglo XVIII. La censura se asimilaba a un sello de calidad que acreditaba que una obra tenía el nivel suficiente y los contenidos apropiados para ser aprobados por la autoridad real. De hecho, la figura de los censores de la época compartía rasgos con los editores al actuar en cuestiones de estilo, gramática y ortografía, aparte de la necesaria adecuación del texto a los esquemas morales de la época.

Otras veces, la prohibición de libros ha sido una herramienta contra lo que se percibe como *obscenidad sexual*. Es un intento más de usar la fuerza de la ley para detener el cambio social, táctica que, salvo en regímenes extremos, siempre suele fracasar. Las reputaciones de muchos autores chocaron frontalmente con las llamadas leyes de obscenidad. James **JOYCE** al escribir en *"ULISES"* dijo lo siguiente: "***A pesar de la Policía, me gustaría poner todo en mi novela***". Su obra fue prohibida en Reino Unido desde 1922 hasta 1936, aunque el funcionario legal responsable del veto solo había leído 42 de las 732 páginas del libro. El "*todo*" que Joyce puso en *"ULISES"* incluía las palabras ***"masturbación, maldición, sexo y visitas al retrete"***.

Un famoso caso fue cuando PENGUIN publicó *"EL AMANTE DE LADY CHATTERLEY"* en 1960 que dio lugar a un proceso legal. En el juicio el editor reclutó a escritores y académicos para atestiguar sobre las cualidades literarias del libro (*la escritora inglesa de libros infantiles Enid BLYTON rehusó participar*), y el juez ejemplificó la desconfianza del Estado en los lectores cuando previno al jurado contra depender de expertos literarios: "***¿Es así como las chicas que trabajan en las fábricas van a leer este libro?***". El jurado falló unánimemente a favor de PENGUIN, una deliciosa ironía.

Una de las primeras obras censuradas en USA fue la novela antiesclavista de 1852 de Harriet **BEECHER** STOWE, *"LA CABAÑA DE TÍO TOM"*. En 1857, un hombre negro de Ohio, Sam Green, fue enjuiciado, condenado y sentenciado a 10 años de cárcel en la penitenciaría por tener en su posesión un ejemplar de este libro. En un notable giro histórico, la obra es ahora mucho más criticada desde el lado más izquierdista del espectro político, por su representación estereotípica de personajes negros.

Cabe destacar también un libro que atrajo la atención de los censores: *"EL GUARDIÁN EN EL CENTENO"*, de J.D. **SALINGER**. El libro fue retirado de las escuelas en Wyoming, Dakota del Norte y California en 1980. El argumento para vetar la novela de SALINGER era el lenguaje profano y vulgar. En Londres, una Feria Especial del Libro en la galería **SAATCHI** expuso y vendió ediciones escasas de libros prohibidos, desde una muy rara copia autografiada de este libro por 264.000 dólares, hasta la obra fundamental de COPÉRNICO *"SOBRE LOS GIROS DE LOS CUERPOS CELESTES"*, que, como sabemos, fue prohibido en 1543 al sugerir que la Tierra no era el centro del Sistema Solar. Fue vendida en más de 2 millones de dólares.

El poder de las palabras contenidas en un libro es tan decisivo que ha sido una costumbre borrar algunas palabras: como las maldiciones en las novelas del siglo XIX o como el nombre de Dios en algunos textos religiosos. Los libros son conocimiento y este es poder, lo que los convierte en una amenaza para las autoridades y gobiernos que quieren tener el monopolio sobre el conocimiento y controlar el pensamiento de sus ciudadanos. Y la manera más eficiente de ejercer ese poder es proscribir libros que no les interesen.

Ya en el siglo XX, la censura queda plasmada de un modo muy visual en las imágenes de la quema de libros de la **Alemania Nazi** instigada por el partido nazi en 1933. Los libros prohibidos incluían los que supusieran corrupción moral perjudicial para el espíritu militar o la moral del pueblo, y aquellos que no estaban a la altura de lo que se esperaba en la nueva Alemania. Incluía a los que se sospechara tuvieran procedencia judía. Autores como **KAFKA**, Thomas **MANN**, Sigmund **FREUD** o nuestro adorado Albert **EINSTEIN** vieron sus obras perseguidas.

La censura continuó en el **bloque comunista**, lo cual se realizaba de modo sistemático, indisimulado y retorcido, sobre todo en la Unión Soviética, donde directamente se prohibía cualquier libro que no fuera del agrado del Politburó. Para vergüenza del mundo, sigue sucediendo en pleno siglo XXI con sus actuales gobiernos. De hecho, en ciertos países el mero hecho de afirmar que existe censura era y es motivo suficiente para conducir a la cárcel a un ciudadano. Un caso muy visible y lamentablemente anecdótico sucedió en 1958, cuando Boris **PASTERNAK** recibió el Premio Nobel de Literatura por su novela *"EL DOCTOR ZHIVAGO"*, que había sido publicada en Italia el año anterior, pero no en su país. El galardón enfureció tanto a las autoridades soviéticas que los medios oficiales catalogaron la obra de *"artísticamente escuálida y maliciosa"* y su autor fue forzado por las autoridades rusas a rechazar el galardón. El Gobierno soviético se obsesionó con este libro por algo tan absurdo como *"aquello que no contenía"*, que era el hecho de que *"no elogiara la Revolución rusa"* y en cambio *"sí celebraba el valor del individuo"*.

La prohibición de libros en la **Unión Soviética** llegó a niveles patológicos que llevó al desarrollo de la llamada **escritura samizdat** o de publicación propia, a la cual le debemos la existencia de obras como la poesía del poeta Osip **MANDELSTAM**. El escritor disidente Vladimir **BUKOVSKY** resumió el *samizdat* de esta manera: *"Lo escribo yo, lo edito yo, lo censuro yo, lo publico yo, lo distribuyo yo, y por eso pago condena de cárcel yo"*.

La censura y persecución de libros prohibidos, tanto científicos cómo literarios, alcanzó el mismo nivel psicopático en la **DDR** (antigua República Democrática de Alemania) después del levantamiento del Muro de Berlín. Tras la caída del Muro, y la posterior reunificación de Alemania en 1990, se puede acceder a la lista de libros prohibidos y parcialmente censurados, y se ves la lista no lo podrás ni creer. Se ejercía con una especie de mecenazgo en la que los censores del régimen comunista eran personas cultas que establecían estrechas relaciones personales con los escritores cuyas obras supervisaban. Te aconsejo ver *"LA VIDA DE LOS OTROS"* (*Das Leben der Anderen*), una excepcional obra maestra alemana que supuso el debut del director Alemán Florian **HENCKEL** y en la cual se muestra el control ejercido por la STASI (*Policía secreta*) sobre los círculos intelectuales de la DDR. Fue premiada con el Oscar a la mejor película de habla no inglesa en 2006.

Lo mismo cabe decir de Gobiernos como **China**, en donde el control de lo que la población puede o no puede leer viene implementado de un modo patológico y en donde se impide la publicación de cualquier libro que no vaya en consonancia con la colectivización tiránica de sus políticas. En la actualidad, China continúa emitiendo EDICTOS, es decir, listas contra los libros escolares que "*no están en línea con los valores socialistas básicos, que tengan valores, visiones del mundo y de la vida desviadas*". Sin duda un lenguaje enfermizo, y un criterio que puede ser aplicado a cualquier libro con el que las autoridades no estén de acuerdo por el motivo que sea.

Después de la II Guerra Mundial, en todos los **países de influencia de la Europa del ESTE**, sucedió más de lo mismo. La estrategia de prohibición de libros ha sido una labor pública y especialmente execrable y penosa, dado por el gran talento de los escritores y científicos de estos países que en anteriores lideraron diferentes áreas del conocimiento y la ciencia. Durante estos años, estos Gobiernos, supervisados por la Unión Soviética, ejercieron un máximo control sobre los hábitos de lectura de sus ciudadanos, así como de sus vidas. El argumento de estos estados sátrapas solía contener la ridícula e indecente justificación que era la de "*proteger a las personas comunes y corrientes*", a los que supone que no tienen suficiente inteligencia para juzgar por sí mismas, de estar expuestas a ideas corrompedoras. Todo una sin razón.

Desgraciadamente, la prohibición de libros, algo impensable en regímenes democráticos, se mantiene intacta en numerosos países cuyos censores intentan frenar la proliferación de ejemplares que estimulen nuevas ideas que puedan alborotar a sus lectores. El ejemplo del control absoluto son los **países fundamentalistas** carentes de cualquier sentido de la libertad y que ven en la prohibición y la censura de libros un medio más para controlar, guiar y tiranizar a sus propios pueblos. Un ejemplo, hay 4.500 libros prohibidos por el Reino de Kuwait, y qué no decir del resto de países de la zona. En 2010, se produjo un proceso legal en Egipto para prohibir la obra de literatura clásica *"LAS*

MIL Y UNA NOCHES", bellísimos relatos recogidos por Abu Abd-Allah Muhammad **el-Gahshigar** y que algunos consideraban que dañaba la decencia pública.

Censurar textos es una forma de prohibir ideas y evitar su propagación. Muchos libros han sido censurados por predicar ideas contrarias al régimen de un país, o porque hablaban de temas prohibidos por la cultura o la religión. Estas son a menudo ideas que van en contra del pensamiento dominante, cuestionando cómo vivimos y cómo se organizan las cosas. Por ello, la cantidad de libros prohibidos a lo largo de la historia es enorme.

66. Los vergonzosos procesos contra GALILEO Galilei y Giordano BRUNO

Galileo frente a la Inquisición de Cristiano Banti (1857)

¿Quién fue GALILEO GALILEI?

Para todo amante de la ciencia y el conocimiento, hay capítulos de la historia que resultan especialmente dolorosos, acontecimientos que conmueven por aquellos que sufrieron un trato execrable por su mero afán de la defensa de la verdad científica. Aún hoy, guiados por comportamientos fanáticos y desorientados por una mala interpretación de sus creencias religiosas, hay quienes piensan (*conozco alguno*) que Giordano BRUNO fue quemado en la hoguera no por sus ideas científicas sino por negar la virginidad de María, la existencia de la Trinidad y la divinidad de Jesucristo. Otros justifican también que GALILEO Galilei fue condenado a arresto domiciliario hasta el final de sus días no por sus ideas científicas, sino por ser irrespetuoso con el Papa. Sin palabras.

Durante siglos existió una discusión absolutamente lícita entre el HELIOCENTRISMO (*que mantiene que el Sol es el centro alrededor del cual giramos*) y el GEOCENTRISMO (*que mantiene que la Tierra es el centro alrededor del cual giran los demás*). En ese debate, lo único claro es que la cuestión no estaba ni por asomo clara. La falta de tecnología era un obstáculo casi insalvable, solo aminorada por el comienzo del uso del telescopio por parte de GALILEO. La teoría heliocéntrica mantenía que las órbitas eran circulares y eso provocaba que ciertos cálculos astronómicos fueran más precisos con las teorías ptolemaicas.

GALILEO Galilei (1564-1642) fue un físico y astrónomo italiano del siglo XVI y XVII, nacido en PISA (Italia), en el seno de una familia de comerciantes. A los 10 años, sus padres se trasladaron a FLORENCIA, dejándolo al cuidado de un vecino religioso que acabaría introduciéndole en la vida eclesiástica. Tan pronto como su padre se enteró, sacó a su hijo del convento en el que se hallaba y lo inscribió en la Universidad de Pisa para que estudiara Medicina. Ya veía que su hijo sino acabaría siendo sacerdote, lo cual por diferentes motivos parece que no le hacía mucha gracia.

En 1581, comenzó a cursar medicina, pero no encontró en ella su vocación, y cuatro años más tarde abandonó la universidad. Su poca tolerancia hacia la autoridad y la falta de espíritu crítico de sus profesores le condujo a abandonar la universidad a los 21 años y a centrarse en su verdadera vocación: la física. A partir de ese momento, Galileo se formó en Matemáticas y Física y empezó a dar clases privadas en Florencia y en Siena hasta que, en 1589, volvió a la Universidad de Pisa. Con 25 años, tras realizar importantes descubrimientos en el campo de la mecánica, consiguió allí una plaza de profesor de Matemáticas. A partir de ese momento, comenzó a compaginar la docencia con la investigación y la invención de nuevo instrumental científico.

Como sabrás, la teoría predominante (*y equivocada*) durante dos milenios era la **teoría geocéntrica** —también conocida como modelo ptolomeico—, la cual establecía que **el universo tenía por centro a la Tierra**. De esta manera, los cuerpos celestes giraban alrededor de la Tierra, incluido el Sol y los demás planetas del sistema solar. La nueva teoría heliocéntrica que GALILEO proponía, y de la cual estaba absolutamente convencido, era el modelo según el **cual la Tierra y los planetas se mueven alrededor del Sol**, que está en el centro del sistema solar. Así pues, teníamos un enfrentamiento radical de cómo describir los cielos. El Heliocentrismo se enfrentaba al Geocentrismo, y quitaba a la Tierra del centro del universo. Ello ponía en cuestión todo lo conocido y asumido como verdades absolutas de la ciencia y de la religión, lo cual era algo revolucionario e irremediablemente conllevaría temibles consecuencias.

Centrémonos primero en sus logros, algunos de los cuales fueron espectaculares. Defendió la **teoría heliocéntrica** que años antes ya había indicado COPÉRNICO, confirmando el **modelo heliocéntrico** del universo. En física, formuló las primeras **leyes sobre el movimiento** y es considerado el padre de la ciencia moderna, pues introdujo la **metodología experimental,** el hoy llamado "método científico", la comprobación empírica de los hechos mediante la experimentación, la observación directa y el razonamiento lógico.

Hasta bien pasada la Edad Media, la explicación aristotélica de la gravedad no planteó duda alguna, hasta que **COPÉRNICO** hizo saber a la humanidad que **la Tierra no estaba en el centro del Universo**, si no que **la Tierra era uno de los muchos planetas que giraban en torno al Sol**. Con ello, se empezaba a romper el modelo geocéntrico y se despedazaba la explicación de la gravedad de Aristóteles. Los problemas que aparecían a la hora de plantear un nuevo modelo eran muchos. ¿Por qué los objetos permanecen sobre la superficie de la Tierra mientras esta gira sobre su eje, en lugar de salir despedidos? ¿Cómo es posible que la Tierra gire alrededor del Sol sin que haya nada que la impulse?

GALILEO fue el primero en afrontar los nuevos problemas tras la teoría heliocéntrica de COPÉRNICO. Su gran novedad a la hora de teorizar fue que decidió experimentar para comprobar la naturaleza de la gravedad. Para ello, estuvo semanas lanzando diversos objetos desde la torre inclinada de Pisa. Con los distintos lanzamientos comprobó que, independientemente de su masa, tamaño y forma, los objetos tardaban el mismo tiempo en llegar al suelo cuando se lanzaban desde la misma altura. Además, consiguió demostrar que la afirmación de que los objetos caían con velocidad constante era falsa. Todos los objetos que lanzó de la torre aceleraban durante la caída.

Los experimentos de caída de objetos también le permitieron introducir una nueva teoría física. Según el, todo objeto que caía desde la torre de Pisa compartía la misma rotación que experimenta la Tierra. Con ello, suponía que los objetos que estaban en movimiento mantenían ese movimiento, aunque a él se añada otro. De este modo, Galileo teorizó que si un barco con un elevado mástil navega por el mar, al tirar una bola desde lo alto del mástil, esta caería en la base del mástil.

Este mismo principio le llevó a GALILEO a suponer que **los planetas** se mantenían en **movimiento alrededor de la Tierra por 'inercia'**. Los planetas, en algún momento, fueron puestos en movimiento al rededor del Sol, y este movimiento circular **continuaría para siempre en la misma órbita.**

Junto a estos experimentos, también teorizó a cerca del problema de la rotación de la Tierra. Supuso que los objetos no salen volando de su superficie porque en realidad no consiguen alcanzar una velocidad significativa frente a la velocidad de rotación de la Tierra. No importa la velocidad aparente de los objetos, ya que siempre serían demasiado lentos en comparación con la velocidad de rotación como para salir despedidos.

Cuando GALILEO detalló todas sus teorías sobre la gravitación, ya era consciente de la teoría de KEPLER, que defendía que el movimiento de los planetas en torno al Sol no era circular, sino que en realidad era elíptico. Se cree que Galileo ignoró deliberadamente a KEPLER, ya que de haber reconocido esta incongruencia tendría que haber reconocido que su solución al problema de la gravedad era errónea. GALILEO no supo dar la razón que explicase la fuerza que atraía a los objetos hacia la superficie de la Tierra, ni cómo los planetas comenzaron a girar en torno al Sol. Pero pese a las deficiencias en la explicación gravitatoria de Galileo, fueron muchos los conceptos físicos introducidos que facilitaron el trabajo futuro de otros científicos.

Fue sobretodo un gran astrónomo y, a pesar de sus grandes descubrimientos, la idea de que fue el inventor del telescopio no es cierta. El revolucionario instrumento fue inventado en 1608 en los Países Bajos. El primer telescopio lo creó el óptico holandés Hans **LIPPERSHEY** (1570 - 1619) en el año 1608. En 1609, un antiguo alumno le hizo saber de este nuevo descubrimiento holandés que cambiaría su vida para siempre: el monocular. Enardecido por las posibles aplicaciones que podía dar a ese novedoso y desconocido artefacto, Galileo **construyó su propio telescopio**, superando en poco tiempo la resolución y posibilidades del instrumento original. El éxito de sus telescopios no solo le reportó fama por toda Europa sino un puesto vitalicio en la Universidad de Padua. Gracias a ello, tuvo el tiempo y los medios para dedicarse a observar los astros y aglutinar todo tipo de pruebas que le convencieron a acabar apoyando la **teoría heliocéntrica** que COPÉRNICO formuló un siglo antes. GALILEO lo mejoró agregándole lentes más potentes por su cuenta, construyendo un telescopio para utilizarlo para sus estudios astronómicos. En 1609, lo presentó al Senado veneciano, el cual quedó sorprendido con el invento. Con la ayuda del telescopio descubrió que la Luna y los planetas giran en torno al Sol, yendo en contra de las ideas aristotélicas. Esta teoría iba en contra del catolicismo y tuvo que enfrentarse a la Inquisición en Roma.

Nuestro protagonista también inventó el TERMOSCOPIO, descubrió que la densidad de un líquido cambiaba dependiendo de la temperatura y esto hacía que se modificara su flotabilidad. Basándose en este principio, creó el termoscopio para medir la temperatura ambiente. En una época en la que la noción de temperatura no existía, este invento fue un gran avance. Termoscopio y telescopio pueden parecerse en el nombre, pero ahí terminan sus similitudes. Las funciones de un instrumento están bien alejadas de las del otro y, contrariamente a la creencia popular, no fueron inventados por la misma persona. El TERMOSCOPIO es un termómetro de aire que inventó mediante su teoría de que el calor se muestra en el líquido, si lo colocamos en un tubo. En aquellas épocas la noción de temperatura no existía, y el termoscopio fue un gran avance. Años más tarde se inventó el termómetro GALILEO en su honor, el cual estaba compuesto de agua y un flotador que determinaba el calor a medida que subía en el cilindro de vidrio.

Lo que sí hizo fue mirar por primera vez a través de un telescopio hacia el cielo nocturno. Fue el primero en **observar la conjunción entre Júpiter y Neptuno** en 1612, aunque este planeta se descubriría 234 años más tarde cuando varios astrónomos lo observaron mientras estudiaban el cielo. Galileo pensó que era una estrella fija, y su pequeño telescopio todavía no era lo suficientemente potente como para verlo correctamente.

No fue su único descubrimiento astronómico, pues gracias a un **telescopio de refracción** descubrió que la **Vía Láctea no era una nebulosa**, como se creía. Habló del **anillo de Saturno**, aunque nunca llegó a saber de qué se trataba. Observó las **fases de Venus** y descubrió **4 lunas de Júpiter**, conocidas en la actualidad como satélites galileanos o Lunas de Galileo: Io, Calisto, Ganímedes y Europa. Las nombró "*Medicea Sidera*", en honor a su mentor Cosimo II de Medici, aunque luego fueron renombradas satélites galileanos o **Lunas de Galileo**. De las 67 lunas que tiene Júpiter, son las más grandes, y sus nombres provienen de las amantes de Zeus. Fue uno de los primeros en estudiar **la Vía Láctea** y descubrió que no era una nebulosa, como se creía, sino un grupo de estrellas muy juntas entre sí. El brillo de estas estrellas es tan débil que es imposible observarlas sin un instrumento como el telescopio.

No solo estudiaba el cielo nocturno, sino que hizo **observaciones directas** del Sol. Aprovechaba cuando la intensidad de la luminosidad disminuía, es decir, con la aparición de nubes o en los amaneceres y atardeceres. A pesar de sus precauciones, se cree que esta práctica fue la causante de la ceguera que sufrió en sus últimos años, pero esto no fue un impedimento para continuar con su trabajo. Contrató un aprendiz para que lo ayudara a redactar y a realizar sus experimentos.

El Proceso contra GALILEO

GALILEO era un protegido del papa URBANO VII, que le encargó que escribiera el *"DIÁLOGO SOBRE LOS SISTEMAS DEL MUNDO"*, una de las principales obras para el desarrollo de la ciencia, en la que comparaba las dos teorías, heliocentrista y geocentrista.

Escribió el relato como un diálogo de 3 personajes: uno que defendía cada teoría y un oyente neutral. El problema fue que uno de los personajes, el geocentrista al que llamó *"Simplicio"*, recordaba mucho al Papa. La obra no fue del agrado de quien se la encargara y ello inició la mecha de uno de los pasajes más vergonzosos de la historia que sirve de ejemplo de manual, de hasta dónde puede llevar el fanatismo religioso en la ciencia. Como consecuencia de varias amenazas en la hoguera y demás extorsiones, GALILEO, un ser excepcional muy por encima de quienes les juzgaron, fue obligado a retractarse de sus creencias e investigaciones. Nada que reprocharle, cualquiera hubiésemos hecho lo mismo. Los antecedentes de oponerse a las autoridades religiosas, y al Tribunal de la Inquisición en particular, digamos que no animaba a hacerse el héroe.

Finalmente se retractó y terminó siendo condenado a un arresto domiciliario por el resto de su vida. Treinta y tres años antes, GIORDANO BRUNO (1548-1600) no se amedrentó y por ello le quemaron vivo. Con métodos tan coercitivos, la Iglesia mantenía la armonía de la fe y el amor entre sus fieles. Ejemplar. Lo curioso de todo ello es que en realidad las ideas de GALILEO no entraban en conflicto de ningún modo con las de la Iglesia, sino con el *"**método** *científico*" del que ya hemos hablado. El no era el único heliocentrista, la defendía en sus charlas y sus escritos era su creencia, pero en realidad admitía que no podía demostrarlo fehacientemente. De hecho, la Iglesia patrocinaba su academia y lo consideraba una teoría más, solamente eso. GALILEO les merecía un gran respeto, y no se iban a tomar como cierta una teoría solo porque era palabra de Galileo.

Cuando se le juzgó, GALILEO prácticamente no ofreció argumentos salvo el de las mareas, que ya se sabía, pero no demostraba nada de un modo contundente. Es verdad que no fue torturado ni maltratado, se le condenó a rezar los salmos, e incluso se le permitió que una de sus hijas, que era monja, lo hiciera por él. Eso sí, se le confinó a su casa de por vida. El proceso por herejía a GALILEO es una de las mayores humillaciones a las que ha tenido que enfrentarse la ciencia.

Su DECLARACIÓN LITERAL

A continuación, te incluyo la declaración literal que se le obligó, ya en el ocaso de su vida a firmar para salvar su vida. Esta confesión la tuvo que pronunciar con 70 años, 8 años antes de su fallecimiento, el 23 de junio de 1633, en voz alta y de rodillas ante sus juzgadores:

> "*Yo, Galileo Galilei, hijo del difunto florentino Vicenzo Galilei, de 70 años de edad, comparecido personalmente en juicio ante este tribunal **y puesto de rodillas ante vosotros**, los eminentísimos y reverendísimos señores cardenales, inquisidores generales de la República cristiana universal, respecto de materias de herejía, con la vista fija en los Santos Evangelios, que tengo en mis manos, **declaro, que yo siempre he creído y creo ahora** y que con la ayuda de Dios continuaré creyendo en lo sucesivo, **todo cuanto la Santa Iglesia Católica Apostó lica y Romana cree, predica y enseña**.*
> *Más por cuanto este Santo Oficio ha mandado judicialmente, que abandone la falsa opinión que he sostenido, de que el Sol está en el centro del universo e inmóvil, que no profese, defienda, ni de cualquier manera*

que sea, enseñe, ni de palabra ni por escrito, dicha doctrina, prohibida por ser contraria a las Sagradas escrituras; por cuanto yo escribí y publique una obra, en la cual trato de la misma doctrina condenada, y aduzco con gran eficacia argumentos a favor de ella, sin resolverla; y atendiendo a que me he hecho vehementemente sospechoso de herejía por este motivo, o sea, porque he sostenido y creído que el Sol está en el centro del universo y que se mueve.

*En consecuencia, deseando remover de la mente de Vuestras Eminencias y de todos los cristianos católicos esa vehemente sospecha legítimamente concebida contra mí, con sinceridad y de corazón y fe no fingida, **adjuro, maldigo y detesto los antes mencionados errores y herejías, y en general cualquier otro error o secta, sea cual fuere, contraria a la santa Iglesia, y juro para lo sucesivo nunca más decir ni afirmar de palabra ni por escrito cosa alguna que pueda despertar semejante sospecha contra mí**, antes por el contrario, **juro denunciar cualquier hereje o persona sospechosa de herejía**, de quien tenga yo noticia, a este Santo Oficio, o a los Inquisidores, o al juez eclesiástico del punto en que me halle.*

*Juro además y prometo cumplir y observar exactamente todas las penitencias que se me han impuesto o que me impusieron por este Santo Oficio. Más en el caso de obrar yo en oposición con mis promesas, protestas y juramentos, lo que Dios no permita, **me someto desde ahora a todas las penas y castigos decretados y promulgados contra los delincuentes de esta clase** por los Sagrados cánones y otras constituciones generales y disposiciones particulares.*

*Así me ayude Dios y los Santos Evangelios sobre los cuales tengo extendidas las manos. Yo, Galileo Galilei arriba mencionado, juro, prometo y me obligo en el todo y forma que acabo de decir, y en fe de estos mis compromisos, **firmo de mi propio puño y letra de está abjuración, que he recitado palabra por palabra"**.*

Cuentan algunos historiadores, que, en voz baja, justo después de abjurar de sus creencias, murmuró de rodillas ante sus juzgadores la famosa frase y refiriéndose al movimiento de la Tierra alrededor del sol: "***Eppur si muove***" (*y sin embargo, se mueve*).

Así pues, tras la publicación de su defensa de la concepción helio-céntrica del universo en *"DIÁLOGO SOBRE LOS DOS MÁXIMOS SISTEMAS, TOLOMEICO Y COPERNIQUIANO"*, fue persegui-do por la Iglesia y condenado a prisión en 1633. Falleció en 1642 por causas naturales. Los trabajos de GALILEO no se publicaron durante 60 años. Cuando murió, la Iglesia todavía tenía un enorme poder sobre la ciencia, y el trabajo del científico fue desacreditado. Hasta 1718, rigió una prohibición que impedía reproducir su trabajo. Fue un pensa-dor extraordinario, una mente inquieta y brillante que dejó numerosos descubrimientos para la posteridad. No solo en las matemáticas, sino en la astronomía, la física, y otras disciplinas las cuales dominaba por igual.

En 1757, fue retirada la prohibición eclesiástica de publicar libros en los que se sostuviera que la Tierra se mueve. Sin embargo, no fue hasta 1979 cuando el Papa Juan Pablo II creó una comisión que revisa el caso del astrónomo. Las autoridades religiosas le perdonaron, eso sí, con un poquito de retraso. En concreto, fue en 1992, justo el año de las Olimpiadas de Barcelona en España, cuando se reordenó en el Vati-cano la apertura del expediente de GALILEO que dio lugar a corregir semejante atropello. Así pues, solo 359 años después de su sentencia, se le concedió la absolución y se estableció que **afirmar que la Tierra gira alrededor del Sol no era blasfemia.**

Proceso contra Giordano BRUNO

Como adelantamos, Giordano BRUNO tuvo menos suerte. Hombre de gran carácter y menos sumiso ante la autoridad, se negó a firmar una declaración similar. Por mantener sus ideas fue perseguido, juzgado y prendido en llamas en la hoguera. Entre las ideas de las que no quiso adjurar destacamos las siguientes:

1. su declaración de *"dos principios reales y eternos de la exis-tencia: el alma del mundo y la materia original de la que se derivan los seres"*,

2. la doctrina del universo infinito y los mundos infinitos que entraba en conflicto con la idea de la creación, "*el que niega el efecto infinito niega el poder infinito*",

3. la idea de que toda realidad, incluyendo el cuerpo, reside en el alma eterna e infinita del mundo, "*no hay realidad que no se acompañe de un espíritu y una inteligencia*",

4. el argumento según el cual "*no hay transformación en la sustancia*", ya que la sustancia es eterna y no genera nada, sino que se transforma,

5. la *idea del movimiento terrestre,* que según Bruno no se oponía a las Sagradas Escrituras, las cuales estaban populariza-das para los fieles y no se aplicaban a los científicos,

6. la designación de las estrellas como "*mensajeros e intérpretes de los caminos de Dios*",

7. la asignación de un alma "*tanto sensorial como intelectual*" a la Tierra,

8. la oposición a la doctrina de Santo Tomás sobre el alma: "*La realidad espiritual permanece cautiva en el cuerpo y no es considerada como forma del cuerpo humano*".

A pesar de lo absurdo del proceso que se realizó, por cierto, bajo el mandato del nefasto Papa CLEMENTE VIII, Giordano BRUNO, de carácter retador sin duda, demostró un enorme coraje hasta el último momento. Cuando le leyeron la sentencia en la que se le condenaba a morir en la hoguera, por motivos tan grotescos como "*tener opinio-nes en contra de la fe católica*", dijo a quienes leían su sentencia: "*Tembláis acaso más vosotros al anunciar esta sentencia que yo al recibirla*".

Maravilloso personaje Giordano.

67. La destrucción de la Biblioteca de ALEJANDRIA

La lengua española ha tenido el honor de servir como medio lingüístico para fascinantes relatos, y sin duda Jorge Luis BORGES ha sido uno de los escritores que mejor uso ha hecho de ella. Este argentino universal, a pesar de las innumerables candidaturas para ser galardonado con el Premio Nobel de Literatura, un clamor durante años, fue objeto de un trato deleznable y sectario por parte de una politizada Academia sueca, la cual decidió no otorgárselo. Estos suecos, que tan sabiamente otorgan los premios de ciencias, cuando se trata de galardones "*no científicos*" son una especie de versión light y atemperada del Tribunal de la Inquisición. El mismo fanatismo, pero sin hogueras (*algo avanzamos*). Cuando se trata del Nobel de Literatura o ciencias sociales, actúan como el departamento de ética de Disney.

Pues bien, recuperando el hilo del gran BORGES, en 1941, este genio argentino escribió un cuento maravilloso en el que imaginó una biblioteca universal en la que estarían reunidos todos los libros producidos por el hombre. En sus interminables anaqueles, y en una librería de forma hexagonal, se conservaba "***todo lo que es dable expresar, en todos los idiomas***", desde obras que se creían perdidas hasta volúmenes que explicaban los secretos del universo. Y tal como menciona en sus líneas, "***presos de una extravagante felicidad***" los hombres creyeron que con todos los libros contenidos podrían aclarar "***los misterios básicos de la humanidad***". El modelo de ese sueño literario lo expresa en este maravilloso cuento llamado "*LA BIBLIOTECA DE ALEJANDRÍA*", el cual recomiendo de un modo efusivo.

Llegado a este punto (*que mira que me enrollo*), como posiblemente sabes, esa biblioteca realmente existió. Fue creada poco después de la fundación de la ciudad de Alejandría por parte de **Alejandro MAGNO** en el año 331 a.C. El objetivo era reunir y compilar todas las obras del ingenio humano, de todas las épocas hasta la fecha, escritos uno a uno a mano, de todos los países posibles, y creando con ello una colección universal, como una colección inmortal para la posteridad.

A mediados del **siglo III AC**, siendo el poeta **CALÍMACO de Cirene** su director, la biblioteca poseía cerca de **490.000** libros, y dos siglos después, en pleno siglo I a.C., había aumentado hasta los **700.000** libros. Esto nos lo cuenta el historiador **AULO GELIO**, y aunque no sabemos sí las cifras son exactas, por ser informaciones que provienen de fuentes muy antiguas, lo que es indudable es que debió ser algo impresionante y la mayor librería creada por el hombre hasta la fecha. Eran libros todos manuscritos, ya que aún faltaban muchos siglos para la invención de la imprenta por parte de GUTTENBERG. Qué maravilla, imagina ¡cientos de miles de libros escritos a mano! (*que básicamente eran pergaminos*). El gran conocimiento hoy perdido de autores clásicos griegos, egipcios y mesopotámicos tratando materias de todo tipo como matemáticas, astronomía, historia de la humanidad, ciencias y una larga lista de especialidades.

La posterior destrucción de la biblioteca alejandrina supuso la mayor destrucción cultural del patrimonio literario y científico de la humanidad, el cual bibliotecarios como **DEMETRIO de FALERO, CALÍMACO** o **APOLONIO de RODAS** supieron guardar durante siglos. Dan ganas de llorar.

Sobre la autoría real de dicha destrucción existe una gran polémica, pues hubo varios episodios durante la historia como el incendio parcial en la época de Julio Cesar, pero de la destrucción final sí se sabe a ciencia cierta que fue responsabilidad de la **invasión árabe del año 640** con **la** irrupción de los árabes en Egipto y la toma de ALEJANDRÍA por parte de un **ejército** musulmán comandado por el nefasto y criminal **AMR IBN AL-AS,** que, aun siendo el general que ejecutó el atrocidad de destruir la Biblioteca, no obedeció sino órdenes del verdadero responsable de ese holocausto cultural: el **califa OMAR.**

El teólogo **Juan FILÓPONO** rogó al general árabe que no quemara los libros de la biblioteca, pues ello supondría una irreparable pérdida. AMR IBN AL-AS, con algo de sentido común y tras escuchar a FILÓPONO, dirigió una carta al **califa OMAR** en la que le solicitaba instrucciones sobre cómo proceder con los libros de la biblioteca. Lo que contestó el infame criminal califa OMAR entra directamente en el primer puesto de genocidio contra la cultura y la sabiduría, y medalla de oro de la historia de la infamia:

"Si esos libros están de acuerdo con el Corán, no tenemos necesidad de ellos, y si se oponen al Corán, deben ser destruidos".

Fuentes árabes han reconocido la destrucción y que los libros se usaron como combustible en los baños de la ciudad, pues se necesitaron 6 meses para quemarlos todos. El destino de aquellos tesoros fueron el de 4.000 baños de Alejandría para calentar el agua y de paso exorcizar a los autores grecolatinos *"no creyentes en el Islam"* cuyos escritos contravenían la ortodoxia fijada por el profeta. Ejemplar; si hay más allá y justicia divina, lo estarán pagando mientras lees estas líneas. Eso sí, como la fiesta contra los "*infieles*" parece que no acaba nunca, en pleno siglo XXI siguen sucediendo episodios parecidos. Sin ir más lejos, el 18 diciembre de 2011, "*algunos*" incendiaron la biblioteca de la Academia de Ciencias de Egipto en el CAIRO, que albergaba 200.000 documentos que se remontaban al siglo XVIII. Personalmente, considero que la destrucción de la Biblioteca de ALEJANDRÍA fue el mayor desastre cultural de la historia de la humanidad. Hasta la aparición del REGUE-TÓN, por supuesto, que lo ha superado con creces.

68. El invisible ETER

ARISTÓTELES creía que el mundo se dividía en dos áreas diferenciadas por el tipo de materia de la que están constituidas: cuerpos sublunares, configurados por la mezcla de los cuatro elementos (aire, fuego, agua y tierra), y la región superior del cosmos, habitada por los **astros**, cuya característica es el movimiento en círculos de la que deriva su particular composición: el ÉTER.

> *"La entidad corporal, y por tanto física, que recibe el nombre de ÉTER que configura cuerpos simples a los cuales les corresponden movimientos simples y perfectos...". "El compuesto ÉTER puede tomar concentraciones gaseosas y líquidas, dependiendo de la temperatura.*

Usualmente, es transparente, con un sabor ardiente, quemante y dulce. El olor es particularmente ardiente, una categoría que describe una sensación de picor leve al tener contacto con las glándulas olfativas".

Sinceramente, parece más la descripción del menú de degustación de un restaurante de 2 estrellas Michelin. Esta explicación de la ***eternidad e inmutabilidad*** del ÉTER la complementó con una referencia a los testimonios que se habían conservado desde la Antigüedad y según los cuales jamás ha habido cambio alguno en el firmamento. De esta forma (según él, claro), la argumentación viene afianzada por un hecho empírico basado en las **observaciones de todos los que se han dedicado a estudiar el cielo**...

"Esto se desprende también con bastante claridad... de acuerdo con los recuerdos transmitidos de unos (hombres) a otros, nada parece haber cambiado, ni en el conjunto del último cielo ni en ninguna de las partes que le son propias. Parece asimismo que el nombre se nos ha transmitido hasta nuestros días por los antiguos, que lo concebían del mismo modo que nosotros decimos: hay que tener claro, en efecto, que no una ni dos, sino infinitas veces, han llegado a nosotros las mismas opiniones".

Una vez más, ARISTÓTELES se supera y llega a deducciones a partir de premisas erróneas. Se apoyaba, de nuevo, en **simples evidencias perceptivas** basadas en el sentido común. La empanada de ARISTÓTELES era considerable.

Los alquimistas, primeros estudiosos en la antigüedad, investigaron el ÉTER, pues estaban relacionados con la astrología y astronomía. Con el paso del tiempo, físicos y alquimistas buscaron una demostración tangible de esta sustancia invisible. Los físicos antiguos plantearon una teoría para explicar **cómo era posible que la luz se moviera por el espacio y llegara a la Tierra, sin ningún cuerpo conductor**. Pensaban que, al igual que el sonido, que necesitaba al aire para poder emitir las ondas. Debía existir algo en el vacío que permitiera la emisión de luz y calor, y a *eso* que llenaba el vacío del espacio se le denominó ÉTER. Era considerado desde hacía siglos como la sustancia que ocupaba todo el espacio **"*vacío*"** y a través de la cual se podía **transmitir la luz y cualquier otro tipo de onda o señal distinta al sonido**. Los primeros físicos llamaron ÉTER a todo lo que estaba **fuera de la atmosfera** terrestre y que no tenía un cuerpo. Esta se entendía como una especie de **sustancia transparente inalterable** en donde **flotaban las estrellas y demás masas del universo**. El ÉTER era necesario para explicar la **transmisión de energía en el espacio**, como la luz y las ondas. Por ello, los científicos solo **necesitaban demostrar su existencia** para corroborar sus hipótesis.

A finales del siglo XIX, Albert **MICHELSON** y Edward **MORLEY** experimentaron lanzando rayos de luz hacia las estrellas cada 6 meses, emitiéndolos tanto en función de la rotación de la tierra como en contra, todo ello con la intención de medir la velocidad del ÉTER en comparación con la velocidad de la Tierra. Lo que sucedió, o más bien "*lo que no sucedió*", cambió para siempre la física. Las supuestas anomalías que deberían de haberse revelado al desplazarse la luz por el ÉTER no aparecieron por ningún lado. En consecuencia, tal sustancia, el ÉTER ¡**NO EXISTÍA**! La sorpresa fue mayúscula, descubrieron que **no existía nada en absoluto.** Sin entrar en detalles, lo que estos descubrieron es que la luz se mueve siempre a la misma velocidad y de modo constante, a 299.792,45 metros por segundo, siendo la luz una **onda electromagnética que se desplaza través del vacío y no a través del ÉTER.**

69. El GATO de Schrödinger

Este es uno de los experimentos (*más bien acertijo*) más fascinantes de la cultura popular y del que habrás oído en multitud de ocasiones. Tratemos de explicar el experimento mental que el genial físico alemán SCHRÖDINGER nos propuso:

Imagina un GATO encerrado en una caja. Dentro hay un dispositivo conectado a una ampolla que contiene un veneno en forma de gas, y un martillo sujeto sobre la ampolla, de modo que, si cae el martillo sobre la ampolla, la romperá y escapará el veneno.

El martillo, a su vez, ha sido conectado a un mecanismo detector de partículas alfa, y si es alcanzado por una de ellas se activará y caerá.

Junto al detector situamos un átomo radiactivo con un 50% de probabilidades de emitir una partícula alfa en el curso de una hora. Se cierra la caja y se espera.

Al cabo de esa hora, habrá ocurrido uno de los dos sucesos posibles:

—Si el átomo **ha emitido** una partícula alfa, se habrá activado la trampa venenosa, en cuyo caso ya te puedes imaginar el fatal desenlace y lo que le pasaría al inocente gatito.

—Si el átomo **no ha emitido** una partícula alfa, el gatito seguirá enclaustrado pero estará vivito y coleando.

Así pues, el gato estará vivo o muerto, y lo interesante es que **no se puede saber qué ha sucedido sin abrir la caja**.

A partir de aquí se inicia un debate que dura casi 100 años. Un científico empeñado en garantizar la calidad predictiva de lo que hace querrá elaborar un **modelo que permita anticipar qué ha sucedido** con el gato antes de verlo con sus propios ojos. Recurrirá a una formulación del problema en clave de mecánica cuántica. Así, el GATO vendrá descrito por **una función de onda** complicada que será resultado de la **superposición de los 2 estados posibles** combinados de 50% el gato vivo y 50% el gato muerto. Sin embargo, aplicando el formalismo cuántico sucede algo que nos deja perplejos, el **gato estaría vivo y muerto al MISMO tiempo**.

Lo que se hace entonces es recurrir a la única forma positiva de averiguar lo que ha pasado: se abre la caja, pero **al realizar esta comprobación, al medir, se altera el sistema, se rompe la superposición de estados descritos en la función**. En este momento es cuando aparece el dichoso DETERMINISMO que impone el sentido común para indicarnos que, **como el gato no podía estar vivo y muerto a la vez, ya debía estar vivo o muerto antes**. Sin embargo, la mecánica cuántica nos dice algo más perverso:

—Que **mientras no se abra la caja,** el gato se encontrará en un **ESTADO INDEFINIDO,** estará en una **superposición** de los 2 estados posibles.

—Esto nos viene a decir que es **la FORMA de CONTROL** que se aplica a un sistema lo que **LO ALTERA Y DETERMINA, porque LO MODIFICA**.

Hay múltiples interpretaciones. La más básica es que la interpretación cuántica muestra que no es tan evidente como indica el sentido **común que se pueda alcanzar la certeza última sobre algo**, pues existe un componente probabilístico imposible de determinar. Hay que recordar lo que significa el salto cuántico (*Niels BOHR*): es lo que suceded cuando se mide la información cuántica de un átomo o molécula llamada bit o cúbit. **Al realizar esta medición, el átomo "salta" de un estado de energía a otro** y se sabe que a largo plazo estos saltos son impredecibles.

Se ha intentado vencer esta paradoja, a fin de avanzar hacia la idea de un modelo predictivo que permita saber qué va a ocurrir con el gato, y el más reciente ha sido aportado por Zlatko **MINEV**, miembro del equipo que dirige Michel **DEVORET** en Yale. El "*salto cuántico*", es decir, el momento en el que se decide si el gato vive o muere, **no es tan abrupto como se pensaba**. No se observó experimentalmente hasta la década de 1980. Lo que el equipo de Yale ha establecido es que, aunque no es posible elaborar predicciones exactas acerca de los cambios de un sistema, **sí sería admisible disponer de un dispositivo de monitorización** que proporcionara una **señal anticipada de que un salto cuántico va a ocurrir**. Ello otorgaría coherencia física a cualquier sistema que se estudiara. En condiciones ideales, podría anticipar la muerte del gato e incluso revertirla antes de que se produjera (lo cual, dicho sea de paso, ya resulta bastante paradójico por sí mismo). En realidad, este hallazgo no invalida la utilidad de la paradoja de Schrödinger, pues no rompe con el dogma cuántico de que el futuro es aleatorio, ni altera el fundamento del principio de indeterminación. Solo señala, y no es poco, que es posible contar con **un medio que advierta** de que un cambio va a producirse en el sistema que se estudia.

Algo similar a lo que sucedió con los peces en las fechas previas a la erupción del volcán de la isla de La Palma: los pescadores informaron de que las capturas se habían reducido dramáticamente antes de la erupción porque los peces, simplemente, habían desaparecido de los caladeros habituales. No es que los animales supieran que se iba a producir una erupción volcánica. Simplemente, **anticiparon un peligro** al percibir señales tempranas, como temblores de baja intensidad o cambios sutiles en la temperatura y composición del agua, que escapan a la percepción humana.

El propio SCHRÖDINGER avanzó algunas ideas en 1944 atraído por la enorme **complejidad observable en la materia viva**. Él propuso que, con relación al comportamiento de esta materia viva, era necesario **buscar alguna respuesta diferente**, pues se debía aceptar que quizá funcionara de manera irreductible a las leyes ordinarias de la física. Ello no implica que haya que descubrir leyes físicas nuevas para explicar el funcionamiento de lo vivo, sino que los diferentes niveles superpuestos de cualquier actividad orgánica modifican, alteran y alternan los procesos deterministas y probabilísticos que funcionan regularmente en la materia inerte.

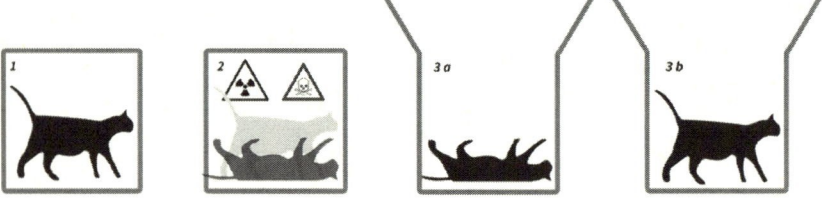

PARTE IX.
GRANDIOSOS PERSONAJES

70. Albert EINSTEIN

Cada uno de los siguientes personajes lo es por mérito propio y por haber logrado ayudar de un modo decisivo al avance de la física. Para elaborar esta lista he considerado no solo los sobrados méritos de todos ellos, sino también una simpatía personal no consciente, y es que ¡los gustos son irrenunciables! Por supuesto, no están todos los que deberían, pero si estuvieran todos los que lo merecen este ensayo ocuparía miles de páginas

Aquel muchacho despistado y especial

Con quien comenzar mejor sino por este ser humano único e irrepetible. Albert EINSTEIN fue una maquina intelectual y una mente total que lo revolucionó todo. Posiblemente, solo Isaac NEWTON estuvo a su altura.

Nació en ULM, un pueblo en Alemania el 14 de marzo de 1879. Era de una familia de clase media judía no practicante y su padre, German, fue un hombre de negocios de la industria electrónica, asociado con su hermano ingeniero, Jacob. Su madre provenía de una familia culta y adinerada, y era amante de la música.

Fue un niño raro y muy particular que tardó mucho tiempo en hablar; a los 9 años todavía lo hacía con dificultad. No se relacionaba bien con otros niños, apenas le gustaba jugar y le influyó la profesión de su padre. Estuvo rodeado en casa de dinamos, motores y artilugios relacionados con la electrónica. Su tío Jacob le contaba muchas historias de ciencia. Debido a diversas crisis económicas y bancarrotas de la empresa de su padre tuvo que cambiar varias veces de ciudad y se convirtió en un ciudadano sin raíces claras, una especie de apátrida. Su padre fue el causante de lo que llamaría más tarde su primer milagro. Con 4 años, le mostro una brújula y Albert quedó fascinado, llenando su cabeza de imágenes mentales de la aguja moviéndose, y preguntándose desde niño qué fuerza invisible podía estar actuando a distancia y causando este movimiento. Esta fascinación le acompañó el resto de su vida.

Inició sus estudios en el Gymnasium, centro al más puro estilo prusiano de Otto von Bismark, estricto y casi militar. En ese contexto es donde podemos ver florecer el verdadero carácter de Albert. Curioso, rebelde, indomable y un poco soberbio, odiaba las órdenes y la disciplina. Chocaba con sus profesores y sus métodos, y no entendía que hubiera que aprender materias de memoria sin razonar, pues sentía que anulaban su curiosidad e imaginación. En las asignaturas que le gustaban era un estudiante brillante y en el resto fingía que le interesaban. Los profesores no sentían ningún tipo de simpatía hacia él pues le tenían por un auténtico burro incapaz de aprender nada. El director de la escuela llegó a decirle a su padre que no tendría éxito en nada de lo que hiciera en su vida, y pensaba que era mejor que no viniera. Ante la queja de sus profesores y después de que le apercibieran de expulsión, EINSTEIN respondió sacando excelentes notas, en especial en las asignaturas de ciencias, que eran las que le gustaban. Es un mito que fuera mal estudiante: era un buen estudiante con motivación.

Se inició en Matemáticas y Filosofía, a través de un libro de Matemáticas y otro de geometría que trató como un libro sagrado. Él lo llamaría su segundo milagro, y a la edad de 10 años ya sabía geometría y cálculo diferencial. Se hizo un apasionado de KANT y su crítica de la razón pura (*no me extraña*), mientras al violín maravillaba en clase con sonatas de MOZART o BEETHOVEN. Cuando su padre declaró su empresa en bancarrota se mudaron a Milán, donde la familia materna les apoyaría en una nueva aventura empresarial. La decisión implicaba dejar a Albert en Múnich con unos familiares para que pudiera terminar secundaria y así cumplir el sueño de German de formarse como ingeniero. Pero Albert tenía otro plan. A los pocos meses, y próximo a que le expulsaran del instituto, consiguió que un médico le firmara un parte de baja ante una posible crisis nerviosa y, sin previo aviso, se presentó en Milán. Allí dijo a su familia que había decidido dejar los estudios. Su idea era buscar suerte en otro ambiente, como Suiza, un país neutral, más abierto y con otro tipo de mentalidad. Sentía tal rechazo a la autoridad que incluso llegó a renunciar al pasaporte alemán.

Como puedes comprobar, el joven EINSTEIN, con 15 años, era un chico especial y rebelde, pero también muy seguro de sí mismo. Decide entonces preparar los exámenes de ingreso al Politécnico de Zúrich, donde por suerte no pedían título de Secundaria, tan solo pasar esa prueba y resulta que no la pasó, pero impresionó tanto al director de la escuela y al catedrático de Física, que le prometieron que al año siguiente entraría sin necesidad de hacer el examen. Solo tendría que esperar un año y por ello decidió mudarse a una ciudad cercana, Aarau, donde podría formarse en el instituto local y vivir con el director de este. Allí tuvo un ambiente relajado, más liberal con clases prácticas, muy diferentes, de distintas materias y un sistema que le permitía dudar, preguntar y alimentar su curiosidad. Albert encajó perfectamente y de una personalidad ensimismada y tímida, pasó a ser extrovertido, carismático y un chico muy popular, siempre con una ocurrencia en la boca, demostrando mucho talento. Sus amigos le apodaban "el sabio mofletudo".

Vuelve después a Zúrich para iniciar sus estudios en la Universidad Politécnica. Allí se encuentra con una Facultad de Física más pensada para formar ingenieros que científicos e investigadores, con profesores de Física de nivel medio bajo y estudios anclados en conocimientos ya asentados. Albert anhelaba poder acercarse a las teorías electromagnéticas de **MAXWELL** o del movimiento molecular de **BOWMAN**, los nuevos aires de la física que sus profesores en Zúrich tomaban por simples especulaciones. Ni siquiera se atrevían a hablar de los átomos, eran solo teorías completamente ignoradas. Y ahí le tenemos de nuevo, frustrado y enfrentado otra vez a la autoridad. Tenía que elegir entre seguir sus instintos y pasiones, o aceptar el mando y la autoridad, y renunciar a sus sueños. Sus profesores le tenían por un perezoso irreverente que no se dejaba enseñar. Decían que nunca llegaría a nada, que era un perro holgazán, y que mejor que se dedicara a otra cosa. Mientras, a escondidas, él estudiaba la física que a él le interesaba. Siempre sorprendía a sus profesores con respuestas ingeniosas en los exámenes, sus continuos enfrentamientos con los profesores no pudieron apagar esa pasión y ese sueño que tenía por comprender el universo. Su compañero Marcel **GROSS-MANN** le dijo a su madre que su hijo algún día haría algo grande, y que sus amigos nunca le abandonarían.

Con quien sí tuvo un *feeling* especial fue con su compañera de clase Mileva **MARIC**, serbia y unos años mayor que él. No tardaron en enamorarse y tenían una pasión mutua: la física. No fue nada fácil, una mujer de Europa del Este estudiando Física y con un temperamento frío, seco y desconfiada. Era una relación que la familia de Albert no apoyaba, pero estaban profundamente enamorados. Unidos por la ciencia, tuvieron una suerte dispar, en 1900 Albert aprobaba el examen final, mientras que Mileva lo suspendía. La única posibilidad de que estuvieran juntos era que Albert consiguiera trabajo. Estos fueron unos años duros en su vida. Le cerraron la entrada en el Instituto Politécnico de Zúrich como ayudante, algo que generalmente ocurría con cualquier estudiante que aprobará el examen final, y lo mismo ocurrió con el resto de las universidades, en las que fue rechazado continuamente. *¡Menudo ojo tenía alguno!* Me imagino la carita de tanto incompetente cuando pocos años después supieran que aquel joven de pelo alborotado que rechazaron fue galardonado con el Nobel de Física. Ante la enésima bancarrota de la empresa de su padre, y después de que Mileva suspendiera por de nuevo su examen al Politécnico de Zúrich, Albert no encuentra trabajo y se ve casi como un indigente, incluso llega a plantearse tocar el violín en la calle para ganar algo de dinero. Por si fuera poco, Mileva queda embarazada y su padre, enfermo, sigue sin aprobar su relación.

Su suerte empezó a cambiar en 1902, cuando su gran amigo Marcel **GROSSMAN** le consigue un trabajo como empleado de una oficina de patentes en Berna; un trabajo que nada tiene que ver con el mundo académico y la investigación. Allí tendría un escaso salario, pero le dejaba muchísimo tiempo libre para trabajar y divagar en sus investigaciones. Esto le permitió reunirse con Mileva y casarse con ella en 1903. Un año después nace su primer hijo, Hans Albert. Comienzan los que quizás podrían ser los años más felices en su vida.

Y llegó su año maravilla: 1905

Albert, para no mantenerse al margen del mundo científico, crea un grupo de estudio informal al que llama la *Academia Olímpica*, en el que debaten sobre cuestiones físicas y filosóficas, sobre Ernest **MACH** y sus teorías sobre el espacio y el tiempo. También de los resultados de Albert A. **MICHELSON** y Edward **MORLEY** sobre la velocidad de la luz, las teorías de la contracción espacial de **LORENZ-FITZGE-**

RALD y demás teorías. Todo ello estaba sentando la base para una revolución en física que lideró como nadie.

Fue allí precisamente donde Albert tuvo una idea brillante, una pregunta que se hacía desde sus tiempos de juventud: *¿qué pasaría si corro al lado de un rayo de luz?* Él se lo imaginaba parado, pero la clave para la respuesta a esa crítica pregunta estaría en las ecuaciones de James **MAXWELL**, al que había estudiado a escondidas mientras se saltaba las clases de la universidad. En su cabeza seguía rondando la misma pregunta de qué sucedería si alcanzara un rayo de luz. Su amigo Michelle **BESSO**, que también trabajaba en la oficina de patentes y al que Albert consideraba el mejor oyente para sus ideas, le ayudó a enfocar esta pregunta. Se dio rápidamente cuenta de que la clave estaba en la incongruencia entre las leyes de **NEWTON** y las leyes de **MAXWELL**.

Un día de vuelta a casa en tranvía lo vio claro: la **clave tenía que estar en que el TIEMPO**, no podía ser absoluto sino relativo. Ello era algo anti intuitivo que iba contra la lógica y la física aceptada desde la época de NEWTON hacía 250 años, ya que el tiempo se consideraba un parámetro "absoluto" y estaba fuera de toda discusión. A este fogonazo de intuición maravillosa, le seguirían 6 semanas de trabajo intenso que culminaría con la presentación de un trabajo de 33 páginas titulado *"SOBRE LA ELECTRODINÁMICA DE LOS CUERPOS EN MOVIMIENTO"*, uno de los trabajos científicos más importantes de la historia de la humanidad, sino el que más.

Era septiembre de 1905 tenía 26 años y estaba enseñando la patita el mayor genio del siglo XX. **En ese milagroso año desarrolló 4 trabajos pioneros de la física**. Por cada uno de ellos debiera haber recibido el Premio Nobel durante 4 años seguidos. Fue tal la magnitud de sus planteamientos que la comunidad científica tardó en reaccionar pues eran tan osadas que parecían meras conjeturas de un joven outsider de la comunidad académica y científica. Esos 4 trabajos tremendos fueron los siguientes:

a. El **efecto FOTOELÉCTRICO** en el que se apoya la actividad cuántica y por el que recibió el Premio Nobel años más tarde, una vez se comprobaron dichos efectos.

b. Dio con una **demostración directa de la existencia de los ÁTOMOS o el movimiento browniano**. Por aquel entonces, los científicos todavía no se aclaraban si los átomos existían o no, y muchos dudaban de su existencia. EINSTEIN vino a poner orden.

c. Enunció los **fundamentos de la Relatividad Especial** y puso las bases para la Relatividad General que vendría 10 años más tarde.

d. Como remate dio con la famosa **fórmula E=mc2** que revolucionó la física a todos los niveles. Ello supuso conocer que **la materia y la energía pueden transformarse la una en la otra**. Esta simple ecuación revelaba una **naturaleza muy profunda acerca de cómo funciona el universo**, y hoy nos permite entender, entre otras cuestiones, cómo brilla una estrella como el Sol, cómo nació el cosmos, cómo evolucionan las galaxias, predijo los agujeros negros o las supernovas, transformó la forma de entender el universo, predijo las ondas gravitacionales, sentó las bases de trabajos teóricos posteriores, etc. etc. etc.

Henri **PONCAIRE**, George F. **FITZGERALD** y, sobre todo, Edward **LORENZ estuvieron cerca de una solución**, y lo sorprendente es como fue posible estos extraordinarios físicos y matemáticos, muchísimo más preparados y con muchos más medios que nuestro joven desconocido, no llegaron a liderar esta revolución. Se quedaron a un paso de dar el gran salto. Es mera especulación, pero ¿sabes qué pudo ocurrir? Pues que quizás temieron desafiar el concepto del espacio y el tiempo del mismísimo a NEWTON, que desde hacía siglos era el Dios de la física y la máxima autoridad en el subconsciente de todos los físicos.

Todas estas teorías fueron un auténtico prodigio intelectual, más dignas de un extraterrestre (posiblemente lo era). Parece que esas dosis de irreverencia y rebeldía de Albert fueron claves. Precisamente por ser un desconocido, por no ser nadie, **no tuvo el más mínimo reparo en plantear sus teorías tal como las veía.** Fue esa mentalidad de confrontación, de descaro, de indisciplina y de falta de respeto a la autoridad una de las claves de su éxito. Le daba igual osar enfrentarse a 300 años de conocimiento, a las bases de la misma física y enfrentar si era necesario al genio absoluto de Isaac NEWTON. Su humilde trabajo no dependía de ello y eso fue lo que le convirtió en su sucesor.

Este año maravilla de la historia de la física, **1905**, solo es comparable en la historia de la ciencia a **1665**, cuando un chico tozudo y de muy mal carácter, en una granja, britanica se atrevió a desafiar las leyes de la física, la gravitación y el conocimiento del cosmos. Se llamaba Isaac NEWTON. Fueron estos dos genios, con personalidades absolutamente opuestas y diferentes, los más grandes de la historia.

Solo Max **PLANCK** pareció entender la importancia del trabajo del joven. Aquel era el físico más importante del mundo en aquella época. Pero al tratar el tiempo como una dimensión, consiguió en poco tiempo que ya nadie hablara de otra cosa en el mundo de la física. Por cierto, el matemático Hermann MINKOWSKI, que había sido profesor de EINSTEIN en el Politécnico, llegó a definirlo como un gandul y un vago porque se saltaba todas sus clases. Pobre hombre. EINSTEIN se había convertido en una celebridad en el nuevo héroe de la física.

Tenía solo 26 años, y finalmente, en 1908, consiguió un puesto en la Universidad de Berna. De ahí saltó a la Universidad de Zúrich como catedrático y de nuevo saltó a Praga, para volver posteriormente a la Universidad Politécnica de Zúrich, donde nació su segundo hijo. Había participado en su primer congreso y se había convertido en la primera persona en hablar públicamente de la dualidad, todo ello manteniendo su mismo aire despreocupado y bohemio de toda su vida, trajes raídos y zapatos sin calcetines. Su último gran salto lo daría en 1914 para volver a Alemania, recalando en la gran Universidad de Berlín, ya como un científico de élite. Fue nombrado director del nuevo Instituto Káiser Wilhelm, sin responsabilidades docentes y rodeado de los mejores científicos de la época, teniendo ahora todo el tiempo del mundo para pensar.

Su nuevo y gran reto, la Relatividad GENERAL

Se lanza luego a un reto mayor, su primera teoría de la relatividad, la llamada ESPECIAL, tenía dos grandes agujeros.

— En primer lugar, ignoraba la GRAVEDAD.
— En segundo lugar, estaba solo referida a sistemas INERCIALES.

Se le ocurre entonces ampliar esta teoría. Su objetivo era una teoría universal que funcionara para cualquier observador dentro del cosmos. Era una idea inverosímil según su amigo PLANCK, que le dijo que se volvería loco si no lo conseguía, y si lo lograba, nadie le creería, aunque le elevaría a la altura del mismo a Isaac NEWTON. En esta nueva aventura no estaba solo. Tuvo una una idea nueva, la que se conoce como **principio de EQUIVALENCIA**.

Un día de 1907, mientras estaba sentado en su oficina de patentes, tuvo lo que llamaría la idea más feliz de su vida. Pensó que, si se cayera de la silla, **mientras estuviera cayendo no sentiría ninguna fuerza tirando de él**. Estaba seguro de que estaría en un estado de **absoluta ingravidez** alrededor. De esta idea tan sencilla construiría posteriormente toda su segunda gran revolución en física, la impresionante teoría **General de la relatividad**.

Con la ayuda de su viejo amigo Paul **EHRENFEST** consigue ir dando forma a su teoría, la de un cuerpo que gira y curva el espacio-tiempo. El efecto de una aceleración sería la distorsión del espacio-tiempo. Aquí es cuando EINSTEIN se dio cuenta de que **si quería tener éxito** en su misión, **necesitaba unas nuevas matemáticas**, y conocía a alguien que era muy bueno en ello, además de ser uno de sus mejores amigos: Marcel **GROSSMANN**. Él le ayudaría a enfocar el problema. La respuesta estaba en las matemáticas construidas 50 años antes, en la geometría curva del matemático alemán Bernhard **RIEMANN**. Era 1912, y al fin da con la teoría correcta, pero sin quererlo la rechaza por un razonamiento erróneo. Durante 1913 y 1914 estaba trabajando bajo un enfoque erróneo hasta que en 1915 volvería a su teoría inicial. Acababa de entrar en la Universidad de Berlín, y estaba listo para iniciar una nueva revolución en física.

En noviembre de **1915** presenta su teoría de la **Relatividad General**. Como él mismo describió, estuvo varios días fuera de sí, extenuado y excitado. Su teoría era simple, bella, elegante, y sustituía correctamente a la teoría de la gravitación universal de NEWTON, cerrando sus problemas y sus limitaciones. Dio una razón de porque **la gravitación no era una fuerza invisible y misteriosa que actúa en todo el espacio**, sino que era un **efecto de la curvatura del espacio-tiempo debido a la masa**. Además, la masa dejaba de ser una acción a distancia, algo que no le gustaba ni al propio a NEWTON. Así, la gravedad se propaga en el espacio-tiempo a través de las ondas gravitacionales.

Ello supuso la concordancia absoluta para resolver una importante anomalía con respecto a las leyes de NEWTON, que se había observado, lo que se conoce como la **anomalía en la presión de la órbita de Mercurio**, algo que la nueva teoría de Einstein era capaz de resolver y se convertiría en la primera evidencia real de que su teoría era correcta. EINSTEIN propuso una forma de comprobarlo: **ver qué pasa con la luz de una estrella cuando pasa cerca del Sol. Según él, la luz se moverá, se desviará**. Para ello, solo había que observar una estrella de noche y 6 meses después, con el Sol en su camino de día. Obviamente, esto se podía hacer aprovechando un eclipse total.

Desgraciadamente, el mundo estaba sumido en otras convulsiones: su vida personal había estallado con la llegada a Berlín, pues MILEVA detestaba la ciudad. Al poco tiempo de llegar ya estaba ocupado en su divorcio. El hueco en su corazón lo ocuparía su prima Elsa, doble prima por parte de madre y abuelo y también mayor que él, pero con quien seguiría hasta el final de su vida. En el plano político, la cosa estaba agitada en Alemania, el ambiente era denso, comenzaban a crecer ideas de odio y rechazo a lo exterior. Se preparó un manifiesto para el mundo civilizado que firmaron 93 destacados intelectuales. Uno de los pocos que se negaron a firmarlo fue EINSTEIN. Eso sí, nada pudo evitar que estallara la Primera Guerra Mundial en 1914. Tenía los pies planos y era incapaz para la guerra. En aquellos años dijo aquello de *"temo el día en que la tecnología supere la humanidad"*. Estaba enfermo y muy debilitado, y en 1917, el esfuerzo mental y la guerra, hacen que pierda 25 kilos y acabe postrado en cama. Son años duros para Albert, una situación que iba a mejorar en 1918 con el fin de la guerra.

En 1919, el famoso científico británico Sir Arthur **EDDING-TON**, uno de los más fieros defensores de la teoría de la relatividad GENERAL, organiza una expedición a Brasil y otra a la isla del Príncipe para hacer una medida precisa durante un eclipse total. En mayo de ese año, a su vuelta, los resultados son anunciados en una reunión doble de la *Royal Society* y la *Royal Astronomical Society* en Londres. Las medidas obtenidas son compatibles con la teoría general de la relatividad de Albert Einstein, **¡la luz se curva bajo el efecto de la gravedad!** Desde ese mismo instante, el mundo entero se rinde a sus pies. Había llegado un digno sucesor del grandísimo Isaac NEWTON. Esta vez su fama no se restringe al mundo académico de la física, y tiene una repercusión a escala global a todos los niveles sociales. Albert es **elogiado como el mayor científico de todos los tiempos**. Se desata la *"einsteinmanía"* o, como él lo llamaba, el *"circo de la relatividad "*, con grandes giras por Estados Unidos, Europa y Japón. Sus recepciones con príncipes y presidentes de estado, visitas a Broadway, charlas con Chaplin, Monroe o Gandhi. Recibe el Premio Nobel en 1923, aunque no por la relatividad especial o la general, sino por el efecto

FOTOELÉCTRICO. Todo el mundo hablaba de él. Eso sí, su teoría de la relatividad GENERAL ¡**NADIE la entendía**!

En esta época surgen todas esas divertidas anécdotas en torno a su figura, que muestran también su verdadero carácter. Lo mismo se acercaba a un rey que a un niño y para todos tenía buenas palabras y una sonrisa. Era una persona que desprendía un aura especial, siempre con algo recurrente que decir, despertando la risa en la audiencia. Todos le amaban y le buscaban. Los periodistas incluso se agolpaban alrededor de él porque siempre tenía algo especial, ocurrente. Lejos quedaban ya esos harapos de esa forma de vestir sin calcetines; se había refinado y estaba siempre listo para la ocasión.

El tema judío

Tan rápido como crecía su fama, también lo hacían los ataques de algunos de sus detractores *(cómo somos los humanos...)*. Ser judío, alemán y pacifista tampoco ayudaba. Incluso Philipp **LENARD**, Premio Nobel en física en 1905, se refería a él como el *fraude judío*. Se llegó a crear una **"liga de antirrelatividad"** para purgar la física judía de Alemania, entre ellos físicos tan importantes, como el ganador del Premio Nobel en 1919 Johannes **STARK**. Así, su gira por Alemania, después de otras muchas, no fue nada cómoda; la Primera Guerra Mundial había dejado una Alemania traumatizada por la derrota, muy tocada económicamente y muy dividida. Ello hizo crecer el sentimiento de odio y rechazo, en particular a los judíos, y EINSTEIN, como tal, también fue víctima de esta nueva ola de antisemitismo. Ofrecieron recompensas por su muerte. Compañeros suyos fueron asesinados, y los actos de violencia contra judíos fueron en aumento. La situación se estaba complicando cada vez más hasta que la cosa se puso imposible para él. Con la llegada del partido nazi al poder y el ascenso de Hitler en 1933, los nazis confiscaron sus propiedades, su cuenta bancaria y prohibieron sus libros y publicaciones, que fueron quemados en una plaza en Berlín como uno de los primeros en la lista de enemigos de Alemania.

Albert EINSTEIN se vio obligado a huir para nunca volver. Su destino fue Estados Unidos, país que lo recibía con los brazos abiertos en todas sus giras *(anda que no son listos los yanquis)*. Un país democrático, con mentalidad abierta y un pueblo libre era lo que el necesitaba. Él no fue el único científico en esta situación en Europa, otros tuvieron que huir también. Científicos extraordinarios como **FERNEY**, **SWINGER** o **LISSNER**. También el excepcional Max **BORN** (*por cierto, abuelo de la cantante Olivia Newton John, sí, sí, la de GREASE*), otro genio de la física, que tuvo que dejar de gestionar un instituto. Su esposa tenía el corazón destrozado ante la posibilidad de emigrar, pero BORN y su familia finalmente se fueron primero a Cambridge y luego a Edimburgo. Max **PLANCK** fue a ver a Hitler en persona para impugnar la exclusión de los científicos judíos, pero según cuentan al infame líder nazi le salió espuma por la boca y no lo dejó ni hablar. Hasta 1.500 académicos alemanes llegaron a escapar de Alemania para continuar sus investigaciones en Reino Unido. Albert también apoyó este comité de escape con un discurso en el Albert Hall de Londres, en octubre de 1933. Otros, como el matemático Richard **COURANT**, se exiliaron a Estados Unidos. Hoy, uno de los centros más importantes de matemáticas aplicadas del mundo es el Instituto Courant de Ciencias Matemáticas que lleva su nombre. La ignorancia extrema de la que hicieron gala estos necios nazis fue el mayor batacazo de la historia de la ciencia en Europa. **Hasta 16 premios Nobel tuvieron que huir**, un auténtico desastre para Alemania.

Vinieron momentos duros después. Elsa, su mujer, fallece en 1936, así como su amigo Pol **EHRENFEST** y su hijo Edward. Se había lanzado a un esfuerzo en solitario para crear una teoría unificada de la electricidad, magnetismo y gravedad sin éxito. Su mayor revelación, su mayor descubrimiento, podía tener unas consecuencias tremendas. Su increíble y simple ecuación **$E=mc^2$** guardaba el secreto de la destrucción total, ya que en ella se relaciona masa y energía. Esta nos dice que la masa, si se sabe desencadenar, es suficiente para lanzar por los aires a toda una ciudad, era la llave para una posible bomba nuclear. Ante el temor de que los nazis se adelantaran, EINSTEIN, persuadido por otros físicos, firma una carta dirigida al presidente ROOSEVELT, en la que le urge para que cree un proyecto propio. Así se lanza el **proyecto MANHATTAN** en 1941, liderado por el físico Robert **OPPENHEIMER**, el cual lograría la mayor concentración de científicos de primera línea y de medios económicos de la historia. Hablamos de gente como Robert OPPENHEIMER, Enrico **FERMÍ**, el mismo Richard **FEYNMAN**, Niels **BOHR**, Paul **DIRAC**, etc. A Einstein no lo incluyeron en el proyecto por algo bastante absurdo, había informes de la CIA que aconsejaban dejarle fuera por temor a que fuera un espía comunista. Como él mismo decía,

"no sé cómo será la Tercera Guerra Mundial, pero la cuarta será con piedras y palos".

EINSTEIN murió 10 años después, en 1955. Como bien apuntó,

"existen dos cosas infinitas, la estupidez humana y el universo. Aunque de lo segundo no estoy seguro".

Genio total y estrella mundial

TODO lo que sabemos hoy en cosmología —desde el Big Bang a la formación de las galaxias, estrellas de los neutrones o agujeros negros, etc.—, TODO es gracias a la obra de Einstein. Como algún fantástico divulgador ha mencionado alguna vez, podría tener en el salón de su casa tantos Premios Nobel como Nadal trofeos de Roland Garros. Aunque pocos comprendían de modo profundo sus ideas e hipótesis, es sin duda el científico más conocido de todos los tiempos, el padre de la relatividad y la persona más influyente del siglo 20 para la revista *TIME*. En cualquier rincón del mundo, todos conocen su nombre y nadie duda de que sea el científico más popular del mundo. Su imagen se convirtió en un símbolo, la del genio despistado que le eleva a la condición de mito, aunque casi nadie entienda sus ideas. Sus contribuciones a la física fueron tan importantes, tan variadas, tan originales, tan novedosas e influyentes, que han pasado más de 100 años y se sigue hablando de su trabajo como sí aun estuviera con nosotros; nadie después que él apareció para deslumbrar con tal brillantez; lo cual, por cierto, es algo increíble, pues la humanidad ha dado un buen puñado de genios desde entonces. Einstein brilló como una auténtica supernova. Grandísimo Albert Einstein, genio bohemio y humano, un niño adulto que jugó a descifrar el universo. Es sin duda el numero 1 en la lista.

71. Isaac NEWTON

Un Genio anda suelto por la campiña inglesa

Isaac NEWTON fue una las mentes más fascinantes de la historia de la humanidad. Este inglés fue para algunos el mayor genio de todos los tiempos y el mayor intelecto que ha pisado este planeta *(con permiso de EINSTEIN)*.

De valores humanos cuestionables, tenía un carácter difícil, aunque ante la magnitud de sus genialidades y lo que la humanidad le debe, sus famosas malas pulgas me son indiferentes (por mí, como si era del Barça). Según sus biógrafos, efectivamente parece que era complicadito, pero un genio viene con todo el paquete completo, y no cabe prescindir de ninguna de sus partes. Ese atemperado e indómito carácter y esa persistente voluntad que le permitieron, junto a su portentoso intelecto, concretar increíbles hallazgos. Para entendernos, sus conflictos internos posiblemente le influenciaron positivamente y forjaron esa voluntad de hierro y genio universal.

Es curioso el hecho de que NEWTON naciera el mismo año en el que murió GALILEO. Parece que el destino andaba emocionado con los innegables avances del ser humano y decidió sustituir un genio por otro. Lo hizo en la Navidad del 1642 en WILSON, un pequeño pueblo al norte de Londres. Su familia era próspera, tenían tierras, eran gentes simples del campo, labriegos de muy poca educación. De hecho, ningún NEWTON antes de Isaac era capaz de escribir su nombre. Fue un bebé prematuro y tuvo que usar collarín para ayudar al cuerpo a sostener el peso de su cabeza. Primer dato interesante: era cabezón. No se esperaba que sobreviviera, y sus características físicas no dejaban entrever que de allí fuera a surgir un genio universal que literalmente cambió el mundo como ningún otro ser humano lo haría hasta entonces.

Su padre muere meses antes de nacer él, así que quedó huérfano, y su madre, buscando seguridad económica, se casó con el reverendo SMITH, un señor bastante mayor que ella, que puso como condición que se mudara con él a su pueblo, pero sin su hijo Isaac. Mal empezaba la cosa para el chaval: sin padre y abandonado por su madre para casarse con un reverendo con tan *"alto"* concepto de la caridad cristiana. Así que fueron sus abuelos los que se hicieron cargo de joven Isaac en su granja de WINDSOR. Después de 10 años, su madre enviuda del reverendo Smith, se reúne de nuevo con su hijo y sus tres hermanitos fruto de su matrimonio. Isaac vuelve a tener una familia: una madre y 3 hermanastros de su padrastro. Panorama interesante, aunque no demasiado alentador, vistos los antecedentes de la mamá.

Isaac se traslada entonces a GRANTHAM para poder ir a la escuela y allí viviría en casa del boticario del pueblo, un tal Clark, también padre de 3 hijos. Pobre Isaac, con ese carácter agrio que tenía no hacían más que perseguirle tríos de varones. Parece que no fue nada fácil su convivencia con los hijos del boticario, aunque damos por contado que el joven Isaac mucho no debió de ayudar para relajar el ambiente. Como estudiante, era vago, terco y con poca o nula empatía con sus compañeros. Empieza a interesarse en los trabajos manuales, pues parece ser que tenía una especial habilidad para ellos. Montaba desde casas de muñecas a objetos de todo tipo. Esta habilidad, sin duda, le sirvió en sus experimentos posteriores. Particular desde luego sí que era el muchacho.

A los 17 años vuelve a casa con su madre y esta le encomienda el **cuidado de las tierras de la granja de la familia**, algo que debió espantarle, pues consideraba estos trabajos inferiores. Su irascible carácter con los criados, nulo interés por el campo y una mente ausente que le empujaba a permanecer sumido en asuntos de otra naturaleza, parece que le hacían alguien poco apropiado para las labores agrarias. Era tan despistado que un día, después de andar kilómetros absorto en sus fantasías, volvió a casa con las bridas de su caballo en la mano... pero sin caballo. Este debió soltarse de las bridas por el camino y el joven Isaac ni se enteró. Fue finalmente su madre quien, después de un corto periodo de tiempo, y viendo la inutilidad de su hijo para estos menesteres, puso fin a la carrera de granjero de Isaac NEWTON, lo cual la humanidad debería agradecerle eternamente. El joven Isaac hizo las maletas y volvió de nuevo a sus estudios. Se puso a preparar su ingreso en la Universidad de CAMBRIDGE. Su tío materno, por cierto, también reverendo *(válgame dios, que afición por los clérigos)*, insistió en que debería formarse mejor y, como antiguo alumno de Cambridge, utilizó sus influencias para favorecer a su joven y empanado sobrino. La vuelta a la convivencia con el boticario, con quien volvió a alojarse, trajeron nuevas tensiones con los churumbeles de este pero la buena noticia es que parece que ya empezaba a destacar en los estudios.

En 1661, pasa de la escuela a **CAMBRIDGE**, gracias de nuevo a las influencias de su tío. Fue admitido en el TRINITY College. Este no era educativamente un lugar especialmente adelantado para la época, pues se enseñaba filosofía platónica y aristotélica, algo que poco tenía que ver con las nuevas ideas que ya recorrían Europa, en donde ya empezaban a tener una gran influencia las ideas de René **DESCARTES**.

Fue admitido como estudiante de "*última categoría*", que era la reservada para las personas menos pudientes o directamente que eran pobres. Por ello tuvo que servir a otros estudiantes, ponerles la mesa, peinarles o vaciarles el orinal. Me asalta una sonrisa solo de imaginar lo que aquello debió de significar para este genio de carácter tan peculiar al verse obligado a tales tareas. La mala uva que debió rezumar de todos los poros de su cuerpo...

Nunca acabó de integrarse y siguió siendo alguien aislado, solitario, difícil y retorcido. Por todo ello, como Isaac era muy suyo, y le parecía que lo que enseñaban no era del todo suficiente, **se creó su propio plan de estudios**. Coraje intelectual parece que sí tenía. Durante dos años, de forma autodidacta, estudió **TODAS las matemáticas conocidas de la época** y lo hizo con una técnica propia, muy newtoniana, que consistía en **copiar a mano de forma compulsiva todos los libros** que caían ante él. Isaac empezó así a convertirse de un modo autodidacta en un **gran matemático**. Pasaba días enteros sin levantar los ojos de los libros, olvidándose de dormir o de comer, llegando a obsesionarse con el estudio, mientras desarrollaba la teoría del color. Llegó incluso a clavarse un punzón entre el ojo y el hueso, lo más cerca de la parte posterior del ojo para poder así curvar la retina y observar los círculos de colores que se formaban. Estaba surgiendo un genio obsesivo con un lema muy claro: "*PLATÓN es mi amigo, ARISTÓTELES es mi amigo, pero mi mejor amiga es la verdad*".

1665 año decisivo

En 1665 se desata la epidemia de la peste negra en Europa y en CAMBRIDGE deciden echar el cerrojo a todas las instalaciones y liberar a sus alumnos de cualquier presencia. Newton vuelve a su tierra natal de nuevo y en 1665 se convierte en uno de los años clave en la historia de la humanidad (*no, no exagero*). Encerrado y aislado en su gran jardín, el joven Isaac puso a prueba todo lo que había aprendido durante sus años en Cambridge. Fruto de su excelencia como matemático y experimentador crearía el **cálculo integral y diferencial**, daría con la **teoría de los colores** y la ley de la **gravitación universal**. Atento al dato y que no se te caiga el libro de las manos: ¡**solo tenía 23 años**!

En ese periodo tan corto, durante la peste, desarrolló lo siguiente:

— una rama nueva de las matemáticas,
— el cálculo diferencial,
— el cálculo integral.
— una nueva rama de la física,
— la óptica con su teoría de colores,
— una nueva rama, la dinámica, con sus leyes sobre la gravitación universal, matemáticas, teoría y experimentación.

Y atento al dato: para mayor humillación del resto de los humanos que habitamos en el mismo planeta que Newton, lo hizo entre 1665 y 1666 ¡**sin ayuda de nadie**! Definitivamente, el joven Issac vino de otro planeta.

¿Y de dónde proviene la famosa anécdota de la manzana?

Parece que no fue tal, pero nadie lo sabe seguro. El caso es que la ley de la gravitación de Newton deriva de un momento de inspiración. Era algo sobre la que Newton llevaba obsesionado, un pensamiento recurrente. Sus éxitos son consecuencia de ser una persona obsesiva, meditabunda, concienzuda y sumida en sus pensamientos. Un joven desconectado del resto del mundo que estaba revolucionando desde una granja el curso de las matemáticas y la física. Por desgracia, el joven Newton era algo inseguro, lo que hizo que todo ese conocimiento no saliera a la luz; había decidido guardarse para sí sus grandes ideas, ¡no se las contaba a nadie!

Vuelta a CAMBRIDGE

Tras la peste vuelve a CAMBRIDGE, donde más adelante conseguiría el puesto de catedrático, uno más de esa larga estirpe de tipos extraordinarios, como Paul DIRAC o Stephen HAWKING. Desde allí abrumaría a los estudiantes durante años. Su carácter no había cambiado, es más, es posible que tuviera peor genio. Cualquier práctica diferente del estudio la consideraba una pérdida de tiempo, incluido comer o dormir. No tenía distracciones o pasatiempos y seguía acumulando anécdotas por lo despistado que era. Sus compañeros aseguraron que en 5 años le vieron reír una vez. En esos años, sin embargo, cambia de actitud y decide dar a conocer al mundo sus propuestas. Y empezaría no con alguna de sus grandes ideas, sino con algo mucho más material y mundano, pero no por ello menos importante, como el invento de un nuevo telescopio, el **telescopio reflector**. La mejora que introdujo permitió eliminar uno de los problemas más molestos de los telescopios de la época: la **aberración cromática**. Newton expuso sus principios y sus virtudes en la ROYAL SOCIETY de Londres, que luego los daría a conocer al resto de Europa, y así comienza a ganar una popularidad que no buscaba. Si no se sentía feliz al mostrar sus averiguaciones y sus ideas, era por su propia inseguridad y por miedo a la confrontación pública.

Este pequeño éxito, sin embargo, le dio alas y en 1672 **decidió presentar sus trabajos sobre la LUZ**. Él lo consideró uno de sus mayores logros pues planteó una **completa nueva descripción de la LUZ**. Lo increíble es que su teoría, que se demostraba experimentalmente, **iba en contra de todo el conocimiento de su época**, de científicos como HUYGUENS, DESCARTES o HOOKE. Este último era un investigador muy dotado y experimentado y un peso pesado de la Royal Society. Newton se enzarzó con él hasta la confrontación personal, y son innumerables y divertidísimas las agrias cartas entre ellos. De una de ellas surge el famoso "*camino a hombros de gigantes*". El origen de esta frase data del 15/2/1676, cuando Newton escribió lo siguiente al testarudo HOOKE:

*"**Si he llegado a ver más lejos que otros es porque me subí a hombros de gigantes"** (if I have seen further than others, it is by standing on the shoulders of giants)".*

HOOKE era un enemigo irreconciliable de Newton e imaginamos cómo debieron sentarle esas palabras. De forma irónica se reía de él, pues HOOKE era pequeño y jorobado.

Retiro voluntario

Tras estas disputas, Newton cae en una crisis personal que le llevaría a tomar una firme decisión: **no volver a publicar nada de sus investigaciones**. Así que Newton vuelve a encerrarse sobre sí mismo y lo haría sobre temas totalmente diferentes. Durante esta década se dedicaría a la **ALQUIMIA** con la misma entrega e intensidad con la que lo hizo con las MATEMÁTICAS. Todo libro a su alcance, lo copió compulsivamente, intentando experimentar y entender el arte de la transmutación de los elementos; todo ello mezclado en la oscuridad de temas como las sociedades secretas clandestinas, los códigos y los anagramas. Que pena, ¡vaya pérdida de tiempo y talento!

La otra pasión de Newton durante estos años fue un tema muy particular, la **TEOLOGÍA**, a la que se dedicó de forma impulsiva. Trataba de interpretar las escrituras y encontrar en ellas la verdad. Lo hizo corriendo un grandísimo riesgo con su vida, ya que abrazó el **ARRIANISMO**, que se rebeló contra la religión tradicional. Esta, como sabrás, mantenía que Jesús era un profeta, no el hijo de Dios. Esto es algo que consiguió mantener en secreto durante toda su vida. Newton era feliz en su completo aislamiento. ALQUIMIA, ASTROLOGÍA e interpretación de las ESCRITURAS fueron materias con las que ocupó su mente durante más de 10 años, y lo hizo con la misma devoción y dedicación de siempre. Algún texto recuperado de esta época, que él mantuvo oculto durante toda su vida, muestra la oscuridad del objeto de los estudios de la persona más talentosa que había pisado la tierra:

"He comprendido que la estrella de la mañana es Venus y que es hija de Saturno y de una de las palomas. He comprendido el tridente. He comprendido que verdaderamente existen ciertas sublimaciones del mercurio, como también otra Paloma, es un sublimado extraído de impurezas de sus cuerpos blancos. Deja heces negras en el fondo lavado por la solución".

A finales de 1679, enferma su madre y ello provoca la reconciliación entre ambos. Newton la cuida con gran entrega en sus últimos días, con esas manos tan dotadas para los experimentos aplicando vendajes y remedios. Finalmente, su madre muere en ese mismo 1679. Es en esos años cuando llegaría a la vida de Newton **un cometa que cambiaría la historia**, su nombre era HALLEY.

Su oportuno encuentro con Edmund HALLEY

En esa época se sabía que los planetas que giran alrededor del Sol lo hacían en trayectorias elípticas. Esta era una de las **leyes de KEPLER** que había publicado décadas antes, pero nadie sabía cómo podía encajar este movimiento elíptico de los planetas con una acción con una fuerza, y había científicos que buscaban una variación con el inverso del cuadrado de la distancia. Como Robert **HOOKE** y Cristopher **WREN**, no contaban con la destreza matemática para demostrarlo, y ante la posibilidad de que se le adelantarán al descubrimiento, Newton decidió dejar la alquimia *(¡ya era hora!)* y la teología de lado, y sacó toda su artillería intelectual a pasear.

En ello tuvo que ver el joven astrónomo Edmund **HALLEY**, que se reunió en 1684 con dos de los hombres más influyentes de la época, Robert **HOOKE** y Sir Christopher **WREN**, quienes fanfarronearon de tener la solución al enigma, pero aseguraron que no querían demostrarle cómo. La charla giró en torno a la **teoría de HALLEY**, que proponía que la fuerza de atracción entre un planeta y el sol disminuía en relación inversa al cuadrado de la distancia entre ellos. HOOKE y WREN estuvieron de acuerdo con la teoría, pero HALLEY no contaba con los medios ni la capacidad matemática para demostrarla. WREN incluso ofreció un libro valioso para que pudiera presentar una prueba sólida en dos meses. Después de que HOOKE fuese incapaz de demostrar su teoría, HALLEY decidió visitar a un genio científico excéntrico y recluido del que hablaban maravillas y así plantearle si le podía ayudar. HALLEY fue algo desconfiado a Cambridge a visitar a ese extraño hombre, pero se decidió a hacerlo pues muchos le tenían como el mejor matemático del mundo.

Cuando se conocieron, HALLEY le preguntó a Newton:

"¿Qué tipo de curva describirían los planetas si la fuerza de atracción hacia el Sol es proporcional al inverso del cuadrado de la distancia?".

NEWTON, sin dudarlo, le respondió:

"Describirían una elipse"

HALLEY también le preguntó:

"¿Cuál es la relación entre el movimiento Elíptico y una fuerza de atracción entre los cuerpos?",

NEWTON le contestó:

"Una fuerza que varíe con el inverso del cuadrado de la distancia podría demostrar la existencia de estas órbitas".

HALLEY, sorprendido, le preguntó cómo podía saberlo, y NEWTON sin pestañear, le contestó que lo sabía porque ¡lo había calculado hacía mucho tiempo! HALLEY no se lo podía creer: si ello era cierto, ¿cómo podía ser que este huraño y extraño personaje se hubiera guardado para si el hallazgo más fundamental para la comprensión de la atracción entre cuerpos? Impresionado por su seguridad, pidió ver los cálculos, pero Newton, después de revisar en montones de papeles, no pudo encontrarlos, pues los había calculado hacía ya años, pero le dijo que no se preocupara, que le prometía que haría los cálculos de nuevo y se los enviaría.

Unos meses después, HALLEY, atónito, recibió un manuscrito de 9 páginas titulado *"ON THE MOTION OF REVOLVING BODIES"*, un texto en el que compilaba las bases de la dinámica con las leyes de Newton, la ley de la gravitación universal y una demostración de las leyes de KEPLER. ¡Newton no se lo había inventado! HALEY tenía ante sí unos papeles que cambiarían la percepción del mundo. Empujó a Newton a publicar su trabajo lo antes posible. Los dos años siguientes de trabajo para la publicación de la obra no fueron nada fáciles para HALLEY. Encontró oposición en la ROYAL SOCIETY, que andaba escasa de fondos y puso incluso su puesto en riesgo mientras Newton se hacía más y más insoportable en sus correspondencias. Gruñón, amargado e inaguantable, estaba molesto con la intromisión de HOOKE, quien ahora resulta que desde la ROYAL SOCIETY reclamaba parte del mérito en la obra de Newton.

Casi dos años después, en 1986, Newton presentó una de las obras científicas más importantes de todos los tiempos, *PHILOSOPHIAE NATURALIS PRINCIPIA MATHEMATICA* (*Principios Matemáticos de la Filosofía Natural*), posiblemente el tratado científico más relevante de la historia de la humanidad. El manuscrito detalla la relación entre astronomía, física y matemáticas, y describió su ley de la gravitación universal, que entre otras cosas afirmaba que todos los cuerpos en el universo están atraídos por una fuerza proporcional a su masa y es inversamente proporcional al cuadrado de la distancia entre ellos. Este texto fue un terrible éxito, expandiéndose rápidamente por toda Europa y convirtiendo a Newton en el científico vivo más importante de su tiempo.

Y os preguntareis lo que todos nos preguntamos, ¿qué habría sido de Newton sin HALLEY? ¿Seguiría enfrascado en sus textos teológicos o en sandeces como el modo de trasmutar el cobre a oro y otras falsas ciencias como el alquimismo? Nadie podrá saberlo nunca, pero lo que sí sabemos es que hasta ese momento NEWTON no había publicado nada concreto, solo textos incompletos, ideas no concluidas. Conclusión: los caminos de la ciencia, al igual que los de la vida, son inescrutables. Gracias a la conversación entre HALLEY con WREN y HOOKE, y su posterior encuentro con Newton, la teoría de la gravedad fue probada y se convirtió en una de las leyes fundamentales de la física. John LOCKE, el enorme filósofo y físico, coetáneo suyo, coronó a Newton como el más grande de la historia. Eso sí, la aparición de Edmund HALLEY fue fundamental.

Disputas con LEIBNIZ, la batalla del cálculo

Una de las más agrias disputas que mantuvo Newton fue con el matemático alemán Gottfried Wilhelm LEIBNIZ (1646-1716). Este publicó su desarrollo sobre el cálculo diferencial e integral en 1684, NEWTON opinaba que sus cálculos eran fantásticos, pero que los había publicado dos décadas después de que él lo hiciera. ¡Lo que ocurría es que él no se lo había mostrado a nadie! Ambos pelearon hasta el final de sus vidas para ver quién era considerado el padre del cálculo. Una pelea que por cierto llega hasta nuestros días, una batalla intelectual sin precedentes pues el cálculo infinitesimal es una de las heroicidades más grandes del ser humano, Tanto NEWTON como LEIBNIZ visualizaron el CÁLCULO, aunque de un modo diferente. Las sospechas sobre la influencia (*o plagio*) de uno sobre el otro permanecerán siempre sin resolver. Siempre ha existido una gran polémica sobre este asunto, ya que ambos se disputaron y atribuyeron el mérito de su invención.

Recordemos que el **cálculo es el idioma de las Matemáticas y de la Ciencia**. Las ecuaciones matemáticas dieron pie a una auténtica revolución, y fue posible porque estos genios fueron capaces de inventar un lenguaje que las expresara. Me parece una de las más insólitas, difíciles y decisivas contribuciones científicas. Sin el castellano el QUIJOTE nunca se hubiera escrito, sin el inglés HAMLET tampoco. Pues sin NEWTON y LEIBNIZ toda la física que vino después hubiera sido imposible.

NEWTON desarrolló el cálculo diferencial e integral 10 años antes. Su descubrimiento, al que llamó *fluxiones*, comenzó en 1665 y en 1669. Lo hizo circular solo entre sus seguidores en un tratado informal al que llamo "*Análisis*". Se publicó de manera formal en 1711 y en él, aparece el teorema general del binomio y su método de aproximación de raíces para polinomios de cualquier grado, así como métodos de resolución de ecuaciones. Tranquilos, yo tampoco se de lo que hablaba. Diez años después de nacer el cálculo, ya en 1676, un tipo grande y alto de Alemania, LEIBNIZ, 3 años más joven, y sin duda mucho menos huraño que aquel logró concebir el mismo cálculo y lo hizo público, sin hacer referencia a NEWTON.

Antes que NEWTON y LEIBNIZ, los problemas del cálculo habían sido abordados en trabajos de Isaac **BARROW**, John **WALLIS**, **DESCARTES**, **FERMAT** y **PASCAL**, entre otros. Pero sus métodos no resolvían problemas generales. Si NEWTON hubiera hecho público de inmediato no habría dudas y hoy sería considerado el matemático más grande de la historia, pero en el fondo esta batalla intelectual pervertida por tanto tinte nacionalista. Ambos fueron unos monstruos y fueron capaces de visualizar el CÁLCULO de muy diferente modo.

El NEWTON después del "PRINCIPIA"

Después de los **PRINCIPIA** es una persona diferente, consciente de su trascendencia y con renovadas confianzas. Deja la alquimia y la teología, y se dispone a defender su trabajo e imponer su ley. Se centra nuevamente en la investigación científica, volviendo a la **ÓPTICA** y la **GRAVITACIÓN**, atando los cabos sueltos y completando su obra en 1693, año en el que sufre una profunda crisis nerviosa y deja completamente la investigación. Los últimos 30 años de su vida los dedicaría a consolidar y defender su trabajo.

Fruto de este cambio de rumbo, en 1696, a sus 50 años, **abandona Cambridge** y se muda a LONDRES, donde presidiría la CASA DE LA MONEDA, un trabajo sustancioso en lo económico. Allí hizo lo que mejor sabía hacer: aplicar un método de trabajo obsesivo a un problema real. Esta era una institución en crisis y dio rienda suelta a su lado más oscuro de su carácter neurótico y retorcido. Aplicó durísimas penas a falsificadores y aún le quedaba fuerza para asumir la presidencia de la ROYAL SOCIETY tras la muerte de Robert **HOOKE**, haciendo que esta institución floreciera y viviera una de sus épocas más doradas. También sacó a pasear su carácter mezquino y malévolo *(menudo personaje)*, ya que borró a HOOKE del mapa una vez hubo fallecido. Aprovechó también para imponer su ley en la disputa con **LEIBNIZ** e impuso su visión oficial del tema. También maniató al astrónomo John **FLEEMSTEDD**, astrónomo real del Observatorio de Greenwich, con quien mantuvo duras disputas.

Es durante estos años cuando publica en 1704 su segunda obra maestra, *ÓPTICA*, una obra que recoge todas sus ideas y experimentos que dan lugar a su **teoría de la luz** y en la que también compila sus trabajos sobre el **cálculo diferencial e integral**. NEWTON permaneció con pleno uso de sus capacidades hasta el mismo día de su muerte y se mantuvo activo hasta entonces, sobre todo con sus estudios de teología, cuidando y amasando su dinero, protegiendo a sus amigos, y torturando y martirizando a sus enemigos.

Newton falleció el 23 de marzo de 1726 a la edad de 84 años, legando la gran riqueza que había acumulado durante décadas a la Casa de la Moneda. Ni se casó ni tuvo hijos, es más, hay quien cree que permaneció virgen toda su vida, pero esto es una afirmación que además de intranscendente es incomprobable. Nos dejó una visión mucho más completa del mundo y de la ciencia, fue el máximo exponente del método científico, de la experimentación y del rigor. Tuvo una vida dedicada a la búsqueda de la verdad y, como él mismo decía, *"no sé qué podré parecer, pero tengo para mí que no he sido sino un muchacho que juega a la orilla del mar, que se distrae de cuando en cuando al encontrar un guijarro más liso o una concha más bella que las habituales. Mientras el gran océano de la verdad se extendía ante mí aún por descubrir".*

Recomiendo que cuando visites Londres, no solo te des paseos por el Soho, Covent Garden o vayas a ver un musical. No pierdas la ocasión de visitar la tumba de NEWTON en la abadía de WESTMINSTER. No muy lejos encontrara también las de Charles DARWIN o Stephen HAWKINS *(no son mala compañía)*. Resulta emocionante, estos británicos saben honrar a sus héroes. ¡Isaac NEWTON, genio y figura!

72. James Clerk MAXWEL

Demos la bienvenida a un escocés extraordinario

Qué expresión tan castellana: "*Otro que tal anda*". Pasada la mitad del siglo XIX, ante nosotros surge la figura de un simpático escoces llamado James Clerk **MAXWEL** (1831-1879). Este físico y matemático británico nació en una familia de clase media, y era hijo único de un abogado de Edimburgo. Su mayor y trascendental fue la formulación de la Teoría de la radiación electromagnética, que **unificó** ELECTRICIDAD, MAGNETISMO y la LUZ, nada más ni nada menos, todas ellas manifestaciones de un **mismo fenómeno**. Ello requirió el desarrollo de sus conocidas ecuaciones de |MAXWELL sobre electromagnetismo, que han sido catalogadas como la segunda gran unificación de la física. La primera fue la de Isaac NEWTON.

Comenzó este trabajo con solo 25 años apartado en una granja de la preciosa pero lluviosa Escocia. Su objetivo era desarrollar una **teoría** completa que describiera todo lo que ocurre en los **fenómenos eléctricos y magnéticos**, ya que estaba convencido que electricidad y magnetismo eran fuerzas fundamentales de la naturaleza **íntimamente conectadas**. Alcanzar una teoría completa a partir de leyes individuales no era tarea fácil precisamente, y por ello buscó inspiración en uno de los grandes científicos de la época, otro inglés de inteligencia deslumbrante, Michael **FARADAY**, el cual ya intentó hasta el final dar sentido a todas las leyes aisladas y tuvo la intuición de que *"algo"* **no físico e intangible ocurría cuando una partícula atrae a otra**. Algo debía estar actuando entre las partículas. Su trabajo se apoyó en leyes de otros, como la ley de GAUSS o la ley de AMPERE, pero los logros de MAXWELL fueron mucho más profundos que todas ellas. Buscó un marco coherente para unir tanta ley aislada. Chocó en un primer intento, creía que las partículas cargadas son afectadas por la electricidad y el magnetismo a través de una **fuerza a distancia**, pues era el único mecanismo que se podía considerar para describir la acción de las fuerzas, una acción a distancia como ocurre con la gravedad. Le disgustaba fallar y sabía que **tenía que haber ALGO en medio, operando, conectando estos dos cuerpos**.

Su inspiración

La inspiración le vino de **FARADAY**, que ya había propuesto su idea de *"líneas de fuerza"*. Este carecía de conocimientos matemáticos (*no tenía formación técnica ni científica*) y no pudo expresar esta hipótesis de una forma científica rigurosa. Las leyes de MAXWELL se fundamentan en el concepto de **líneas de fuerza y campo** como el mecanismo para transmitir las fuerzas. FARADAY, mediante intuitivos y experimentos, **detectó esas LÍNEAS de fuerza** que se podían adivinar con el experimento las *"limaduras de hierro"*, donde imaginaba líneas que deberían operar invisiblemente. De una carga salen líneas de fuerzas radialmente, que dan lugar a la fuerza. Esto era revolucionario y MAXWELL tuvo una gran intuición: sabía que tenía que ser correcto, y se propuso **darle un sentido matemático**. Con este objetivo se **inventó la idea de "CAMPO"**, una magnitud que puede tomar un valor en el espacio en ausencia de cuerpos. Los campos se propagan desde la fuente hacia su entorno, y si llega una partícula es el CAMPO el que actuaba sobre ella y no la fuente del campo. Estos conceptos, tanto de **LÍNEAS** de fuerza cómo el **CAMPO**, fueron algo fundamental para crear una **teoría COMPLETA de la electricidad y del magnetismo.**

Los trabajos de MAXWELL se extendieron durante más de 9 años, entre 1856 y 1864, y fue en este último cuando publicó su "TEORÍA DINÁMICA del CAMPO ELECTROMAGNÉTICO", otro de los logros más extraordinarios de la historia de la ciencia. Su publicación supuso la base para todo lo que sabemos de **electromagnetismo**, de **campos electromagnéticos**, de la teoría de la **relatividad, de** todas las teorías modernas de **campos**, del **modelo estándar de partículas** atómicas o de la **teoría de cuerdas**.

Sus milagrosas ecuaciones

No hay mejor modo de definirlas. Sus ecuaciones se resumen en **4 ecuaciones** que **describen cualquier fenómeno electromagnético**. Las claves sobre la ELECTRICIDAD y el MAGNETISMO de sus leyes se pueden resumir en las siguientes ideas:

1. La ELECTRICIDAD explica los fenómenos derivados de la *carga eléctrica* positiva y negativa de las partículas: las partículas de *igual* carga *se repelen* y las partículas de *distinta* carga *se atraen*.

2. La ELECTRICIDAD es una fuerza de *atracción o repulsión* que surge *sobre la dirección de la línea que une estas 2 cargas*.

3. La ELECTRICIDAD es una fuerza que crece con la **carga de las partículas** y disminuye con el cuadrado de la distancia.

4. El MAGNETISMO surge para explicar un fenómeno muy peculiar: hay unos cuerpos que llamamos imanes que tienen la curiosa propiedad de tener 2 polos, positivo y negativo. ***Enfrentando*** un imán a otro imán, ***surge una fuerza***. Los polos ***similares se repelen***, los polos ***opuestos se atraen***.

5. Hay una curiosa *conexión que las une* entre estas dos fuerzas: ***los fenómenos de electricidad generan magnetismo, y los fenómenos de magnetismo generan electricidad.***

Estableció para sus leyes una **formulación matemática diferencial** con algo de **álgebra vectorial** y pudo obtener su equivalente en **formulación INTEGRAL**. Tanto electricidad como magnetismo son lo mismo pero expresado de una forma diferente, lo que conlleva a la ventaja de que se puede trabajar con una o con otra, según interese al científico de turno. Sus leyes confirmaron que la electricidad genera magnetismo, y el magnetismo genera electricidad. estas dos realidades tan diferentes, al menos en apariencia, **tenían una conexión mucho más profunda de lo que nadie imaginaba**. Esto ahora ya lo sabemos, pero en su día fue una auténtica heroicidad y una revolución que posibilitó todos los descubrimientos que vinieron después en el siglo XX.

La **solución de sus ecuaciones dinámicas** era algo que a MAXWELL le resultaba familiar. Es lo que se conoce como ecuación de ONDA y describe la propagación de una perturbación en el espacio de una onda longitudinal como la LUZ, lo cual le hizo preguntarse a qué velocidad se propaga esta ONDA. Para ello, solo necesitaba saber el valor de dos constantes que para entonces ya habían sido medidos: la permitividad dieléctrica del vacío y la permitividad magnética del vacío. Su resultado era de 310.740 km por segundo, y eso era **¡demasiado parecido a la velocidad de la luz!** Esto le confundió, y llegó a una conclusión totalmente revolucionaria con unas implicaciones históricas:

—que la LUZ son **ONDULACIONES** transversales del mismo medio, y es la causa de los fenómenos eléctricos y magnéticos, y
—que la LUZ era una **ONDA** de una longitud determinada, lo que a su vez implicaba lo siguiente: la existencia de muchas más ONDAS, lo cual abría un océano de posibilidades, cómo la revolución de las comunicaciones.

Fue un descomunal paso adelante en la comprensión del universo, y ello significó la **UNIFICACIÓN** de la ELECTRICIDAD, el MAGNETISMO y la ÓPTICA. Hay que recordar que a finales del siglo XIX el mundo de la física tenía un **concepto mecanicista del universo**. Se creía que en el universo todo funcionaba como por engranajes mecánicos, como una gran máquina. Así que la idea de CAMPOS abstractos intangibles e invisibles, no físicos, parecía casi ESPIRITISMO. Pues no, no lo era. Leyó los trabajos de FARADAY y le parecieron increíbles, de una intuición maravillosa y como buen tipo que era, lamentó que el gran genio inglés no tuviera conocimiento matemático, algo que a MAXWELL le sobraba pues era un matemático excepcional. Pero sí pensó que quizás él podría encargarse de **transcribir las ideas de FARADAY en términos matemáticos**, y por ello decidió empezar a trabajar por analogías:

a. primero imaginó las LÍNEAS de fuerza y los CAMPOS **como si fueran un fluido**,
b. después **transformó el espacio** en engranajes de ruedas y discos que giraban, y
c. finalmente se libró de todo este andamiaje para crear su **teoría dinámica de la electricidad y magnetismo**.

Su hallazgo fueron **20 ecuaciones que relacionan** ELECTRI-CIDAD y MAGNETISMO y describen los fenómenos relativos a estas fuerzas. Años más tarde las sintetizó algo más y las **transformó en solo 4 ecuaciones** que hoy forman parte de las mayores epopeyas intelectuales del ser humano. Su verdadero mérito fue convertir un amasijo de leyes inconexas en una teoría COMPLETA, creando un marco teórico completo que llevó a la **unificación** de la electricidad y el magnetismo. MAXWELL abrió una **nueva forma de entender el universo**, **sentando con ello las bases de todas las teorías físicas modernas**. Sus ecuaciones fueron únicas por su impacto, pues influyó en TODAS las teorías modernas sobre el ESPACIO, la MATERIA y el TIEMPO. Cuando oigas hablar de estas 4 leyes y ecuaciones, ponte de pie, debes saber que estás ante una de las obras maestras que ilumina la física. Es difícil hacer justicia el alcance de su trabajo, pues supuso una síntesis de tal calibre que resulta difícil imaginar donde se encontraría la física actual sin las aportaciones del bueno de James. Recuerda que estas ecuaciones fueron creadas por un muchacho de 25 años en una granja de Escocia, y supusieron un cambio radical en la forma en que entendemos el universo. Por cierto, aprovecho para recordar a la bella Escocia, un territorio de gente amable y simpatiquísima.

73. Werner HEISENBERG

El alemán destacó en un área de la física especialmente difícil. Se le puede considerar el padre de la **mecánica cuántica**, pues fue quien puso orden matemático y marcó el camino a seguir. Nació en Múnich, Baviera, en 1901, en una familia de un nivel cultural y económico muy elevado. Su padre era catedrático en lenguas clásicas en la universidad, lo cual le envolvió desde niño en una atmósfera intelectual inigualable. Le instruyó en todo tipo de conocimientos, desde filósofos clásicos a todo tipo de materias relacionadas con la ciencia. Tuvo un hermano mayor con quien siempre competía, y ambos luchaban por destacar para ganar la atención de su padre, ya fuera en lectura, ajedrez, música o en matemáticas. Su padre les ponía retos constantemente, animándolos a competir por resolver problemas de adultos. Esto le hizo muy competitivo y marcó su carácter para el resto de su vida. Estudió en el *"Gimnasium"* de Múnich, un colegio de élite donde también fue alumno, por cierto, Max PLANCK. La versatilidad de HEISEN-

BERG era extraordinaria, y en cualquier materia o actividad en la que participaba en el colegio destacaba por encima de todos los demás. Era una especie de hombre del Renacimiento. Era el mejor en todo lo que hacía, y además tenía una personalidad carismática y arrolladora; profesores y compañeros le adoraban. Sabían que estaban ante un tipo realmente excepcional.

En 1914 comenzó la Primera Guerra Mundial, que duraría 4 años, y en ese tiempo vivió los horrores de la guerra en primera persona. Su vida cambió por completo: pasó de tener una posición privilegiada a pasar hambre. Tuvo que trabajar en el campo recogiendo frutas y verduras, y sobre todo viendo como su formación intelectual y científica quedaba interrumpida. A los jóvenes de su edad se les entrenaba entonces en una especie de milicia joven, muy de la época, donde se les preparaba para el servicio militar, pero ni estas ocupaciones lograron frenar al joven HEISENBERG, que tenía una inquietud intelectual fuera de lo común. Con 13 años, mientras trabajaba en el campo, en sus ratos libres leía a KANT y estudiaba la relatividad de EINSTEIN.

En 1918, cuando finaliza la Primera Guerra Mundial, tenía 17 años. Alemania quedó devastada económica, moral y socialmente, pero Werner volvió al colegio y acabó sus estudios como el mejor estudiante de su generación, asombrando a profesores por su talento, dedicación e inteligencia.

En 1920 entra en la Universidad de Múnich a estudiar su gran pasión, que eran las **Matemáticas**, para las que tenía una especial habilidad. Posiblemente influyeran los juegos matemáticos y acertijos que le planteaba su padre de niño. La entrevista con el catedrático de Matemáticas de la Universidad de Múnich no fue demasiado bien y tuvo otra entrevista con el catedrático de Física, y se decidió por el estudio de esta disciplina, lo cual el resto de la humanidad debería agradecer. Su tutor fue nada más ni nada menos que Arnold **SOMMERFELD**, que además de ser un investigador excepcional fue el primer profesor en el mundo en enseñar relatividad y cuántica. Daba clase a sus alumnos planteando temas no resueltos que él mismo no sabía abordar, y estos debían encontrar soluciones para resolverlos. Estaba en primera línea de la revolución cuántica en el mejor instituto en espectroscopia cuántica del mundo, siendo protagonista del desarrollo de la teoría atómica. Esta increíble atmósfera nutrió a toda una generación de científicos de principios del siglo XX, posiblemente la más grande que la humanidad haya sido testigo. Como EINSTEIN dijo, **se encontraban en el lugar correcto y en el momento correcto**. No obstante, aquellos eran tiempos difíciles. Los desastres de la guerra con todas sus penurias hicieron imprescindible que, para tener un futuro en el mundo académico, había que sobresalir desde el primer día por encima de todos. Meritocracia en estado puro *(igual que hoy en día...)*. El joven Werner exhibió unas habilidades portentosas. La competencia y la lucha intelectual no eran ningún problema para HEISENBERG, más bien todo lo contrario.

Su solución a la Espectroscopia

Uno de los grandes enigmas en los que estaban estancados los científicos cuánticos en la época era el tema de la **espectroscopia**. Lanzaban un haz de luz sobre un átomo y observaban las frecuencias que absorbe y emite. Esto daba la idea de lo que podía haber dentro del átomo, de las capas de electrones que tiene, algo que se explicaba con el modelo reciente desarrollado por BOHR y mejorado por SOMMERFELD. Estos resultados espectroscópicos muy precisos sin embargo **daban líneas espectrales que no había forma de explicar matemáticamente**, hablamos de cientos de líneas que generaban un gran caos y había que encontrar un orden o una pauta. HEISENBERG, amante de los juegos numéricos, **fue capaz de dar con una solución de todas las líneas espectrales** que surgían, dejando impresionados a profesores y alumnos. Para mayor genialidad, lo hizo saltándose las reglas y modelos cuánticos creados por BOHR y SOMMERFELD, **introduciendo números cuánticos semi-enteros**, algo que para sus profesores era aberrante. Todos mostraron rechazo, pero HEISENBERG mostró personalidad, ingenio y valentía, y mantuvo que su modelo encajaba "todo" perfectamente. Una vez lo tuvo preparado, logró que se publicara. Con ello en 1921, ya contaba con una publicación en el *JOURNAL FOR PHYSICS*, la revista de física cuántica más importante de Europa. **¡Y con tan solo 20 años!**, la misma edad a la que tu hijo llega a las 7 de la mañana de un *after hour*.

Su paso por Gotinga y Copenhague

En aquellos años, los templos de la física cuántica eran ese triángulo mágico de las escuelas de SOMMERFELD en Múnich, de BOHR en Copenhague y de Max BORN en Gotinga. Y HEISENBERG dejaría su huella en todas ellas, destacando con una nueva estrella de la física. En 1922, con permiso de SOMMERFELD, se puso a las órdenes del gran Max BORN en la mítica Universidad de Gotinga, pero con la única condición: que tendría que volver en un año para acabar su tesis doctoral bajo su supervisión. Ahí estaba el joven HEISENBERG con su **"teoría de números semienteros"** pisando el mayor templo de las matemáticas del mundo. No tardó mucho en volver a sorprender, siguiendo la escuela cuántica de BOHR, basado en el modelo de órbitas planetarias y aplicando su cuantificación basada en números enteros, fue capaz de explicar las **energías de ionización medidas de los átomos**. A estas alturas, pocos de sus colegas dudaban ya de la importancia de estos números, hasta entonces aberrantes, pero, aunque sus números encajaban, estaba claro que **faltaba aún una teoría completa de la mecánica cuántica**.

Vuelve a Múnich con SOMMERFELD, tal como prometió, para terminar su tesis doctoral, y poco después recibe una llamada que cambiaría su vida: es invitado a pasar un año en Copenhague en el Instituto Niels BOHR, cerrando así el triángulo mágico: Múnich, Gotinga, Copenhague, o lo que es lo mismo: SOMMERFELD, BORN y BOHR.

En el Instituto Niels BOHR tuvo compañeros como KRAMERS o PAULI y, aún más importante, al mismísimo BOHR, padre de la cuántica. Pasaban horas paseando por el parque del instituto charlando del sentido de la física, la cuántica y la filosofía. Ambos se hicieron amigos y esos paseos son parte de la historia de la física. Hollywood debería hacer una película de aquellos paseos que cambiaron la física. En vez de tanta película de superhéroes con superpoderes que todo lo resuelven a puñetazos, bien podrían rodar la vida de superhéroes de verdad como nuestro admirado Werner.

Fue en uno de esos paseos cuando dio con la clave. Se concentró solo en lo que podemos observar en un experimento y se olvidó del resto, trabajando hacia atrás con un modelo de osciladores que representaría un salto cuántico entre niveles. Lo interesante es que trabajando matemáticamente en este modelo aparecía un extraño nuevo sistema de multiplicación, que se daría cuenta que representaba una nueva área del álgebra, lo que hoy se conoce como **álgebra matricial**, que forma parte de la leyenda.

Su retiro en la isla de HELGOLAND cambió la física

Poco después, en un retiro en esta isla al norte de Alemania, y en la soledad dio forma final a su teoría, que recibiría el nombre de **mecánica matricial**, la **primera teoría completa del mundo cuántico**. La publicaría poco después, en septiembre de 1925. Este artículo es histórico y fue el verdadero inicio de la revolución cuántica. **¡Ya era una leyenda y tenía solo 24 años!** Efectivamente, la misma edad a la que tu hijo que llega a las 8 de la mañana, y te dice que aún le quedan todavía 5 asignaturas para acabar Derecho. La reacción en todos los frentes fue brutal y provocó una oleada creativa en Copenhague, Múnich y Gotinga, donde PAULI, BOHR y JORDAN se pondrían manos a la obra para sacar adelante la gran idea de HEISENBERG. En pocas semanas, BOHR y JORDAN sistematizaron el procedimiento de HEISENBERG, asentando las bases de la mecánica matricial. Ese mismo año, además, KRONIG, ULEMBECK y GOUDESMIT proponen la existencia del SPIN que da sentido a los valores cuánticos semi-enteros. DIRAC dio una mayor amplitud matemática a la teoría, pero todo lo provocó HEISENBERG.

SCHRODINGER dio una vuelta de tuerca

El viento soplaba a favor de él, pero todo cambió en 1926. Un físico austriaco de 38 años en un balneario en los Alpes, da con una idea absolutamente revolucionaria al describir el comportamiento de la **Materia como funciones de Onda.** Este excéntrico austriaco era Erwin SCHRODINGER que, con su genial **Mecánica Ondulatoria** puso un poco de orden en el caos cuántico. Fue duro para los demás, el poder de la mecánica ondulatoria era increíble y **permitía obtener resultados de forma más clara y sencilla** que con la propuesta de HEISENBERG. La mecánica ondulatoria de SCHRODINGER, resultó más natural y familiar para todos los físicos, la de HEISENBERG estaba basada en oscuras reglas matemáticas operando con tablas de números, las matrices, tratada con conceptos difíciles de encajar filosóficamente, como los saltos cuánticos. En cambio, la función de onda era algo continuo.

El shock duraría poco pues en mayo de 1926, para gran sorpresa de todos, SCHRODINGER mostraría que AMBOS formalismos son equivalentes y dan la misma física. Pero, a la vez, aprovechó para mostrar la superioridad de su visión frente a la de su rival, la mecánica matricial de HEISENBERG. Es así como comienza una batalla feroz y maravillosa por definir la forma final de la mecánica cuántica: ondas o matrices y su interpretación. Una batalla que en realidad llega hasta nuestros días, aunque la clave final la tendría Niels **BOHR**, que pasaría por una **fusión de ambas teorías.** Este lo llamaría el **principio de complementariedad**, el cual —junto con la interpretación de la función de onda como una función de densidad de probabilidad realizado por Max BORN en 1926 y el principio de incertidumbre que anunciaría el propio HEISENBERG en mayo 1927— conformaría lo que hoy conocemos como la **interpretación de Copenhague**, de la que ya hablamos en el capítulo 33 al referirnos a la CONFE-

RENCIA de SOLVAY, conferencia impartida por BOHR, en lo que fue el verdadero inicio y nacimiento de la mecánica cuántica.

Las **soluciones acordadas en dicha conferencia** dejaron contento a *"casi"* todos los físicos, y digo *"casi"* porque SCHRODINGER y EINSTEIN nunca vieron con buenos ojos esta mezcla tan extraña. Para ellos esta interpretación era como una especie de Frankenstein. De aquellos momentos son las famosas peleas entre Niels BOHR y Albert EINSTEIN, con aquellas míticas citas que habrás leído como cuando EINSTEIN dijo: *"**Dios no juega a los dados**"*, y BOHR le replicó: *"**No le diga a Dios lo que tiene que hacer**"*. Sin embargo, **las conclusiones fueron bastante aplastantes**, y las escuelas predominantes de Copenhague, Múnich y Gotinga impusieron su criterio. La **interpretación de Copenhague** sería la dominante desde las décadas que siguieron hasta nuestros días, dando con ello una gran victoria moral a HEISENBERG.

Entre triunfos, elogios y éxitos, en 1927, obtendría su plaza de profesor titular en la Universidad alemana de LEIPZIG con tan solo 26 años. Sí, la misma edad a la que tu hijo aún le queda 1 asignatura para acabar Derecho. Era el más joven en conseguirlo y allí permanecería más de una década en unos años tranquilos, en donde compaginaría clases, eventos sociales con la élite intelectual, tocando el piano, el violín, acudiendo a eventos sociales y llevando a cabo escapadas a la naturaleza. Todo era el resultado de un terrible ascenso en su reputación científica.

En 1933, recibiría el **Premio Nobel de Física** que compartió con DIRAC Y SCHRODINGER. Lo gracioso es que los tres eran tan jóvenes que **fueron a la ceremonia ¡con sus madres!** En esos años, junto a DIRAC, PAULI y JORDAN formarían las bases de la mecánica cuántica, la mecánica cuántica relativista, y la teoría cuántica de campos.

La Segunda Guerra Mundial lo cambio todo

Se casó en Berlín con Elizabeth Schumacher y formó una familia con 7 hijos. La paz de esos años tranquilos fue el preludio de la peor desgracia que le haya ocurrido a Europa en el siglo XX y que nadie fue capaz de adivinar. El desastre de la Primera Guerra Mundial y la humillación que acompañó la derrota fue muy difícil de digerir por Alemania, que entró en depresión, pobreza y hambre, y una terrible inflación puso al país en el abismo, con la puntilla de esas aberrantes y abusivas condiciones de rendición impuestas por los aliados en la guerra. Ello hirió el orgullo alemán, al que siguieron levantamientos, guerras internas políticas, un amago de régimen bolchevique y un efecto rebote de resentimiento que, junto a las ansias de revancha del pueblo alemán, plantó esa semilla de odio y rencor que dio lugar a un populismo y demagogia, que fue germinando es su pueblo.

En 1933, Adolf Hitler es elegido canciller de Alemania, y poco a poco cambió las reglas democráticas del país, reduciendo libertades, aumentando el control sobre la población y comenzando una persecución sistemática contra los judíos alemanes y cualquier persona que se mostrará abiertamente contra el régimen. Fueron los años de la pesadilla nazi que toda Europa sufriría y que acabaría con la vida de millones de personas. Todo ello afectaría de un modo dramático a la vida de HEISENBERG. Él intentó mantenerse al margen con una postura apolítica en esta situación. EINSTEIN, que era judío, fue perseguido por el régimen. Hablar de este, mencionar la relatividad o la Cuántica era una traición al Estado, pues eran ideas consideradas perversas de mentes judías. El régimen deseaba que Alemania volviera lo que algunos con gran ignorancia llamaban "**la verdadera física**", la experimental. Lo que sucedió para desgracia de Alemania es que físicos extraordinarios como EINSTEIN se vieron forzados a salir del país por sus raíces judías. Hubo algunos, como los Premios Nobel de Física **LENARD** y **STARK**, que adoptaron una actitud vergonzosa. **HEISENBERG** o **SOMMERFELD** en cambio, aunque no eran simpatizantes con el régimen, permanecieron en Alemania, pues eran unos patriotas, pero fueron vigilados. Por defender sus trabajos en física, fueron espiados por la Gestapo. En esos años se dedicó a la investigación en **rayos cósmicos**, la **física nuclear**, **la teoría cuántica de campos** y la **física de partículas**.

En 1938, Otto **HAHN** descubre el fenómeno de la FISION nuclear, que **LIZMAEINER** y Otto **FRITZY** correctamente interpretaron como un proceso de producción de energía, la cual era liberada por este proceso de reacción en cadena, y que podría ser descomunal. Comenzaba la carrera por hacerse con la bomba atómica. En Estados Unidos, el proyecto para desarrollarla lo dirigía Robert **OPPENHEIMER**, junto a genios como Enrico **FERMI** o Richard **FEYNMAN**. En Alemania sería HEISENBERG quien, junto a Otto **FRITZ**, lideraría su desarrollo.

Tras los éxitos militares anexionando países como Dinamarca, Holanda o Francia, comienza el declive alemán en los frentes rusos y británicos. Finalmente, Berlín caía en 1945 y meses después Estados Unidos lanzó dos bombas atómicas sobre las ciudades de Hiroshima y Nagasaki, provocando la muerte de cientos de miles de civiles. Hasta el último momento estuvieron él y su equipo tratando de alcanzar la masa crítica que iniciará la reacción en cadena, pero no lo consiguieron. El misterio sobre el motivo por el que no lo lograron ha sido muy discutido. El ejército aliado se les echó después encima y fueron detenidos los científicos alemanes. Fueron primero a Francia, cerca de Versalles, y más tarde a Inglaterra, cerca de Cambridge, en un lugar que sería conocido posteriormente como el FARM HALL, el lugar en el que 10 físicos alemanes que habían trabajado en el desarrollo de la bomba permanecieron 6 meses, uno de ellos el líder del desarrollo HEISENBERG. El FARM HALL estaba totalmente rodeada de micrófonos ocultos y se grabaron todas las conversaciones de los científicos durante esos 6 meses. El objetivo fue saber hasta qué punto estuvieron los alemanes cerca de construir la bomba y tener una idea sobre el papel que pudo jugar HEISENBERG en el desarrollo o su retraso. Finalmente, fueron liberados en enero de 1946, y se reunieron de vuelta con sus familias. HEISENBERG volvió a Gotinga, donde consiguió un puesto de profesor y más tarde su ansiada plaza de sucesor de su gran mentor, Arnold SOMMERFELD, en su Múnich natal. Allí viviría 30 años más, y siguió haciendo física, aunque nunca volvería a alcanzar ningún logro significativo. Gran parte de sus energías las dedicó a limpiar su nombre tras sospechas y críticas por su comportamiento durante la guerra. Su desarrollo del proyecto nuclear, de haber tenido éxito, habría colocado en manos de los nazis la bomba atómica. Algunos creen que trató de retrasarla para así evitar que se llegara a construir. Se habló de una **conspiración en colaboración con BOHR**, con quien tuvo un encuentro durante el nazismo, donde supuestamente le entregó un dibujo del reactor que estaba elaborando en la Dinamarca invadida. Otros dudan de esta versión. La clave la tendrían posiblemente los británicos en las escuchas del FARM HALL. Si HEISENBERG participó activamente o retrasó el desarrollo de la bomba **será siempre un misterio**. De lo que no cabe duda es que fue una de las mentes más brillantes que hayan existido en el mundo de la física. Destacó en un área especialmente difícil y es uno de los padres de la mecánica cuántica, en la que puso orden matemático y marcó el camino a seguir. HEISENBERG falleció en 1976.

74. Michael FARADAY

Michael **FARADAY** (1791-1867) es por muchos motivos uno de los personajes más fascinantes de la historia de la ciencia. Sin ningún tipo de educación, fue uno de los científicos más influyentes de la historia. Nació en Londres en el seno de una familia muy humilde. Su padre era un herrero golpeado por la pobreza y su madre fue sirvienta. La familia vivía en un grado elevado de pobreza, y la única educación que recibió fue aprender a leer y a escribir. Asistió a la escuela local hasta los 13 años, donde recibió una educación básica y para ganar dinero para su familia tuvo que abandonar la escuela y ponerse a trabajar en un **taller de encuadernación de libros**. A pesar de su humilde sueldo, fue allí donde empezó a leer sobre temas científicos en la Enciclopedia británica. Animado por su pasión, **en sus ratos libres comenzó a llevar a cabo experimentos en un laboratorio que él mismo se hizo**. Durante siete años fue aprendiz, y en 1812 comenzó a asistir a conferencias en la ROYAL INSTITUTION y la ROYAL SOCIETY.

En plenas guerras napoleónicas, captó la atención del prestigioso químico Sir Humphrey **DAVY** en la ROYAL INSTITUTION de Londres. Faraday le envió un cuaderno de 300 páginas basado en las conferencias. Aquel quedó impresionado, y en 1813 nombró a Faraday para el puesto de *asistente químico* en la ROYAL INSTITUTION. Más adelante, en 1824, sería elegido miembro de esta. Trabajó primero como su asistente, después como colaborador, y finalmente como su sucesor. DAVY estaba tan impresionado con él que cuando le preguntaron cuál fue su mayor descubrimiento, respondió: *"Mi mayor descubrimiento ha sido Michael Faraday"*. En junio de 1832 recibió un DOCTORADO honorario de la Universidad de Oxford y en 1833 se convirtió en el primer Fullerian Profesor de Química en la ROYAL INSTITUTION. Sus logros fueron increíbles en una época en la que la ciencia estaba reservada a las personas nacidas en familias ricas.

Sus descubrimientos científicos, tanto en química como en física, **son tantos que se hace complicado resumirlos**. EINSTEIN tenía en su despacho las fotos de tres personas: NEWTON, MAXWELL y FARADAY. Este se describió a sí mismo como filósofo. Estaba dedicado al descubrimiento a través de la experimentación, y no abandonaba nunca las ideas que provenían de su espectacular intuición. Si pensaba que una idea era buena, seguía experimentando hasta que conseguía lo que esperaba o hasta que decidía que la naturaleza había mostrado que su intuición estaba equivocada, aunque en su caso era raro. Realizó todo tipo de aportaciones relacionadas con la inducción **electromagnética**, **diamagnetismo** y **electrólisis**. Son tantas sus aportaciones que resultaría extenso mencionarlas todas. Como comprobarás, son una autentica monstruosidad para alguien que tuvo que dejar el colegio antes de la adolescencia. Un fenómeno como pocos ha visto la humanidad. Aquí menciono algunos:

— En 1821 la **ROTACION electromagnética.** Realizó su primer descubrimiento al experimentar con una aguja imantada en diversos puntos alrededor de un hilo con corriente. Dedujo que el hilo estaba rodeado por una serie infinita de líneas de fuerza circulares y concéntricas. El conjunto de estas líneas de fuerza es el CAMPO magnético de la corriente.

— En 1823 la **LICUEFACCIÓN y REFRIGERACIÓN de gas.** En 1802, John DALTON planteó que todos los gases podían ser licuados mediante el uso de bajas temperaturas y/o altas presiones. Faraday proporcionó las pruebas contundentes de esta creencia cuando usó altas presiones para producir las primeras muestras líquidas de cloro y amoníaco. La importancia del descubrimiento de Faraday fue que había demostrado que las bombas mecánicas podían transformar un gas a temperatura ambiente en un líquido. El líquido podía entonces evaporarse, enfriando sus alrededores y el gas resultante podía ser recogido y comprimido por una bomba en un líquido de nuevo. Esta es la base del funcionamiento de los modernos refrigeradores y congeladores. En 1862 Ferdinand CARRÉ demostró la primera máquina comercial de fabricación de HIELO en la Exposición Universal de Londres. Utilizaba amoníaco como refrigerante y producía 200 kg hielo por hora.

— En 1825, el **BENCENO.** Esta es una de las sustancias más importantes de la química, tanto para la fabricación de nuevos materiales, como en un sentido teórico para la comprensión de la unión química. Faraday descubrió el BENCENO en el residuo aceitoso dejado por la producción de gas para iluminación en Londres.

— En 1831 la **INDUCCION electromagnética.** Partiendo de los trabajos de OERSTED y AMPÈRE sobre propiedades magnéticas de las corrientes eléctricas, consiguió producir una corriente eléctrica a partir de una acción magnética. Descubrió que cuando envolvía 2 bobinas de alambre alrededor de un anillo de hierro, pasar una corriente a través de una provocaba una corriente de inducción en la otra. Descubrió pues que un

CAMPO magnético variable hace que la electricidad fluya en un circuito eléctrico. A esto lo llamó INDUCCIÓN pues se hacía pasar una corriente eléctrica por una bobina y se generaba otra corriente de corta duración en otra bobina cercana. Esto fue un **hito decisivo** en el progreso no sólo de la ciencia sino de la sociedad, y se utiliza hoy en día con el fin de generar **electricidad** a gran escala en las centrales eléctricas. Por ejemplo, mover un imán en forma de herradura sobre un alambre produce una corriente eléctrica, porque el movimiento del imán provoca un campo magnético variable. Antes, sólo se había sido capaz de producir corriente eléctrica con una batería. Demostraba que el movimiento podía convertirse en electricidad, o en lenguaje científico, la energía cinética podía ser convertida en energía eléctrica. La mayor parte de la energía en nuestros hogares hoy en día se produce utilizando este principio. La rotación (energía cinética) se convierte en electricidad usando inducción electromagnética. La rotación puede ser producida por vapor de alta presión de carbón, gas o energía nuclear que gira en turbinas; o por plantas hidroeléctricas; o por turbinas de viento. Gracias a ello, eventualmente también desarrollaría el **Motor eléctrico**, basado en el descubrimiento de Hans Christian OERSTED, que un cable que lleva corriente eléctrica tiene propiedades magnéticas. Sus inventos de dispositivos ROTATIVOS electromagnéticos formaron la base de los MOTORES eléctricos, y fue debido a sus esfuerzos que la electricidad se volvió práctica para su uso en tecnología.

— En 1834 las **leyes de Faraday sobre la ELECTRÓLISIS**. Fue uno de los protagonistas de la fundación de la electroquímica, que estudia los acontecimientos en las interfaces de los electrodos con las sustancias iónicas. La electroquímica es la ciencia que ha producido BATERÍAS de iones de litio y BATERÍAS de hidruro metálico capaces de alimentar la tecnología móvil moderna. Las leyes de Faraday son vitales para la comprensión de BATERÍAS y las reacciones de los electrodos.

— En 1836 **la JAULA de Faraday**. Descubrió que cuando cualquier conductor eléctrico se carga, toda la carga extra se encuentra en el exterior del conductor. Esto significa que la carga extra no aparece en el interior de una habitación o jaula de metal. Además de ofrecer protección a las personas, se pueden colocar experimentos eléctricos o electroquímicos sensibles dentro de una Jaula de Faraday para evitar la interferencia de la actividad eléctrica externa. Las jaulas de Faraday también pueden crear zonas muertas para las comunicaciones móviles.

— En 1845 **el EFECTO FARADAY**. Descubrió que un campo magnético influye sobre un haz de luz polarizada, un campo magnético hace que el plano de la polarización de la luz rote. El plano de vibración de la luz polarizada linealmente que incide en un trozo de cristal y giraba cuando se aplicaba un campo magnético en la dirección de propagación. Fue un experimento vital en ya que **fue el primero en vincular electromagnetismo y luz**, algo que luego fue descrito en 1864 en las ecuaciones de MAXWELL, que concluían que la LUZ es una ONDA electromagnética. Al comprobar que si un haz de luz polarizado linealmente atraviesa un cierto material al que se aplica un campo magnético en la dirección de propagación de la luz, se observa un giro en el plano de polarización de la luz. Escribió en su diario de laboratorio estas palabras que son historia de la física:

"Hoy he trabajado con líneas de fuerza magnética, aplicadas a diferentes cuerpos (transparentes en distintas direcciones) y al mismo tiempo haciendo pasar un rayo de luz polarizada a través de ellas (...) se produjo un efecto sobre el rayo de luz polarizado, y por tanto la fuerza magnética y la luz se demuestra que están relacionadas entre sí".

— En 1845, **el DIAMAGNETISMO como propiedad de la materia**. Se conocía el ferromagnetismo que muestran los imanes normales. Faraday descubrió que todas las sustancias son diamagnéticas, algunas débilmente y otras fuertemente. El diamagnetismo se opone a la dirección de un campo magnético aplicado. Si sostuvieras el polo norte de un imán cerca de una sustancia diamagnética, esta sustancia sería empujada por el imán. Incluso los seres vivos, como las ranas, son diamagnéticos y pueden levitar en un fuerte campo magnético.

— Gracias a su investigación sobre el campo magnético alrededor de un conductor que transportaba una corriente directa, **estableció las bases del CAMPO electromagnético** en la física que lo revolucionó todo.

— También estableció que **el magnetismo podría afectar los rayos de LUZ** y que había una relación subyacente entre los dos fenómenos.

— Estudió la **naturaleza del CLORO** e informó sobre el primer compuesto sintético de cloro y carbono.

— **Inventó varios tipos de VIDRIO,** uno de los cuales fue la primera sustancia encontrada para ser repelida por los polos de un imán. Perfeccionó un VIDRIO ÓPTICO de borosilicato de plomo, que utilizó en sus experimentos con luz y magnetismo.

— Su primer experimento en electricidad fue la **creación de una PILA voltaica de monedas de cobre, lámina de zinc y papel con agua salada**.

— Completó **experimentos** con electricidad y demostró que la electricidad, independientemente de su fuente, **era de un tipo y no de varios**.

— Investigó las **explosiones en las MINAS** de carbón e informó que el polvo de carbón era el componente explosivo en las minas.

— Trabajó en el **diseño y la construcción de los FAROS** y experimentó con la iluminación eléctrica.

— Investigó la **contaminación industrial del agua** en Swansea y la contaminación del aire en Royal Mint.

— Puso en **práctica la teoría de la inducción eléctrica**, hizo **la primera DINAMO** para generar electricidad y abrió la era de la electricidad.

— Propuso que **la luz es un tipo de vibración de las líneas de fuerza eléctricas y magnéticas**.

La increíble trascendencia de sus aportaciones

Contribuyó al estudio del electromagnetismo y la electroquímica **cómo nadie lo había hecho**. Fue un increíble **experimentalista** que transmitió sus ideas en un lenguaje claro y sencillo. Desde ARQUÍMEDES, la humanidad nunca vio nada igual, pero sus habilidades matemáticas no alcanzaban ni a la trigonometría, se limitaban al álgebra más simple. James C. MAXWELL **tomó el trabajo de Faraday** y lo resumió en un conjunto de ecuaciones que se aceptan como la base de todas las teorías modernas de los fenómenos electromagnéticos.

Fue un caso atípico en la historia de la física y la humanidad tiene una deuda incalculable con él. Fue fundamental en el desarrollo posterior de la física. EINSTEIN dijo que **la incorporación del concepto de CAMPO** fue el gran cambio en la física, al proporcionar a la electricidad, al magnetismo y la óptica un **marco común de teorías físicas**. Sin embargo, hubo que esperar varios años hasta que las líneas de campo de FARADAY fueran aceptadas por la comunidad científica. Solo cuando MAXWELL entró en escena, se probó que la fuerza magnética y la luz estaban relacionadas entre sí, y que la luz estaba relacionada con la electricidad y el magnetismo.

Se apartó de la descripción mecanicista de los fenómenos naturales al más puro estilo newtoniano y se puede decir que inventó: el MOTOR ELÉCTRICO, el TRANSFORMADOR, el GENE-

RADOR ELÉCTRICO y la primera DINAMO. Es el **padre y la madre** de la **ingeniería eléctrica** y del desarrollo de la industria y la tecnología. Su mente investigadora no se conformaba con revelar la relación entre electricidad y magnetismo, sino que quería saber también si los imanes afectaban a los fenómenos ópticos. Creía en la **unidad de todas las fuerzas de la naturaleza** y en particular entre la **luz,** la **electricidad y** el **magnetismo**. Simplemente impresionante.

Aquel viernes de abril de 1846...

Quiero relatarte lo que considero una afortunada anécdota sobre Faraday. En una de las charlas vespertinas de los viernes de la Royal Institution del mes de abril de 1846, FARADAY especuló que **la luz podría ser algún tipo de perturbación que se propaga a lo largo de las líneas del campo**. La charla de ese día la debía dar el físico y matemático Charles **WHEATSTONE** para hablar acerca de su cronoscopio, pero en el último minuto sintió miedo escénico, quedó paralizado y le fue imposible subir al estrado. Ante tal eventualidad, FARADAY no se inmutó y fue él quien se ofreció voluntario e impartió la conferencia de Wheatstone. Como la terminó antes de tiempo, para completar el discurso **presentó sus ideas sobre la naturaleza de la luz**. Esta segunda parte de la charla de Faraday fue publicada ese mismo año en el *Philosophical Magazine* bajo el título *THOUGHTS ON RAY VIBRATIONS* (*Consideraciones sobre las vibraciones de los rayos*). FARADAY incluso **se atrevió a cuestionar la existencia del ÉTER**, lo cual en aquella época era una herejía científica. Propuso que la luz pudiera no ser el resultado de las vibraciones del ÉTER, sino las vibraciones de las líneas físicas de fuerza, intentó prescindir del ÉTER, pero mantenía las vibraciones. En un tono casi de disculpa, termina su artículo con las siguientes palabras:

"Es probable que haya cometido numerosos errores en todo cuanto he dicho, pues mis ideas al respecto me parecen incluso a mí mismo sombras de especulación".

...y aquel artículo de 1865 del gran MAXWELL

Como dijimos sus ideas fueron recibidas con escepticismo y nadie las aceptaba, hasta que en 1865 MAXWELL publicó el artículo *"A DYNAMICAL THEORY OF THE ELECTROMAGNETIC FIELD"*. Este artículo no sólo contiene la teoría electromagnética de la luz, sino que demostró que, aparte de ser un genio a la altura de NEWTON y EINSTEIN, era una persona de honor. En su artículo atribuye a FARADAY **las consideraciones sobre las vibraciones de los rayos**, las ideas que le sirvieron de base para la elaboración de su teoría electromagnética de la luz. Con la modestia que siempre le caracterizó, se refirió así a FARADAY:

"La concepción de la propagación de perturbaciones magnéticas transversales y la exclusión de las normales está claramente establecida por el Profesor Faraday en sus 'Consideraciones sobre las vibraciones de los rayos'. La teoría electromagnética de la luz, según lo propuesto por él, es la misma en esencia a la que yo he comenzado a desarrollar en este trabajo, a excepción de que en 1846 no había datos para calcular la velocidad de propagación".

En la misma publicación de 1865, MAXWELL escribe lo siguiente sobre el efecto magnetoóptico descubierto por FARADAY 20 años antes:

"Faraday descubrió que cuando un rayo de luz polarizada plana atraviesa un medio diamagnético transparente en la dirección de las líneas de fuerza magnética producidas por imanes o corrientes situados en sus alrededores, se produce un giro en el plano de polarización de la luz".

Lo cita 6 veces y lo menciona 3 veces más en su artículo sobre la teoría dinámica del campo electromagnético. Esto no fue algo extraño, pues le admiraba y gran parte de su trabajo sobre electromagnetismo está basado en el trabajo previo de FARADAY. MAXWELL fue quien modeló matemáticamente los descubrimientos experimentales de FARADAY sobre electromagnetismo. Las **ondas electromagnéticas**, de cuya existencia FARADAY especulada en 1846, fueron propuestas matemáticamente por MAXWELL en 1865. Este abrió las puertas a la física del siglo XX, pero no es menos cierto que FARADAY entregó a MAXWELL muchas de las llaves para ello.

Famosa es la cita de NEWTON en 1676 *"si he logrado ver más lejos, es porque he subido a hombros de gigantes"*. Era su reconocimiento a los progresos construidos sobre los logros de otros. Dos siglos y medio después, en una de sus visitas de EINSTEIN a CAMBRIDGE, le mencionaron: *"Usted ha hecho grandes cosas, pero porque se subió a hombros de NEWTON"*. EINSTEIN le replicó que: *"eso no es cierto, estoy subido a hombros de MAXWELL"*. Pues bien, es más que probable que si alguien hubiera preguntado a MAXWELL, este habría señalado que él *"se subió a hombros de Michael FARADAY"*.

75. Richard FEYNMAN

Richard **FEYNMAN** (1918-1988) fue uno de los físicos y matemáticos más influyentes del siglo XX. Un personaje tremendamente atractivo y de una arrolladora personalidad. Entre sus muchas cualidades destacó por ser capaz de **explicar de un modo simple conceptos complicados de física teórica**. Se convirtió en un autentica estrella pop de la física y sus conferencias universitarias fueron acontecimientos de culto en donde abarrotaba los auditorios.

Su contribución a la física cuántica fue extraordinaria como ahora veremos. Dejó frases para la historia, como aquella cita en una conferencia de la Universidad de Cornell en 1964, en la que, al referirse al modo de describir el funcionamiento de la naturaleza, reconoció que ni el mismo comprendía la física a nivel subatómico: *"Puedo decir con total seguridad que nadie entiende la mecánica cuántica, así que simplemente siéntense, relájense y disfruten"*.

Según FEYNMAN, el comportamiento de las partículas atómicas **no tenía lógica alguna**, la naturaleza en la que vivimos no deja de ser aparentemente incompatible con los comportamientos de algo del todo impredecible. Tal era su conocimiento profundo de la física que le costaba entender **por qué los demás necesitaban ejemplos para poder comprender** los fenómenos físicos. A él le bastaba con mirar las ecuaciones para entender la naturaleza. FEYNMAN fue un genio de las matemáticas, pero sus predicciones y resultados en mecánica cuántica, obtenidos a partir de sus propios cálculos matemáticos, eran inverosímiles incluso para él mismo, pues faltaban a la lógica del comportamiento de las partículas.

En la década de los 70 del siglo XX, varias publicaciones le nombraron *"el hombre más inteligente del mundo"* y se esforzó en labores de divulgación de conceptos que pocos podrían comprender. Tenía una **visión de la ciencia** tan **natural y pura** que le hacía sentir a cualquier oyente que los conceptos más importantes de la física parecieran comprensibles. Precisamente, esto resulta más que complicado en un terreno tan difícil para la gente corriente como es la mecánica cuántica. Por su carisma, encanto personal y personalidad apasionante, era de ese tipo de personas por las que **la humanidad debería llorar siempre su ausencia**. Sin duda, fue una de las figuras más deslumbrantes de la ciencia y alguien que tenía una comprensión profunda de lo que significa *entender algo*. Según su mejor biógrafo, **GLEICK**:

> *"No se trataba solo de que se le dieran bien las Matemáticas, la materia en la que siempre destacó, sino que parecía poseer una aterradora facilidad con la sustancia detrás de las ecuaciones".*

Estaba dotado de una increíble **capacidad de transmitir ideas y conceptos con inteligencia e ironía**. En 1983, en una famosa entrevista de la *BBC*, le preguntaron sobre el mecanismo de los imanes, a lo que él respondió:

"No puedo explicar esa atracción en términos de nada más que le sea familiar a usted".

Tenía como una de sus mayores habilidades **enfocar adecuadamente los problemas de la física**, lo cual suele ser complicadísimo incluso para los mismos físicos. Empleaba **caminos que conducían a soluciones simples**. Su intuición física era tan aguda que sus compañeros mencionaban la siguiente frase ante cualquier de reto que se planteaba:

"Hay dos formas de resolver un problema; la primera es hacer las matemáticas; la segunda es preguntarle a Feynman".

Con solo 24 años, logró algo insólito: **fue invitado para participar en el secretísimo Proyecto Manhattan** durante la Segunda Guerra Mundial para la fabricación de la bomba atómica, en la que se reunió con las mentes más brillantes de la física como OPPENHEIMER, BOHR, FERMI, TELLER, DIRAC y demás monstruos de la física. Como muestra de su personalidad, durante su estancia en el laboratorio de Los Álamos, en el que desarrollaron de la bomba, cuando se aburría se entretenía descifrando las claves de las cajas fuertes de sus compañeros.

FEYNMAN dedicó su capacidad mental a materias muy complejas que le llevaron a la fama y realizó grandes contribuciones soportadas por sus virtuosos cálculos matemáticos. Obtuvo el Premio Nobel de Física en 1965, profundizando entre otros, en los siguientes campos:

—Con su tesis doctoral en la Universidad de Princeton desarrolló y constituyó el camino del **formalismo integral de la teoría cuántica de campos**, algo de una gran complejidad matemática.

—Tuvo la genial iniciativa de inventarse lo que se han llamado los **DIAGRAMAS** de Feynman, que eran **simples e intuitivos diagramas para explicar cuestiones complejísimas sobre el espacio-tiempo** como son las **interacciones fundamentales de las partículas**, y que representan pictóricamente el comportamiento de estas. Gracias a sus diagramas, puede observarse intuitivamente cómo un positrón actúa como un electrón viajando hacia atrás en el tiempo. En 2005, sus diagramas fueron incluidos en un sello del US Postal Service.

—Ganó el **Premio NOBEL de Física en 1965**, junto a TOMONAGA y SCHWINGER, por la **teoría del campo cuántico de fuerza electromagnética, la electrodinámica cuántica**.

—Realizó contribuciones significativas a otras áreas de la ciencia, incluida la **informática**, donde realizó un trabajo fundamental en la **termodinámica de la computación**, sentando con ello las bases teóricas para **el nuevo campo de la computación cuántica**, tan de actualidad hoy en día.

—Realizó trabajos importantes sobre la **super-fluidez del helio líquido**.

—Desarrolló la **teoría de toda la Interacción entre la luz y la materia**, en la que conviven la mecánica cuántica y la relatividad especial de EINSTEIN. Posiblemente sea esta su mayor contribución, pues **es de una complejidad extrema**.

—Realizó muchos estudios sobre el **comportamiento de las partículas fundamentales**.

—Décadas después, propuso una **nueva interpretación, la formulación por integral de caminos**, que consideraba todas las posibles trayectorias de una partícula entre dos puntos.

Uno de sus rasgos más atractivos era su **comprensión intuitiva de la física, jamás renunció al conocimiento puro sin metáforas**. Aconsejo ver sus conferencias y entrevistas divulgativas, ya que casi todas están disponibles en internet. Son maravillosas por esa capacidad que tenía de explicar cuestiones aparentemente complejas de un modo sencillo. Tal como escribió en 1984 a su colega de Cornell David MERMIN:

> *"Toda mi vida de madurez he tratado de destilar la rareza de la mecánica cuántica a condiciones más y más simples. He dado muchas conferencias, cada vez de mayor simplicidad y pureza".*

Fue este enfoque tan personal lo que creó esa legión de seguidores que le llevó a ser uno de los mejores divulgadores científicos del siglo XX. Escribió libros fantásticos, como el célebre *"SURELY YOU'RE JOKING, ¡MR. FEYNMAN!"*. Aconsejo también la lectura del libro de su biógrafo James GLEICK *"GENIUS; THE LIFE AND SCIENCE OF RICHARD FEYNMAN"*.

Una época se dedicó a tocar los bongós para un ballet caribeño en un local de San Francisco, una habilidad aprendida durante su año sabático en Brasil. Adquirió una gran popularidad al participar en la "**Comisión Rogers**", que en 1986 fue la encargada de investigar el desastre del transbordador espacial CHALLENGER. El físico causó asombro a todos cuando sumergió en un vaso de agua con hielo un fragmento de junta tórica, como las empleadas en los propulsores de la nave, demostrando que la goma se había vuelto quebradiza debido al frío ambiental.

FEYNMAN llevó su peculiar genio, entre solemne y bromista, hasta su batalla final contra el cáncer. Sus últimas palabras fueron: *"Morir es aburrido"*. Falleció sin poder viajar a *TANNU TUVÁ*, una remota república de la URSS que con su amigo Ralph LEIGHTON, con quien que se había propuesto visitarla. Lo que comenzó como una broma se convirtió en una aventura que casi realiza, aunque fue la vida la que le hizo una última broma, pues cuatro días después de su muerte le llegó una carta con los visados para el viaje.

76. Erwin SCHRODINGER

Este físico austriaco (1887-1961) ingresó en 1906 en la Universidad de VIENA, en cuyo claustro permaneció, con breves interrupciones, hasta 1920. En 1921, después de la Primera Guerra Mundial se trasladó a ZURICH, donde residió los 6 años siguientes. En 1927 aceptó la invitación de la Universidad de BERLÍN para ocupar la cátedra de PLANCK, y allí entró en contacto con algunos de los científicos más distinguidos del momento, entre otros con EINSTEIN. Permaneció en dicha universidad hasta 1933, momento en que decidió abandonar Alemania por la política de persecución sistemática de los judíos. Durante los 7 años siguientes, residió en diversos países europeos hasta recalar en 1940 en *Institute for Advanced Studies* de DUBLÍN, donde permaneció hasta 1956, año en el que regresó a AUSTRIA como profesor emérito de la Universidad de Viena.

En 1926 publicó una serie de artículos que sentaron las bases de la **moderna mecánica cuántica ondulatoria**, y en los cuales transcribió en derivadas parciales su célebre ecuación, que relaciona la energía asociada a una partícula microscópica con la **función de onda** descrita por dicha partícula.

Dedujo este resultado tras adoptar la hipótesis de DE BROGLIE en 1924, según la cual materia y partículas son de naturaleza dual y se comportan a la vez como onda y como cuerpo. Atendiendo a estas circunstancias, la ecuación de SCHRÖDINGER arroja como resultado **funciones de onda**, relacionadas con la **probabilidad de que se dé un determinado suceso físico**, tal como puede ser una posición específica de un electrón en su órbita alrededor del núcleo.

SCHRÖDINGER sugirió que el **movimiento de electrones** en el átomo correspondía a la **dualidad onda-partícula**, y, en consecuencia, los electrones podían movilizarse alrededor del núcleo como ondas estacionarias. Fue galardonado con el Premio Nobel de Física en 1933, compartiéndolo con Paul DIRAC por su gran **contribución al desarrollo de la mecánica cuántica** y al desarrollar la **ecuación** que lleva su nombre, que calcula la **probabilidad de que un electrón se encuentre en una posición específica**.

— Este modelo del átomo describe el **movimiento de electrones** como **ondas estacionarias** y **se mueven constantemente**, sin tener una posición fija o definida dentro del átomo.

— Este modelo **no predice la ubicación del electrón**, ni describe la ruta que realiza dentro del átomo, sino todo lo contrario: **solo establece una zona de probabilidad** para ubicar al electrón.

— Estas **áreas de probabilidad** se denominan **orbitales atómicos**, que describen un movimiento de traslación alrededor del núcleo del átomo. Estos orbitales atómicos tienen **diferentes niveles y subniveles** de energía, y pueden definirse entre **nubes de electrones**.

— El modelo no contempla la estabilidad del núcleo, solo **se remite a explicar la mecánica cuántica asociada al movimiento de los electrones dentro del átomo**.

En cuanto a su famoso experimento mental conocido como el gato de SCHRÖDINGER ya hablamos de forma extensa en el capitulo 69.

77. Niels BOHR

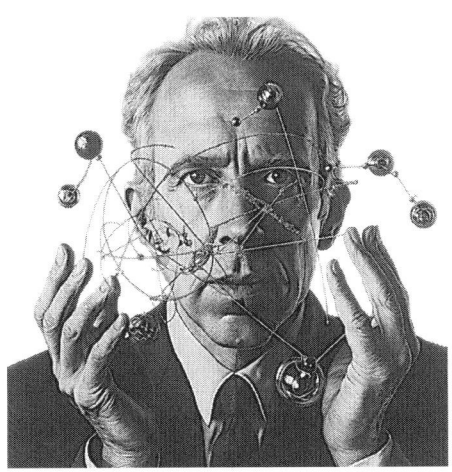

Niels BOHR fue un extraordinario físico y parte esencial en ese exclusivo club de monstruos de la física. Fue el **primero en aplicar el concepto cuántico**, lo cual tiene un mérito extraordinario por lo poco intuitivo del concepto que rompía con toda la lógica física de la época. Sin embargo, la cuántica es hoy un concepto fundamental en la física y una de las áreas esencial para el conocimiento de la realidad, ya que explica la naturaleza y el comportamiento de la materia y la energía **a nivel atómico y subatómico**.

Su padre, Christian BOHR, fue profesor de fisiología en Copenhague y nominado dos veces al Premio Nobel. Desde el instituto destacó y estudió Química, Matemáticas y Filosofía, pero su fuerte era la Física. Tuvo unos humildes comienzos en el laboratorio de su universidad, donde tenía fama de provocar explosiones. Después se trasladó a Manchester y Cambridge, lo cual fue clave para su labor como científico. Su trabajo en estos laboratorios fue fundamental, pues aprendió de dos grandes investigadores en física: J.J. THOMSON y RUTHERFORD.

Su hijo, Aage **BOHR** también ganó un Premio Nobel. Brillante como su padre, Aage obtuvo el Premio Nobel de Física de 1975 por sus investigaciones sobre la **estructura de los núcleos atómicos**. Aage y Niels BOHR son uno de los 6 dúos padres/hijos ganadores de la historia de los Premios Nobel. Tomó las riendas del Instituto de Física Teórica de la Universidad de Copenhague.

BOHR propuso su **modelo atómico** en 1913 y ello supuso que le concedieran el Premio Nobel en 1922. Su modelo atómico se basó en los trabajos previos de RUTHERFORD. ¡Lo impresionante es que lo hizo con 25 años! Otro genio precoz, es increíble que en edades comprendidas entre 21 y 27 años fue cuando la mayoría de los grandes genios de la física plantearan sus mejores teorías. Introdujo unos postulados que aún no se podían probar, y que en aquellos momentos contradecían la lógica y la física conocida. Este genial danés es el padre, y aun diría más, la madre, de la concepción y el desarrollo de la **estructura del ÁTOMO**, que fue publicada en 1913. En su modelo atómico propuso un **modelo más estable del átomo** que el modelo de RUTHERFORD. Compuso una visión del átomo, integrando conceptos conocidos de la mecánica clásica con los recién descubiertos, como la constante de PLANCK, el FOTÓN, el ELECTRÓN y el NÚCLEO atómico.

Famosos fueron sus interminables debates entre EINSTEIN. aunque ello nunca puso en peligro su amistad. No consiguió convencer a EINSTEIN de que aceptara sus teorías. Las ideas de BOHR serían luego conocidas como la INTERPRETACIÓN de Copenhague. BOHR obtuvo el premio **Nobel al mismo tiempo que EINSTEIN**. Ambos mantuvieron sus conversaciones sobre física durante décadas. Estas conversaciones reciben ahora el nombre de **Debates Bohr-Einstein**. Los dos amigos se adhirieron a dos escuelas de pensamiento diferentes con respecto a las observaciones de los electrones que se comportan como una partícula en algunos experimentos y como una onda en otros, a pesar de que un electrón no debería poder ser ambas cosas. BOHR sostenía que algo puede ser dos cosas a la vez pero que sólo podemos observar una de ellas, mientras que EINSTEIN opinaba que las partículas existen tanto si las observamos activamente como si no. Este debate se llevó a cabo en un intento de establecer un principio fundamental de la mecánica cuántica. Es interesante que ambos recibieran el **Premio Nobel de Física a pesar de sostener teorías opuestas**:

—BOHR por trabajo sobre su **modelo atómico**
—EINSTEIN por su trabajo sobre **el efecto fotoeléctrico**.

BOHR ayudó a los científicos judíos a escapar de los nazis. Cuando la Segunda Guerra Mundial se intensificó, los nazis invadieron Europa y BOHR ayudó a muchos científicos judíos que escapaban del régimen de Alemania en ese momento. Les proporcionó espacio de laboratorio, financiación y casas temporales en Copenhague. Hay que recordar, cómo no, que BOHR también era de ascendencia judía, pues su madre era judía, por lo que su familia fue perseguida. Por ello tuvo que huir en 1943 después de que los nazis se hicieran con el control de Dinamarca y recibiera la noticia de que los alemanes estaban a punto de arrestarlo. Pudo irse en un barco pesquero con destino a Suecia, después de lo cual él y su hijo Aage fueron introducidos de contrabando en Inglaterra en un avión bombardero.

El Instituto de Copenhague para la física teórica

Con sus impresionantes investigaciones atómicas, con sólo 31 años, la Universidad de Copenhague contrató a Bohr como profesor de Física Teórica en 1916. Bohr consideró adecuado contar con un nuevo instituto para su campo que permitiera a los investigadores de todo el mundo colaborar con los científicos daneses en unas instalaciones de vanguardia. Consiguió la aprobación, y el Instituto de Copenhague abrió sus puertas por primera vez en 1921 con Bohr como director. La instalación pasó a llamarse Instituto Niels BOHR.

78. Max PLANCK

Desde muy joven PLANCK mostró interés por la ciencia, además de por el arte y la música, destacando en todo. Antes de decidir sobre sus estudios, consultó a su profesor, Philipp **VON JOLLY**, gran físico experimental que le comentó que no era sensato encaminar su carrera hacia la física, pues todo estaba descubierto y ya casi no quedaban huecos por rellenar en el conocimiento de las teorías físicas. Poco imaginaba **VON JOLLY** que el joven Max se encargaría de revolucionarlo todo. Este le dijo que él no quería descubrir nuevos mundos, que sólo quería llegar a comprender en profundidad los fundamentos de la física, y se matriculó en la Facultad de Física de Múnich en 1874. JOLLY se convirtió en su tutor y, posteriormente, le ayudó en sus experimentos. En el año 1877 se mudó a Berlín, donde recibió las enseñanzas de grandes físicos como Hermann von **HELMHOLTZ** y Gustav **KIRCHHOFF**. PLANCK estudió la obra de Rudolf **CLAU**-

SIUS, uno de los fundadores de la termodinámica, pues admiraba la obra y la simplicidad a la hora de explicar lo complejo de las teorías físicas. Tal era su admiración que su tesis de doctorado la basó en la termodinámica, la cual presentó en 1879 en Múnich, y llevaba por nombre: *"Sobre el segundo principio de la termodinámica"*. Después trabajó como profesor de Física en la Universidad de Kiel hasta el año 1889. En 1892 regresó, a Berlín donde fue director de la cátedra de Física Teórica.

En 1900 formuló que la energía se radia en unidades pequeñas separadas llamadas **CUANTOS**, estudiando la radiación emitida por el llamado "cuerpo negro". Para poder explicarla tuvo que renunciar a la física clásica e introducir su teoría del quantum la cual al principio ni él mismo entendía. Descubrió la CONSTANTE universal de la naturaleza, conocida como la "constante de Planck", estableciendo que la energía de cada *"quantum"* es igual a la frecuencia de la radiación, multiplicada por la constante universal. Estos descubrimientos no invalidaron la teoría de que la radiación se propagaba por ondas. La radiación electromagnética combina propiedades de las ondas y de las partículas. Sus descubrimientos fueron verificados por otros científicos y significaron el nacimiento de un **campo totalmente nuevo de la física,** conocido como **mecánica cuántica**.

Es verdad que PLANCK no quería descubrir nuevos mundos al estudiar la física, **sólo quería comprender sus fundamentos**, pero pronto descubrió que la física clásica no podía responder a grandes dudas relacionadas con el estudio de cuerpos calientes y su energía. Por ello, dedicó gran parte de su vida a su estudio, y descubrió que tal vez la energía en un cuerpo caliente no se emitía de manera continua, sino que pudiera ser emitida en pequeñas unidades denominadas "cuantos". Max llegó a la conclusión de que la energía de cada cuanto es proporcional a la frecuencia de la radiación y esta es multiplicada por la constante de Planck que él mismo inventó. Gracias a ello se puede calcular la energía de un fotón. Esta teoría no fue bien vista por la comunidad científica, pero conforme fue tomando forma y explicaba algunos fenómenos relacionados con la energía y la radiación, la teoría fue aceptada y nació con ello la **mecánica cuántica**. Nada más ni nada menos. Mientras estudiaba el **comportamiento del acero** al exponerlo a grandes cantidades de calor, vio que cambiaba de color hasta volverse ultravioleta, lo que era indetectable para los ojos humanos. **El modelo atómico antes de PLANCK** era el de RUTHERFORD, pero entraba en contradicción con las ecuaciones de **MAXWELL**, que decían que una carga eléctrica acelerada debía emitir energía en forma de radiación electromagnética, por lo que el electrón tendría que estrellarse contra el núcleo. En 1900, para resolver el problema era necesario aceptar que la radiación no es emitida de manera continua, por el contrario, se transmitía en CUANTOS, de energía discreta, lo que llamamos FOTONES hoy en día.

Max descubrió que, a diferencia de lo que se pensaba, un objeto al ser expuesto a altas temperaturas no solo puede llegar a emitir energía de forma continua en forma de ondas, sino también puede llegar a emitir energía en pequeños paquetes, los cuantos. ¡**Este simple descubrimiento dio origen a la mecánica cuántica**! Al proponer su teoría no fue del todo aceptada, pero él siguió estudiando el alcance de su teoría y descubrió algo importante: que se puede medir la cantidad de energía contenida en cada paquete de energía gracias a la CONSTANTE de Planck. Esta es otro de sus descomunales descubrimientos, por medio de su CONSTANTE podía calcular la cantidad de energía contenida en estos pequeños paquetes de energía. Sin sus increíbles aportaciones, no existirían microondas, radiografías, televisores, ordenadores transistores, láser, etc., tecnologías posibles por sus descubrimientos.

Sobre la **emisión de energía**, planteo que no en todos los casos podía ser continua, sino que también podía ser emitida en paquetes pequeños de energía. Él mismo describió que no era posible explicar la radiación de un cuerpo negro sin la existencia de una fórmula que lo hiciera. De esa manera, pensó en una elegante fórmula que explicara el comportamiento de la energía emitida en pequeños paquetes... pero hemos dicho que de fórmulas no hablamos.

Sus teorías aun no eran bien aceptadas, pero estudios posteriores en el campo de la física, la emisión de energía y la radiación, dieron origen a la teoría cuántica. El siempre continuó con sus investigaciones y cada vez que descubría algo nuevo, no sabía bien qué hacer con ello. Lo bueno es que eso no le hizo detenerse. En muchas ocasiones, dudaba sobre la veracidad de su teoría. Estudiaba los objetos más pequeños del universo, y como éstos interactuaban entre sí transmitiendo energía unos a otros objetos. Al descubrir la mecánica cuántica y su poderoso alcance, se dio cuenta que explicaba y modelaba la forma en la que veíamos a la física.

La creación de su **teoría cuántica**, el descubrimiento de la **constante de Planck**, su **ley universal** y su estudio en general sobre la **emisión de energía de cuerpos calientes** le valieron el Premio Nobel de Física en el año 1918. Merecidísimo. Si él no hubiese estudiado la emisión de energía, no habría probado que la energía puede emitirse en paquetes pequeños llamados fotones.

79. Aquellos maravillosos Griegos

Siento una profunda admiración hacia esos sabios de la antigua GRECIA, la cual viene mezclada con la frustración de no saber cómo hubiera avanzado la física si sus ideas no hubieran sido apartadas durante siglos. Mencionaré solo algunos, pues incluir a todos los que lo merecen requeriría de un ensayo de varios tomos.

DEMÓCRITO

Natural de Abdera (460-370 a.C.), DEMÓCRITO fue contemporáneo de SÓCRATES. Fue filósofo naturalista, como se les definía entonces a aquellos griegos extraordinarios. Fue discípulo de LEUCIPO, aunque poco de la obra de este ha llegado hasta nuestros días, pero entre los antiguos se lo conocía como su maestro. DEMÓCRITO escribió sobre muchos temas, pero junto a su maestro fue el **primero en**

proponer un universo atomista. Afirmaba ya en el siglo V a.C. que TODO está compuesto de **"diminutos bloques indivisibles"** llamados **átomos**. Un fragmento suyo de aproximadamente el año 400 a.C. puede considerarse el acta fundacional del atomismo. Desarrolló la **teoría de las semillas** de ANAXÁGORAS como base del atomismo y del concepto del universo atómico. A partir de la teoría de las semillas de ANAXÁGORAS y la afirmación de PARMÉNIDES de que el cambio es imposible y de que todo es uno, DEMÓCRITO llego a las múltiples conclusiones.

Intentó demostrar cómo el cambio y el movimiento eran posibles sin que se perdiera la unidad de la esencia que subyace en el mundo físico. Postuló algo increíble para su época: que las partículas poseían **movimiento espontaneo o viraje**. Hoy esto se conoce gracias a la tecnología. Sostenía que todo está compuesto de **partículas diminutas** a las que llamó **átomos** *(en griego: que no se puede cortar)* y los átomos forman **TODO lo que es y TODO lo que podemos ver**. Increíble. Para él todos **los átomos tenían la misma esencia, pero al unirse de diversos modos, formaban entidades y fenómenos visibles diferentes.** Aseguraba que, al nacer, nuestros **átomos se mantienen unidos** en forma de un cuerpo que tiene un alma en el interior, también compuesta de átomos, y durante nuestra vida el alma percibe e interpreta los átomos que hay fuera de nuestro cuerpo. Cuando los átomos se han dispuesto de una cierta manera, una persona ve una forma y dice: *"Es un libro"*. Cuando se han dispuesto de otra manera, esa persona dice: *"Es un árbol"*. Y que independientemente de cómo se dispongan, **todos son uno, indivisibles e indestructibles**. Al morir, nuestro cuerpo **pierde energía y los átomos se dispersan**, ya que no hay un alma en el interior del cadáver que genere **el calor necesario para mantener los átomos del cuerpo unidos**. Veía el alma *(consciencia)* como **motor del movimiento e incluso de la vida**. Los átomos indestructibles e indivisibles en movimiento, el alma, podrían sobrevivir a la muerte del cuerpo.

DEMÓCRITO menciona mantener una actitud alegre ante la vida, para él no era necesario darle un sentido, ya fuera en esta vida o en una posterior en otro reino, ya que **el sentido de la existencia era la propia existencia**. Por ello fue conocido como *"el filósofo que ríe"* por esa **importancia que daba a la alegría**. Al igual que su maestro LEUCIPO, casi toda su obra se ha perdido. Qué desastre. Autores posteriores sostienen que escribió alrededor de 70 libros sobre temas tan variados como la agricultura, la geometría, el origen del hombre, la ética y la astronomía, así como también sobre literatura y poesía. Filósofos posteriores lo tenían en alta estima y citaron fragmentos de su obra.

Fue el primer filósofo que propuso lo que los griegos llamaban la **"Vía Láctea"** que era en realidad la luz de las estrellas brillando de forma natural y no el resultado de la acción de los dioses.

Sostenía también que los hombres son responsables de sus acciones, que uno debe tener en cuenta la bondad del alma por encima de toda otra consideración y que era el **libre albedrío,** y **no el determinismo**, lo que dictaba el rumbo de nuestras vidas. Recibió la influencia de los filósofos presocráticos que le precedieron. No está claro en qué grado LEUCIPO le influyó, puesto que nada se sabe de este filósofo más allá de su conexión con DEMÓCRITO. Solo dos fragmentos de LEUCIPO han sobrevivido y la única frase completa es la famosa: "*Nada procede del azar, sino de la razón y la necesidad*".

Estaba convencido que **nada procede de la nada**. Se ocupó de los clásicos temas presocráticos como la embriología o como la atracción de los imanes al hierro. Abarcaba una variedad de temas, como matemáticas y geometría, geografía, medicina, astronomía y el calendario, acústica, los orígenes del hombre y de los animales e incluso sobre literatura. Es destacable, ya que además lo hizo con profundidad. Un fenómeno.

Asimismo, contribuyó significativamente a la base de la filosofía, que PLATÓN desarrollaría después, y lo hizo al sintetizar y definir ideas que otros filósofos habían planteado anteriormente. DEMÓ-

CRITO fue un nexo entre el dogmatismo de muchos de los filósofos presocráticos y la filosofía plenamente desarrollada y madura de PLATÓN. Quizás fue el más importante filósofo presocrático, porque influenció a SÓCRATES (470-399 a.C.), el cual a su vez inspiró a PLATÓN (428-347 a.C.) y al desarrollo de toda la filosofía occidental. Su influencia sobre SÓCRATES es evidente en los fragmentos que tratan de ética y se cree que la **idea del atomismo** pudo contribuir al desarrollo de la idea de PLATÓN de un reino eterno e inmutable del que el mundo visible es solamente un reflejo. Tuvo además una gran influencia sobre los autores griegos y romanos posteriores. Su influencia fue relevante y de gran alcance.

Su pensamiento continuó teniendo trascendencia, primero recogido por EPICURO (341-270 a.C.), y luego, en época romana, por LUCRECIO. De hecho, el filósofo hedonista EPICURO se valió de sus ideas sobre el placer para afirmar que este era el bien y el fin principal que uno debía buscar en la vida. Le dio gran importancia a la **alegría como la mejor respuesta ante la vida**. Al igual que EPICURO, abogó por la moderación como el mejor método mediante el cual vivir la vida con plenitud. EPICURO solo fue uno de los muchos que recibieron la influencia de su pensamiento.

Pensadores y autores de la actualidad han expresado su admiración por DEMÓCRITO y han reconocido **la deuda que la filosofía y la ciencia** tienen con él. Está considerado por muchos como "**el primer científico**", ya que su pensamiento y su claro método contribuyeron al desarrollo de la ciencia. Parece increíble que sus afirmaciones sobre al átomo encajan con el concepto que tenemos hoy, y ello 25 siglos después y sin ningún tipo de herramienta tecnológica a su alcance.

Arquímedes

¿Quién fue Arquímedes de Siracusa? Fue un ingeniero, astrónomo y matemático, nacido en la ciudad de SIRACUSA de la isla de Sicilia. Su vida transcurrió entre los años 287 y 212 a.C. Se cree que era el hijo de un astrónomo llamado FIDIAS. Aparte de esto, muy poco se conoce sobre su vida temprana o familia. Algunos mantienen que perteneció a la nobleza de Siracusa, lo que le permitió dedicarse al estudio. Gracias a sus aportaciones en las ciencias, especialmente en física y matemáticas, es considerado un científico único en la antigüedad. El gran físico alemán LEIBNIZ dijo lo siguiente de el: *"Quien comprenda a Arquímedes admirará menos los logros de hombres posteriores".* Sin duda, ARQUÍMEDES fue el **científico más importante de la antigüedad**, pues sus descubrimientos representaron un enorme avance para la época y aportó avances grandes en matemáticas, geometría, mecánica, entre otras ramas de las ciencias.

En su juventud viajó a Egipto para estudiar en Alejandría y allí conoció a ERATÓSTENES de Cirene, director del Museo de la ciudad de Egipto. Con él intercambió ideas y opiniones científicas. Se le atribuyen las primeras demostraciones de teoremas geométricos mediante el razonamiento lógico. Sus obras y publicaciones dejan en claro que fue un hombre brillante e ingenioso, cuyo trabajo iba más allá de lo establecido, por lo cual sus aportes siguen siendo citados en distintas ramas de la ciencia moderna y la tecnología. Su trabajo no solo salvó a su ciudad de los ataques romanos, sino que ha servido para muchas otras aplicaciones importantes.

Durante su vida, ARQUÍMEDES se hizo famoso por sus inventos y fue temido por sus armas de guerra. El rey lo nombró consejero militar y le encargó la defensa de la ciudad. Trágicamente, el genio de Arquímedes lo hizo tan conocido que hasta los romanos supieron de él, y buscaron por todos los medios capturarlo. Cuando estos invadieron Siracusa se emitieron órdenes de hacerle prisionero. Sin embargo, un soldado que no recibió esas instrucciones fue el que lo encontró completamente absorto en sus matemáticas, sin haberse siquiera percatado del alboroto a su rededor. El soldado lo mató con su espada.

La muerte de ARQUÍMEDES en 212 a.C. marcó el fin de una edad de oro en las matemáticas griegas, que fueron declinando gradualmente. Sin embargo, las escrituras de Arquímedes sobrevivieron, gracias a que fueron copiadas por escribas que transmitieron sus preciosas matemáticas de generación en generación, hasta que en el siglo X se hizo una copia final de sus obras más importantes.

—El Principio de Arquímedes, también llamado "**empuje hidrostático**", se trata de uno de sus aportes más importantes y no solo por llevar su nombre, pues se considera quizás **el mayor legado de la antigüedad para la ciencia moderna.** Este principio establece que *"todo cuerpo sumergido total o parcialmente en un fluido recibe un empuje ascendente, igual al peso del fluido desalojado por el objeto".* A través del uso de este principio, se puede explicar el **fenómeno de flotación**, que fue aplicado para estudiar dicha acción en barcos, submarinos o globos aerostáticos, entre otros. Tratando de resolver un problema con una corona de oro del rey, este sospechaba que el orfebre que la había fabricado le habían mezclado plata que era más barata. La corona pesaba la cantidad correcta, pero la plata es más ligera que el oro, por lo que la pregunta era: *¿es más grande en volumen de lo que habría sido si estuviera hecha de oro puro?* Arquímedes se metió en la tina y notó que cuanto más se sumergía, más agua se salía de la bañera. Se dio cuenta que podía establecer qué tan grande era la corona sumergiéndola en un recipiente con agua y midiendo cuánto líquido se desplazaba. Cuentan que estaba tan emocionado por el descubrimiento que salió de su baño y corrió desnudo por las calles de Siracusa gritando *"¡EUREKA!"* (*"lo he descubierto"*, en griego).

—Las **leyes de las PALANCAS.** Ya se utilizaban las máquinas simples antes de ARQUIMEDES, pero fue él quien estableció los principios que describieron el **funcionamiento de una palanca** al ubicar dos cuerpos sobre cada uno de sus extremos, y el equilibrio de dichos cuerpos en la palanca dependerá de su masa y de la distancia que tienen hasta el punto de apoyo.

—La **medida de un CÍRCULO**. En una de sus obras, *"SOBRE LA MEDIDA DE UN CÍRCULO"*, escribió cómo determinó el **área de un círculo**. Utilizó un método de aproximación, sabiendo que un cuadrado posee 4 lados iguales y que el área es la suma de estos, colocó uno dentro de un círculo y empezó a obtener aproximaciones. Más tarde, sustituyó el cuadrado por un hexágono, y así, con polígonos de mayor complejidad, acercándose cada vez más al área del círculo.

—**Valor del Número PI**. En la misma obra, muestra una aproximación del valor del Número PI. Para conseguir esta aproximación, se basó en los cálculos realizados al conocer el diámetro de un círculo. Concluyó que el número **PI** tiene un valor de **3.14159265358979323846...** Fue a él a quien se le ocurrió un valor vital para calcular el área de un círculo, uno de los componentes básicos de la ciencia. Lo hizo metiendo un círculo entre polígonos, pues su perímetro se puede calcular dado que sus lados son rectos. Comenzó poniendo un hexágono dentro del círculo y otro fuera. Luego fue agregando más y más lados hasta tener 96. La idea era hacer que los polígonos se acercaran cada vez más al perímetro del círculo, eso le daría un par de límites cada vez más cercanos, entre los cuales debía estar π.

—**Volumen de una ESFERA**. En matemáticas describió la **geometría de esferas y cilindros.** El científico pudo determinar que la superficie de cualquier esfera es cuatro veces la de su círculo más grande, mientras que su volumen es dos tercios del cilindro que la circunscribe. Este tratado se tituló *"DOS VOLÚMENES"* y significó el mayor orgullo de Arquímedes, tanto que su voluntad fue que, al morir, colocaran las esculturas de 1 esfera y 1 cilindro sobre su tumba.

—El **TORNILLO de Arquímedes**. Inventó este dispositivo para ser utilizado en el "Siracusa", barco de Hierón II, pues debido a su tamaño se temía que podía entrar una enorme cantidad de agua a través del casco. En este sentido, **con el tornillo, se pretendía**

extraer el líquido del sumidero. Esta máquina está constituida por una hoja con forma de tornillo dentro de un cilindro, su función es transportar agua desde masas de aguas bajas a canales de irrigación altos. Es un dispositivo que se usa aún en la actualidad, para el bombeo de líquidos y sólidos semifluidos.

—La **GARRA de Arquímedes**. La brillante mente de Arquímedes fue una ventaja para Sicilia cuando Roma intentó asaltar la ciudad. La tropa romana se llevó una sorpresa cuando acercaron sus barcos al muro para enganchar sus escaleras y entrar, pues en ese momento entró en acción la garra de Arquímedes. Se trataba de una palanca con un gancho unido a través de una cadena, semejante al brazo de una grúa. Esto caía sobre los barcos enemigos y era manipulada con poleas para levantar la proa. Toda esta acción causaba graves daños a las embarcaciones, haciendo que entrara el agua hasta hundirlos. En ocasiones, la garra podía sostener la nave para luego soltarla contra las rocas de la orilla. Fue una de las **armas más temidas y letales de la antigüedad.**

—El **ODÓMETRO**. También para fines militares, Arquímedes inventó el odómetro. Un artefacto con el cual **se podía medir la distancia recorrida por un objeto móvil**. Contaba con un engranaje que tiraba de una bola al recorrer una milla. Actualmente, se usa en él cuenta kilómetros de los vehículos, además de la medición de distancias en agrimensura, ergometría, seguridad vial y otras aplicaciones industriales.

—**Otras medidas**. Arquímedes no solo midió figuras conocidas, como el círculo, la esfera, el cilindro, etc., sino que además inventó la **línea espiral**. Es una figura curva que comprende un tercio de la superficie del círculo que la rodea. También midió la **cuadratura de una parábola.**

—**Obras más importantes**. Arquímedes fue un genio extraordinario que estaba siglos adelantado a su época. Según Chris

RORRES, profesor emérito de Matemáticas de la Universidad Drexel de Pensilvania: *"No hay matemático en la antigüedad, ni tampoco en la historia, que se acerque a Arquímedes"*.

Las investigaciones de este brillante personaje representan una base para la ciencia moderna en distintas áreas de estudio, como matemáticas, geometría, aritmética, física, hidrostática y mecánica, entre otras. Llevó la simplicidad de algunas máquinas a algo mucho más práctico, cuando decidió analizar su mecanismo, hizo posible la medición de figuras por aproximación con magnitudes conocidas. ARQUÍMEDES vivía tratando de entender todo lo que le rodeaba, y eso se desprende de sus escritos.

PARMÉNIDES

En el 485 a.C., aseguraba que la realidad estaba formada por una sola sustancia y que las personas percibían dualidad en el mundo porque confiaban en la experiencia sensorial, que era defectuosa y podía inducir a error. Al fiarse de los sentidos, uno acepta los cambios y diferencias en la vida como la verdadera naturaleza de la realidad, pero, según él, esto sería un gran error, ya que el cambio es una ilusión. Nuestra apariencia exterior y nuestras circunstancias pueden cambiar, pero no nuestra esencia. Para él, lo que es, siempre ha sido, es inmutable en su forma subyacente. Lo que se percibe como mutabilidad y cambio es engaño de los sentidos, que separan el conocimiento del yo y la verdadera realidad.

ZENÓN de ELEA

ZENÓN (465 a.C.) fue discípulo de PARMÉNIDES y defendió la tesis de su maestro mediante 40 paradojas matemáticas que demostraban que el cambio, e incluso el movimiento, eran solo una ilusión. ZENÓN demostró que si uno quería ir del punto A al punto B, primero debía caminar la mitad de ese recorrido y, antes de llegar a ese punto medio, recorrer la mitad de este, y así sucesivamente. De esta forma, uno no podía nunca ir del punto A al punto B y afirmar lo contrario era solo producto de un engaño de los sentidos. Usó esta paradoja para mostrar cómo fiarse de la percepción de los sentidos nos aleja de la verdadera realidad, de la esencia de lo que hace que el mundo sea como es y funcione como lo hace. Para estos dos filósofos no había necesidad de una primera causa de la existencia o de que esta tuviera algún sentido: lo que era había sido siempre y siempre sería.

EMPÉDOCLES

EMPÉDOCLES (484-424 a.C.) se valió de este concepto al manifestar que el principio que subyacía en el universo era el amor: una fuerza transformadora y regeneradora que se expresaba en la atracción y desunión de las fuerzas naturales que producían los 4 elementos que daban luego forma a todo lo demás. Su insistencia en 1 única fuerza unificadora inspiró a Anaxágoras para afirmar que todo está compuesto de partículas que llamó "semillas" y que, aunque hechas todas de la misma sustancia, dispuestas de forma diferente, producían también resultados diferentes: a veces un hombre, a veces un animal, otras un árbol, una montaña o un pájaro.

ANAXÁGORAS

ANAXÁGORAS (500-428 a.C.) fue quien tuvo más influencia, pues fue el primero en proponer que la esencia de la realidad era "una" pero se expresaba en *"muchas"*. Para que esto fuera así, debía haber un elemento subyacente a todos los fenómenos visibles del mundo y este elemento eran la "semillas" que, dispuestas de modos diversos, producían un fenómeno visible u otro, que hacen que las cosas sean lo que son. Había propuesto que los elementos naturales que eran el principio físico de las cosas eran infinitamente divisibles, y por mucho que dividieras un trozo de madera, continuaría siendo madera. ANAXÁGORAS y su teoría de las "semillas" inspiraron la teoría atomista de LEUCIPO y DEMÓCRITO. Propuso que los elementos naturales que eran el principio físico de las cosas eran infinitamente divisibles.

LEUCIPO

LEUCIPO fue el primero de los atomistas, el que supuestamente tuvo la genial inspiración de proponer que el mundo estaba formado en su esencia por elementos que no tenían cualidades, como sí la tiene, en cambio, la madera. Afirmó que si dividieras cualquier cosa hasta su esencia, en algún momento te toparías con algo que ya no es divisible: eso son los "atoma", indivisibles. LEUCIPO fue maestro de DEMÓCRITO, y bien podría ser que fuera el primero en llegar a ella, pero como ya hemos explicado fue DEMÓCRITO quien la desarrolló.

PITÁGORAS

PITÁGORAS fue quien dio el impulso definitivo a las matemáticas con la creación de su gran escuela en Crotona a orillas del mar, al sur de Italia. Se le atribuyen numerosos descubrimientos matemáticos, entre ellos la demostración del teorema de Pitágoras, o el descubrimiento de los irracionales, uno de los acontecimientos más profundos en la historia de las matemáticas.

Epílogo

Llegamos al final de este viaje en donde hemos intentado revelar las ideas fundamentales de la física y abordar las incógnitas de sus teorías más osadas. Nos hemos adentrado en el corazón de las estrellas, desentrañando algunos de los misterios de la cuántica, y escuchando el eco del Big Bang desde su inicio.

La fascinacion por la fisica no es solo por sus sorprendentes hipótesis, complejos experimentos o ecuaciones, sino por el hecho de cuestionar la realidad y dotar con ello de sentido a nuestra existencia con teorías sorprendentes que, quien sabe, pudieran estar en lo cierto. No tenemos ni por asomo todas las respuestas, pero ello no ha de inquietarnos, pues se hace camino al andar y el objetivo es la busqueda de la verdad.

Como una danza eterna, cada misterio resuelto nos lleva a otro nuevo a ser desvelado, y en cada paso surge un nuevo camino por explorar que desafía el entendimiento e invita a adentrarnos en lo desconocido. Esta maravillosa rama de la ciencia no versa solo sobre lo que vemos o podemos medir, sino que es un medio para comprender todo lo que nos rodea. Somos polvo de estrellas, y aquellos que puedan contemplar y maravillarse ante su grandeza, tienen mucho ganado. En esa capacidad de asombro reside su seduccion.

Mientras, el tiempo sigue su curso y las galaxias su acelerado movimiento en el espacio, y el verdadero delirio no solo es entender el mundo, sino entendernos a nosotros mismos dentro de él. Estoy convencido de que somos parte de un misterio mucho mayor, y en cada idea surge un interes renovado. Por ello no cierres este libro con la sensación de haber llegado al final, pues todo esto es solo el principio. El universo seguira ahí por mucho tiempo, y en cada partícula subatómica que vibra, en cada estrella que explota y en cada onda que se propaga hay algo sorprendente que nos dice que somos parte de algo mucho más grande. Ello debería llenarnos de esperanza, ya que no importa cuán caótico o incierto parezca, siempre habrá un orden subyacente, una conexión profunda que nos une a todo.

Bibliografía

ALFRED EINSTEIN de Gordon GARBEDIAN

Los AGUJEROS NEGROS de Antxon ALBERDI

El BIG BANG Y EL ORIGEN DEL UNIVERSO de Antonio M. LALLENA

El BOSON DE HIGGS de Javier SANTAOLALLA

BREVES RESPUESTAS de GRANDES preguntas de Stephen HAWKING

CIEN COSAS QUE HAY QUE SABER DE F. CUÁNTICA de Joanne BAKER

CONSCIENCIA CUÁNTICA de Félix TORÁN

La CONSCIENCIA HUMANA de Jose Enrique CAMPILLO

El COSMOS Y LA MATERIA OSCURA de Alberto CASAS

COSMO SAPIENS de John HANDS

CUANTIX de Laurent SHAFER

DESCODIFICANDO LA REALIDAD de Vladko VEDRAL

DIOS, LA CIENCIA, LAS PRUEBAS de BOLLORE y BONNASSIES

17 ECUACIONES que CAMBIARON el MUNDO de Ian STEWART

Las DIEZ CLAVES DE LA REALIDAD de Frank WILCZEK

EINSTEIN, 100 AÑOS DE RELATIVIDAD de Andrew ROBINSON

¿ESTÁ USTED DE BROMA Mr. FEYNMAN? de Richard LEIGHTON

LA ECUACION DE DIOS de Michio KAKU

LA EVOLUCIÓN DEL COSMOS de David GALADI

FEYMAN de Ottaviani y MYRICK

FÍSICA de Isaac MCPHEE

FISICA DE LO IMPOSIBLE de Michio KAKU

FÍSICA Y BERENJENAS de Andrés GOMBEROFF

FREQUENTLY A.Q. ABOUT UNIVERSE de J. CHAM y D. WHITESON

ATOMS TO INFINITY de Mary John GRIBBIN

FROM ATOMS TO INFINITY de Mary John RIBBIN

GALILEO Y EL MÉTODO CIENTÍFICO de Roger CORCHO

GALILEO ERROR de Philip GOFF

El GRAN DISEÑO de HAWKING y MLODINOW

El GRAN DISEÑO BIOCENTRICO de Robert LANZA

GRAN GUIA VISUAL DEL UNIVERSO de FUTAMASE y NAKAMURA

GRAN HISTORIA de Cynthia STOKES Brown T.

HASTA EL FINAL DEL TIEMPO de Brian GREENE

HELGOLAND de Carlo ROVELLI

HIJOS DE LAS ESTRELLAS de Manuel TOHARIA

HISTORIA DE LA FÍSICA de Alfonso MARTINEZ

INCERTIDUMBRE de David LINDLEY

The LANGUAGE OF GOD de Francis S. COLLINS

El LIBRO DE LA CIENCIA de AKAI

LO QUE QUEDA POR DESCUBRIR de John MADDOX

LO QUE SABEMOS QUE NO SABEMOS de Lawrence M. KRAUSS

La LUZ EN LA OSCURIDAD de Heino FALCKE

MAESTROS DEL UNIVERSO de Helge KRAGH

La MEDIDA DEL CIELO de Andres CASSINELLO

MENTE Y MATERIA de Erwin SCHROEDINGER

El MISTERIO del UNIVERSO y Mente cuántica de Ales Z. SERRA

MUNDO CUÁNTICO de Miguel Ángel SABADELL

NATURALEZA DEL ESPACIO Y TIEMPO de S. HAWKING y R.PENROSE

NEWTON Y LA LEY DE LA GRAVEDAD de Antonio J. DURAN

NO TENEMOS NI IDEA de J.CHAM y D.WHITESON

El ORDEN DEL TIEMPO de Carlo ROVELLI

El ORIGEN DEL UNIVERSO de Lucy & Stephen HAWHKING

PALABRAS DE LA CIENCIA de Miguel ALCIBAR

PARA ENTENDER A EINSTEIN de Christophe GALFAR

Las PARADOJAS CUÁNTICAS de David BLANCO

El PLACEBO ERES TU de Joe DISPENZA

POR UNA CIENCIA ESPIRITUAL de Steve TAYLOR

PRINCIPIO de INCERTIDUMBRE HEISENBERG de Jesús NAVARRO

REALITY IS NOT WHAT IT SEEMS de Carlo ROVELLI

La REBELION DE LA CONSCIENCIA de Jose Luis SAN MIGUEL

SERES Y ESTRELLAS de Wagensberg, Salvador y Carbonell

SONRISA DE PITAGORAS de Lamberto GARCIA de; CID

La SONRISA DE PITAGORAS de Lamberto GARCIA de; CID

El REVOLUCIÓN CUÁNTICA Y MAX PLANCK de Alberto T. PEREZ

El SISTEMA SOLAR de Joel GABAS MASIP

El UNIVERSO ELEGANTE de Brian GREENE

El UNIVERSO EN UN BIT de Jose Enrique CAMPILLO

THIS WAY TO THE UNIVERSE de Michael DINE

El VIAJE DEFINITIVO de Stanislav GROF

VIDA DESPUÉS DE LA MUERTE de Keb WILBER y otros

La ZORRA Y LAS UVAS de Sean CARROL